气溶胶力学及应用

蒋仲安　陈举师　温昊峰　编著

北　京
冶 金 工 业 出 版 社
2021

内 容 简 介

本书理论与实际相结合，系统地阐述了气溶胶粒子的形成、运动、沉降和凝并过程，并在矿山粉尘分布的数值模拟中进行了应用。本书着重介绍了气溶胶的物理性质、粒度分布，气溶胶粒子的等速和非等速直线运动，在离心力作用下气溶胶粒子的运动和沉降，气溶胶粒子的空气动力学捕获、扩散运动和沉降，气溶胶粒子的凝并、静电沉降以及其他的沉降方法和机理，最后将气溶胶力学理论应用于矿山粉尘分布数值模拟中，得出煤矿和非煤矿山开采各主要工艺环节粉尘时空分布特征。

本书为高等院校有关专业的研究生教材或教学参考书，也可供从事相关专业的工程技术人员和管理人员参考。

图书在版编目(CIP)数据

气溶胶力学及应用/蒋仲安，陈举师，温昊峰编著．—北京：冶金工业出版社，2018.7（2021.9 重印）

ISBN 978-7-5024-7791-2

Ⅰ.①气…　Ⅱ.①蒋…　②陈…　③温…　Ⅲ.①气溶胶—研究　Ⅳ.①O648.18

中国版本图书馆 CIP 数据核字(2018)第 110506 号

出 版 人　苏长永

地　　址　北京市东城区嵩祝院北巷 39 号　邮编　100009　电话　(010)64027926

网　　址　www.cnmip.com.cn　电子信箱　yjcbs@cnmip.com.cn

责任编辑　俞跃春　美术编辑　吕欣童　版式设计　孙跃红

责任校对　石　静　责任印制　李玉山

ISBN 978-7-5024-7791-2

冶金工业出版社出版发行；各地新华书店经销；北京虎彩文化传播有限公司印刷

2018 年 7 月第 1 版，2021 年 9 月第 3 次印刷

787mm×1092mm　1/16；17 印张；414 千字；262 页

78.00 元

冶金工业出版社　投稿电话　(010)64027932　投稿信箱　tougao@cnmip.com.cn

冶金工业出版社营销中心　电话　(010)64044283　传真　(010)64027893

冶金工业出版社天猫旗舰店　yjgycbs.tmall.com

（本书如有印装质量问题，本社营销中心负责退换）

前　言

气体介质中加入固态或液态粒子而形成的分散体系称为气溶胶(aerosol)。简单地说，气溶胶就是悬浮于空气中的微粒物，在地球大气层中可谓无时不在，无处不有。人类在生产活动中，对岩石、矿物的钻探、开采和对矿物的加工过程都会向空气中散发大量粉尘（或烟尘），对人体健康危害很大，生产过程中粉尘（或烟雾）的发散，还会使设备磨损，使各种产品的质量降低，影响照明条件，降低劳动生产效率。因此，气溶胶力学是一门描述空气中悬浮颗粒物运动规律的科学，是实现气溶胶科学技术与悬浮颗粒物控制工程实践对接的桥梁，“气溶胶力学及应用”是安全科学与工程类、矿业工程及环境工程等相关专业必不可少的一门专业课程。

本书是根据高等学校安全科学与工程类、矿业工程及环境工程等相关专业研究生课程“气溶胶力学及应用”教学大纲编写的，内容涵盖了煤矿和非煤矿，适用面广。主要内容包括绪论、气溶胶的粒径和粒径分布、气溶胶粒子的等速直线运动、气溶胶粒子的非等速直线运动、气溶胶粒子的曲线运动、气溶胶粒子的纤维过滤理论、气溶胶粒子的水滴捕集理论、气溶胶粒子的扩散与沉降、气溶胶粒子的凝并、气溶胶粒子的静电沉降、气溶胶力学理论在矿山粉尘分布数值模拟中的应用等。

本书由蒋仲安、陈举师、温昊峰撰写。具体的编写分工为：第 1~6 章由蒋仲安编写，第 7 章由温昊峰编写，第 8~11 章由陈举师编写。本书的编写框架和目录拟定、编写体例设计及全书内容统稿均由蒋仲安完成。在编写过程中，本书力求阐明气溶胶力学及应用的基本概念、基本原理、应用技术及模拟方法，理论联系实际，加强对研究生应用能力的培养。书中编入大量实例和实物照片，内容翔实，图文并茂，充分体现了本门课程教学内容的先进性和实用性。

本书的编写和出版得到了北京科技大学研究生教材专项基金的资助，在此表示感谢。

本书在编写过程中，参阅了由张国权编著的《气溶胶力学——除尘净化理论基础》一书以及其他相关文献资料，在此向其作者表示衷心的谢意！

由于编者水平有限，书中不妥之处，恳请读者批评指正。

编　者
2018年1月

目　录

1 绪　　论

【学习要点】

本章主要介绍了气溶胶的基本定义、常见的几种气溶胶、气溶胶粒子的物化特性、气溶胶的表征量及研究气溶胶的意义。气溶胶粒子的物化特性尤为重要，它们是研究气溶胶粒子运动特性和捕集气溶胶粒子的基础，在后续的章节会多次用到。气溶胶的表征量（主要是浓度和粒径）是了解气溶胶粒子的重要途径，不同浓度和粒径的粒子需要选用不同的除尘方法。

研究气溶胶粒子的形成、运动、沉降和凝并的学科称为气溶胶力学。气溶胶技术的大量应用是在20世纪五六十年代以后才开始的，但气溶胶科学在20世纪初甚至在19世纪随着流体力学、空气动力学的发展就有了比较成熟的基础理论。气溶胶力学这一术语是富克斯（Fuchs）于1955年第一次提出来的，与流体力学、固体力学等技术基础理论相比，它是一门比较年轻的学科。其研究内容对人类的生活与生产活动有着重大影响，如自然界中云的形成对气候的影响、水蒸发凝结而降雨、风所造成的固体粒子的迁移与沉积、风对植物花粉的传播以及空气中微生物的散布等，都是气溶胶力学的研究内容。

1.1　基本概念

气体介质中加入固态或液态粒子而形成的分散体系称为气溶胶（aerosol）。简单说，气溶胶就是悬浮于空气中的微粒物。这些悬浮微粒物可以是固态的，也可以是液态的，更多的则是固态和液态两者的混合物。1955年，富克斯提出气溶胶的概念时，气溶胶的含义是指空气中的微米级和亚微米级的粒子云，如军事上所用的化学烟雾就是典型的例子，后来气溶胶的概念有所扩展，对气溶胶有了更确切、更严格的定义，即气溶胶是指任何物质的固体微粒或（和）液体微粒悬浮于气体介质（通常指空气）中所形成的、具有特定运动规律的整个分散体系。这个分散体系（即气溶胶）必须由两部分组成：一是被悬浮的微粒物，称为分散相；二是承载微粒物的气体，称为分散介质。所以，气溶胶是包含分散相（微粒物）和分散介质（气体）二者在内的统一的整体。因为气溶胶有其特定的运动规律，不同时具备这两者，就谈不上什么运动规律，更谈不上气溶胶。

微粒物被气体介质悬浮，成为一种分散体系，称为气溶胶；与此类似，微粒物被液体介质水悬浮而形成的分散体系，则称为水溶胶（hydrosol）。微粒物悬浮于气体或液体分散介质中时，将受到气体或液体介质黏滞力的作用，具有一定的稳定性，此时的粒子似为“溶胶”状，这也许就是气溶胶或水溶胶名称的来历。不过，人们在谈到气溶胶时，通常都是指分散体系中的分散相即悬浮粒子，以分散相处于悬浮状态的粒子，称为气溶胶粒子。至于气溶胶的分散介质，如不作特殊说明，则都是指空气。

气溶胶粒子具有特定的空气动力学特性。它们在空气中受重力作用发生沉降时不像大的块状物体遵从自由落体运动规律，而是遵从特有的沉降运动规律，因而气溶胶粒子在空气中能保持相对的稳定性，这是定义气溶胶的首要条件。气溶胶粒子在空气中的稳定性主要由粒子大小来限定的，气溶胶粒子的粒径范围约为 $10^{-3} \sim 10^{2}\mu m$。这种大小范围的粒子在空气中的运动规律可直接用流体力学来描述，其最显著的特征是沉降运动、扩散运动和热运动。气溶胶粒子在空气中的密度小于空气分子密度，才不至于发生过度的碰撞、凝并而保持相对稳定的气溶胶状态。气溶胶粒子在空气中的粒子数浓度（也称粒子数密度）约为 $10^{2} \sim 10^{6}/cm^{3}$，质量浓度的上限约为 $10^{-4}g/cm^{3}$，即 $100g/m^{3}$。而空气的分子数密度为 $2.67\times10^{19}/cm^{3}$，质量浓度为 $1.293\times10^{-3}g/cm^{3}$，即 $1.29kg/m^{3}$。

1.2 气溶胶的形成与分类

气溶胶的形成原因有天然和人工两类。天然气溶胶由客观的自然现象诸如火山爆发、大气化学或光化学反应等形成，宇宙空间中的宇宙尘也是天然气溶胶的一个来源。但是，在我们生活的空间中，气溶胶主要来自人类的生活与生产活动，人类的生活空间和环境大气中的气溶胶主要是人工气溶胶。针对不同的形成方式和来源，气溶胶还可分成如下不同的类别。

1.2.1 粉尘

粉尘是最为通常的一种气溶胶。粉尘是悬浮于空气中的固体微粒，通常由矿物加工、破碎、钻孔、碾磨、运输、爆破等各种机械作用形成。粉末状物质（例如土壤微粒）受空气作用飞扬、弥散于空气中，也是大气粉尘的主要来源。粉尘是固体微粒，因其形成机制的原因，一般来说粒径都较大，约在 $1 \sim 100\mu m$ 的范围。在静态空气条件下，一般没有再悬浮，粉尘在空中的停留时间不长。通常情况下，除非受到静电力的作用，粉尘不会发生凝聚；因其粒径较大，通常也不会发生扩散运动。

粉尘主要存在于各种作业场所中，例如煤矿中的煤尘、岩尘，核工业某些工作场所微细的放射性粉尘，都是粉尘存在的典型例子。

1.2.2 烟

烟是由于燃烧和凝结生成的细小粒子，也是一种有机性的可燃物质，例如煤、石油、木材等燃烧而形成的固体粒子，粒径一般较小，约在 $1\mu m$ 以下。因其粒径小，在空气中沉降很慢或基本不沉降，故在空气中停留时间长。加之粒子浓度高，若与空气中的蒸气分子凝结，则形成“炊烟缭绕”的景观。有机物燃烧的残留物中的细微颗粒形成的气溶胶，通常称为飞灰（fly ash），粒径一般在 $10\mu m$ 以下，它们总是随烟一起弥散于大气中，很难将二者加以区别，因而笼统地称之为烟。与飞灰混合的“烟”的粒径范围一般为 $0.1 \sim 10\mu m$。城市污染的主要来源可以说就是烟，是环保部门最为关注的难题之一。

1.2.3 烟尘

非有机物的固体或液体物质在燃烧过程中，特别是在金属冶炼、焊接以及液体的蒸发、升华、溶解等过程中所形成的固体气溶胶，常常称为烟尘。实际上也是一种“烟”，只是母体物质不同而已。烟尘的粒径与烟大致相同，这种烟尘在城市中尤其突出。

1.2.4 雾

雾是指在接近地球表面、大气中悬浮的由小水滴或冰晶组成的水汽凝结物，是一种常见的天气现象。当气温达到露点温度时（或接近露点），空气里的水蒸气凝结生成雾。根据凝结的成因不同，雾有数种不同类型。当气温高于冰点时，水汽凝结成液滴。当气温低于冰点时，水汽直接凝结为固态的冰晶，比如冰雾。因为露点只受气温和湿度影响，所以雾的形成主要有两个原因：一是空气中的水汽大量增加，使得露点升高至气温，从而形成雾，比如蒸汽雾和锋面雾；二是气温下降至低于露点而生成雾，比如平流雾和辐射雾。

雾和云的不同在于，云生成于大气的高层，而雾接近地表。

由于雾的形成，空气中的能见度将大大降低，严重时有可能白天也“对面不见人”。雾是一种液滴，其形状为球形，粒径小，通常在1μm以下。低浓度的、其水平能见度大于1000m的雾，称为薄雾，也就是“霭”。浓度更低时，这些微小的雾滴均匀分布在空气中，对太阳光发生散射时会出现特有的光学现象。

1.2.5 霾

霾也称灰霾（烟霞），是指原因不明的因大量烟、尘等微粒悬浮而形成的浑浊现象。霾的核心物质是空气中悬浮的灰尘颗粒，气象学上称为气溶胶颗粒。

空气中的灰尘、硫酸、硝酸、有机碳氢化合物等粒子也能使大气混浊，视野模糊并导致能见度恶化，如果水平能见度小于10000m时，将这种非水成物组成的气溶胶系统造成的视程障碍称为霾或灰霾。一般相对湿度小于80%时的大气混浊视野模糊导致的能见度恶化是霾造成的，相对湿度大于90%时的大气混浊视野模糊导致的能见度恶化是雾造成的，相对湿度介于80%~90%之间时的大气混浊视野模糊导致的能见度恶化是霾和雾的混合物共同造成的，但其主要成分是霾。霾的厚度值比较高，可达1000~3000m左右。由于灰尘、硫酸、硝酸等粒子组成的霾，其散射波长较长的光比较多，因而霾看起来呈黄色或橙灰色。

1.2.6 烟雾

烟雾是烟（包括烟尘）与雾的混合体，是液体气溶胶和固体气溶胶的混合物。这种由烟和雾混合而形成的大气悬浮微粒物，是大气污染的主要来源，是提高大气环境质量，特别是城市大气环境空气质量的主要障碍。

1.2.7 雾霾

雾霾是雾和霾的混合物，早晚湿度大时，雾的成分多。白天湿度小时，霾占据主力，相对湿度在80%~90%之间。其中雾是自然天气现象，空气中水汽氤氲。虽然以灰尘作为凝结核，但总体无毒无害；霾的核心物质是悬浮在空气中的烟、灰尘等物质，空气相对湿度低于80%，颜色发黄。气体能直接进入并黏附在人体下呼吸道和肺叶中，对人体健康有伤害。雾霾天气的形成是主要是因为人为的环境污染，再加上气温低、风小等自然条件导致污染物不易扩散。

雾霾天气是一种大气污染状态，雾霾是对大气中各种悬浮颗粒物含量超标的笼统表述，尤其是PM2.5（空气动力学当量直径小于等于2.5μm的颗粒物）被认为是造成雾霾天气的“元凶”。

上述属于气溶胶范畴的分类和专用术语，很难给予严格界定，在国内外文献中常常有不一致的叫法。一般大气粒子的粒径范围是0.001~500μm，小于0.1μm的粒子具有和气体分子一样的行为，在气体分子的撞击下具有较大的随机运动，在1~20μm之间的粒子随气体运动而运动，往往被气体所携。大于20μm的粒子具有明显的沉降运动，通常它们在大气中停留的时间很短。

实际上研究气溶胶粒子的沉降比研究气溶胶的形成更为重要。如燃料燃烧时产生的烟，各种化工企业及冶炼企业在生产过程中生成的烟雾，粉碎、焙烧和处理各种固体物质时产生的粉尘等，有的需要加以回收利用，或者为了防止空气污染需要加以控制和净化。控制粉尘的方法和手段是多种多样的，概括起来有重力式、惯性式、离心式、纤维过滤式、织物过滤式、颗粒层式、静电式以及各种湿式除尘设备等。

1.3 气溶胶粒子的物化特性

气溶胶粒子具有特定的物化特性，如密度、黏滞特性、表面能、吸热性、导热性、带电性、化学反应特性、光学特性、放射性、动量、能量、溶解度等，现将除尘净化中需要应用到的一些性质简述如下。

1.3.1 粒子的密度

气溶胶粒子的密度是指粒子本身的单位体积的质量（kg/m^3）。气溶胶粒子的密度是影响粒子运动的重要因素，重力作为粒子所受的一种外力，与粒子的密度成正比，粒子的密度越大，则运动中的惯性力也越大。

气溶胶粒子的密度不一定是形成它的母体物质的密度，如果粒子内部已存在空隙，它的密度显然就会与母体物质的密度有所不同。一般说来，液滴以及由破碎、碾磨等方法形成的固体颗粒与其母体物质的密度是相同的，但类似于烟这一类的凝聚性气溶胶粒子，因其本身往往含有空隙，粒子的密度就要比母体物质（化合物）的密度小得多。

粒子的密度可分为真密度和堆积密度。设法将吸附在粒子表面内部的空气排出后测得的粒子自身的密度称为颗粒的真密度ρ_p（kg/m^3）。呈堆积状态存在的粒子，将包括颗粒之间气体空间在内的粉体密度称为堆积密度ρ_b（kg/m^3），若孔隙率为ε，则真密度和堆积密度存在如下关系：

$$\rho_b = (1 - \varepsilon)\rho_p \tag{1-1}$$

气溶胶粒子的真密度用于研究粒子的运动行为等方面，堆积密度用于存仓或灰斗的容积确定等方面。常见工业颗粒物的真密度和堆积密度见表1-1。

表 1-1 常见工业颗粒物的真密度和堆积密度 (kg/m³)

名 称	真密度	堆积密度	名 称	真密度	堆积密度
滑石粉	2750	590~710	电炉	4500	600~1500
烟尘	2150	1200	化铁炉	2000	800
炭黑	1850	40	黄铜溶解炉	4000~8000	250~1200
硅砂粉（0.5~72μm）	2630	260	铅冶炼	6000	约 500
烟灰（0.7~56μm）	2200	70	烧结炉	3000~4000	1000
水泥（0.7~91μm）	3120	1500	转炉	5000	700
氧化铜（0.9~42μm）	6400	640	铜精炼	4000~5000	200
水泥干燥窑	3000	600	石墨	2000	约 300
白云石粉尘	2800	900	铸造沙	2700	1000
造型用黏土	2470	720~800	黑墨回收	3100	130
烧结矿粉	3800~4200	1500~2600	石灰粉尘	2700	1100
锅炉炭末	2100	600			

1.3.2 粉尘的安置角

将粉尘自然地堆放在水平面上，堆积成圆锥体的锥体角叫做静安置角或自然堆积角，一般为 35°~50°。将粉尘置于光滑的平板上，使该板倾斜到粉尘开始滑动时的倾斜角称为动安置角或滑动角，一般为 30°~40°。

粉尘的安置角是评价粉尘流动特性的一个重要指标，它与粉尘的粒径、含水率、尘粒形状、尘粒表面光滑程度、粉尘的粘附性等因素有关，是设计除尘器灰斗或料仓锥度、除尘管道或输灰管道倾斜度的主要依据。

1.3.3 粒子的表面积

一般来说粗尘表面积小，同质量的细粒子的表面积大。边长为 1cm 的立方体，表面积为 $1^2\times6\text{cm}^2$，$1/n$cm 边长的小立方体，表面积为 $6\times(1/n)^2\text{cm}^2$，在 1cm 边长的立方体中有 n^3 个小立方体，总表面积为 $6n^3/n^2=6n\text{cm}$，即表面积增加了 n 倍。

单位质量（或单位体积）粉尘的总表面积称为比表面积。假设粒子为与其同体积的球形粒子，则比表面积 $S_w(\text{m}^2/\text{kg})$ 与粒径的关系为

$$S_w=\frac{\pi d_p^2}{\frac{1}{6}\pi d_p^3\rho_p}=\frac{6}{\rho_p d_p} \tag{1-2}$$

式中，ρ_p为粒子的密度，kg/m³；d_p为粒子的直径，m。

由式（1-2）可以看出，粒子的比表面积与粒径成反比，粒径越小，比表面积越大。由于粒子的比表面积增大，它的表面能也随之增大，增强了表面活性，这对研究气溶胶粒子的湿润、凝聚、附着、吸附、燃烧和爆炸等性能有重要作用。

比表面积是气溶胶粒子的重要特征。粒子的比表面积分布在很宽的数值范围内，50

（粉尘）～1000000cm²/g（炭黑），由实测得到的表面积通常比计算的值大，因为计算中没有考虑到表面粗糙这一因素，佛斯特等人得出的比表面积与粒子大小之间的关系如图 1-1 所示，各种工业粉尘分散相的比表面积见表 1-2。

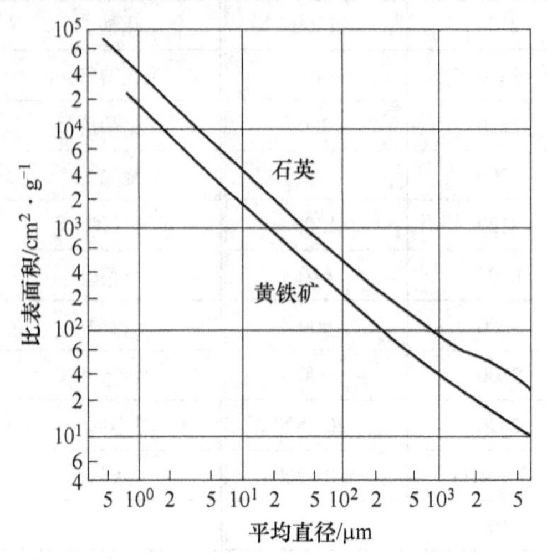

图 1-1　比表面积与粒子大小之间的关系

表 1-2　工业粉尘分散相的比表面积

分散相名称	质量中位径/μm	比表面积/cm²·g⁻¹	分散相名称	质量中位径/μm	比表面积/cm²·g⁻¹
新生成的烟草烟	0.6	100000	高炉烟尘	8	4000
细飞灰	5	6000	细炭黑	0.03	1100000
粗飞灰	25	1700	活性炭		80000000
水泥窑粉尘	13	2400	细砂	500	50

1.3.4　凝聚与附着

细微气溶胶粒子增大了表面能，即增强了粒子的结合力，一般把粒子间互相结合形成一个新的大粒子的现象称为凝聚；粒子和其他物体结合的现象称为附着。

气溶胶粒子的凝聚与附着是在粒子间距离非常近时，由于分子间引力的作用而产生的。一般粒子间距离较大时，需要有外力作用使粒子间碰撞、接触，促进其凝聚和附着。这些外力有粒子热运动（布朗运动）、静电力、超声波、紊流脉动速度等。粒子的凝聚有利于对它捕集分离。

1.3.5　湿润性

湿润现象是分子力作用的一种表现，是液体（水）分子与固体分子间的互相吸引造成的。它可以用湿润接触角（θ）的大小来表示，如图 1-2 所示。

湿润角小于 60°的，表示湿润性好，为亲水性的；湿润角大于 90°时，说明湿润性差，属憎水性的。几种矿物的气溶胶粒子湿润接触角见表 1-3。粒子的湿润性除决定于粒子成分外，还与粒子的大小、荷电状态、湿度、气压、接触时间等因素有关。

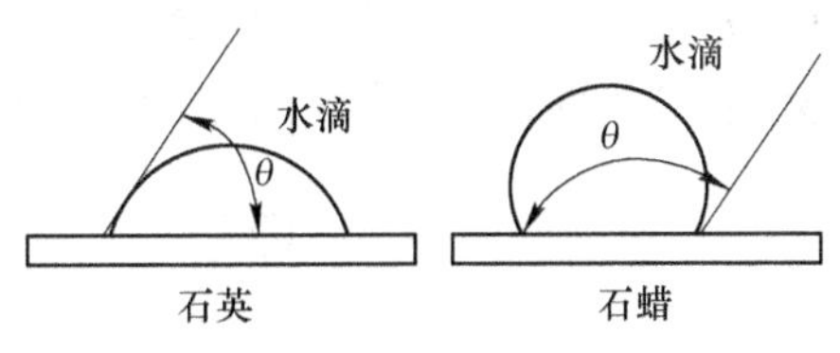

图 1-2 湿润角表示示意图

表 1-3 某些矿物的气溶胶粒子湿润接触角

名 称	接触角/(°)	名 称	接触角/(°)
黄铜矿	72	方解石	20
辉钼矿	60	石灰石	0~10
方铅矿	57	石 英	0~4
黄铁矿	52	云 母	0

气溶胶粒子的湿润性还可以用液体对试管中粒子的浸润速度来表征。通常取浸润时间为 20min，测出此时的浸润高度 L_{20}(mm)，于是浸润速度 U_{20}(mm/min) 为：

$$U_{20} = \frac{L_{20}}{20} \tag{1-3}$$

以 U_{20}作为评定气溶胶粒子湿润性指标，可将粉尘分为 4 类，见表 1-4。

表 1-4 粉尘对水的湿润性

粉尘类型	Ⅰ	Ⅱ	Ⅲ	Ⅳ
湿润性	绝对憎水	憎 水	中等憎水	强亲水
U_{20}/mm · min^{-1}	<0.5	0.5~2.5	2.5~8.0	>8.0
粉尘举例	石蜡、沥青	石墨、煤、硫	玻璃微球	锅炉飞灰、钙

在除尘净化技术中，气溶胶粒子的湿润性是选用除尘设备的主要依据之一。对于湿润性好的亲水性粒子（中等亲水、强亲水），可选用湿式除尘器。对于湿润性差（即湿润速度过慢）的憎水粒子，在采用湿式除尘器时，为了加速液体（水）对粒子的湿润，往往要加入某些湿润剂（如皂角素等）以减少固液之间的表面张力，增加粒子的亲水性。

1.3.6 粉尘的磨损性

气溶胶粒子的磨损性是指粒子在流动过程中对器壁的磨损程度。硬度大、密度高、粒径大、带有棱角的气溶胶粒子磨损性大。粒子的磨损性与气流速度的 2~3 次方成正比。在高气流速度下，气溶胶粒子对管壁的磨损显得更为重要。

在粒子净化或输运中，经常遇到的是对塑性材料的磨损，其磨损率与粒子入射角、入射速度、粒子硬度、粒径、球形度和浓度等因素有关，如图 1-3 所示。

前人曾在粒子硬度范围内对 7 种不同塑性材料做了大量研究试验，得出磨损率的经验计算式为：

$$E = kMd_p^{1.5}v^{2.3}(1.04 - \phi)(0.448\cos^2\theta + 1) \tag{1-4}$$

式中，E 为磨损率，μm/100h；k 为系数，对于235钢（A3钢），$k=1.5$；d_p 为粒径，mm；v 为入射速度，m/s；ϕ 为球形度；M 为向被磨损材料冲击的粒子通量，kg/(m^2·s)。

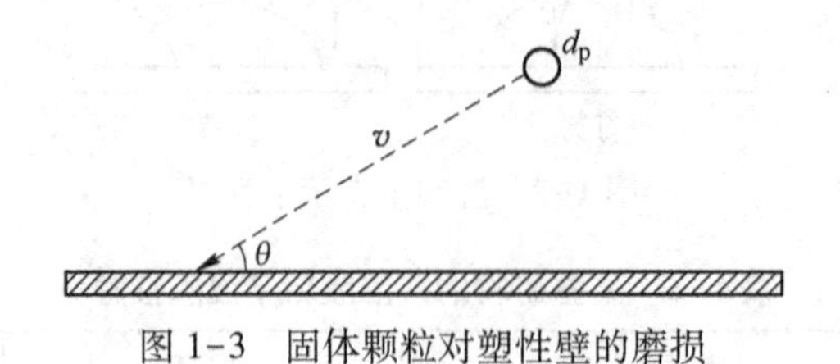

图1-3　固体颗粒对塑性壁的磨损

若已知含尘质量浓度 c（kg/m^3），M 可由下式计算：

$$M = vc\sin\theta \tag{1-5}$$

为减轻粉尘的磨损，需要适当地选取除尘管道中的气流速度和选择壁厚。对磨损性大的粉尘，最好在易磨损的部位，如管道的弯头、旋风除尘器的内壁采用耐磨材料作内衬，除了一般的耐磨材料外，还可以采用铸石、铸铁等材料。

1.3.7　粒子的光学性质

由于大气中气溶胶粒子对光的散射，可见度大为降低，这也是一种空气污染现象，城市中这种污染最强烈。粒子对光的散射是测定气溶胶的浓度、粒子大小，和决定气溶胶云的光行为的方法。

概括地说，单个粒子对光的散射与其粒径、折射指数、粒子形状和入射光的波长有关。空间中任何一点的辐射强度是由光源和汇的布置、气溶胶的空间分布、粒径分布和组成决定的。

光线射到气溶胶粒子上后有两个不同过程发生：粒子接受到的能量可被粒子以相同波长再辐射，再辐射可发生在所有方向上，但不同方向上有不同强度，这个过程称为散射；另一方面，辐射到粒子上的辐射能可变为其他形式的能，如热能、化学能或不同波长的辐射，这些过程称为吸收。在可见光范围内，光的衰减对黑烟是吸收占优势，而对水滴是散射占优势。

由于含气溶胶气流的光强减弱程度与粒子的透明度、形状、粒径的大小和浓度有关，粒子大于光的波长和小于光的波长对光的反射的作用是不相同的，所以在除尘净化中可以利用尘粒的光学特性来测定气溶胶的浓度和分散度。

1.3.8　粒子的电学性质

气溶胶粒子的电性质主要反映在粒子所带电荷的大小和极性，几乎所有的粒子，无论是天然的，还是人造的，都一定程度地荷电，雨滴通常是荷电的，闪电证明了这一自然荷电过程。飞机在穿过雨雪时有强烈的无线电干扰，在飞机穿过尘风暴时也同样发生静电干扰。

1.3.8.1　荷电性

所有的自然粉尘和工业粉尘正电荷与负电荷两部分几乎相等，所以任何悬浮粉尘整体多呈中性。雾和烟的荷电程度比粉尘低，新鲜的雾是不荷电的，烟雾的电荷不是来源于机械作用，而是由于高温火焰的作用。低温烟雾没有离子来源，因此它们最初不荷电的。

由于破碎时的摩擦、粒子间的撞击、天然辐射、外界离子或电子附着等原因，悬浮于空气中的粉尘通常都带有电荷。粉尘的荷电量与它的大小、质量、湿度、温度及成分等因素有关。某些分散相的电荷情况见表 1-5。

表 1-5 某些分散相的电荷

分散相	电荷分布/%			比电荷/C·kg^{-1}	
	+	-	中	+	-
飞灰	31	26	43	6.3×10^{-6}	7×10^{-6}
石膏尘	44	50	6	5.3×10^{-6}	5.3×10^{-6}
炼铜厂粉尘	40	50	10	0.66×10^{-6}	1.3×10^{-6}
铅雾	25	25	50	0.01×10^{-6}	0.01×10^{-6}
实验室油雾	0	0	100	0	0

1.3.8.2 导电性

粒子的导电性通常用比电阻表示，是指面积为 1cm^2、厚度为 1cm 的粒子层所具有的电阻值，单位为 Ω·cm。粒子比电阻由实验方法确定。几种粒子的比电阻见表 1-6。

表 1-6 几种粒子的比电阻

粒子种类	比电阻/Ω·cm	备注	粉尘种类	比电阻/Ω·cm	备注
贫氧化铁矿	3.89×10^{10}	未烘干	白云石砂	4.0×10^{12}	
中贫氧化铁矿	8.50×10^{10}	未烘干	石灰	5.0×10^{12}	
富氧化铁矿	7.20×10^{10}	未烘干	黏土	2.0×10^{12}	
镁砂	3.00×10^{13}		盐湖镁砂	3.0×10^{12}	

粒子的导电性对电除尘器的工作影响很大，过低过高都会使除尘效率下降，最适宜的范围是 $10^4\sim5\times10^{11}$Ω·cm。

1.3.9 粒子的自燃性和爆炸性

当物料被研磨成粉料时，总表面积增加，表面能增大，从而提高了颗粒物的化学活性，特别是提高了氧化产热的能力，在一定条件下会转化为燃烧状态。

各种粒子的自燃温度相差很大。根据不同的自燃温度可将可燃性粒子分为两类：第一类粒子的自燃温度高于环境温度，因而只能在加热时才能引起自燃；第二类粒子的自燃温度低于环境温度，甚至在不加热时都可能自燃，这种粒子造成火灾的危险性最大。

粒子爆炸，指在封闭空间内可燃性悬浮粒子在爆炸极限范围内，遇到热源（明火或温度），火焰瞬间传播于整个混合粉尘空间，化学反应速度极快，同时释放大量的热，形成很高的温度和很大的压力，系统的能量转化为机械功以及光和热的辐射，具有很强的破坏力。

引起可燃性粒子爆炸必须具备三个条件：一是可燃性粒子以适当的浓度在空气中悬浮，形成人们常说的粒子云，具有爆炸性的粉尘有金属（如镁粉和铝粉）、煤炭、粮食（如小麦和淀粉）、饲料（如血粉和鱼粉）、农副产品（如棉花和烟草）、林产品（如纸粉和木粉）、合成材料（如塑料和染料），某些厂矿生产过程中产生的粉尘，特别是一些有机物加工中产生的粉尘，在某些特定条件下会发生爆炸燃烧事故；二是有充足的空气和氧化剂；三是存在能量足够且具有一定温度的火源。能引起爆炸的最低浓度称为爆炸下限，最高浓度称为爆炸上限。可燃混合物的浓度低于爆炸下限或高于爆炸上限时，均无爆炸危险。爆炸下限对防爆更有意义。表1-7列出了某些粒子爆炸浓度的下限。

表1-7 某些气溶胶粒子爆炸浓度的下限 (g/m^3)

粒子名称	爆炸浓度	粒子名称	爆炸浓度	粒子名称	爆炸浓度
铝粉末	58.0	玉栗粉	12.6	硫黄	2.3
豌豆粉	25.2	亚麻皮屑	16.7	硫矿粉	13.9
木屑	65.0	硫的磨碎粉末	10.1	页岩粉	58.0
渣饼	20.2	奶粉	7.6	烟草末	68.0
樟脑	10.1	面粉	30.2	泥炭粉	10.1
煤末	114.0	萘	2.5	棉花	25.2
松香	5.0	燕麦	30.2	茶叶末	32.8
饲料粉末	7.6	麦糠	10.1	一级硬橡胶尘末	7.6
咖啡	42.8	沥青	15.0	谷仓尘末	227.0
染料	270.0	甜菜糖	8.9	电焊尘	30.0

1.4 气溶胶的表征量

严格来说，表征气溶胶的量或者说表征气溶胶的参数可以有无穷多。因为气溶胶的物理特性、化学特性、环境效应以及生物学效应等随着它的母体物质、产生方式、悬浮方式、粒径大小、环境条件等的不同而千差万别，所以依研究角度和目的的不同，可以用不同的方法加以表征。不过，从气溶胶的整体角度看，其“浓度”特征和“粒度”特征是人们最为关心的。

气溶胶浓度和粒度这两个基本的表征量是研究气溶胶力学的基础。无论研究气溶胶的形成和产生，还是研究气溶胶的各种运动规律，无论是研究气溶胶的各种基本技术（例如采样技术、测量技术、净化技术、通风防尘技术等），还是研究气溶胶的各种效应（如生物效应、大气环境影响效应等），几乎都离不开这两个表征量。

1.4.1 气溶胶的浓度

气溶胶浓度是指单位空气体积中气溶胶的某一物理量值的大小。在不同情况下，不同类型的气溶胶所包含的物理量（例如粒子数、质量、放射性活度、化学成分等）有极大的差异，针对不同的研究角度，人们关心的物理量就会各有不同，因此，相对于不同的物理量则有不同的“浓度”。若关心单位空气体积中气溶胶粒子数的多少，则用粒子数浓度（$1/m^3$）表征；若关心单位空气体积中气溶胶粒子的质量的多少，则用质量浓度（kg/m^3）表征；若关心放射性活度的多少，则用活度浓度（Bq/m^3）表征，等等。另外，气溶胶的成分是十分复杂的，纯粹由单一物质形成的所谓“均质”气溶胶，在实际生活中绝难见到，所以人们往往还关心气溶胶粒子中某些特定物质（例如各种化学有害有毒物质）和微量元素（例如砷、硅等）的含量。为此，可以用这些相应的物质或微量元素的含量表征浓度值。这就是说，关心气溶胶粒子的什么量即可用什么量的浓度值表征。可见，泛泛地说气溶胶浓度没有意义，必须指出是什么浓度。

1.4.2　气溶胶的粒度

实际生活中的气溶胶粒子不仅成分复杂，粒子大小也不均匀。纯粹由一种大小的粒子组成的气溶胶，称为单分散度气溶胶。这种单分散度气溶胶，除非用专门的方法或设备产生以用于专门的研究工作，在实际的空气环境中都是不存在的。人们遇到的气溶胶都是具有不同粒径大小，而且具有一定分布规律的多分散度气溶胶。实际上研究气溶胶的粒度有时甚至比研究它的浓度更有意义。

气溶胶的粒度分布是指气溶胶的某一物理量相对于粒子大小的分布关系，因此，气溶胶的粒度分布同样要指明是什么量与粒子大小的关系，或者说是什么量的粒度分析。例如，研究气溶胶的粒子数与粒径大小的关系，就是粒数-粒度分布；研究质量与粒子大小的关系，就是质量-粒度分布；研究放射性活度与粒子大小的关系，就是活度-粒度分布，等等。当然，还可以研究气溶胶中其他各种有害物质与粒子大小的关系。

1.5　气溶胶研究的意义

气溶胶是一种客观存在，在地球大气层中可谓无时不在，无处不有。人类有生活与生产活动就会有气溶胶，即使无生产活动也会有火山爆发、星外粒子云及各种生物自然现象产生的天然气溶胶。如自然界中存在的氡子体和氡子体形成的氡子体气溶胶就是典型的天然气溶胶。气溶胶的存在有利有害。如果大气层中没有气溶胶粒子，大气中的水蒸气没有凝聚核，一般就形不成雨滴，下雨也许就不可能；高空大气层中如果没有微粒物，太阳光的折射、散射等光学现象就将是另一样子，我们见到的蔚蓝的大空也许就将是另一景观；液体燃料在燃烧前喷成雾状、固体燃料在燃烧前磨成粉末可以提高燃烧效率等。人类的生产和生活活动许多地方都要用到气溶胶。

在人类的生产活动中，随着生产规模的扩大，环境污染日趋严重。在对岩石、矿物的钻探、开采和对矿石的加工过程中都向空气中散发大量粉尘（或烟尘），对人的健康危害很大，生产过程中粉尘（或烟雾）的发散，还会使设备磨损，使各种产品的质量降低，影响照明，降低劳动生产率。据研究，人类的健康状况与气溶胶直接相关，各类呼吸系统疾病、心血管疾病以及哮喘、肺功能衰竭、肺癌等等造成了成年人的过早死亡。污染空气对儿童的影响和危害则更大。在各种生产场所，特别是从事各种有毒、有害物质生产的工作场所，各种职业病的发生与职业性气溶胶的浓度和粒度直接相关。

由于气溶胶与人类的生产和生活有密切关系，所以对气溶胶的研究早在19世纪末已开始，在20世纪60~70年代达到高峰。目前气溶胶的基础理论已相当完善，有关气溶胶的实用技术随着科技的进步也日益成熟，这些技术主要包括采样、测量、净化及防护等。气溶胶危害的生理学和病理学的研究，对气溶胶的监测技术和控制技术提出了更高的要求，也为空气污染的微粒物控制标准的制定提供了依据。对作业场所气溶胶的防护与防治，对大气气溶胶的控制与治理，都需要坚实新颖的监测技术、防治技术和其他应用技术。而气溶胶力学所研究的内容是各种控制措施中收集气溶胶粒子的机理以及在收集过程中气流的流场和能量损失，是气象、环境保护、劳动保护等学科的理论基础。为了对气溶胶科学的概貌先有一个大致了解，表1-8给出了气溶胶科学中可能涉及的一些基本内容的大致情况。

表 1-8 气溶胶科学概要一览表

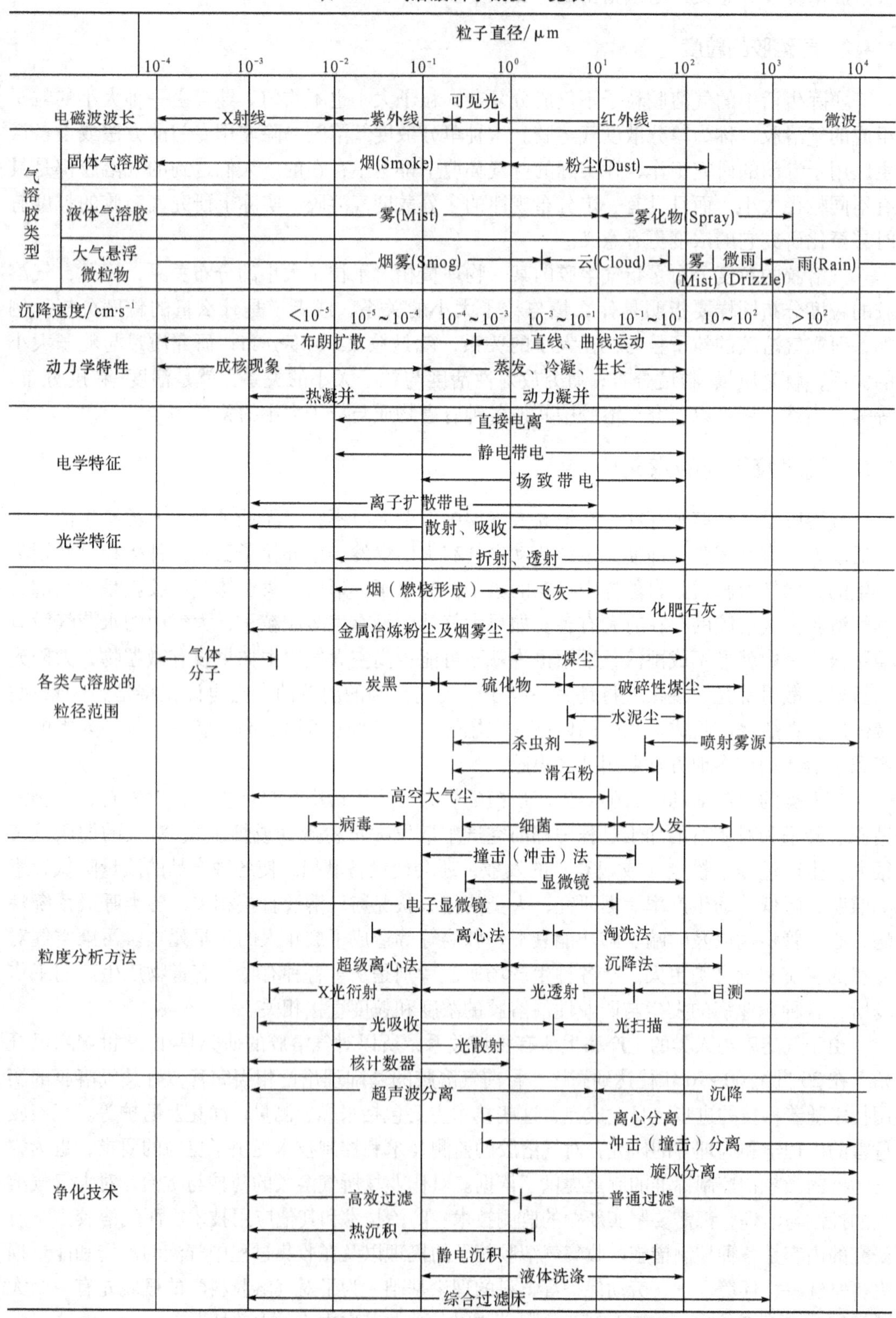

复习思考题

1-1 什么是气溶胶、分散相和分散介质?

1-2 针对不同的形成方式和来源，气溶胶可分成几类?

1-3 气溶胶粒子有哪些物化特性?

1-4 衡量气溶胶粒子湿润性有哪些指标?

1-5 可燃性气溶粒子爆炸必须具备三个条件是什么?

1-6 表征气溶胶的物理量指标有哪些?

2 气溶胶的粒径和粒径分布

【学习要点】

本章主要介绍了气溶胶的粒径（投影径、几何当量径、物理当量径）和气溶胶的粒径分布（粒子的统计直径、粒径分布函数）。不同的粒子只有用同一种粒径表示时才可进行比较。大气污染物中的PM10、PM2.5是采用空气动力学直径表示的污染颗粒物。通过粒子的统计直径可以获知气溶胶中占主导作用的粒子直径，从而选择合适的通风除尘方法。粒径分布一般是任意的，但还是近似地符合某些规律，可以用分布函数进行表示。

在一个气溶胶体系中，气溶胶粒子的大小并不是一致的，形状也不规则。纯粹用一种大小或形状均一规则的粒子组成的气溶胶实际上是不存在的，也就是说，现实生活中，并不存在由相同大小粒子组成的单分散度（单分散相）气溶胶，实际的气溶胶是由不同大小且形状也不规则的粒子组成，具有一定的分散性，即粒子大小是多分散度的，这就是多分度或多分散相气溶胶。虽然如此，对于一个特定的气溶胶体系，这种分散性往往都具有一定的统计学规律，即粒子大小呈一定的统计分布状态，这就是本章要讨论的气溶胶的粒径和粒径分布特性及其表示方法。

气溶胶颗粒的大小（粒径）是气溶胶重要的物理性质之一，许多其他性质都与其有关。如气溶胶对人体的危害在很大程度上取决于粒径的大小；对气溶胶的捕集、从空气中清除气溶胶等都要考虑气溶胶粒径的大小。气溶胶的粒径对大小均匀的球形颗粒来说是指球形的直径，但在实际中的大多数粒子，不但大小不同，而且形状各不一样，只能根据实际情况进行定义，即对气溶胶大小的意义及其表示方法要有明确的概念。

2.1 气溶胶的粒径

2.1.1 粒子的形状

气溶胶由于产生的方式不同而具有不同的形状，在很少情况下是球形（植物花粉、苞子等）或其他规则形状。对于不规则形状的粒子，可以根据其三个方向（长、宽、高）的比例分成三类：

（1）近似立方体（各向同长的粒子）。粒子在三个方向上的总长度都大致相同，如球形粒子、多面体粒子等属于这一类。

（2）平板状粒子。两个方向上的长度比第三个方向上的要长得多，如片状、盘状粒子属于这一类。

（3）针状粒子。一个方向上的长度比另两个方向上的要长得多，如纺织工业中棉毛形成的气溶胶粒子是典型的针状粒子。

在实际中，大多数气溶胶属于第一类。对于不规则气溶胶，为了评价其对球形的偏离程度，采用球形系数（球形度）的概念。球形系数（ψ_s）就是指同样体积的球形粒子的表面积与粒子实际表面积之比。对于球形粒子 $\psi_s=1$；而对于其他形状的粒子 $\psi_s<1$，形状越接近于球形，ψ_s 越接近于1。如正八面体 $\psi_s=0.846$，立方体为0.806，四面体为0.670。对于圆柱体 $\psi_s=2.62\left(\frac{l}{d}\right)^{2/3}\left(1+\frac{2l}{d}\right)^{-1}$，当 $\frac{l}{d}=10$ 时，$\psi_s=0.579$，不同物料的球形系数是不一样的（可查有关参考书）。表2-1是某些物料的球形系数（球形度）的试验数据。

表2-1　某些气溶胶物料的球形系数（球形度）

物　料	ψ_s	物　料	ψ_s
铁催化剂	0.578	砂子	0.534~0.628
烟煤	0.625	硅石	0.554~0.628
塑料圆柱体	0.861	粉煤	0.696
碎石	0.63		

2.1.2　单一气溶胶粒径的定义

气溶胶颗粒形状很不规则，为了有统计上的相似意义，需采用适当的代表尺寸来表示各个粒子的粒径。一般有三种形式的粒径表示，即投影径、几何当量径和物理当量径。

2.1.2.1　投影径

投影径是指粒子在显微镜下所观察到的粒子，粒子投影径的表示如图2-1所示。

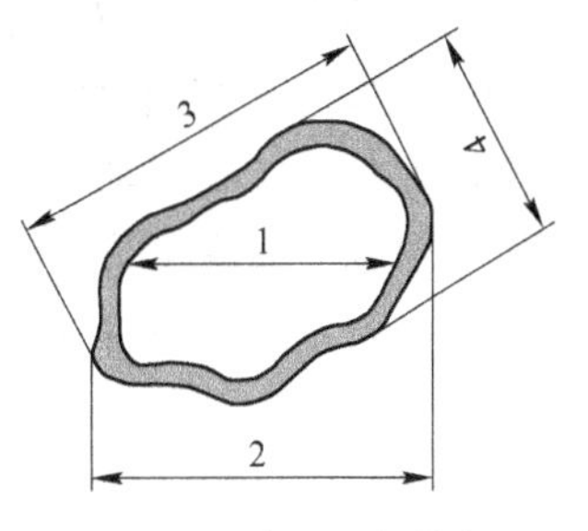

图2-1　粒子的投影径

1—面积等分径；2—定向径；3—长径；4—短径

（1）面积等分径。指将气溶胶的投影面积二等分的直线长度，通常采用等分线与底边平行。

（2）定向径。指粒子投影面上两平行切线之间的距离，它可取任意方向，通常取其与底边平行。

（3）长径。不考虑方向的最长径。

（4）短径。不考虑方向的最短径。

2.1.2.2　几何当量径

几何当量径是指取粒子的某一几何量（面积、体积等）相同时的球形粒子的直径。

（1）等投影面积径 d_A(m)。指与粒子的投影面积相同的某一圆面积的直径：

$$d_A=\sqrt{\frac{4A_p}{\pi}}=1.128\sqrt{A_p} \tag{2-1}$$

式中，A_p 为粒子的投影面积，m^2。

（2）等体积径 d_u(m)。指与气溶胶体积相同的某一圆球体积的直径：

$$d_u = \sqrt[3]{\frac{6V_p}{\pi}} = 1.24\sqrt[3]{V_p} \tag{2-2}$$

式中，V_p 为粒子的体积，m^3。

（3）等面积径 d_S(m)。指与粒子外表面积相同的某一圆球的直径：

$$d_S = \sqrt{\frac{S}{\pi}} = 1.77\sqrt{S} \tag{2-3}$$

式中，S 为粒子的外表面积，m^2。

（4）体面积径 d_{Su}(m)。粒子的外表面积与体积之比相同的圆球的直径：

$$d_{Su} = \frac{d_u^3}{d_S^2} \tag{2-4}$$

2.1.2.3　物理当量径

物理当量径取粒子的某一物理量相同时的球形粒子的直径。

（1）阻力径 d_d(m)。指在相同黏性的气体中，速度 u 相同时，气溶胶粒子所受到的阻力 F_d 与圆球所受的阻力相同时的圆球直径：

$$F_d = C_d A_p \rho_g \frac{u^2}{2} \tag{2-5}$$

式中，C_d为阻力系数；ρ_g 为气体密度，kg/m^3；A_p 为垂直于气流方向的粒子断面积，m^2。

而 C_d、A_p 为粒子直径 d_p 的函数，由此可得出粒子的阻力径 d_d。

（2）自由沉降径 d_f。指在特定气体中，密度相同的粒子，在重力作用下自由沉降所达到的末速度与圆球所达到的末速度相同时的球体直径。

（3）空气动力径 d_a。指在静止的空气中粒子的沉降速度与密度为 $1000kg/m^3$ 的圆球粒子的沉降速度相同时的圆球粒子的直径。是 1966 年国际放射防护委员会（ICRP）为了对不同形状粒子的运动特征能够作等效比较而提出的。如果知道了气溶胶粒子的几何直径 d_g，又知道了气溶胶粒子的密度和表示不规则形状特性的形状因子，就可以换算出气胶溶粒子的空气动力学直径 d_a，即

$$d_a = \left(\frac{\rho}{\rho_0}\right)^{\frac{1}{2}} k_a d_g \tag{2-6}$$

式中，ρ 为气溶胶粒子的密度，kg/m^3；ρ_0 为单位密度，即取 $\rho_0 = 1000kg/m^3$；k_a 为空气动力形状因子，由式（2-7）定义，通常由实验测出，一些物质所形成的气溶胶粒子的动力形状因子见表 2-2。

表 2-2　不规则形状粒子的空气动力形状因子

母体物质	煤	玻璃	石英	陶瓷黏土	岩石
d_g/μm	0.6~4.3 5~15	2~10	0.7~1.9 >4	2~8	3.5~12
k_a	0.70 0.74	0.68	0.68 0.66	0.62	0.63

$$k_a = \frac{d_{St}}{d_g} \tag{2-7}$$

式中，d_g 为气溶胶粒子的几何直径，m；d_{St}为斯托克斯（Stokes）径，由式（2-8）计算。

由式（2-6）可知，已知粒子的几何直径，通过粒子的密度及其形状因子即可换算出相应的空气动力学直径。空气动力学直径是气溶胶力学中用得最多的表征量之一，必须了解其物理意义。

（4）斯托克斯（Stokes）径 d_{St}(m)：指在层流区内（对粒子的雷诺数 $Re_p<1$）的空气动力径。即

$$d_{St} = \left[\frac{18\mu_g u}{(\rho_p - \rho_g)g}\right]^{\frac{1}{2}} \tag{2-8}$$

式中，μ_g 为空气动力黏性系数，Pa · s；ρ_p 为粒子的密度，kg/m^3；ρ_g 为气体的密度，kg/m^3；u 为沉降速度，m/s；g 为重力加速度，m/s^2。

斯托克斯径与阻力径和等体积径的关系为：

$$d_{St}^2 = \frac{d_u^3}{d_d^2} \tag{2-9}$$

还可以根据粒子的其他几何、物理量来定义气溶胶的粒径。同一粒子按不同定义所得到的粒径在数值上是不同的，因此在使用气溶胶的粒径时，必须清楚了解所采用的粒径的含义。不同的粒径测试方法，得出不同概念下的粒径，如用显微镜法测得的是投影径，用沉降管法测得的是斯托克斯径，用光散射法测定时为等体积径，过滤除尘常应用几何径等。除尘器分级效率为50%的粒子直径称分割粒径（临界粒径）d_{c50}。

2.2　气溶胶的粒径分布

2.2.1　气溶胶粒子的统计直径

2.2.1.1　平均粒径

在自然界或工业生产过程产生的气溶胶，不仅形状不规则，而且其粒度分布范围也广。当这些粒子都具有同一粒径时称为均一性气溶胶或单分散性气溶胶，而粒径各不相同时则称为非均一性气溶胶或多分散性气溶胶。在实际中遇到的气溶胶大多数为多分散性气溶胶，对于这种气溶胶由于“平均”的方法不同，其平均粒径也有不同的定义。

（1）数目平均径 $\overline{d_{10}}$（算术平均径）。指气溶胶直径的总和除以气溶胶的颗粒数，即

$$\overline{d_{10}} = \frac{1}{N}\sum d_i n_i \tag{2-10}$$

式中，N 为气溶胶的颗粒总数，即 $N=\sum n_i$；d_i为第 i 种气溶胶的直径；n_i为粒径为 d_i 的气溶胶颗粒数。

（2）平均表面积径 d_{20}。指气溶胶表面积的总和除以气溶胶的颗粒数，即

$$\overline{d_{20}} = \left(\frac{1}{N}\sum d_i^2 n_i\right)^{\frac{1}{2}} \tag{2-11}$$

平均表面径特别适用于研究气溶胶的表面特性。

(3) 体积平均径 d_{30}。指各气溶胶的体积的总和除以气溶胶的颗粒数，即

$$\overline{d_{30}} = \left(\frac{1}{N}\sum d_i^3 n_i\right)^{\frac{1}{3}} \tag{2-12}$$

一般情况下 $d_{10}<d_{20}<d_{30}$。

(4) 线性平均径 d_{21}（面积长度平均径）为：

$$\overline{d_{21}} = \frac{\sum d_i^2 n_i}{\sum d_i n_i} \tag{2-13}$$

(5) 体积表面平均径 d_{32}为：

$$\overline{d_{32}} = \frac{\sum d_i^3 n_i}{\sum d_i^2 n_i} \tag{2-14}$$

(6) 质量平均径 d_{43}为：

$$\overline{d_{43}} = \frac{\sum d_i^4 n_i}{\sum d_i^3 n_i} \tag{2-15}$$

(7) 几何平均径 d_g。是指几个气溶胶粒径连乘积的 n 次方，即

$$\overline{d_g} = \sqrt[n]{d_1^{n_1} d_2^{n_2} d_3^{n_3}} \tag{2-16}$$

可以根据不同的要求选择不同平均径的表达式。如为了表示气溶胶的密度与在重力场和惯性力场下的沉降速度，应取平均表面径；而在通风除尘中几何平均径、中位直径具有重要意义。

2.2.1.2 中位直径

中位直径表示一组气溶胶粒子中大于该直径的粒子数和小于该直径的粒子数各占一半，即累计分布曲线中 1/2 处的粒径，通常用 d_M 表示。数目中位直径（d_{CM}）位于数量累计分布 0.5 处；质量中位径（d_{MM}）位于质量累计分布 0.5 处。如某作业场所测定的气溶胶粒径见表 2-3，从表中的数据可估计出数目中位直径（d_{CM}）约为 7.0μm。中位直径是个很有意思的量，后面将会看到，对于正态分的气溶胶，中位直径等于算术平均直径（由表 2-3 看出算术平均径也是 7.0μm），由此可以看出，表 2-3 所测的数据是一种正态分布的气溶胶，而对于正态分布的气溶胶，中位径等于几何平均径。

表 2-3 某作业场所测定的气溶胶粒径分布数据

序号	粒径范围 /μm	粒径间隔 Δd_i/μm	居间粒径 d_i/μm	相应粒径范围的粒径上限 $d_{i,\max}$/μm	Δd_i 间隔内的粒子数 n_i	Δd_i 内的粒子数百分比 ($n_i/\sum n_i$)/%	≤$d_{i,\max}$的累积百分比/%
1	0~2	2	1.0	2	24	4.3	4.3
2	2~4	2	3.0	4	60	10.8	15.1
3	4~6	2	5.0	6	84	15.1	30.2
4	6~8	2	7.0	8	132	23.7	53.9

续表 2-3

序号	粒径范围 /μm	粒径间隔 Δd_i/μm	居间粒径 d_i/μm	相应粒径范围的粒径上限 $d_{i,max}$/μm	Δd_i 间隔内的粒子数 n_i	Δd_i 内的粒子数百分比 $(n_i/\sum n_i)$/%	$\leqslant d_{i,max}$的累积百分比/%
5	8~10	2	9.0	10	115	20.7	74.6
6	10~12	2	11.0	12	88	15.8	90.5
7	12~15	3	13.5	15	53	9.5	100
8	>15	—	—	—	21	—	—

注：$\sum n_i=554$，$d_{MO}=7.0\mu m$，$d_{CM}=7.0\mu m$，$\bar{d}=7.0\mu m$，$\sigma=3.1$，$d_g=6.2\mu m$，$\sigma_g=1.6$。

2.2.1.3 众数直径

在一组气溶胶粒于中，出现粒子数最多（出现频率最大）的粒子直径（当然是指单峰分布的溶胶）称为众数直径，通常表示为 d_{MO}。相对于粒子数出现频率最大的众数直径称为粒数众数直径，同理有质量众数直径等。对于服从正态分布的气溶胶，众数直径等于中位直径，也等于算数平均直径，即 $d_{MO}=d_M=d$。

2.2.2 气溶胶的粒度分布（分散度）

气溶胶是各种不同粒径的粒子组成的集合体，显然，单纯用平均粒径来表征这种集合体是不够的，它不能充分反映粒子群的组成特征。在气溶胶力学中经常用“分散度”这一概念。

2.2.2.1 分散度

分散度是指气溶胶整体组成中各种粒度的粒子所占的百分比。分散度又称粒度分布，有两种表示方法。

（1）数量分散度（粒度分布）。它是以气溶胶颗粒数为基准计量的，用各粒级区间的颗粒数占总颗粒数的百分数表示，即

$$P_{n_i}=\frac{n_i}{\sum n_i}\times 100\% \tag{2-17}$$

式中，P_{n_i}为 i 粒级区间粒子的数量百分比,%；n_i 为 i 粒级区间粒子的颗粒数。

（2）质量分散度（粒径分布）。它是以气溶胶的质量为基准计量的，用各粒级区间气溶胶的质量占总质量的百分数表示，即

$$P_{m_i}=\frac{m_i}{\sum m_i}\times 100\% \tag{2-18}$$

式中，P_{m_i}为 i 粒级区间粒子的质量百分比,%；m_i 为 i 粒级区间粒子的质量。

2.2.2.2 数量分散度与质量分散度之间的关系

如果气溶胶是均质球形颗粒，可用下式表示两者关系，即

$$P_{m_i}=\frac{n_i d_i^3}{\sum n_i d_i^3}\times 100\% \tag{2-19}$$

式中，d_i 为 i 粒级粒子的代表粒径。

在计量气溶胶粒径分布时，需划分为若干个粒级区间进行测量，粒级区间的划分要根

据气溶胶组成状况、研究目的和测定方法等确定。

利用显微镜观察气溶胶粒径时，得出的是各粒径区间的气溶胶颗数，可根据此计算出气溶胶数量粒径分布。用沉降、筛分等方法测定气溶胶粒径时，得出的是各粒级区间的气溶胶质量，可用根据此计算出气溶胶的质量粒径分布。

2.2.3　粒径的频谱分布

2.2.3.1　表示粒径大小分布数据的方法

A　列表法

粒径分布可以用表格或图形来表示。最简单的是列表法，即将粒径分成若干个区段，然后分别列出每个区段的气溶胶个数或质量（用质量分数表示）。表 2-4 是用列表法表示粒径分布的例子。

表 2-4　气溶胶的粒径分布

区　间	1	2	3	4	5	6
粒径区间 d_{p_i}/μm	0.6~1.4	1.4~2.2	2.2~3.0	3.0~3.8	3.8~4.6	4.6~5.4
平均粒径 d_{p_i}/μm	1.0	1.8	2.6	3.4	4.2	5.0
颗粒数 n_i	1480	3170	1966	657	200	48
数量百分比 P_{n_i}/%	19.68	42.15	26.14	8.74	2.66	0.64
等效质量 $n_i d_i^3$	1480	18487	34554	25823	14818	6000
质量百分比 P_{m_i}/%	1.46	18.27	34.16	25.53	14.65	5.93
相对频率 $\frac{P_{m_i}}{d_{p_i}}$/%·μm^{-1}	1.83	22.84	42.70	31.91	18.31	7.41
筛上累计 R_j/%	100	98.54	80.27	46.11	20.58	5.93
筛下累计 D_j/%	0	1.46	19.73	53.89	79.42	94.07

B　图示法

a　频率分布图

除列表法外，还可以用图形明确表示粒径分布，通常是作出各种粒径的直方图。以横坐标为粒径，纵坐标为粒子数（或频率），如图 2-2 所示。在直方图中，每一级的高度与在该级中的粒子数成正比，如果所计算的粒子数足够多时，通过每级直方图的中心可连接成光滑曲线，称频率曲线。

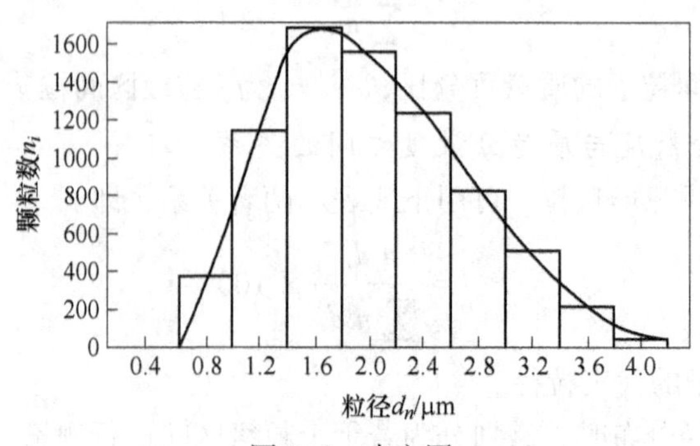

图 2-2　直方图

b　相对频率（或频率密度）分布

指粒径由 d_p 至 $d_p+\Delta d_p$ 之间的粒子质量占气溶胶试样总质量的百分数，即

$$\Delta D=\frac{\Delta m}{m}\times 100\% \tag{2-20}$$

用图示法表示粒径分布时，横坐标代表粒径、纵坐标代表该粒径范围内的粒子百分比或称频率。通过每级直方图连接成的光滑曲线称为频率曲线，该曲线可用函数表示（即 $D=f(d_p)$），这种直方图称为频率分布图，如图 2-3 所示。

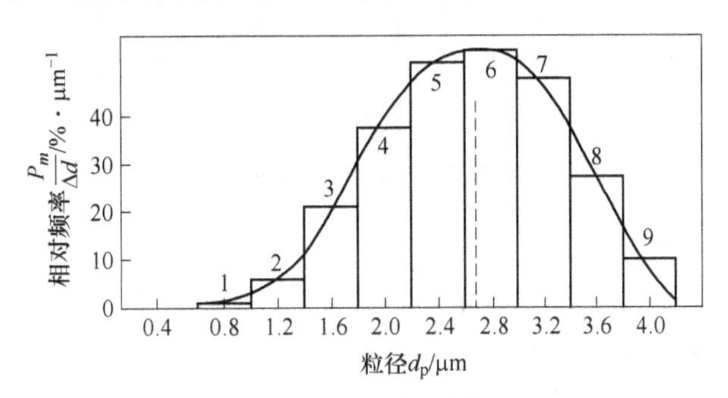

图 2-3　频率密度分布图

频率密度（简称频度）分布 f(%/μm) 指粒径组距 1μm 时的相对频分布，即

$$f=\frac{\Delta D}{\Delta d} \tag{2-21}$$

同样可画出频率密度分布的直方图或曲线，如图 2-3 所示。

当粒径分布的频率很宽时，可采用对数坐标，这时横坐标为 $\lg d_p$、而纵坐标为 $dD_j/d(\lg d_p)$，如图 2-4 所示。

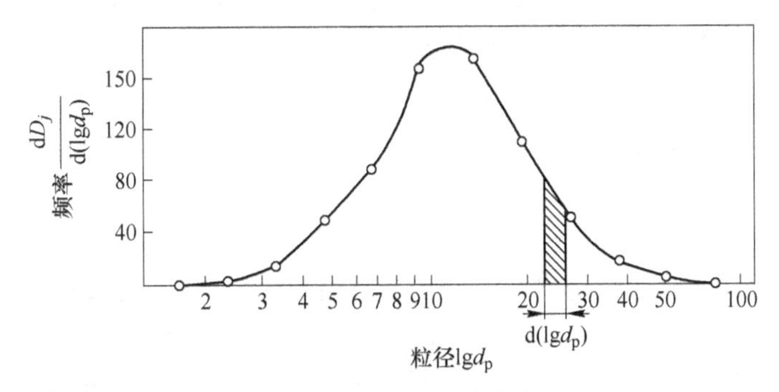

图 2-4　粒径对数正态分布图

c　累计频率分布

除此之外，粒径分布可用累计频率曲线来表示。当纵坐标为大于该粒径的累积百分数时，称为筛上累计频率分布曲线 R_j；当纵坐标为小于该粒径的累积百分数时，称为筛下累计频率分布曲线 D_j。即

$$R_j=\int_{d_p}^{d_{max}}dD=100-\int_{d_{min}}^{d_p}dD \tag{2-22}$$

由于

$$D_j=\int_{d_{min}}^{d_p}dD \tag{2-23}$$

故　$$R_j + D_j = 100 \tag{2-24}$$

图 2-5 为表 2-3 累计分布曲线的例子。

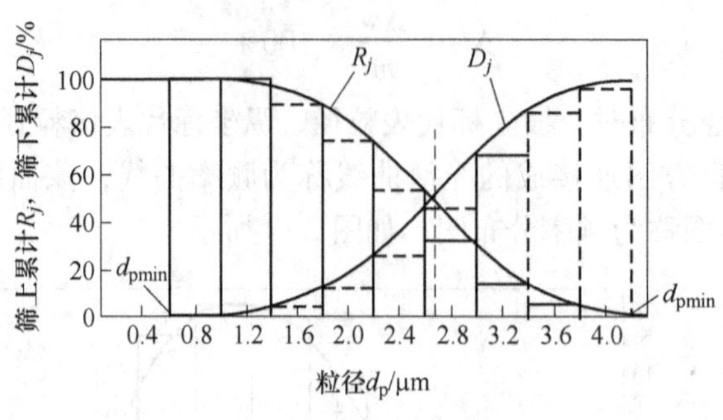

图 2-5　累积分布曲线

2.2.3.2　粒径分布函数

尽管气溶胶的粒径分布可以用表格和图形表示，然而在某些场合下用函数形式表示要方便得多。一般来说粒径的分布是随意的，但它近似地符合于某些规律，因而可用一些分布函数来表示。目前已得到一些半经验方程用来描述气溶胶的粒径分布特征，如：

（1）正态分布函数。该函数包括两个常数，符合正态分布的气溶胶粒径是极少见的，但它是各种分布函数的基础。

（2）对数正态分布函数。该函数包括两个常数，是广泛而经常应用的分布函数，可用来描述大气中或生产过程中的气溶胶粒径分布。

（3）韦布尔（Weibull）分布。该分布具有三个常数，可用来描述生产过程中的气溶胶，特别是具有极限最小粒径的气溶胶分布。

（4）洛森-莱姆莱尔（Rosin-Rammler）函数。该函数具有两个常数，用来描述比较粗的气溶胶和雾，它是韦布尔分布的特殊情况。

（5）洛莱尔（Roller）分布。该分布包括两个常数，用来描述气溶胶工业材料。

下面对上述几种分布函数进行描述和分析。

A　正态分布（Gauss 高斯分布）

实际存在的气溶胶，一般来说，其粒度分布都服从一定的统计学规律。对于服从正态分布规律的气溶胶，气溶胶粒子出现的频率与粒径间的关系将如图 2-6(a) 所示，在粒径为等间距的普通坐标上画出频率-粒径关系图来，相对于概率出现最大的粒径是对称的；若粒径用对数坐标表示，则如图 2-6(b) 所示显得不对称了。这个概率出现最大的粒径即是众数直径。

对于服从正态分布的气溶胶，用两个表征参数即平均直径$\overline{d_p}$和标准偏差 σ 即可描述其粒度分布特征，其最简单的函数形式为：

$$f(d_p) = \frac{100}{\sigma\sqrt{2\pi}}\exp\left[-\frac{1}{2}\left(\frac{d_p - \overline{d_p}}{\sigma}\right)^2\right] \tag{2-25}$$

或　$$R_j = \frac{100}{\sigma\sqrt{2\pi}}\int_0^{d_p}\exp\left[-\frac{1}{2}\left(\frac{d_p - \overline{d_p}}{\sigma}\right)^2\right]\mathrm{d}(d_p) \tag{2-26}$$

式中，$\overline{d_p}$ 为粒子直径的算术平均值，μm，计算见式（2-10）；σ 为标准偏差，定义为：

$$\sigma^2 = \frac{\sum (d_p - \overline{d_p})^2}{N - 1} \tag{2-27}$$

式中，N 为气溶胶粒子的个数。

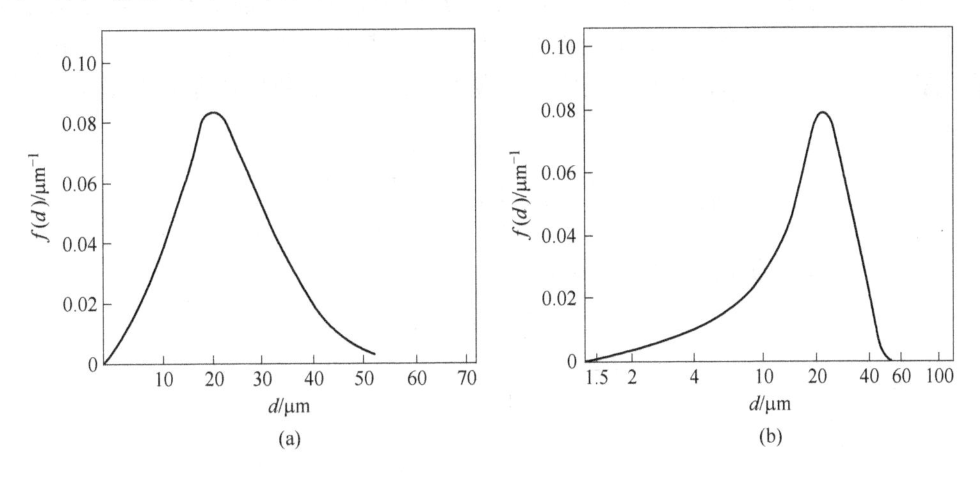

图 2-6　正态分布气胶胶的频率密度分布曲线

平均直径 $\overline{d_p}$ 表示一组气溶胶粒子的总体大小，标准偏差 σ 表示不同大小粒子的分散程度。对于表 2-3 所测的那种气溶胶，其粒度分布函数可具体表示为：

$$f(d_p) = \frac{100}{3.1\sqrt{2\pi}}\exp\left[-\frac{1}{2}\left(\frac{d_p - 7.0}{3.1}\right)^2\right]$$

正态分布的特点是对称于粒径的算术平均直径，因而算术平均直径与中位径是吻合的，也等于众数直径，即 $d_{MO} = d_M = \overline{d}$，但不一定等于几何平均直径。只要已知算术平均直径（d_p）和标准差（σ），就可确定函数。按照统计学原理，在（$d_p - \sigma$）到（$d_p + \sigma$）的区间内包括了 68.3%的气溶胶粒子，而在（$d_p - 2\sigma$）到（$d_p + 2\sigma$）的区间内则包括了 95.5%的粒子。

正态分布在正态概率纸上可以表示成一条直线，如图 2-7 所示。从图中直线可以得出，在相应于累计频率为 50%的粒子直径（中位径）即为算术平均径，而相应于累计频率为 84.13%与 15.87%的粒径之差的 1/2 为标准差。

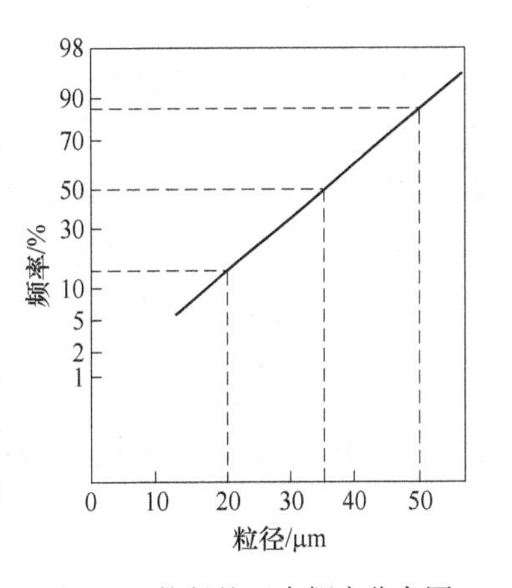

图 2-7　粒径的正态概率分布图

B　对数正态分布

实际存在的气溶胶，其粒度分布真正服从正态分布的情况是很少的，往往小直径的粒子偏多，分布曲线不对称，更多的是服从对数正态分布。为了对对数正态分布有一个定性的了解，对服从对数正态分布的气溶胶仍按图2-6(a) 的方法作频率密度分布曲线，其形状将如图 2-8(a) 所示，是不对称的；如果将表示的粒径的坐标换为对数坐标时，其频率密度分布曲线相对于概率出现最大的直径即众数直径则是对称的，其形状如图 2-8(b) 所示。可见，对于服从对数正态分布的气溶胶，在粒径为普通坐标上画出的频率-粒径关系曲线如果是如图 2-8(a) 所示的那样是一条不对称曲线的话，在粒径为对数的坐标上画出的频率-粒径关系曲线则如图 2-8(b) 所示的那样是一条对称曲线。这就是说，对于服从对数正态分布的气溶胶，其粒子数随粒子大小出现的概率是相对于粒子直径的对数值呈正态分布，而不是相对于粒子直径本身。在这种情况下，采用对数正态分布函数比较适宜，也就是正态分布函数中用 $\lg\sigma_g$ 代替 σ，用 $\lg d_p$ 代替 d_p，即

$$f(d_p)=\frac{100}{\lg\sigma_g\sqrt{2\pi}}\exp\left[-\frac{1}{2}\left(\frac{\lg d_p-\lg\overline{d_p}}{\lg\sigma_g}\right)^2\right] \tag{2-28}$$

式中，d_g 为粒子直径的几何平均值，μm；即

$$\overline{d_g^n}=d_1^{n_1}\cdot d_2^{n_2}\cdot d_3^{n_3} \tag{2-29}$$

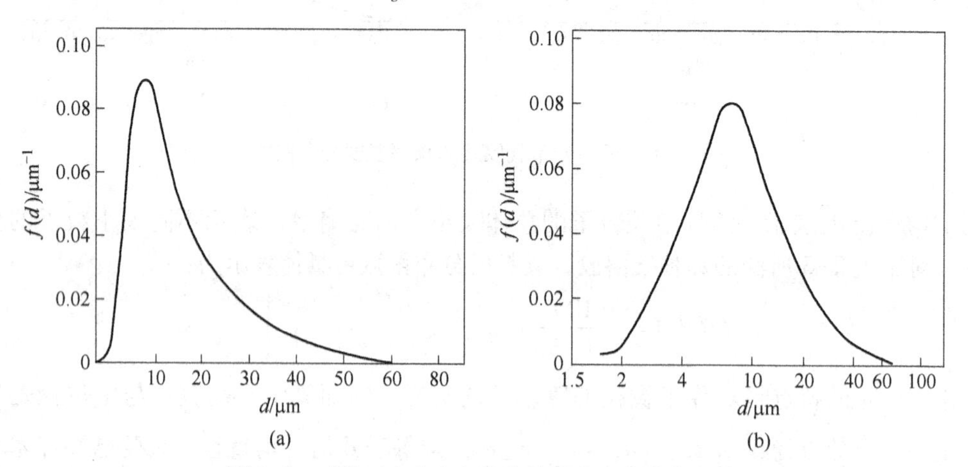

图 2-8　对数正态分布气溶胶的频率密度分布函数

σ_g 为几何标准偏差，定义为：

$$\sigma_g^2=\frac{\sum(\lg d_p-\lg\overline{d_p})^2}{N-1} \tag{2-30}$$

与正态分布曲线相类似，将粒径分布绘于对数正态概率纸上，可以得出一条直线，如图 2-9 所示。在图上相应对筛下累计 50%的粒径为中位径，而几何标准差为

$$\lg\sigma_g=\lg d_{84.13}-\lg d_{50}$$

或

$$\lg\sigma_g=\lg d_{50}-\lg d_{15.87}$$

即

$$2\lg\sigma_g=\lg d_{84.13}-\lg d_{15.87}=\lg\frac{d_{84.13}}{d_{15.87}} \tag{2-31}$$

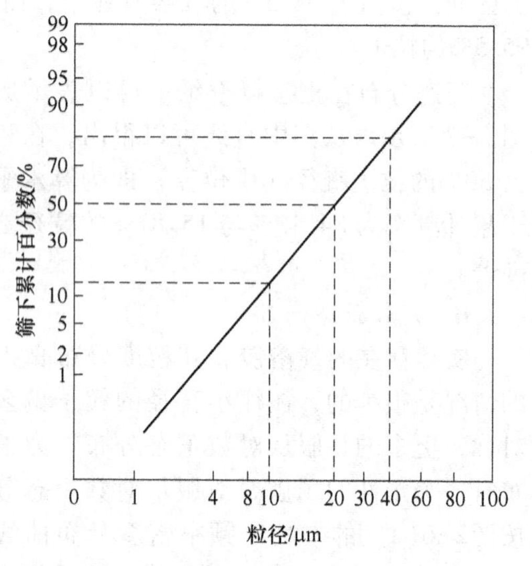

图 2-9　粒径的对数正态概率分布图

对数正态分布为具有两个常数（σ_g、d_g）

的分布函数，是最常用的分布函数，大气中的气溶胶及多数生产气溶胶都符合这种分布。几何平均直径 d_g 也即是中位直径 d_M，但不一定是众数直径。

对数正态分布与正态分布不同，其众数直径、平均直径和中位直径（即几何平均直径）三者不一致；一般说众数直径小于中位直径，中位直径小于平均直径，$d_{MO} < d_M < \bar{d}$。

C　韦布尔（Weibull）分布

韦布尔分布可用来描述各种气溶胶类型的气溶胶粒子的粒径分布。韦布尔函数是一个累计形式的有三个常数的方程，即

$$F(d_p) = 1 - \exp\left[-\frac{(d_p - \gamma)^\beta}{\alpha}\right] \tag{2-32}$$

而相对频率（密度）函数为：

$$f(d_p) = \frac{\beta}{\alpha}(d_p - \gamma)^{\beta-1}\exp\left[\frac{(d_p - \gamma)^\beta}{\alpha}\right] \tag{2-33}$$

式中，γ 为表达气溶胶的最小粒径；β 为粒径发散程度的量度；α 为描述一特殊粒径 d_s，此粒径在实际中并不存在。

这样，式（2-32）可改写为：

$$F(d_p) = 1 - \exp\left[-\left(\frac{d_p - d_{pmin}}{d_s}\right)^\beta\right] = 1 - \exp(-x^\beta) \tag{2-34}$$

韦布尔分布如图2-10所示，斯台格尔（Steiger）认为当 β=3.25时，大多数韦布尔函数等同于正态分布函数，一般常数 β 处于1~3之间。

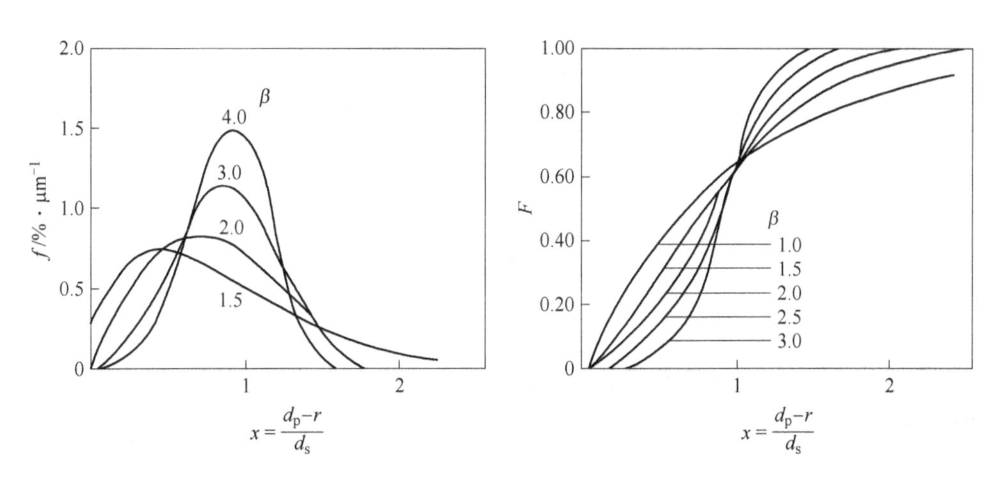

图2-10　韦布尔分布

常数 α、β 和 γ 可以认为从双对数坐标图上发现，因为由式（2-32）可得：

$$\log\ln\frac{1}{1-F} = \beta\log(d_p - \gamma) - \log\alpha \tag{2-35}$$

所以，按 $\ln[1/(1-F)]$ 与 $\log(d_p - \gamma)$ 整理资料绘制到双对数纸上就得到一直线，如果不成直线，那么说明韦布尔分布不适于该数据。

D　洛森-莱姆莱尔分布

该分布是韦布尔的特殊形式，可用来表示磨碎的固体粗气溶胶的粒径分布，即

$$G = 1 - \exp(-ad_p^s) \tag{2-36}$$

其中 a 和 s 为两个常数，与韦布尔分布比较，$\beta = s$，$\alpha = 1/a$，而 $\gamma = 0$。把式（2-36）重新整理并取对数得：

$$\log\ln\frac{1}{1-G} = s\log d_p + \log\alpha \tag{2-37}$$

所以把实验资料按粒径 d_p 与 $\ln(1/1-G)$ 为坐标画到双对数纸上成一条直线，从而可以确定常数 a 和 s（图 2-11）。实验资料说明，在洛森-莱姆莱尔分布函数中的常数 a、s 之间有一定的内在联系。当 s 较大时，常数 a 较小。这种相关关系不论是沉降法还是显微镜法都存在的。指出这一点对于解决投影径与沉降径之间的换算关系是十分重要的。常数 s 越小，则气溶胶的粒径分布越发散；a 越大，说明气溶胶粒径越细。

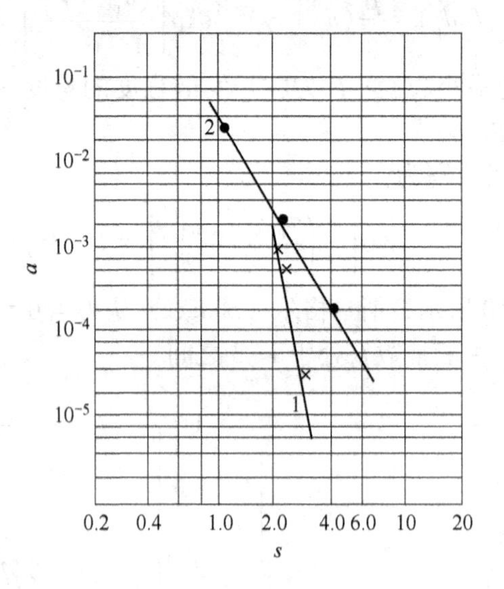

图 2-11　常数 a 与 s 之间的关系

1—显微镜法；2—沉降法

E　洛莱尔分布

洛莱尔分布是一个具有两个常数的经验公式，可用来描述气溶胶粒径分布较宽的工业气溶胶，其表达式为：

$$G = ad_p^{1/2}\exp\left(-\frac{s}{d_p}\right) \tag{2-38}$$

该式有一明显的缺点，当 $d_p \to \propto$ 时，G 不趋于 1，而是 $d_p \to \propto$，$G/d_p^{1/2} \to a$，所以在应用该函数时必须很小心，在 G 接近于 1 时不能采用。由式（2-38）得：

$$\log\frac{G}{\sqrt{d_p}} = \log a - 0.4343\frac{s}{d_p} \tag{2-39}$$

所以，实测资料在以 $\log(G/d_p^{1/2})$ 与 $1/d_p$ 为坐标的图上应成一直线，其斜率等于 $-0.4343s$，其截距为 $\log a$，从而可以确定常数 a 和 s。

复习思考题

2-1 单一粒子粒径的定义有几种表示方法?

2-2 什么是物理当量径，它有几种表示方法?

2-3 什么是粒子的粒径分布，其表示方法有几种?

2-4 什么是平均粒径、中位直径和众数直径，有何作用?

2-5 常用的气溶胶粒径分布函数有几种，各有何特点? 写出常用的粒径分布函数。

2-6 某作业场所其气溶胶粒径分布见表 2-5，请在表中计算气溶胶的质量分数、相对频率、筛上累计和筛下累计百分数，并绘制相应的分布图（其中气溶胶密度取 2000kg/m^3）。

表 2-5 某作业场所其气溶胶粒径分布

区　间	1	2	3	4	5	6	7	8
粒径/μm	0.6~1.2	1.2~1.8	1.8~2.6	2.6~3.0	3.0~3.4	3.4~3.8	3.8~4.4	4.4~5.0
平均粒径/μm	1.0	1.5	2.2	2.8	3.2	3.6	4.1	4.7
颗粒数/个	370	1110	3001	1800	770	399	108	48
质量/g								
质量分数/%								
相对频率/%								
筛上累计/%								
筛下累计/%								

2-7 某气溶胶粒子的原始分布数据见表 2-6，确定该气溶胶粒子的粒数中位直径和众数直径，以及质量中位直径和众数直径。

表 2-6 某气溶胶粒子的原始分布数据

区　间	1	2	3	4	5	6	总计
粒径范围/μm	0~1.5	1.5~2.3	2.3~3.2	3.2~4.5	4.5~6.0	6.0~8.0	
颗粒数/个	80	140	180	230	190	60	870

3　气溶胶粒子的等速直线运动

【学习要点】

本章主要介绍了作用于气溶胶粒子的作用力、球形气溶胶粒子的缓慢运动、气溶胶的阻力系数、气溶胶粒子的最终沉降速度和气溶胶粒子的壁效应及在均一电场中的运动。对气溶胶粒子影响最大的作用力为气流曳引阻力（与重力和浮力相比）；在 $Re<1$ 时忽略纳维-斯托克斯方程中的惯性项后，得到 Stokes 方程。若考虑惯性项，求解纳维-斯托克斯方程得到的解为奥森公式。公式 $v=FB$ 及粒子迁移率 B 在后续的章节会多次出现；在不同 Re_p 的范围内，阻力系数 C_S 具有不同的性质，根据 Re_p 的大小分成四个区：黏性流区（Stokes 区）、过渡区（Allen 区）、紊流区（Newton 区）和高速区。在 Stokes 区运用公式时，当 d_p 很小时需要进行肯宁汉修正；掌握在已知 Re 和未知 Re 的情况下计算粒子的最终沉降速度。

3.1　气溶胶粒子的作用力和运动方程

3.1.1　气溶胶粒子的作用力

作用于气溶胶粒子的作用力主要有气体与粒子两相相对运动引起的作用力、重力、浮力、气相压力梯度引起的作用力、气相速度梯度引起的作用力、粒子由于自转而引起的升力、气体与粒子相对加速度引起的作用力以及瞬间流动阻力等。

（1）重力 F_g。

$$F_g=\frac{1}{6}\pi\rho_p d_p^3 g \tag{3-1}$$

式中，d_p 为球形颗粒等效直径，m；ρ_p 为等效球形颗粒的体积密度，kg/m³。

气溶胶粒子是非规整的球体，因此必须对重力计算式进行修正，修正后的计算式为

$$F_g=\frac{1}{6}\pi k_g \rho_p d_p^3 g \tag{3-2}$$

式中，k_g 为气溶胶粒子非球形体积密度重力修正系数，为实验常数。

（2）浮力 F_a。

$$F_a=\frac{1}{6}\pi\rho_g d_p^3 g \tag{3-3}$$

式中，ρ_g 为气体的体积密度，kg/m³。

（3）粒子所受的气流曳引阻力 F_r。解算黏性流体的 Navier-Stokes 方程式和连续方程

式，可得出球形气溶胶粒子运动阻力计算式。给出解算后的最终结果：

$$F_r = \frac{1}{8}\pi k_r C_D \rho_g d_p^2 \mid v_g - v_p \mid (v_g - v_p) \tag{3-4}$$

式中，k_r 为动力形状系数，等于等效粒径与沉降粒径之比的平方；v_g 为气体的速度，m/s；v_p 为气溶胶粒子的速度，m/s。

气溶胶粒子在非稳定湍流介质中运动时，阻力系数为：

$$C_D = \frac{19.65}{Re_p^{0.633}}(1 + 15.663St + 1.22\psi) \tag{3-5}$$

式中，St 为脉动相似准则，即斯坦顿数；ψ 为气溶胶粒子相对振幅。

（4）压力梯度力 F_p。气溶胶粒子在的压力梯度的流场中运动时，粒子除了受流体绕流引起的阻力外，还受到一个由于压力梯度引起的力。

$$F_p = -V_p \mathrm{grad}p \tag{3-6}$$

式中，V_p 为气溶胶粒子的体积，m^3。

对于单个粒子（或浓度很小的悬浮系统）由于小粒子的存在不影响流体的流动，对流体相来说，作为一种近似可以认为：

$$\rho_g \frac{du_g}{dt} = -\mathrm{grad}p \tag{3-7}$$

则

$$F_p = -V_p \rho_g \frac{du_g}{dt} \tag{3-8}$$

（5）气溶胶粒子由于自转而具有的升力 F_l（Magnus 效应）。由于粒子和液滴有时都会边运动边高速旋转，此时所受的力为：

$$F_l = \frac{1}{8}\pi d_p^3 \rho_g (v_g - v_p) \times \omega \tag{3-9}$$

式中，ω 为气溶胶粒子的旋转速度，r/s；

考虑到实际上由于气溶胶粒子并非球形等因素引入试验系数 k 来修正

$$F_l = \frac{1}{8}k\pi d_p^3 p_g (v_g - v_p) \times \omega \tag{3-10}$$

（6）由于速度梯度引起的 Saffman 升力 F_s。气溶胶粒子在速度梯度的流场中运动时，由于粒子上部处的速度比下部处的速度高，在上部处的压力就低于下部的压力，粒子将受到一个升力的作用。这个力称 Saffman 升力。

$$F_s = 1.61(\mu_g \rho_g)^{1/2} d_p^2 (v_g - v_p) \times \left| \frac{dv_g}{dy} \right|^{1/2} \tag{3-11}$$

一般在流动的主流区，速度梯度通常都很小，故此时可忽略 Saffman 升力的影响，仅仅在速度边界层中，Saffman 升力的作用才变得很明显。

（7）虚假质量力 F_{Vm}。当气溶胶粒子相对于流体作加速运动时，不但粒子的速度越来越大，而且在粒子周围的流体的速度也会增大。推动粒子运动的力不但增加粒子本身的动能，而且也增加了流体的动能，故这个力将大于加速粒子本身所需的质量力，这部分增加的力就称为虚假质量力。计算式为：

$$F_{Vm} = \frac{1}{2}\rho_g v_p\left(\frac{dv_g}{dt} - \frac{dv_p}{dt}\right) \tag{3-12}$$

式（3-12）中可见虚假质量力数值上等于与粒子同体积的流体质量附在粒子上作加速运动时的惯性力的一半。

实际上虚假质量力将大于理论值，因此用一个经验常数 K_m 代替上式中的 0.5。

$$F_{Vm} = K_m\rho_g v_p\left(\frac{dv_g}{dt} - \frac{dv_p}{dt}\right) \tag{3-13}$$

（8）Basset 力 F_B。当气溶胶粒子在静止黏性流体中作任意速度的直线运动时，粒子不但受黏性阻力和虚假质量力的作用，而且还受到一个瞬时流动阻力，它涉及粒子的加速历程，在这个加速过程中，Basset 力对粒子的运动有着较大的影响。

$$F_B = \frac{3}{2}d_p^2\sqrt{\pi\rho_g\mu}\int_{-\infty}^{t}\left(\frac{dv_g}{d\tau} - \frac{dv_p}{d\tau}\right)\frac{d\tau}{\sqrt{t-\tau}} \tag{3-14}$$

Basset 力只发生在黏性流体中，并且是与流动的不稳定性有关。

（9）温差热致迁移力 F_{th}（热泳力）。在燃烧及传热设备中到处存在着大小不同的温度梯度，气溶胶粒子在不等温流动中所受的热泳力，热泳力计算公式较多，其中，J. R. Brock 的计算公式为：

$$F_{th} = -\frac{6\pi\mu c_{tm}d_p\left(\frac{k_g}{k_p} + c_t\frac{2l}{d_p}\right)}{\left(1 + 6c_m\frac{l}{d_p}\right)\left(1 + 2\frac{k_g}{k_p} + 4c_t\frac{l}{d_p}\right)}\frac{dT}{dx} \tag{3-15}$$

苏联德加金的计算公式为：

$$F_{th} = -\frac{3\pi\mu^2 d_p}{2\rho_g T}\left[\frac{8k_g + k_p + 4c_t\left(\frac{l}{d_p}\right)k_p}{2k_g + k_p + 4c_t\left(\frac{l}{d_p}\right)k_p}\right]\frac{dT}{dx} \tag{3-16}$$

式中，l 为气体分子自由程；k_g 为气体的导热系数；k_p 为粒子的导热系数。

（10）其他作用力。气溶胶粒子在运动过程中，相互之间必然会发生碰撞，但由于气溶胶粒子在气体中的运动属于稀相气固两相流，所以可不考虑粒子之间的作用力。

3.1.2　气溶胶粒子的运动方程

由于气溶胶粒子间的距离相对于粒子的直径是很大的，因此可以把粒子的运动看成彼此无关的，这样有些力可以忽略，必要时可以对粒子间相互作用的影响进行修正。

在常力作用下粒子的等速直线运动是气溶胶力学中最简单的情况，为描述气溶胶粒子的运动需要应用黏性流体的基本方程，即纳维-斯托克斯（Navier-Stokes）方程和连续性方程，其向量形式为：

$$\frac{\partial v}{\partial t} + \nu\cdot\nabla v = -\frac{1}{\rho}\mathrm{grad}P + \nu\nabla^2 v \tag{3-17}$$

$$\frac{\partial\rho}{\partial t} = \mathrm{div}(\boldsymbol{\rho\nu}) \tag{3-18}$$

对稳定不可压缩流动：

$$\boldsymbol{v} \cdot \nabla \boldsymbol{v} = -\frac{1}{\rho}\mathrm{grad}P + \nu \nabla^2 \boldsymbol{v} \tag{3-19}$$

$$\mathrm{div}(\boldsymbol{v}) = 0 \tag{3-20}$$

纳维（Claude Louis Marie Henri Navier），法国力学家、工程师，如图 3-1 所示。1785 年 2 月 10 日生于法国第戎，1836 年 8 月 21 日死于法国巴黎。纳维于 1822 年提出最初的证明没有得到广泛认可，并且这个方程被重新发现或重新推导了至少四次（1823 年的柯西，1829 年的泊松，1837 年的圣维南，1845 年的斯托克斯）。每一位新的发现者都忽略或诋毁纳维做出的贡献，每个人都用自己的方法证明了方程，纳维从分子水平过渡到宏观想法似乎是武断的，甚至是自相矛盾的。这就是为什么纳维的后继者们忽略或诋毁纳维做出的贡献的原因。纳维相信："在一个工业化的世界里，科学和技术可以解决大多数的问题。"

斯托克斯（Sir George Gabriel Stokes），英国物理学家、数学家，如图 3-2 所示。1819 年 8 月 13 日生于爱尔兰，死于 1903 年 2 月 1 日。在物理界，他对物理光学和流体力学做出了开创性的贡献（包括纳维-斯托克斯方程在内）。

斯托克斯引入了流体的稳定性概念，这后来成为流体力学的重要组成部分。他自己的一项实验表明，理论的双曲流只在水流变窄的情况下才会发生。他将这一结果与流体通过一个较高的压力容器的一个洞流到一个较低的压力容器的事实相比较，流体倾向于形成喷射而不是沿着墙壁爬行，这是最简单的类比可以得到的。虽然马略特、伯努利和波达已经知道了这一效应，但斯托克斯是第一个提出它们与涉及不连续面欧拉方程的特殊解有联系的人。这是向更现实的流体运动理论迈出的第一步。

图 3-1 纳维

图 3-2 斯托克斯

3.2 球体的缓慢运动——斯托克斯定律

设半径为 a 的球体以速度 v_0 在无界的黏性流体中作等速运动，如图 3-3 所示，v_0 和 a 都很小，而流体的黏性很大，因而雷诺数很小。在此条件下，流体的惯性影响比流体的黏性影响小得多，因而惯性项与黏性项相比完全可以忽略，此时纳维-斯托克斯方程式（3-19）

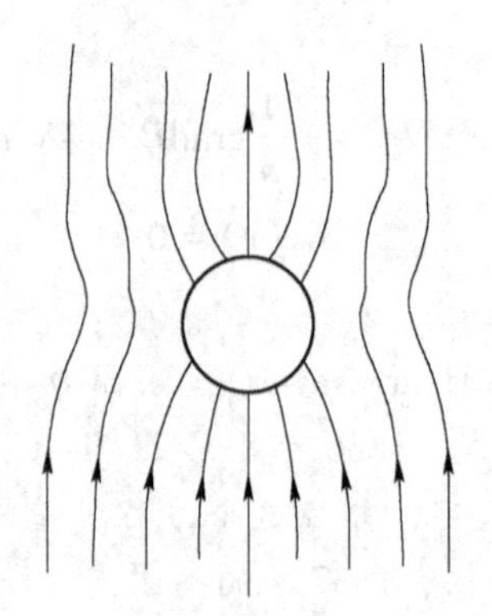

图 3-3　球体在静止介质中的运动

与连续方程式（3-20）可以写为：

$$\frac{1}{\rho}\text{grad}P = \nu\ \nabla^2 v \tag{3-21}$$

$$\text{div}(\boldsymbol{v}) = 0 \tag{3-22}$$

改写成球面坐标形式为：

当 $v_\beta = 0$, $v_r = v_r(r,\ \theta)$, $v_\theta = v(r,\ \theta)$ 时，

$$\left.\begin{aligned}
&\frac{\partial P}{\partial r} = v\left(\frac{\partial^2 v_r}{\partial r^2} + \frac{1}{r^2}\frac{\partial^2 v_r}{\partial \theta^2} + \frac{2}{r}\frac{\partial v_r}{\partial r} + \frac{\cot\theta}{r^2}\frac{\partial v_r}{\partial \theta} - \frac{2}{r^2}\frac{\partial v_\theta}{\partial \theta} - \frac{2v_r}{r^2} - \frac{2\cot\theta}{r^2}v_\theta\right)\\
&\frac{1}{r}\frac{\partial P}{\partial r} = v\left(\frac{\partial^2 v_\theta}{\partial r^2} + \frac{1}{r^2}\frac{\partial^2 v_\theta}{\partial \theta^2} + \frac{2}{r}\frac{\partial v_\theta}{\partial r} + \frac{\cot\theta}{r^2}\frac{\partial v_\theta}{\partial \theta} + \frac{2}{r^2}\frac{\partial v_r}{\partial \theta} - \frac{v_\theta}{r^2\sin^2\theta}\right)\\
&\frac{\partial v_r}{\partial r} + \frac{1}{r}\frac{\partial v_\theta}{\partial \theta} + \frac{2v_r}{r} + \frac{\cot\theta}{r}v_\theta = 0
\end{aligned}\right\} \tag{3-23}$$

引进流函数

$$\left.\begin{aligned}
v_r &= -\frac{1}{r^2\sin\theta}\frac{\partial\psi}{\partial\theta}\\
v_\theta &= \frac{1}{r\sin\theta}\frac{\partial\psi}{\partial r}
\end{aligned}\right\} \tag{3-24}$$

利用斯托克斯算符：

$$D = \frac{\partial^2}{\partial r^2} + \frac{\sin\theta}{r^2}\frac{\partial}{\partial\theta}\left(\frac{1}{\sin\theta}\frac{\partial}{\partial\theta}\right) \tag{3-25}$$

式（3-24）中的前两个方程可表示为：

$$\left.\begin{aligned}
&\frac{1}{\rho}\frac{\partial P}{\partial r} + \frac{v}{r^2\sin\theta}\frac{\partial D\psi}{\partial\theta} = 0\\
&\frac{1}{P}\frac{\partial P}{\partial\theta} + \frac{v}{\sin\theta}\frac{\partial D\psi}{\partial r} = 0
\end{aligned}\right\} \tag{3-26}$$

从式（3-26）中消去 P，得到下列偏微分方程：

$$D^2\psi = 0 \tag{3-27}$$

这是球体在静止液体中运动时，流函数所满足的微分方程。为了解式（3-27），取下列形式的实验解：

$$\psi = \sin^2\theta F(r) \tag{3-28}$$

则
$$D\psi = \sin^2\theta\left(F'' - \frac{2}{r^2}F\right)$$

令
$$f(r) = F'' - \frac{2}{r^2}F \tag{3-29}$$

则
$$D^2\psi = \sin^2\theta\left(f'' - \frac{2}{r^2}f\right) = 0$$

因此必须
$$f'' - \frac{2}{r^2}f = 0$$

取实验解 $f = r^n$ ，代入原式，因为：

$$f'' = n(n-1)r^{n-2}$$

所以
$$n(n-1)r^{n-2} - 2r^{n-2} = 0$$

解该式得 $n=-1$，$n=-2$。所以，$f = Ar^2 + Br^{-1}$ 代入式（3-29）得：

$$F'' = \frac{2}{r^2}F = Ar^2 + \frac{B}{r}$$

同理
$$F(r) = \frac{A}{10}r^4 - \frac{1}{2}Br + Cr^2 + \frac{D}{r}$$

所以
$$\psi = \left(\frac{1}{10}Ar^4 - \frac{1}{2}Br + Cr^2 + \frac{D}{r}\right)\sin^2\theta \tag{3-30}$$

由式（3-24）与式（3-30）可求出：

$$\left.\begin{aligned} v_r &= -2\cos\theta\left(\frac{A}{10}r^2 - \frac{B}{2}\frac{1}{r} + C + \frac{D}{r^3}\right) \\ v_\theta &= \sin\theta\left(\frac{2}{5}Ar^2 - \frac{1}{2}\frac{B}{r} + 2C - \frac{D}{r^3}\right) \end{aligned}\right\} \tag{3-31}$$

式（3-31）所应满足的边界条件：

当 $r\to\infty$ 时，
$$v_r = 0,\ v_\theta = 0 \tag{3-32}$$

当 $r\to a$ 时，
$$\left.\begin{aligned} v_r &= -\frac{1}{r^2\sin\theta}\frac{\partial\psi}{\partial\theta} = v_0\cos\theta \\ v_\theta &= \frac{1}{r\sin\theta}\frac{\partial\psi}{\partial r} = -v_0\sin\theta \end{aligned}\right\} \tag{3-33}$$

由式（3-31）中，必须有 $A=C=0$，再由式（3-33）得：

$$\frac{B}{a} - \frac{2D}{a^3} = v_0$$

$$-v_0 = -\frac{1}{2}\frac{B}{a} - \frac{D}{a^3}$$

可解出：
$$B = \frac{3}{2}v_0 a,\ D = \frac{1}{4}v_0 a^3$$

最后得到流函数为：
$$\psi = \frac{1}{4}v_0 a^2\sin^2\theta\left(\frac{a}{r} - 3\frac{r}{a}\right) \tag{3-34}$$

而速度分量为：

$$\left.\begin{aligned} v_r &= -\frac{1}{2}v_0\cos\theta\left(\frac{a}{r}\right)^2\left(\frac{a}{r} - 3\frac{r}{a}\right) \\ v_\theta &= -\frac{1}{4}v_0\sin\theta\left(\frac{a}{r}\right)\left[\left(\frac{a}{r}\right)^2 + 3\right] \end{aligned}\right\} \tag{3-35}$$

由式（3-26）得：

$$\left.\begin{aligned} \frac{\partial P}{\partial r} &= -\frac{\mu}{r^2\sin\theta}\frac{\partial}{\partial\theta}(D\psi) \\ \frac{\partial P}{\partial\theta} &= \frac{\mu}{\sin\theta}\frac{\partial}{\partial r}(D\psi) \end{aligned}\right\} \tag{3-36}$$

其中

$$D\psi = B\sin^2\theta/r \tag{3-37}$$

所以

$$\mathrm{d}P = \frac{\partial P}{\partial r}\mathrm{d}r + \frac{\partial P}{\partial\theta}\mathrm{d}\theta = -\mu B\left(\frac{2\cos\theta}{r^3}\mathrm{d}r + \frac{\sin\theta}{r^2}\mathrm{d}\theta\right) = \mu B\mathrm{d}\left(\frac{\cos\theta}{r^2}\right)$$

积分得：

$$P = P_\infty + \frac{3}{2}\mu\alpha v_0\frac{\cos\theta}{r^2} \tag{3-38}$$

式中，P_∞为无限远处的均一压力。

此外

$$(\tau_{r,\theta})_{r=a} = \mu\left(\frac{1}{r}\frac{\partial v_r}{\partial\theta} + \frac{\partial v_\theta}{\partial r} - \frac{v_\theta}{r}\right) = \mu\frac{\partial v_\theta}{\partial r}$$

$$= \frac{3}{2}\mu\frac{v_0}{a}\sin\theta \tag{3-39}$$

由图 3-4 所示，物体上所受阻力（x 方向上）是两个力的合力，即压力阻力 P_x 和摩擦阻力 F_x。

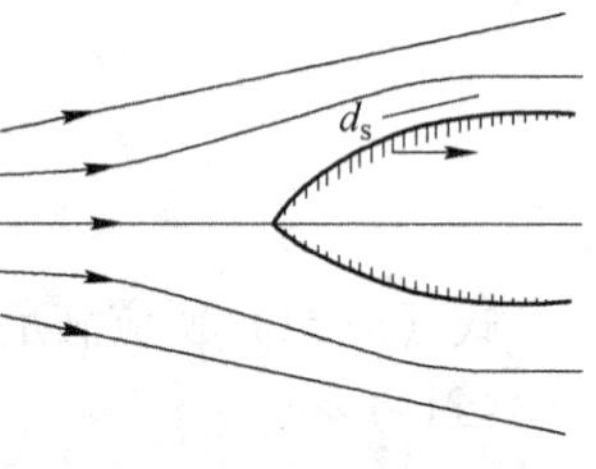

图 3-4　物体上所受阻力

由式（3-38）得：

$$P_x = \iint_s P(r,\theta)\cos\theta\mathrm{d}s = 3\pi\mu v_0 a\int_0^\pi \sin\theta\cos^2\theta\mathrm{d}\theta = 2\pi\mu a v_0$$

由式（3-39）得：

$$F_x = \iint_s \tau_{r,\theta}\sin\theta\mathrm{d}s = \int_0^\pi \frac{3}{2}\mu\frac{v_0}{a}2\pi a^2\sin^3\theta\mathrm{d}\theta$$

$$= 3\pi\mu a v_0\int_0^\pi \sin^3\theta\mathrm{d}\theta = 4\pi\mu a v_0$$

所以球体上所受阻力为

$$F = F_x + P_x = 4\pi\mu a v_0 + 2\pi\mu a v_0 = 6\pi u a v_0 \tag{3-40}$$

从式（3-40）可知球体上所受阻力与球的半径和运动速度成正比，该式是斯托克斯于 1851 年导出的。

若按流体对圆球的绕流考虑，其流线与前面的讨论不同，此时的流函数为：

$$\psi = \frac{1}{2}v_0 r^2\sin^2\theta\left[\frac{1}{2}\left(\frac{a}{r}\right)^3 - \frac{3}{2}\left(\frac{a}{r}\right) + 1\right] \tag{3-41}$$

而此情况下的速度分量为：

$$\left.\begin{aligned} v_r &= -\frac{1}{2}v_0\cos\theta\left[\left(\frac{a}{r}\right)^3 - 3\left(\frac{a}{r}\right) + 2\right] \\ v_\theta &= -\frac{1}{4}v_0\sin\theta\left[\left(\frac{a}{r}\right)^3 + 3\left(\frac{a}{r}\right) - 4\right] \end{aligned}\right\} \tag{3-42}$$

该情况下的流线如图 3-5 所示。而球体所受的阻力与前面相同。

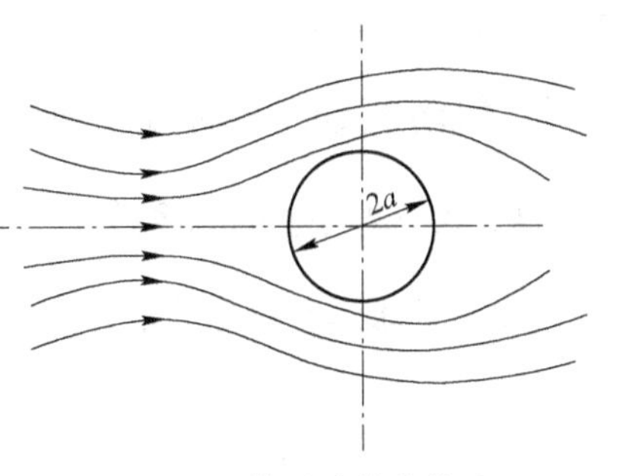

图 3-5 流体对球体的绕流

在气溶胶力学的研究内容中，常把式（3-40）表示为：

$$v = FB \tag{3-43}$$

其中 $B = \dfrac{1}{6\pi\mu a}$，称为粒子的迁移率（mobility），或者说，对于给定的粒子，其运动速度与作用其上的力成正比，比例常数即粒子的迁移率 B。粒子迁移率 B 与粒子大小 a 之间的关系如图 3-6 所示。

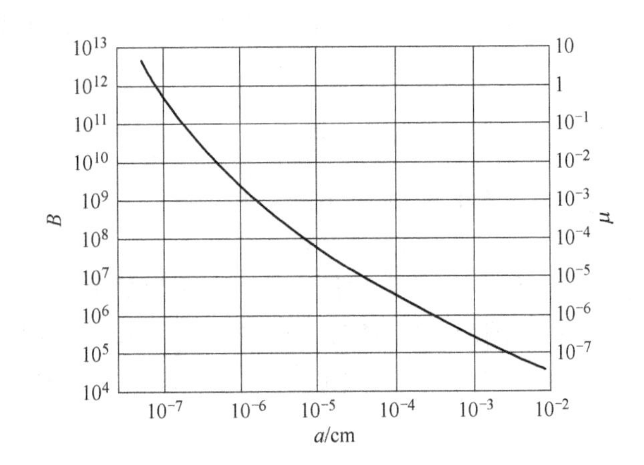

图 3-6 粒子的迁移率与粒子大小的关系

奥森（Oseen）在讨论同一问题时，没有完全忽略惯性项，而保留了运动方程中比较重要的一些项，他假设以均匀流速 u 流过球体时，在球附近的三个方向上流速发生微小变化 u'、v'、w'，这时，在 x、y、z 上的流速为

$$u = -U + u',\ v = v',\ w = w'$$

此时的运动方程为：

$$\left.\begin{aligned} -\rho U\frac{\partial u}{\partial x} &= -\frac{\partial P}{\partial x} + \mu\Delta u \\ -\rho U\frac{\partial v}{\partial x} &= -\frac{\partial P}{\partial y} + \mu\Delta v \\ -\rho U\frac{\partial w}{\partial x} &= -\frac{\partial P}{\partial z} + \mu\Delta w \end{aligned}\right\} \tag{3-44}$$

得到式（3-44）的解为：

$$F = 6\pi\mu aU\left(1 + \frac{3}{16}Re\right) \tag{3-45}$$

式中，Re 为粒子的雷诺数。

在 $Re<1$ 时，斯托克斯公式与奥森公式均被实验所证实。但是奥森公式比斯托克斯公式在理论上更严密。

3.3　气溶胶粒子的阻力系数

3.3.1　球形粒子的阻力系数

如果将球体上所受的阻力公式（3-40）写为

$$F = C_S \frac{\pi d_p^2}{4} \frac{\rho v_0^2}{2} \tag{3-46}$$

式中，C_S 为阻力系数；ρ 为流体的密度，kg/m^3；d_p 为球体的直径，m；v_0 为流体的速度，m/s。

一般情况下阻力系数 C_S 表示了阻力的性质和大小。试验表明 C_S 与粒子的直径 d_p、流体速度 v_0 和气体的动力黏性系数 μ_g 有关，这三者的关系可用粒子的雷诺数 Re_p 来表示，即

$$Re_p = \frac{\rho_g d_p v_0}{\mu_g} \tag{3-47}$$

这样阻力系数 C_S 成为尘粒雷诺数 Re_p 的函数，即

$$C_S = f(Re_p) \tag{3-48}$$

前人的试验表明，阻力系数 C_S 与尘粒雷诺数 Re_p 之间的关系如图 3-7 所示。从图中可以看出，在不同的 Re_p 范围内，C_S 具有不同的性质和数值，因而通常根据 Re_p 的大小分成四个区段进行考虑，在每一区段都有不同的表达式来表示 C_S 与 Re_p 之间的关系。

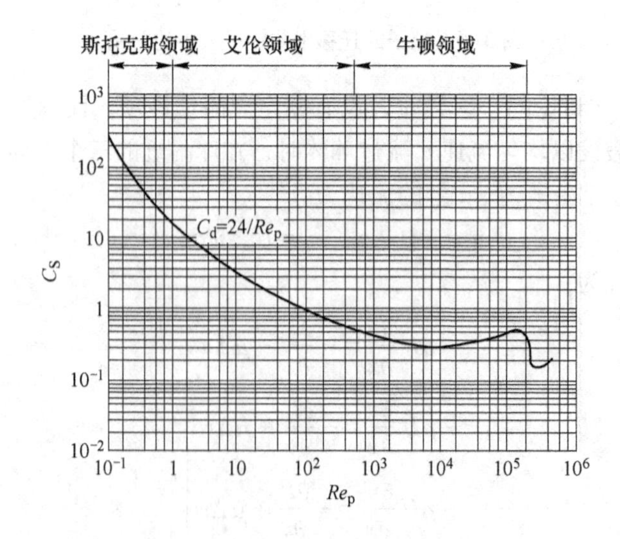

图 3-7　球形粒子的阻力系数

雷诺（Osborne Reynolds），是一位在流体力学上的创新者，如图 3-8 所示。1842 年 8 月 23 日生于北爱尔兰首府贝尔法斯特，1912 年 2 月 21 日死于沃切特。雷诺最著名的研究是流体的流动从层流到湍流流动的条件。1883 年，雷诺演示了在一个经典实验中向湍流流动的过渡，他在一个更大的管道中，用一种被染色的小射流引入了水流的中心，研究了不同流速下水流的行为，实验装置如图 3-9 所示。较大的管道是玻璃，因此可以观察到染色流动层的行为，在管道的末端有一个流量控制阀，用来改变管道内的流速。当速度较低时，染色层在整个大型管的长度上保持明显的差异。当速度增加时，该层在一个给定的点上断裂，并扩散到整个流体的横截面。这是发生在从层流到湍流的过渡点。通过不断尝试，从这些实验中得到了动态相似度的无量纲雷诺数——惯性力与黏滞力的比值。

图 3-8 雷诺

图 3-9 实验装置

3.3.1.1 黏性流区（Stokes）（$Re_p<1$）

该区粒子速度很低时（雷诺数约低于 0.1 时），围绕球形粒子的流线，其上下游均对称，气体在粒子正面相遇，然后向两侧缓慢地加速，同时其惯性影响很小，可以忽略。因而在粒子后面气流闭合产生一个时间的滞后，这是属于黏性流区（或称 Stokes 区）。在这种情况下，Stokes 导出的计算气体阻力的公式为：

$$F = 3\pi\mu_g d_p v_v \tag{3-49}$$

这一公式是在无限气体中球形粒子的 Navier-Stokes 公式中忽略了惯性项获得的。根据式（3-46）、式（3-47）和式（3-49）可得黏性流范围内的阻力系数：

$$C_S = \frac{24}{Re_p} \tag{3-50}$$

式（3-50）在双对数坐标图 3-7 上为一条直线，在 $Re_p<1$ 范围内与实验结果吻合，该式计算比较简单，因而在应用上有时把范围扩大到 $Re_p<2$；当 Re_p 再继续增大时，式(3-50）与实验结果偏离较大。一般来说，在 $Re_p<0.1$ 时，按 Stokes 公式计算具有较高的精度。

当雷诺数稍大于 0.1 时，气流在粒子后封闭的时间延时增加，并且开始形成尾流。奥森（Oseen）考虑了这种情况，导出了修正公式，其中部分考虑了运动方程中的惯性项。即

$$C_S = \frac{24}{Re_p}\left(1 + \frac{3}{16}Re_p\right) \tag{3-51}$$

式（3-51）的应用范围广，但计算较复杂。当 $Re_p>1$ 后，计算结果向实验值上部偏离。

3.3.1.2　过渡区（Allen）（$1<Re_p<500$）

随着粒子速度的提高，流体的尾流发展成为固定的涡流圈。这一区域称为过渡区，一般按艾伦（Allen）阻力公式计算，即

$$C_S = \frac{10.6}{\sqrt{Re_p}} \tag{3-52}$$

3.3.1.3　紊流区（Newton）（$500<Re_p<2\times10^5$）

当雷诺数 Re_p 稍大于 500 时，即达到过渡区的上限，涡流圈破裂，并形成延伸的尾流。在 $Re_p>1000$ 时，这种尾流是稳定的。故 $500<Re_p<2\times10^5$ 时阻力系数 C_S 近似保持一常数，处于 0.38~0.50 的范围内，通常取 $C_S=0.44$。

综合以上三个区可以看出，它们的阻力系数 C_S 可以用一个共同的简单关系式来表示，即

$$C_S = \frac{\kappa}{Re_p^{\zeta}} \tag{3-53}$$

各区相应的 κ 和 ζ 值见表 3-1。

表 3-1　κ 和 ζ 值

分　区	κ	ζ	公　式
黏性区	24.0	1.0	Stokes
过渡区	10.6	0.5	Allen
紊流区	0.44	0.0	Newton
$Re_p<0.5$	24.0	1	
$0.5<Re_p<30$	29.4	0.8	
$30<Re_p<300$	10.6	0.5	
$300<Re_p<3000$	1.95	0.2	
$3000<Re_p<100000$	0.3	0	

3.3.1.4　高速区

当速度更高时，在 $Re_p=2\times10^5$ 附近，尘粒前面流体的边界层变得不稳定了。速度再提高时圆圈的分离移向尘粒的后面。结果阻力系数 C_S 大大降低，由 0.44 降至约 0.10~0.22。

斯托克斯定律是气溶胶学中的一个非常重要的理论基础，对很多问题的分析都以此为出发点。

3.3.2　肯宁汉修正

当粒子直径不太小时，前面的讨论是有效的，然而对于很小的粒子，会发生分子滑动，导致实际阻力低于前面公式的计算值，需要对斯托克斯公式加以修正，粒子直径越小，这一修正越有必要，即

$$F = \frac{3\pi\mu_g d_p v}{C} \tag{3-54}$$

式中，C 为肯宁汉修正系数，$C>1$，由斯特劳斯（Strauss）给出的修正系数值为：

$$C = 1 + 2\frac{\lambda}{d_p}(1.257 + 0.400e^{-0.55d_p/\lambda}) \tag{3-55}$$

式中，d_p 为粒子直径；λ 为气体分子平均自由程，m。按式（3-56）计算：

$$\lambda = \frac{\mu_g}{\rho}\sqrt{\frac{\pi M}{2RT}} \tag{3-56}$$

其中，ρ 为气体的密度，kg/m^3；M 为分子量；R 为气体常数；T 为绝对温度，K。

对于标准状态的空气，$\lambda = 0.0667\mu m$，此时肯宁汉修正系数为：

$$C = 1 + \frac{0.165}{d_p} \tag{3-57}$$

式中，d_p 的单位取为 μm。

在标准状态条件下，不同粒径时的修正系数如表 3-2 和图 3-10 所示。

表 3-2　肯宁汗修正系数

d_p/μm	C	d_p/μm	C
0.01	22.68	1.0	1.168
0.1	2.911	2.0	1.084
0.2	1.890	3.0	1.056
0.3	1.574	4.0	1.042
0.4	1.424	5.0	1.034
0.5	1.337	6.0	1.028
0.6	1.280	7.0	1.024
0.7	1.240	8.0	1.021
0.8	1.210	9.0	1.019
0.9	1.186	10.0	1.017

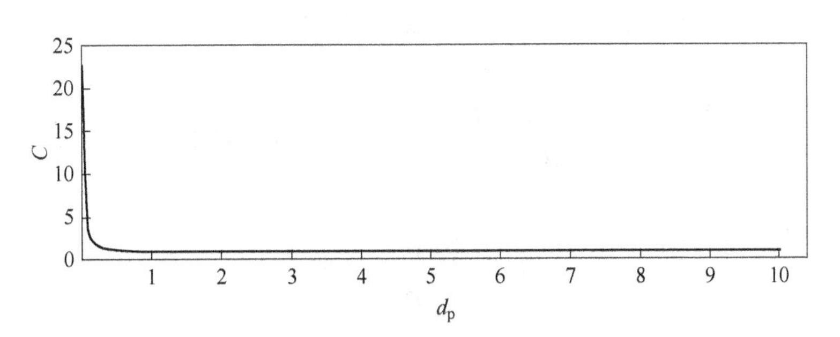

图 3-10　不同粒径时的修正系数 C

由式（3-55）知，修正系数与温度、压力和粒径有关，对高温低压和小粒子，修正系数较大，在低温、高压下，气体平均自由程减小，因而 C 值也变小，式（3-55）仅对空气在 80℃和 1 个大气压条件下是有效的，用到高温高压下的其他气体需要作修正外，韦莱克（Willeke）曾从理论上推导用于高温条件下的修正系数公式：

$$C = 1 + Kn[1.246 + 0.42\exp(-0.87/Kn)] \tag{3-58}$$

式中，Kn 为努森数，可用式（3-59）计算。

$$Kn = \frac{6.052 \times 10^{-4}}{d_p \cdot P} \frac{T}{1 + 110/T} \tag{3-59}$$

式中，T 的单位为 K；d_p 的单位为 m；P 的单位为 Pa。

当 $Kn = 0.016$ 时，$C = 1.02$；因此可以认为当 $Kn \leqslant 0.016$ 时，可不进行肯宁汉修正。

图 3-11 给出了对 1 个大气压下不同温度的干空气时不同粒径的肯宁汉修正。图中 $f = d_p/C$ 称为修正粒径。

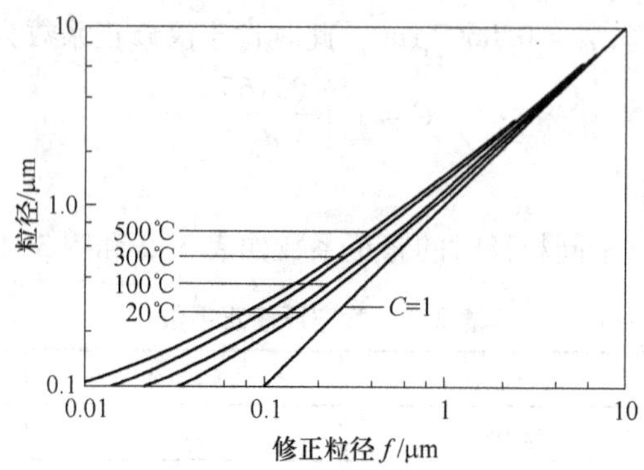

图 3-11　不同温度不同粒径时的滑动因素修正

【例 3-1】 求出下列情况下，球形粒子穿过静止的干空气时的阻力：

（1）$d_p = 100\mu m$，$v = 1m/s$，$t = 20℃$，$P = 1 \times 10^5 Pa$；

（2）$d_p = 1\mu m$，$v = 0.1m/s$，$t = 100℃$，$P = 1 \times 10^5 Pa$；

（3）$d_p = 40\mu m$，$v = 0.3m/s$，$t = 20℃$，$P = 0.5 \times 10^5 Pa$；

（4）$d_p = 0.1\mu m$，$v = 0.1m/s$，$t = 300℃$，$P = 0.5 \times 10^5 Pa$。

解：对于每一种情况，计算方法都是相同的，首先计算尘粒的雷诺数 Re_p，确定其属于哪一区，应用相应的计算公式计算 C 或从图 3-7 中直接读出。再根据所属的区来选取阻力计算公式。如属黏性流区，应进一步确定是否需要进行肯宁汉修正。

（1）当 $t = 20℃$，$P = 1 \times 10^5 Pa$ 时，$\mu_g = 1.81 \times 10^{-5} Pa \cdot s$，$\rho_g = 1.205 kg/m^3$，在此条件下不需要进行修正。

$$Re_p = \frac{\rho_g d_p v_0}{\mu_g} = \frac{1.205 \times 100 \times 10^{-6} \times 1.0}{1.81 \times 10^{-5}} = 6.65 > 1$$，属于过渡区。

由式（3-52）得：

$$C_S = \frac{10.6}{\sqrt{6.65}} = 4.11$$

由式（3-46）得：

$$F = 4.11 \times \frac{\pi \times (100 \times 10^{-5})^2}{4} \times \frac{1.205 \times 1^2}{2} = 1.944 \times 10^{-8} N$$

（2）当 $t = 100℃$，$P = 1 \times 10^5 Pa$ 时，$\mu_g = 2.17 \times 10^{-5} Pa \cdot s$，$\rho_g = 0.94 kg/m^3$，$\nu_g = 2.3 \times 10^{-5} m^2/s$，在此条件下需要进行修正。

$$Re_p = \frac{\rho_g d_p v_0}{\mu_g} = \frac{0.94 \times 1 \times 10^{-6} \times 0.1}{2.17 \times 10^{-5}} = 4.33 \times 10^{-3} < 1$$，属于 Stokes 区。

由式（3-59）得：

$$Kn = \frac{6.052 \times 10^{-4}}{1 \times 10^{-6} \times 1 \times 10^{5}} \times \frac{373}{1 + 110/373} = 1.743 > 0.016$$

故需要肯宁汉修正，则由式（3-58）得：

$$C = 1 + 1.743 \times [1.246 + 0.42 \times \exp(-0.87/1.743)] = 3.62$$

由式（3-54）得：

$$F = 3 \times 3.14 \times 2.17 \times 10^{-5} \times 1 \times 10^{-6} \times 0.1/3.62 = 5.65 \times 10^{-12}\text{N}$$

或由图 3-11 所示得 f=0.82μm，即

$$F = 3\pi\mu_g fu = 3 \times 3.14 \times 2.17 \times 10^{-5} \times 0.82 \times 10^{-6} \times 0.1 = 1.68 \times 10^{-11}\text{N}$$

（3）当 t=20℃，P=0.5×10^{5}Pa 时，μ_g=1.81×10^{-5}Pa · s，ρ_g=0.603kg/m^3，ν_g=0.302×10^{-4}m^2/s。

$$Re_p = \frac{d_p v_0}{\nu_g} = \frac{40 \times 10^{-6} \times 0.3}{0.302 \times 10^{-4}} = 0.397 < 1，属于 Stokes 区。$$

由式（3-59）得：

$$Kn = \frac{6.052 \times 10^{-4}}{40 \times 10^{-6} \times 0.5 \times 10^{5}} \times \frac{293}{1 + 110/293} = 0.0645 > 0.016$$

故需要肯宁汉修正，则

$$C = 1 + 0.0645 \times [1.246 + 0.42 \times \exp(-0.87/0.0645)] = 1.08$$

$$F = 3\pi\mu_g d_p v_v = 3 \times 3.14 \times 1.81 \times 10^{-5} \times 40 \times 10^{-6} \times 0.3/1.08 = 1.89 \times 10^{-9}\text{N}$$

（4）当 t=300℃，P=0.5×10^{5}Pa 时，μ_g=2.93×10^{-5}Pa · s，ρ_g=0.307kg/m^3，ν_g=0.954×10^{-4}m^2/s。

$$Re_p = \frac{d_p v_0}{\nu_g} = \frac{0.1 \times 10^{-6} \times 0.1}{0.954 \times 10^{-4}} = 1.048 \times 10^{-4} < 1，属于 Stokes 区。$$

由式（3-59）得：

$$Kn = \frac{6.052 \times 10^{-4}}{0.1 \times 10^{-6} \times 0.5 \times 10^{5}} \times \frac{573}{1 + 110/573} = 58.2 > 0.016$$

故需要肯宁汉修正，则由式（3-58）得：

$$C = 1 + 58.2 \times [1.246 + 0.42\exp \times (-0.87/58.2)] = 97.60$$

则

$$F = 3\pi\mu_g d_p v_v/C = 3 \times 3.14 \times 2.93 \times 10^{-5} \times 0.1 \times 10^{-6} \times 0.1/97.60 = 2.83 \times 10^{-14}\text{N}$$

3.3.3 非球形粒子的阻力特征

固体气溶胶粒子一般都不是球形，但对非球形粒子的研究作得很少，只对一些特殊情况（椭球体、薄椭圆形板、长度较大的圆柱体等），作过一些研究，非球体粒子的运动特点是粒子运动方向和介质阻力不在同一直线上，自由下落的轨迹和铅直线有一偏差，在当 Re_p 达到某一临界值（约 0.05~0.1）时，长粒子趋向于采取介质阻力最大的位置，对于板状及针状粒子，它们较大的面和较大的棱取垂直于运动方向的位置，而立方体和四面体，趋于使其一个面垂直于这个方向，随 Re_p 的增大这种取向作用也增强，粒子的迁移率也随之减小。

在运动速度相等时，非球体粒子的阻力大于球形粒子的阻力，1934 年，韦德尔提出用球形度（球形系数）的概念来描述非球形粒子的阻力系数，球形度的定义为：

$$\psi = \frac{\text{同体积的球的表面积}}{\text{实际的粒子表面积}}$$

韦德尔得到的非球形粒子的球形度与阻力系数的关系如图 3-12 所示，在 Re_p 一定的条件下，阻力系数随球形度 ψ 的减小而增大。一般粒子的球形度值见表 2-1。

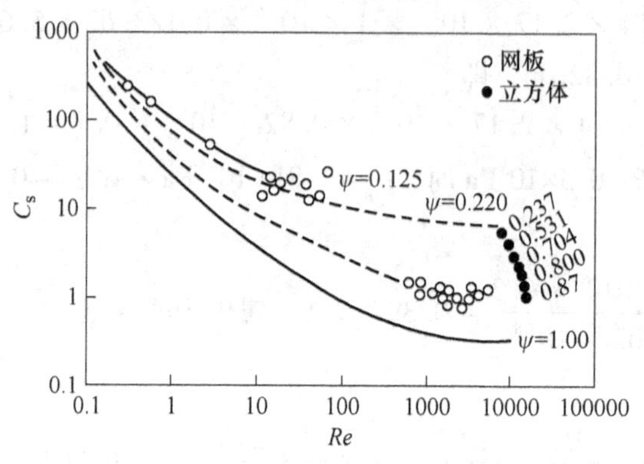

图 3-12　球形度与阻力系数的关系

对小 Re_p 情况下，计算非球形粒子的阻力仍可用斯托克斯公式，只要进行形状修正即可，如果介质对非球形粒子的阻力和对同体积的球形粒子的阻力之比 K 称为粒子的“动力形状系数”，那么非球形粒子的阻力为：

$$F = 3\pi\mu_g d_p v_0 K \tag{3-60}$$

一般 K 值总是大于 1，对长椭球体，K=1.28，对扁椭球体，K=1.36。

如果两个粒子的密度相等，且非球形粒子的沉降速度与同体积的球形粒子的沉降速度相等，即

$$\frac{\gamma_k d_e^2}{18\mu_g K} = \frac{\gamma_g d_s^2}{18\mu_g}$$

得：

$$K = d_e^2/d_s^2 \tag{3-61}$$

即动力形状系数等于等效粒径 d_e 与沉降粒径 d_s 之比的平方。所以，非球形粒子的沉降粒径总是小于其等效粒径，换言之，球形粒子的迁移速率要比同体积的其他任何形状的粒子的迁移速率大。

用各种测试方法所得的同一粒子的直径是不等的，一般粒子的沉降粒径小于其投影粒径，各种粒径间的变换问题一直没有得到解决。从式（3-61）可见，此关系可作为等效粒径与沉降粒径之间进行换算的基础。

3.4　气溶胶粒子的最终沉降速度

在重力 F_g、浮力 F_f 和阻力 F_d 的作用下，则球形尘粒的运动方程为：

$$m_p \frac{dv}{dt} = F_g - F_f - F_d \tag{3-62}$$

对于球形粒子有：

$$m_p = \frac{1}{6}\pi d_p^3 \rho_p,\ F_g = \frac{1}{6}\pi d_p^3 \rho_p g,\ F_f = \frac{1}{6}\pi d_p^3 \rho_g g,\ F_d = C_S \frac{1}{4}\pi d_p^2 \frac{1}{2}\rho_g v^2$$

代入式（3-62）得球形粒子在黏性流体中自由沉降，粒子的运动方程为：

$$\frac{\pi}{6} d_p^3 \rho_p \frac{dv}{dt} = (\rho_p - \rho_g) g \frac{\pi}{6} d_p^3 - C_S \frac{\pi}{4} d_p^2 \frac{\rho_g v^2}{2} \tag{3-63}$$

粒子在静止空气中从静止或某一速度开始沉降，沉降过程中粒子的速度不断变化，阻力也随之变化，当重力 F_g、浮力 F_f 和阻力 F_d 平衡时，尘粒以恒定速度沉降，此速度称为最终沉降速度。在式（3-63）中，令 $dv/dt = 0$，得到最终沉降速度 v_t：

$$v_t = \sqrt{\frac{4(\rho_p - \rho_g) g d_p}{3\rho_g C_S}} \tag{3-64}$$

球形粒子的阻力系数 C_S 随雷诺数的变化可以分为：

（1）$Re_p \leqslant 1$（Stokes 区），$C_S = \frac{24}{Re_p}$，则由式（3-64）得：

$$v_t = \frac{(\rho_p - \rho_g) g d_p^2}{18\mu_g} \tag{3-65}$$

因为 $\rho_g \ll \rho_p$，由式（3-65）得：

$$v_t = \frac{\rho_p g d_p^2}{18\mu_g} \tag{3-66}$$

（2）$Re = 1 \sim 500$（Allen 区），$C_S = 10/Re_p^{1/2}$，由式（3-64）得：

$$v_t = 0.261 \left[\frac{(\rho_p - \rho_g)^2 g^2}{\rho_g \mu_g}\right]^{\frac{1}{3}} d_p \tag{3-67}$$

同理，忽略分子中的 ρ_g 以后得：

$$v_t = 0.261 \left(\frac{\rho_p^2 g^2}{\rho_g \mu_g}\right)^{\frac{1}{3}} d_p \tag{3-68}$$

（3）$Re = 500 \sim 2\times10^5$（Newton 区），$C_S = 0.44$，由式（3-64）得：

$$v_t = 1.74 \sqrt{\frac{(\rho_p - \rho_g) g}{\rho_g} d_p} \tag{3-69}$$

同理，忽略分子中的 ρ_g 以后得：

$$v_t = 1.74 \sqrt{\frac{\rho_p g d_p}{\rho_g}} \tag{3-70}$$

从式（3-65）~式（3-70）中可以看出，球形粒子的沉降速度，均与粒子的直径和密度有关，粒径和密度越大的粒子，其沉降速度也越大，同时在不同的流体（μ_g，ρ_g 不同）中沉降速度也不相同。此外，在层流与过渡区中沉降速度与流体的黏性有关，而在紊流中沉降速度与流体的黏性无关。在这几个公式中，随着雷诺数的增加，最终沉降速度与粒径 d_p 的指数逐渐减少，即 $d_p^2 \rightarrow d_p \rightarrow d_p^{1/2}$。图 3-13 所示的曲线是同一流体和粒子，在不同雷诺数下，沉降速度与粒径的关系（球形，$\mu_{20℃} = 1.821\times10^{-5}\text{Pa}\cdot\text{s}$，$\rho_p = 2630\text{kg/m}^3$，$\rho_g = 1.2\text{kg/m}^3$）。

由于除尘净化中的粒径一般小于 50μm，则 Re_p 也小于 1，属 Stokes 区，可按式

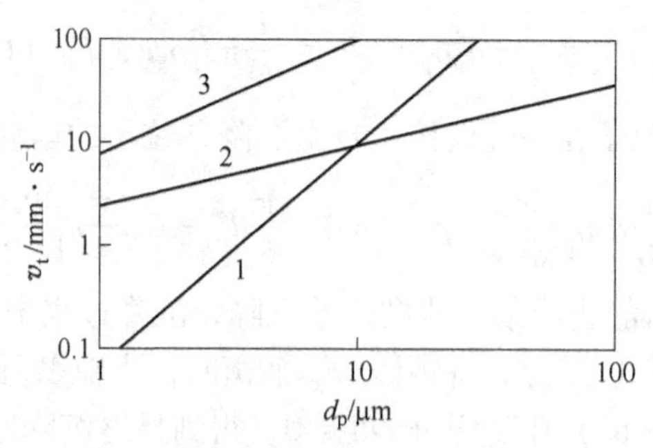

图 3-13　最终沉降速度与粒径的关系

1—式（3-65）；2—式（3-67）；3—式（3-69）

(3-65)计算沉降速度，即图 3-13 中曲线 1。从图中可以看出，沉降速度随粒径的减小而急剧降低，粒径小于 7μm 的尘粒其沉降速度很小，能够长时间悬浮于相对静止的空气中。如 1μm 的石英粒子从人的呼吸带（离地面 1.5m 高处）降落到地面需 6h，但在生产条件下工作环境中常有气流运动，并且粒子形状极不规则（形状不规则尘粒的阻力系数大于球形粒子的阻力系数），所以小于 7.01μm 的呼吸性粒子实际上几乎不能沉降，只能随风飘动。因此，需要通风或安设净化设备把这些粒子带走或除掉。

另外，也可以应用图 3-14 来查出不同粒子的最终沉降速度。

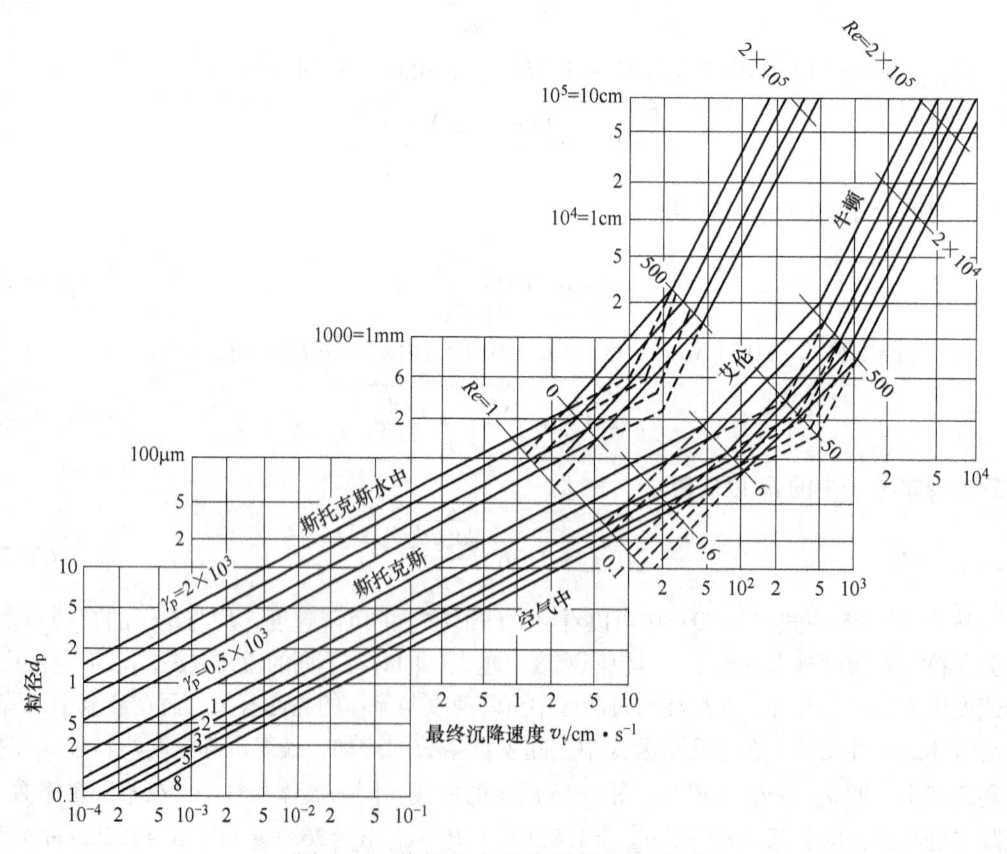

图 3-14　粒径 d_p 与最终沉降速度之关系

在应用式（3-65）~式（3-70）计算粒子的最终沉降速度时，需要事先知道粒子雷诺数，才能选择适当的公式进行计算。因为式（3-64）中的阻力系数 C_S 在每个 Re_p 区段中是不同的，为了避免繁琐的反复计算，可以应用下列近似计算法：

（1）未知 Re_p 的情况下，应用式（3-65）或式（3-66）计算出粒子的沉降终速 v_t'；

（2）以 v_t' 计算雷诺数 Re_p'；

（3）按图 3-15，查出对应的修正系数 $K_u\left(K_u=\frac{v_t}{v_t'}\right)$；

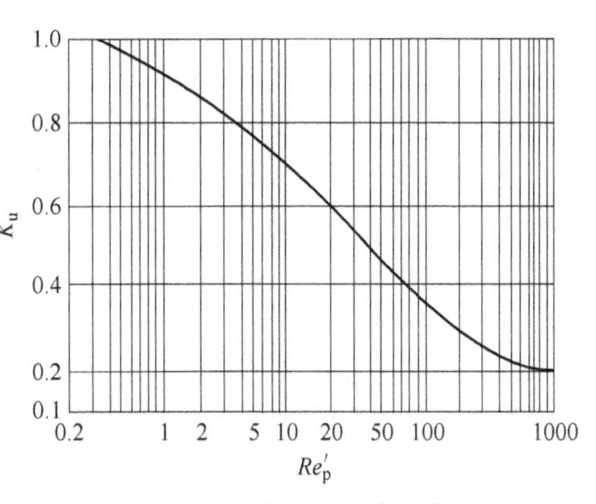

图 3-15 粒径 d_p 与最终沉降速度之关系

（4）根据修正系数 K_u，计算出正确的最终沉降速度 v_t。

$$v_t = v_t' \times K_u \tag{3-71}$$

【例 3-2】 计算平均粒径为 100μm，密度为 2830kg/m³ 的粉尘粒子在常温大气中的最终沉降速度。已知：$\mu=1.85\times10^{-5}$Pa · s，$\rho_g=1.20$kg/m³。

解：由式（3-66）得：

$$v_t' = \frac{\rho_p g d_p^2}{18\mu_g} = \frac{2830 \times 9.81}{18 \times 1.85 \times 10^{-5}} \times (100 \times 10^{-6})^2 = 0.834\text{m/s}$$

则

$$Re_p' = \frac{\rho_g d_p v_t'}{\mu_g} = \frac{1.20 \times 100 \times 10^{-6} \times 0.834}{1.85 \times 10^{-5}} = 5.41$$

查图 3-15 得 $K_u=\frac{v_t}{v_t'}=0.77$，则粉尘粒子的最终沉降速度为：

$$v_t = 0.77v_t' = 0.77 \times 0.834 = 0.642\text{m/s}$$

3.5 气溶胶粒子的壁效应和均一电场中的运动

3.5.1 气溶胶粒子的壁效应

前面所讨论的内容都是在无限大流场中是正确的，对具有约束条件的场合，斯托克斯定律及粒子最终沉降速度需要加以修正。

对某些气溶胶粒子收集设备，例如沉降室、旋风除尘器和静电收集器等，粒子的大小与设备大小相比是可以忽略的。对另一些收集设备，如纤维过滤器、袋式除尘器及充填层过滤器等，其纤维或固体颗粒间的距离是很小的，含尘气流在穿过间隙的过程中更多地受到边界的影响，这会增加作用于粒子上的阻力，因而也影响粒子的运动速度，在目前的过滤理论中没有包括这一因素。

粒子在有界流体中运动时，绕粒子的流线受到边界的干扰，其影响大小与边界的类型有关。目前已从理论上和实验上对下列三种情况建立了修正斯托克斯定律的关系，即粒子在单一墙壁附近运动、粒子在两平行墙壁之间运动和粒子沿无限长圆柱体的轴向运动。

近墙的流体阻力 F_w 可由斯托克斯阻力 F 除以边界修正系数 K 来计算：

$$F_w = \frac{F}{K} \tag{3-72}$$

在以上三种情况的修正系数由下列各式给出。

（1）球体在平行无限扩展的平面墙壁附近运动：

$$K = 1 - \frac{9}{16}\frac{d_p}{l} \tag{3-73}$$

式中，l 为与墙的距离。

（2）球体运动与两平行壁之间，离壁等距离 l：

$$K = 1 - 1.004\frac{d_p}{l} + 0.418\left(\frac{d_p}{l}\right)^3 - 0.619\left(\frac{d_p}{l}\right)^5 \tag{3-74}$$

该方程的使用范围为 $d_p/l < 1/20$，当 d_p/l 较大时，式（3-74）计算的阻力值过低。

（3）球体沿无限长圆柱体的轴向运动，该长圆柱体的直径为 D：

$$K = 1 - 2.104\frac{d_p}{D} + 2.09\left(\frac{d_p}{D}\right)^3 - 0.95\left(\frac{d_p}{D}\right)^5 \tag{3-75}$$

式（3-75）只适用于 $d_p/D < 0.25$ 的情况。

弗兰西斯于 1933 年得出了计算具有器壁约束条件时的粒子最终沉降速度的公式，如果容器直径为 D，粒径为 d_p，受器壁影响的粒子最终沉降速度为 v_{te}，则

$$\frac{v_{te}}{v_t} = \left(1 - \frac{d_p}{D}\right)^{2.25}, \quad \frac{d_p}{D} < 0.83, \ Re_p < 1 \tag{3-76}$$

目前，器壁对粒子运动的影响的研究还不够充分，因而该方面的研究成果的应用还没有开展。

3.5.2 气溶胶粒子在均一电场中的运动

气溶胶粒子在电场中的运动，原则上和在地球引力场中的运动没有什么不同。在均一电场中作用于粒子上的力等于 qE，其中 q 是粒子所带的电荷，而 E 是场强，且

$$E = \frac{V}{h} \tag{3-77}$$

其中，V 为电位差；h 为电容器极板间距。

在库仑力作用下粒子的速度等于

$$v_E = qEB = \frac{qE}{3\pi\mu_g d_p} \tag{3-78}$$

研究气溶胶粒子在垂直电场中（即把电场叠加在引力场中）的运动有很大的实际意义，它是密里肯（Millikan）等人首先提出来的方法，这种方法是把粒子引入一小室中，它的顶和底是平放的电容器极板，侧壁是绝缘材料构成的，上面开有小孔以便观测、照明和使粒子荷电，用带有目镜网格的水平显微镜来进行观测。场强的大小可以任意改变，首先测定在没有电场作用时粒子的沉降速度 v_s，然后测量电场和重力场同时作用下同一粒子的沉降速度 $v_s \pm v_E$，正、负号由电场方向决定。这个方法可以用来测定粒子的荷电量、粒子的大小、密度及迁移率。

3.6　气溶胶粒子等速直线运动的数值模拟

为了直观地了解气溶胶粒子的等速直线运动情况，本节通过采用 GAMBIT 软件建立一尺寸为 0.1m×0.1m 的计算区域，并进行网格划分；采用 Fluent 软件进行相关边界条件设置，对气溶胶粒子的等速直线运动情况进行数值模拟。选取粒子在静止空气中从静止状态开始沉降这一常见情形为例，气溶胶粒子在空气中只受重力、浮力及气动阻力的作用，并在上述作用力的作用下，由静止状态开始加速下降，当重力、浮力及气动阻力达到平衡时，气溶胶粒子以恒定速度直线下降。如图 3-16 所示为气溶胶粒子粒径 d=30μm、40μm、50μm、60μm、70μm 及 80μm 时在静止空气中的直线沉降轨迹；图 3-17、图 3-18 分别为不同粒径气溶胶粒子沉降速度随沉降高度及沉降时间的变化规律。

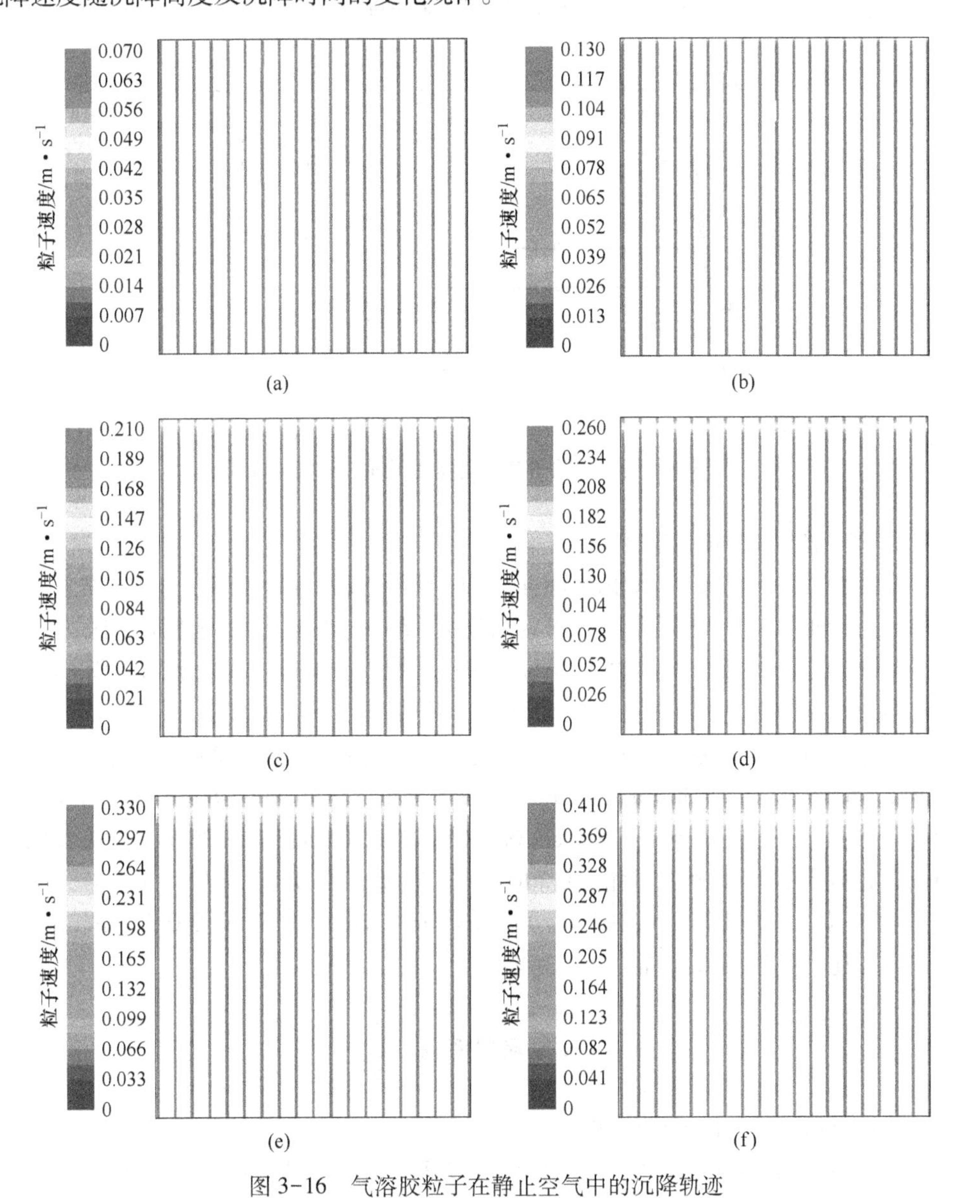

图 3-16　气溶胶粒子在静止空气中的沉降轨迹

(a) d=30μm；(b) d=40μm；(c) d=50μm；(d) d=60μm；(e) d=70μm；(f) d=80μm

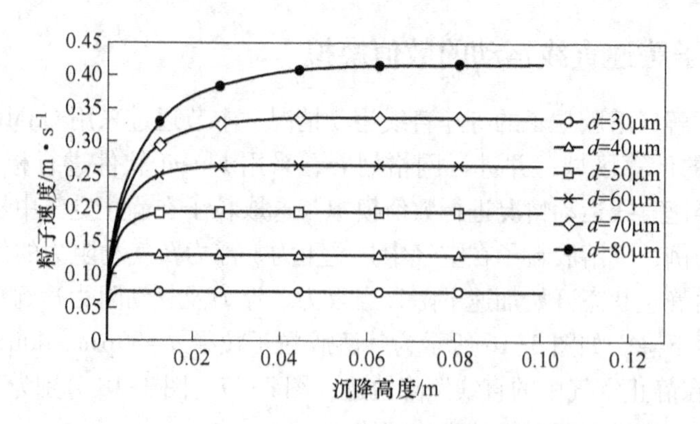

图 3-17　气溶胶粒子沉降速度随沉降高度变化规律

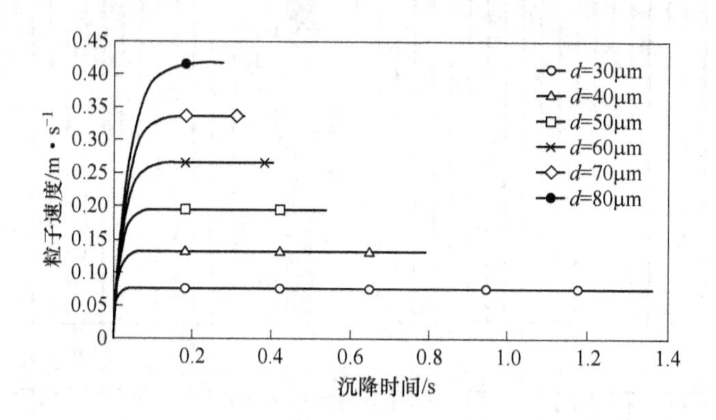

图 3-18　气溶胶粒子沉降速度随沉降时间变化规律

从图 3-16~图3-18 可以看出：

（1）所有粒径的气溶胶粒子均由静止状态从模型顶板处开始沉降，过程中先加速沉降，后保持恒定速度沉降。由于气溶胶粒子粒径均较小，Re_p 也小于1，属于 Stokes 区，粒子在达到最终沉降速度之前的沉降时间和沉降高度均很小，能较快地进入等速沉降阶段。因此，一般粒径较小的气溶胶粒子在静止空气中的沉降，均可以作为等速沉降运动考虑。

（2）气溶胶粒子粒径越小，其达到最终沉降速度之前的沉降时间及沉降高度越小，最终沉降速度也越小。当 $d=30\mu m$、$40\mu m$、$50\mu m$、$60\mu m$、$70\mu m$ 及 $80\mu m$ 时，气溶胶粒子的最终沉降速度分别为 $v=0.074m/s$、$0.130m/s$、$0.195m/s$、$0.264m/s$、$0.336m/s$ 及 $0.417m/s$，达到最终沉降速度前的沉降时间 $t=0.06s$、$0.08s$、$0.12s$、$0.14s$、$0.16s$ 及 $0.21s$，沉降高度 $h=0.002m$、$0.007m$、$0.016m$、$0.037m$、$0.051m$ 及 $0.072m$。经与理论计算值进行对比，模拟结果与理论计算基本吻合，模拟结果可信。

复习思考题

3-1　作用于气溶胶粒子的作用力主要有哪些？

3-2　球形气溶胶粒子在气体中运动所受的斯托克斯定律是什么，是在什么条件下推导出来的。

3-3　什么是气溶胶粒子的迁移率？写作它的计算公式，有何物理意义？

3-4　斯托克斯公式与奥森公式有何区别与联系?

3-5　球形气溶胶粒子的阻力系数在不同区域中如何计算?

3-6　求出下列情况下，球形粒子穿过静止的干空气时的阻力:

(1) $d_p=50\mu m$，$v=2m/s$，$t=20℃$，$P=1\times10^5Pa$;

(2) $d_p=5\mu m$，$v=0.2m/s$，$t=100℃$，$P=1\times10^5Pa$;

(3) $d_p=0.2\mu m$，$v=0.1m/s$，$t=300℃$，$P=0.5\times10^5Pa$。

3-7　什么是肯宁汉修正系数、球形度和动力形状系数? 写出其计算公式。

3-8　试计算正方体的球形度。

3-9　已知气溶胶粒子为球形，粒子密度为 $2730kg/m^3$，气体密度为 $1.22kg/m^3$，气体的黏性系数为 $1.821\times10^{-5}Pa\cdot s$，在不同的气溶胶粒子运动状态下，分别计算气溶胶粒子的最终沉降速度与尘粒直径的关系。

3-10　计算平均粒径为 $80\mu m$，密度为 $2900kg/m^3$ 的粉尘粒子在常温大气中的最终沉降速度。

4　气溶胶粒子的非等速直线运动

【学习要点】

本章主要介绍了气溶胶粒子非等速直线运动的基本方程、没有外力作用时气溶胶粒子的运动、在重力作用下气溶胶粒子的运动和在周期性外力作用下气溶胶粒子的振动。将外力项变为零得到无外力作用时气溶胶粒子运动方程，当运动属于 Stokes 时得到粒子基本特征量——张弛时间的表达式；掌握在重力作用下例子最终沉降速度的求法。对于细小粒子，达到最终沉降速度的时间非常细微，对于大多数情况认为粒子为等速沉降。

气溶胶粒子的等速运动是相当理想化的情况，实际上大多数情况下，气溶胶粒子的运动是既改变方向又改变大小的，如气溶胶粒子的对流、振动以及各种情况下的曲线运动等。气溶胶粒子的变速运动要比起等速运动复杂得多，运动的形式也多种多样，运动的微分方程式只在很少的情况下能得出一般形式的解，通常只能得出近似的数值解，故在本章中要对气溶胶粒子的非等速直线运动进行分析，也是变速运动中少数最重要的例子。

4.1　运动的基本方程

气溶胶粒子在外力作用下加速（或减速）运动，作用于其上的力如图 4-1 所示，由牛顿定律可得：

$$m\frac{\mathrm{d}v}{\mathrm{d}t}+F_{\mathrm{D}}=F \tag{4-1}$$

式中，F 为粒子所受的外力的合力，N；F_{D} 为气体对粒子的阻力，N。

$$F_{\mathrm{D}}=C_{\mathrm{D}}\frac{\pi}{4}d_{\mathrm{p}}^{2}\rho_{\mathrm{g}}\frac{V^{2}}{2} \tag{4-2}$$

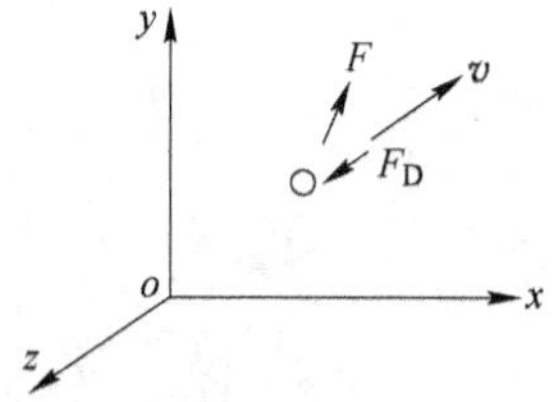

式中，C_{D} 为阻力系数；ρ_{g} 为气体的密度，$\mathrm{kg/m^{3}}$。

图 4-1　粒子在外力作用下的运动

式（4-1）的三个分量方程为：

$$\left.\begin{aligned}\frac{\pi}{6}d_{\mathrm{p}}^{3}\rho_{\mathrm{p}}\frac{\mathrm{d}u}{\mathrm{d}t}+C_{\mathrm{D}}\frac{\pi}{4}d_{\mathrm{p}}^{2}\rho_{\mathrm{g}}\frac{u^{2}}{2}=F_{x}\\\frac{\pi}{6}d_{\mathrm{p}}^{3}\rho_{\mathrm{p}}\frac{\mathrm{d}v}{\mathrm{d}t}+C_{\mathrm{D}}\frac{\pi}{4}d_{\mathrm{p}}^{2}\rho_{\mathrm{g}}\frac{v^{2}}{2}=F_{y}\\\frac{\pi}{6}d_{\mathrm{p}}^{3}\rho_{\mathrm{p}}\frac{\mathrm{d}w}{\mathrm{d}t}+C_{\mathrm{D}}\frac{\pi}{4}d_{\mathrm{p}}^{2}\rho_{\mathrm{g}}\frac{w^{2}}{2}=F_{z}\end{aligned}\right\} \tag{4-3}$$

若气溶胶粒子作非等速直线运动，式（4-3）变为一维的特殊情况，即

$$\frac{\pi}{6}d_p^3\rho_p\frac{dv}{dt}+C_D\frac{\pi}{4}d_p^2\rho_g\frac{v^2}{2}=F_y \tag{4-4}$$

对于斯托克斯定律粒子（$Re\leqslant 1$ 情况），$C_D=24/Re$，粒子运动微分方程为：

$$\frac{dv}{dt}+\frac{18\mu_g}{\rho_p d_p^2}v=\frac{6F}{\pi d_p^3\rho_p} \tag{4-5}$$

式（4-4）和式（4-5）可用来描述在静止空气中气溶胶粒子的非等速直线运动。

4.2 没有外力作用时气溶胶粒子的运动

在没有外力只有阻力作用时，粒子不能保持相对于空气的稳定运动，必然发生减速运动，对于球形粒子在静止空气中作直线运动时，式（4-4）变为：

$$\frac{\pi}{6}d_p^3\rho_p\frac{dv}{dt}+C_D\frac{\pi}{4}d_p^2\rho_g\frac{v^2}{2}=0 \tag{4-6}$$

所以，此时粒子作减速运动，其加速度为：

$$\frac{dv}{dt}=-\frac{3}{4}C_D\frac{\rho_g}{\rho_p}\frac{v^2}{d_p} \tag{4-7}$$

由于阻力系数 C_D 虽然是在稳定运动中得到的，但也可应用于加速（或减速）运动，富克斯（Fuchs）认为 C_D 的影响可以忽略。这样式（4-7）即可进行求解。

4.2.1 运行时间

对速度由 v_0（$t=0$ 时刻）减到 v 时粒子运动所需的时间为：

$$t=-\frac{4}{3}\frac{\rho_p}{\rho_g}d_p\int_{v_0}^{v}\frac{dv}{C_D v^2} \tag{4-8}$$

为了对式（4-8）进行积分，必须利用 C_D 与 Re 之间关系作一变换，即以 $\frac{Re\mu_g}{\rho_g d_p}$ 代替 v，则式（4-8）变为：

$$t=-\frac{4}{3}\frac{\rho_p d_p^2}{\mu_g}\int_{Re_0}^{Re}\frac{d(Re)}{C_D Re^2} \tag{4-9}$$

4.2.2 运行距离

当粒子的速度由 v_0 减到 v 时，粒子运动的线性距离 dx 为：

$$dx=v dt \tag{4-10}$$

由式（4-7）得：

$$dt=-\frac{4}{3}\frac{\rho_p}{\rho_g}d_p\frac{dv}{C_D v^2} \tag{4-11}$$

将式（4-11）代入式（4-10）得：

$$x=\int_0^t v dt=-\frac{4}{3}\frac{\rho_p}{\rho_g}d_p\int_{v_0}^{v}\frac{dv}{C_D v} \tag{4-12}$$

同样用 Re 对式（4-12）中 v 进行变换，则式（4-12）可化为：

$$x=-\frac{4}{3}\frac{\rho_p}{\rho_g}d_p\int_{Re_0}^{Re}\frac{d(Re)}{C_DRe} \tag{4-13}$$

为了计算式（4-9）与式（4-13）的积分，需要已知 C_D 与 Re 之间的关系，或者利用图4-2和图4-3中 $\frac{1}{C_DRe^2}$ 和 $\frac{1}{C_DRe}$ 与 Re 的关系来计算。

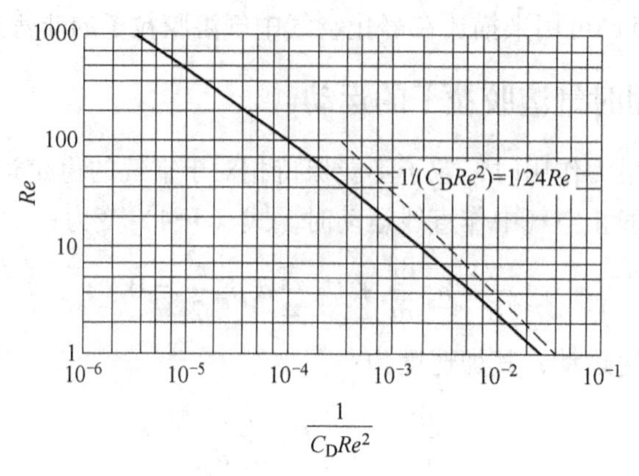

图4-2　式（4-9）中 $\frac{1}{C_DRe^2}$ 与 Re 的关系

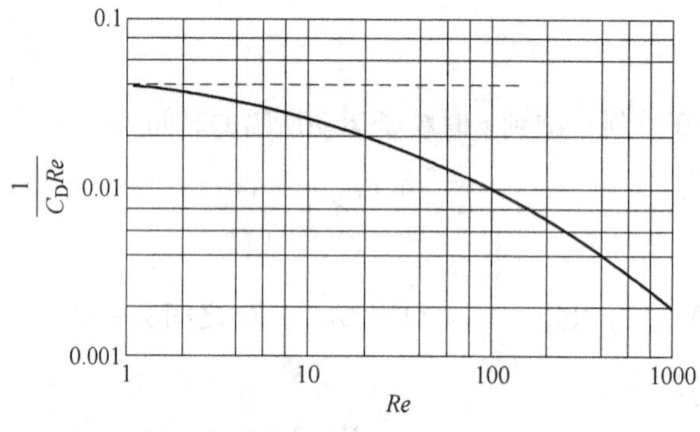

图4-3　式（4-13）中 $\frac{1}{C_DRe}$ 与 Re 的关系

4.2.3　张弛时间和停止距离

如果粒子的运动属于斯托克斯区域，$C_D=24/Re$，则式（4-7）变为：

$$\frac{dv}{dt}=-\frac{18\mu_g}{\rho_pd_p^2}v=-\frac{v}{\tau} \tag{4-14}$$

式中

$$\tau=\frac{\rho_pd_p^2}{18\mu_g} \tag{4-15}$$

式（4-15）中的 τ 称为粒子的张弛时间，它是气溶胶系统的基本特征量。

由式（4-14）得：

$$\int_{v_0}^{v}\frac{dv}{v}=-\frac{1}{\tau}\int_0^t dt \tag{4-16}$$

由式（4-16）积分得：

$$v = v_0 e^{-\frac{t}{\tau}} \tag{4-17}$$

由式（4-13）可得：

$$x = -\frac{4}{3}\frac{\rho_p}{\rho_g}d_p\int_{Re_0}^{Re}\frac{d(Re)}{\left(\frac{24}{Re}\right)Re} = \frac{\rho_p d_p^2}{18\mu}(v_0 - v) = v_0\tau(1 - e^{-\frac{t}{\tau}}) \tag{4-18}$$

τ 的物理意义可表达为粒子运动受阻而使速度减小到$\frac{1}{e}$所需要之时间，当运动时间为 τ 时，速度约为初始值的 36.8%。

为计算方便，绘制了如图 4-4 所示的粒子停止距离 x_s 与 Re 之间的关系曲线和图 4-5 所示的粒子运动速度与时间的关系曲线。

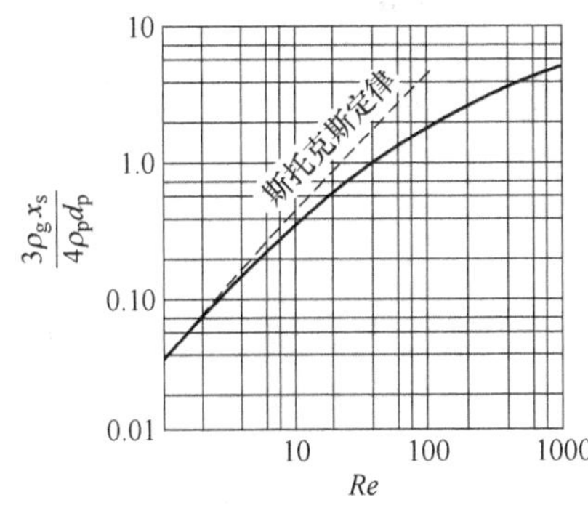

图 4-4　粒子的停止距离与 Re 的关系

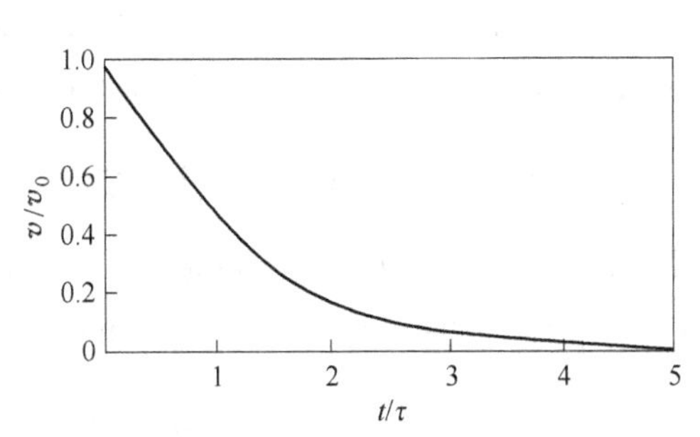

图 4-5　v/v_0 与 t/τ 的关系

由式（4-17）和图 4-5 可知，粒子达到静止所需的时间是无限的，但由式（4-17）可知，粒子达到静止（v=0）时的运动距离是有限的，这个有限的距离称为粒子的惯性行程（或粒子的停止距离），由式（4-17）惯性行程为

$$x_s = v_0\tau \tag{4-19}$$

惯性行程可从图 4-4 中查出，由式（4-13），当 Re=0 时，

$$\frac{3}{4}\frac{\rho_g}{\rho_p}\frac{x_s}{d_p} = \int_0^{Re_0}\frac{d(Re)}{C_D Re} = f(Re_0) \tag{4-20}$$

【例 4-1】 直径为 100μm，密度为 6000kg/m³ 的铅粒子从摩托车尾管中以初速度 1m/s 水平抛到 20℃的静止空气中，（1）需要多长时间和多长距离粒子的速度达到 0.1m/s?（2）惯性行程是多少?

解：（1）因温度 20℃的空气中，$\mu_g = 1.81\times10^{-5}$Pa·s，$\rho_g = 1.205$kg/m³，则

$$Re_p = \frac{\rho_g d_p v_0}{\mu_g} = \frac{1.205\times100\times10^{-6}\times1}{1.81\times10^{-5}} = 6.66$$

说明粒子的运动已超出斯托克斯区，因而用图 4-4 可以查出

$$f(Re_p) = \frac{3}{4}\frac{\rho_g}{\rho_p}\frac{x_s}{d_p} = 0.24$$

则
$$x_s = 0.24 \times \frac{4}{3} \times \frac{6 \times 10^3 \times 100 \times 10^{-6}}{1.205} = 0.16\text{m} = 16.0\text{cm}$$

如果粒子以初速度 0.1m/s 运动，则 $Re_p = 0.666$，由图 4-4 查得，$\frac{3}{4}\frac{\rho_g}{\rho_p}\frac{x_s}{d_p} = 0.027$，此情况下的停止距离 $x_s = 1.80\text{cm}$，所以粒子运动到速度为 0.1m/s 时的运动距离为：

$$x = 16.0 - 1.80 = 14.20\text{cm}$$

（2）运行时间由式（4-9）计算，并用图 4-2 作一数值积分，在 $Re_0 = 6.66$ 和 $Re = 0.666$ 内图中曲线下的面积为：

$$\int_{6.66}^{0.666} \frac{d(Re)}{C_D Re^2} = -0.0769$$

所以由式（4-9）得

$$t = -\frac{4}{3} \times \frac{6 \times 10^3 \times (100 \times 10^{-6})^2}{1.81 \times 10^{-5}} \times (-0.0769) = 0.34\text{s}$$

在该例中只考虑了水平运动，同时粒子在重力作用下还要向下运动沉降，这在以后内容中要考虑，然而重力并不影响运动的水平分量。

4.3　在重力作用下气溶胶粒子的运动

对于单一粒子在重力作用下的运动，粒子所受的力有重力 F_g、阻力 F_D 和浮力 F_f，浮力等于同体积空气的重量，由牛顿定律可得：

$$m_p \frac{dv}{dt} = F_g + F_f + F_D \tag{4-21}$$

对于球形粒子有：

$$m_p = \frac{1}{6}\pi d_p^3 \rho_p,\ F_g = \frac{1}{6}\pi d_p^3 \rho_p g,\ F_f = \frac{1}{6}\pi d_p^3 \rho_g g,\ F_d = C_D \frac{1}{4}\pi d_p^2 \frac{1}{2}\rho_g v^2$$

代入式（4-21）得：

$$\frac{dv}{dt} = g\left(\frac{\rho_p - \rho_g}{\rho_p}\right) - \frac{3}{4} C_D \frac{\rho_g}{\rho_p} \frac{v^2}{d_p} \tag{4-22}$$

4.3.1　到达最终沉降速度前的运动

粒子的运动在达到稳定速度前，速度随时间逐渐变化，粒子所受阻力随阻力系数的变化而变化，数学分析是比较复杂的。由于 C_D 是 Re 的函数，所以可用 Re 来代换速度，使分析变得容易。

由于粒子雷诺数为：

$$Re = \frac{\rho_g d_p v}{\mu_g} \tag{4-23}$$

式（4-23）经变换后得：

$$\frac{dv}{dt} = \frac{\mu_g}{\rho_g d_p} \frac{dRe}{dt} \tag{4-24}$$

将式（4-24）代入式（4-22）得：

$$\begin{aligned}\frac{\mathrm{d}Re}{\mathrm{d}t} &= g\frac{\rho_g d_p}{\mu_g}\frac{\rho_p-\rho_g}{\rho_p} - \frac{3}{4}\frac{\rho_g d_p}{\mu_g}C_D\frac{\rho_g}{\rho_p}\frac{v^2}{d_p}\\ &= \frac{3}{4}\frac{\mu_g}{\rho_p d_p^2}\left[\frac{4g\rho_g(\rho_p-\rho_g)}{3\mu_g^2}d_p^3 - C_D Re^2\right]\\ &= \frac{3\mu_g}{4\rho_p d_p^2}(\xi - C_D Re^2) = \frac{1}{24\tau}(\xi - C_D Re^2)\end{aligned} \tag{4-25}$$

式中

$$\xi = \frac{4g\rho_g(\rho_p-\rho_g)}{3\mu_g^2}d_p^3 \tag{4-26}$$

当 $t=0$ 时取 $v=v_0$，$Re=Re_0$，则式（4-25）的解为：

$$t = 24\tau\int_{Re_0}^{Re}\frac{\mathrm{d}Re}{\xi - C_D Re^2} \tag{4-27}$$

式（4-27）的计算结果是粒子运动达到雷诺数为 Re 时所需之时间。

为了计算垂直方向向下的运动距离 z 可用 $\frac{\mathrm{d}z}{\mathrm{d}t}=v$，$v=\frac{\mu_g Re}{\rho_g d_p}$ 代入式（4-25）中，得：

$$\frac{\mathrm{d}Re}{\mathrm{d}z} = \frac{3\rho_g}{4\rho_p d_p}\frac{\xi - C_D Re^2}{Re} \tag{4-28}$$

式（4-28）的解为：

$$z = \frac{4\rho_p}{3\rho_g}d_p\int_{Re_0}^{Re}\frac{Re\,\mathrm{d}(Re)}{\xi - C_D Re^2} \tag{4-29}$$

计算式（4-27）和式（4-29）中的积分，必须代入 C_D 与 Re 之间关系，除斯托克斯定律的情况以外，积分的计算十分复杂，往往要采用数值方法才能计算，然而在粒子收集问题中，这种情况是十分稀少的。

对斯托克斯定律范围内的粒子，$C_D Re^2=24Re$，所以，式（4-27）的结果为：

$$t = \tau\ln\left(\frac{\xi - 24Re_0}{\xi - 24Re}\right) \tag{4-30}$$

如果在 $t=0$ 时刻，粒子的速度 $v_0=0$，即粒子处于静止状态，则式（4-30）变为：

$$t = \tau\ln\left(\frac{\xi}{\xi - 24Re}\right) \tag{4-31}$$

式（4-29）变为：

$$z = -\frac{\rho_p d_p}{18\rho_g}\left[Re + \frac{\xi}{24}\ln\left(\frac{\xi - 24Re}{\xi}\right)\right] \tag{4-32}$$

4.3.2　最终沉降速度

由于粒子达到稳定运动状态时，$\mathrm{d}(Re)/\mathrm{d}t=0$，则由式（4-25）可得粒子到达最终沉降速度的条件：

$$\xi = C_D Re^2 \tag{4-33}$$

由式（4-33）和式（4-26）可得出最终沉降速度为：

$$v_t = \sqrt{\frac{4(\rho_p - \rho_g) g d_p}{3\rho_g C_D}} \tag{4-34}$$

在斯托克斯区得最终沉降速度为：

$$v_s = \frac{g(\rho_p - \rho_g)}{18\mu_g} d_p^2 \tag{4-35}$$

当需要进行肯宁汉修正时，式（4-34）和式（4-35）还需乘以修正系数 C。

由式（4-33）和式（4-26）得最终沉降速度与粒径之间关系：

$$\xi^{1/3} = (C_D Re^2)^{1/3} = \left[\frac{4}{3} g \frac{(\rho_p - \rho_g)\rho_g}{\mu_g^2}\right]^{1/3} d_p \tag{4-36}$$

式（4-36）说明（$C_D Re^2$）$^{1/3}$正比于粒径且不包括最终沉降速度。又

$$\frac{C_D Re^2}{Re^3} = \frac{\xi}{Re^3} = \frac{C_D}{Re}$$

也满足加速度为零的条件，由此可重新组合一无因次数，即

$$\left(\frac{Re_s}{C_D}\right)^{1/3} = \frac{v_s d_p \rho_g}{\mu}\left[\frac{3\mu_g^2}{4g(\rho_p - \rho_g)\rho_g}\right]^{1/3} \cdot \frac{1}{d_p} = \left[\frac{3\rho_g^2}{4g\mu_g(\rho_p - \rho_g)}\right]^{1/3} v_s \tag{4-37}$$

说明无因次数（Re_s/C_D）$^{1/3}$正比于最终沉降速度且不包括粒径。

图 4-6 所示的曲线可用来计算在规定温度条件下给定粒径的粒子的最终沉降速度，或计算给定沉降速度的粒子的粒径。表 4-1 中列出了标准状态即高温状态下的干空气中，可按斯托克斯定律计算最终沉降速度时的最大球形粒子的粒径（供计算时参考）。

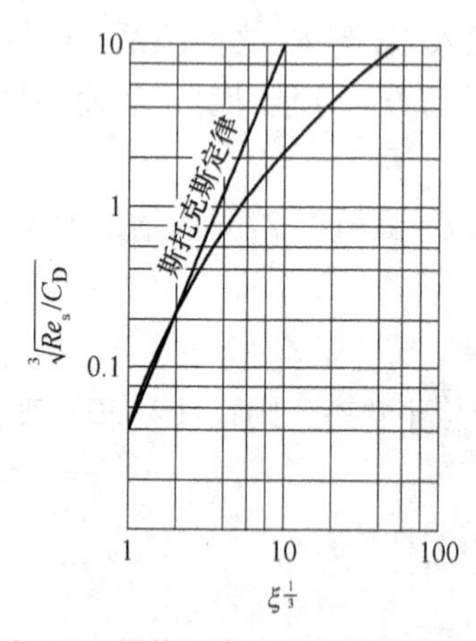

图 4-6　最终沉降速度与粒径的关系

表 4-1　可用斯托克斯定律计算最终沉降速度的最大粒径　（μm）

密度/g · cm^{-3}	空气温度/℃		
	20	100	300
0.6	44	54	75
0.8	40	49	68
1.0	37	45	64
1.5	32	39	56
2.0	29	36	50
3.0	26	31	44
4.0	23	28	40
6.0	20	25	35

【例 4-2】 计算下列三种粒子的最终沉降速度：

（1）$d_p = 100\mu m$，$\rho_p = 2600 kg/m^3$，$t = 100℃$，$P = 1 \times 10^5 Pa$；

（2）$d_p = 60\mu m$，$\rho_p = 1000 kg/m^3$，$t = 300℃$，$P = 2 \times 10^5 Pa$；

（3）$d_p = 8\mu m$，$\rho_p = 600 kg/m^3$，$t = 100℃$，$P = 1 \times 10^5 Pa$。

解： 首先计算 $\xi^{1/3}$，然后用图 4-6 查得（Re_s/C_D）$^{1/3}$ 的值，再用式（4-37）计算得到最终沉降速度 v_s。

（1）由表 4-1 知，在该情况下，斯托克斯定律不能应用。在此条件下，ρ_g = 0.940kg/m³，$\mu_g = 2.17 \times 10^{-5}$Pa · s，由式（4-36）得：

$$\xi^{1/3} = \left[\frac{4}{3} \times 9.8 \times \frac{2600 \times 0.940}{(2.17 \times 10^{-5})^2}\right]^{1/3} \times 100 \times 10^{-6} = 4.08$$

由图 4-6 查得，$(Re_s/C_D)^{1/3} = 0.55$，式（4-37）得：

$$v_s = 0.55 \times \left(\frac{4 \times 9.8 \times 2600 \times 2.17 \times 10^{-5}}{3 \times 0.94^2}\right)^{1/3} = 0.518\text{m/s}$$

（2）由于空气的密度 ρ_g 对 ξ 的影响可以忽略不计，所以由表 4-1 可知，该条件下斯托克斯定律可以应用，此时，ρ_g = 0.613kg/m³，$\mu_g = 2.93 \times 10^{-5}$Pa · s。由式（4-35）得：

$$v_s = \frac{9.8 \times 1000}{18 \times 2.93 \times 10^{-5}} \times (60 \times 10^{-6})^2 = 0.067\text{m/s}$$

（3）由表 4-1 知，在此条件下可应用斯托克斯定律，则由式（4-35）得：

$$v_s = \frac{9.8 \times 600}{18 \times 2.17 \times 10^{-5}} \times (8 \times 10^{-6})^2 = 0.001\text{m/s}$$

【例 4-3】 在 20℃，1 个大气压下，求：

（1）假设雨滴为一坚硬的球体，求下落速度 v_s = 1.52m/s 时雨滴的直径。

（2）大体积采样器以 28372.625cm³/min 的流量垂直向上穿过 930.25cm² 过滤面积，求密度为 2600kg/m³ 的粒子可以被收集的最大粒径。

解： 在 20℃，1 个大气压下，$\mu_g = 1.816 \times 10^{-5}$Pa · s，$\rho_g$ = 1.205kg/m³。

（1）由式（4-37）得：$$\left(\frac{Re_s}{C_D}\right)^{1/3} = \left(\frac{3 \times 1.205^2}{4 \times 9.8 \times 1.816 \times 10^{-5} \times 1000}\right)^{1/3} \times 1.52 = 2.78$$

由图 4-6 查得：$\xi^{1/3} = 14.2$，则由式（4-36）得：

$$d_p = \left[\frac{3 \times (1.816 \times 10^{-5})^2}{4 \times 9.8 \times 1.0 \times 10^3 \times 1.205}\right]^{1/3} \times 14.2 = 3.9 \times 10^{-4}\text{m} = 390\mu\text{m}$$

（2）由于取样速度 $v = \frac{28372.625}{930.25} = 30.5\text{cm/s} = 0.305\text{m/s}$，则最终沉降速度 $v \leqslant$ 0.305m/s 的粒子才能被捕集。

$$\left(\frac{Re_s}{C_D}\right)^{1/3} = \left(\frac{3 \times 1.205^2}{4 \times 9.8 \times 1.816 \times 10^{-5} \times 2600}\right)^{1/3} \times 0.305 = 0.406$$

由图 4-6 查得：$\xi^{1/3} = 3.4$，则由式（4-36）得：

$$d_p = \left[\frac{3 \times (1.816 \times 10^{-5})^2}{4 \times 9.8 \times 2600 \times 1.205}\right]^{1/3} \times 3.4 = 6.8 \times 10^{-5}\text{m} = 68\mu\text{m}$$

4.3.3 斯托克斯区在重力作用下粒子的运动

在斯托克斯区，粒子微分方程（4-22）变为：

$$\frac{dv}{dt} = g - \frac{v}{\tau} \tag{4-38}$$

$$\tau = m_p B = \frac{d_p^2 \rho_p}{18\mu_g}$$

式中，τ 为张弛时间（是气溶胶粒子运动的基本特征量），s；B 为尘粒的迁移率，s/kg。

张弛时间 τ 表达了一个尘粒在受力作用下，调整其速度所需要的时间。张弛时间仅与粒子的质量和黏度有关。给出的式（4-38）限于尘粒的斯托克斯区范围内运动，用张弛时间可计算最终沉降速度，由式（4-35）得：

$$v_s = \tau g \tag{4-39}$$

对于斯托克斯粒子 $\zeta = 24Re$，且 $\frac{Re}{Re_s} = \frac{v}{v_s}$ 或 $\frac{Re_0}{Re_s}$，代入式（4-30）变为：

$$\frac{t}{\tau} = \ln\left(\frac{1 - v_0/v_s}{1 - v/v_s}\right) \tag{4-40}$$

式（4-40）整理后得：

$$\frac{v}{v_s} = 1 - \left(1 - \frac{v_0}{v_s}\right) e^{-t/\tau} \tag{4-41}$$

粒子由静止开始下落的情况下，$v_0 = 0$，则式（4-41）变为：

$$\frac{v}{v_s} = 1 - e^{-t/\tau} \tag{4-42}$$

由式（4-42）可知，当 $t = 0$ 时，$v_0 = 0$；

当 $t \gg \tau$ 时，$v_s = v_0$。并绘制如图 4-7 所示的曲线，从图中可知：当 $t = \tau$ 时，尘粒达到其最终沉降速度的 63.2%；当 $t = 4\tau$ 时，可获得其最终沉降速度的 98.2%，当 $t = 5\tau$ 时，可获得其最终沉降速度的 99.3%，其值接近于 v_s，此后粒子以稳定的最终沉降速度继续降落。

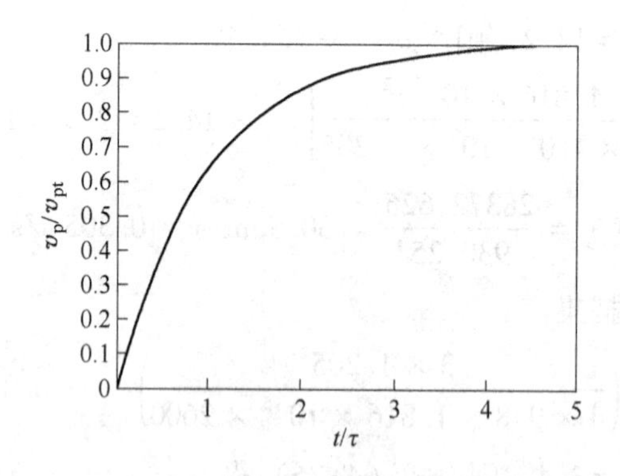

图 4-7　尘粒的运动速度与时间的关系

由于张弛时间 τ 对空气中的细小粒子是十分小的，例如对 $d_p = 1\mu m$，$\rho_p = 1000 kg/m^3$ 的粒子，空气温度为 20℃，$\mu = 1.81 \times 10^{-5} Pa \cdot s$ 时，由于张弛时间 τ 为

$$\tau = \frac{1 \times (1 \times 10^{-4})^2}{18 \times 1.81 \times 10^{-4}} = 3.07 \times 10^{-6} s$$

而 $5\tau = 1.54 \times 10^{-5} s$，所以对于大多数情况，加速度可以忽略。即认为粒子以开始就以恒定速度 v_s 运动。

对于运动距离，式（4-32）变为：

$$z = v_{\mathrm{s}}\tau\left[\left(\frac{v_0}{v_{\mathrm{s}}} - \frac{v}{v_{\mathrm{s}}}\right) - \ln\left(\frac{1 - v/v_{\mathrm{s}}}{1 - v_0/v_{\mathrm{s}}}\right)\right] \tag{4-43}$$

式（4-43）可表达成无因次形式

$$\frac{z}{v_{\mathrm{s}}\tau} = \frac{v_0}{v_{\mathrm{s}}} + \left(\frac{t}{\tau} - 1\right) + \left(1 - \frac{v_0}{v_{\mathrm{s}}}\right)\mathrm{e}^{-t/\tau} \tag{4-44}$$

当粒子是从静止开始运动时，式（4-44）化简为：

$$\frac{z}{v_{\mathrm{s}}\tau} = \frac{t}{\tau} - (1 - \mathrm{e}^{-t/\tau}) \tag{4-45}$$

假设当 $v=0.99v_{\mathrm{s}}$ 时，就可以认为已完成加速运动沉降过程，根据式（4-42）和式（4-45）计算出不同粒径，从开始至获得最终沉降速度 v_{s} 所需时间 t 和运动的距离 z，并绘制如图 4-8 和图 4-9 所示的曲线，两图中曲线是在 $\rho_{\mathrm{p}}=2630\mathrm{kg/m^3}$，$\rho_{\mathrm{g}}=1.2\mathrm{kg/m^3}$，$\mu_g=1.821\times10^5\mathrm{Pa\cdot s}$ 条件下绘制的。

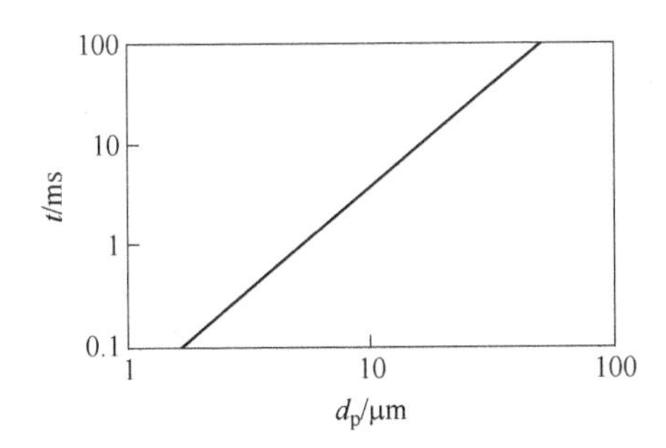

图 4-8　时间与粒径的关系

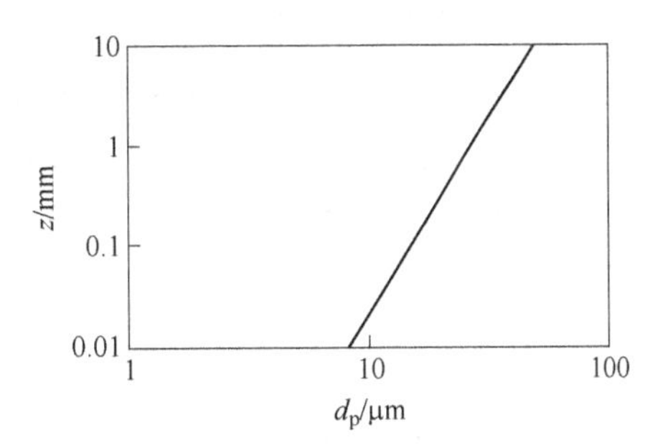

图 4-9　距离与粒径的关系

从图 4-8 和图 4-9 可知，粒径为 50μm 尘粒，达到最终沉降速度时运动的时间为 0.1s，运动的距离为 14.24mm；而 10μm 尘粒，时间只有 0.0034s，距离只有 0.023mm。故在气溶胶粒子净化中的粒子在达到最终沉降速度之前运行时间和运行距离都很少，所以尘粒在静止空气中可以作为等速沉降运动。

4.4　在周期性外力作用下气溶胶粒子的振动

对于受周期性变化的外力 F 作用的气溶胶粒子，其在黏性介质中的振动，可由下式描述；

$$m\frac{\mathrm{d}v}{\mathrm{d}t} + \frac{v}{B} - F = 0 \tag{4-46}$$

式中，$B = \dfrac{1}{3\pi\mu_{\mathrm{g}}d_{\mathrm{p}}}$ 为粒子的迁移率，其含义是粒子的运动速度与作用其上的力之比。

如果 F 是随时间作正弦变化，即

$$F = F_0\sin\omega t \tag{4-47}$$

式中，F_0 为常量。

当初始条件为 $t=0$，$v=0$ 时，求式（4-46）的解。现将方程式（4-46）改写为：

$$\frac{\mathrm{d}v}{\mathrm{d}t} + \frac{v}{Bm} - \frac{F_0}{m}\sin\omega t = 0 \tag{4-48}$$

为了解式（4-48），把该式乘以因子 $e^{\int\frac{1}{Bm}dt}$，则得：

$$e^{\int\frac{1}{Bm}dt}\left(\frac{\mathrm{d}v}{\mathrm{d}t} + \frac{1}{Bm}v\right) = \frac{F_0}{m}\sin\omega t \cdot e^{\int\frac{1}{Bm}dt}$$

即

$$\frac{\mathrm{d}}{\mathrm{d}t}\left(ve^{\int\frac{1}{Bm}dt}\right) = \frac{F_0}{m}e^{\int\frac{1}{Bm}dt}\sin\omega t$$

所以

$$ve^{\int\frac{1}{Bm}dt} = \int\frac{F_0}{m}e^{\int\frac{1}{Bm}dt}\sin\omega t\mathrm{d}t + C = \frac{F_0}{m}\int e^{\int\frac{1}{Bm}dt}\sin\omega t\mathrm{d}t + C$$

$$= \frac{F_0}{m}\frac{e^{\frac{t}{Bm}}\left(\frac{1}{Bm}\sin\omega t - \omega\cos\omega t\right)}{\omega^2 + \frac{1}{B^2m^2}} + C \tag{4-49}$$

式（4-49）整理后得到：

$$v = \frac{F_0B(\sin\omega t - \omega mB\cos\omega t)}{1 + B^2\omega^2m^2} + Ce^{-t/Bm} \tag{4-50}$$

令 $\tan\varphi = B\omega m$，如图 4-10 所示。则：

$$\sin\varphi = \frac{B\omega m}{\sqrt{1 + B^2\omega^2m^2}}$$

$$\cos\varphi = \frac{1}{\sqrt{1 + B^2\omega^2m^2}}$$

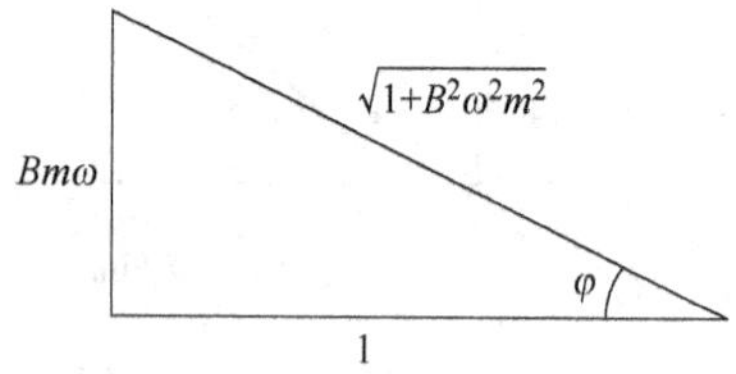

图 4-10　函数关系图

代入方程式（4-50），得：

$$v = \frac{F_0B(\sin\omega t\cos\varphi - \cos\omega t\sin\varphi)}{\sqrt{1 + B^2\omega^2m^2}} + Ce^{-t/Bm} \tag{4-51}$$

根据初始条件，当 $t=0$ 时 $v=0$，得：

$$C = \frac{F_0B\sin\varphi}{\sqrt{1 + B^2\omega^2m^2}} \tag{4-52}$$

最后，得到微分方程式（4-46）的解为：

$$v = \frac{F_0B\sin(\omega t - \varphi)}{\sqrt{1 + B^2\omega^2m^2}} + \frac{F_0Be^{-t/Bm}\sin\varphi}{\sqrt{1 + B^2\omega^2m^2}} \tag{4-53}$$

式（4-53）中右边第二项很快衰减为零，而在稳定状态下粒子的振动方程变为：

$$v = v_0\sin(\omega t - \varphi) \tag{4-54}$$

其中速度的振幅为：

$$v_0 = \frac{F_0B}{\sqrt{1 + B^2\omega^2m^2}} \tag{4-55}$$

因为张弛时间 $\tau = mB$，所以式（4-55）还可以写为：

$$v_0 = \frac{F_0 B}{\sqrt{1 + (\tau\omega)^2}} = F_0 B\cos\varphi \tag{4-56}$$

从式（4-56）可知，速度的振幅是与迁移率 B 和粒子的张弛时间 τ 来决定的。

由于 $\omega = 2\pi n$（n 为每秒钟振动次数），又振动周期 $t_p = 1/n$，则：

$$t_p = \frac{2\pi}{\omega} \tag{4-57}$$

故

$$\tan\varphi = \tau\omega = \frac{2\pi\tau}{t_p} \tag{4-58}$$

从式（4-56）和式（4-58）可以看出，粒子振动性质是由粒子的张弛时间 τ 和振动周期 t_p 的比来决定，当这个比值 t/t_p 很大时（大粒子，高频率）$\tan\varphi \to \infty$，$\varphi \to \pi/2$，$v_0 \to F_0/\omega m$，粒子的振动与在真空中的振动相同。因此，在 t/t_p 很大时，可以忽略掉介质的阻力（振动的惯性态）。

当比值 t/t_p 很小时，$\tan\varphi \to 0$，$\varphi \to 0$，$v_0 \to F_0 B$，粒子的振动方程式（4-54）为：

$$v = F_0 B\sin\omega t = FB \tag{4-59}$$

式（4-59）说明，粒子的惯性从振动方程中去掉后，在每一时刻粒子运动速度就是在此时刻变力作用下所应具有的速度（振动的黏性态）。

气溶胶粒子在外力作用下发生振动的一个最重要的例子是带电粒子在交变电场中的振动。这时外力 $F = Eq$，其中 E 是电场强度，q 为粒子的电荷。在交变电场中测量粒子振动的振幅是确定粒子电荷的最方便的方法。

4.5 气溶胶粒子非等速直线运动的数值模拟

根据3.6节中气溶胶粒子等速直线运动的数值模拟结果，气溶胶粒子在达到最终沉降速度前，始终保持非等速直线运动状态。为了更为直观地了解气溶胶粒子的非等速直线运动情况，本节通过采用 GAMBIT 软件建立一尺寸为 0.01m×0.01m 的计算区域，并进行网格划分；采用 Fluent 软件进行相关边界条件设置，模拟粒径 $d = 30 \sim 80\mu m$ 的气溶胶粒子在静止空气中由静止状态开始沉降的情况。通过数值模拟，可以直观地观察到气溶胶粒子由静止状态开始加速到最终沉降速度之前的非等速直线运动过程。如图4-11所示为不同粒径的气溶胶粒子在静止空气中的加速沉降轨迹；图4-12、图4-13分别为气溶胶粒子沉降速度随沉降高度及沉降时间的变化规律。从图中可以看出：

（1）本次模拟过程中，所有气溶胶粒子均处于由静止状态开始直线加速沉降至匀速沉降之前的阶段。粒子在沉降过程中，沉降速度不断加快，沉降加速度不断减小。粒子粒径越大，相同位置处的速度及加速度均越大，沉降至相同位置所需时间越短。

（2）粒径 $d = 30\mu m$、$40\mu m$、$50\mu m$、$60\mu m$、$70\mu m$ 及 $80\mu m$ 的气溶胶粒子沉降至模型底板时，其瞬时沉降速度分别为 $v = 0.07m/s$、$0.13m/s$、$0.16m/s$、$0.18m/s$、$0.20m/s$ 及 $0.21m/s$，所需沉降时间分别为 $t = 0.030s$、$0.031s$、$0.032s$、$0.033s$、$0.035s$ 及 $0.045s$。

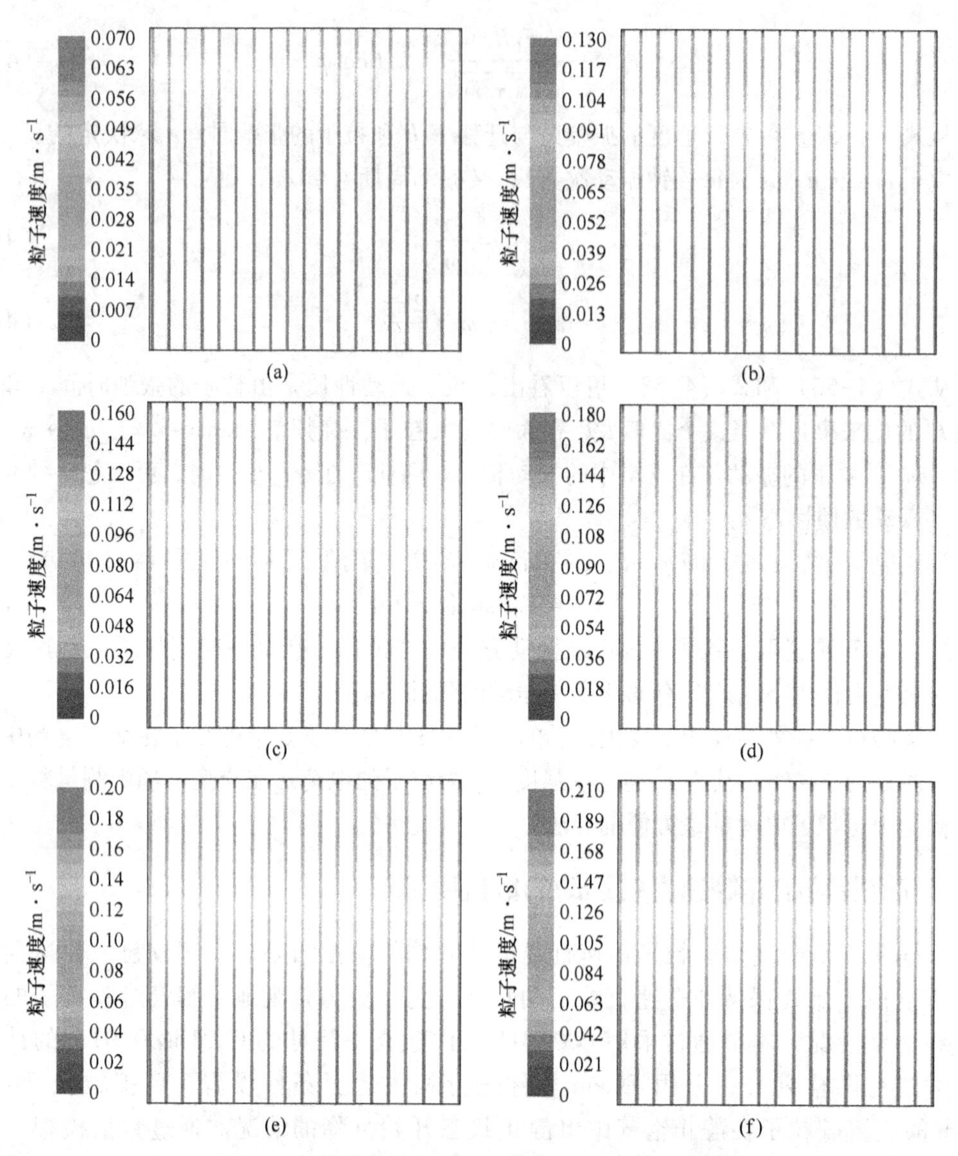

图 4-11　气溶胶粒子在静止空气中的加速沉降轨迹

（a）$d=30\mu m$；（b）$d=40\mu m$；（c）$d=50\mu m$；（d）$d=60\mu m$；（e）$d=70\mu m$；（f）$d=80\mu m$

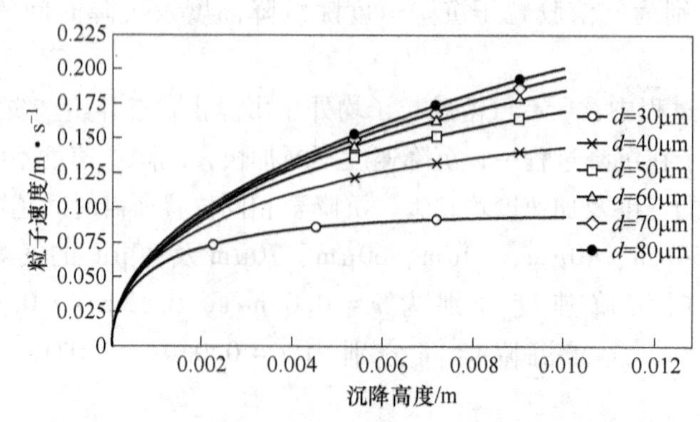

图 4-12　气溶胶粒子沉降速度随沉降高度变化规律

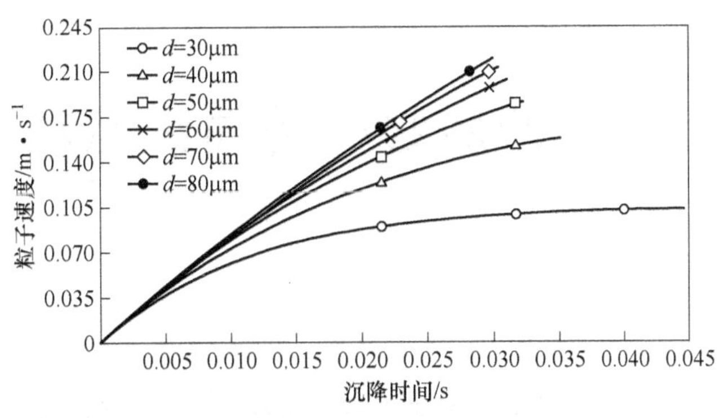

图 4-13 气溶胶粒子沉降速度随沉降时间变化规律

复习思考题

4-1 写出没有外力作用时气溶胶粒子的运动方程。

4-2 什么是气溶胶粒子的张弛时间和停止距离?

4-3 已知气溶胶粒子直径为 80μm，密度为 $6500kg/m^3$ 的铅粒子从摩托车尾管中以初速度 1.5m/s 水平抛到 20℃的静止空气中，需要多长时间和多长距离粒子的速度达到 0.5m/s? 惯性行程是多少?

4-4 计算表 4-2 中的三种气溶胶粒子的最终沉降速度。

表 4-2 气溶胶粒子特征

序号	粒径/μm	密度/$kg\cdot m^{-3}$	温度/℃	气压/Pa
1	80	3000	100	1×10^5
2	55	1000	300	2×10^5
3	20	600	100	1×10^5

4-5 在 20℃，1 个大气压下，求:

(1) 假设雨滴为一坚硬的球体，求下落速度 $v_s=2.00m/s$ 时雨滴的直径。

(2) 大体积采样器以 $4.8m^3/min$ 的流量垂直向上穿过 $0.16m^2$ 过滤面积，求密度为 $3600kg/m^3$ 的粒子可以被收集的最大粒径。

5 气溶胶粒子的曲线运动

【学习要点】

本章主要介绍了在层流和紊流中气溶胶粒子在重力作用下的沉降、在层流情况下气溶胶粒子在静电场中的运动与沉降和在离心场中气溶胶粒子的运动与沉降。层流中在重力作用下粒子沉降应用很少，而在紊流中气溶胶粒子运动是工业沉降室的基础；在层流情况下气溶胶粒子在静电场中运动得到一个重要参数——离子迁移率 $u=qB$；在多条假设的条件下，得出了旋风除尘器除尘效率。掌握在Stokes区和Allen区计算旋风除尘器的效率。

气溶胶粒子的曲线运动比气溶胶粒子的直线运动复杂得多，只有少数情况，可以得到方程的解。在介质阻力与粒子运动速度成正比的情况下，即对斯托克斯粒子，粒子的曲线运动理论才比较简单。研究气溶胶粒子的曲线运动及其在运动过程中的沉降，主要内容包括：

（1）在层流和紊流中气溶胶粒子在重力作用下的沉降。

（2）在层流情况下气溶胶粒子在静电场中的运动与沉降。

（3）在离心力场中气溶胶粒子的运动与沉降。

（4）在空气动力作用下在圆柱体的运动与沉降。

（5）在空气动力作用下在球体的沉降。

本章主要研究前三个内容，后两个内容的研究方法与前面的内容有很大差别，而且内容繁多，将在第6章和第7章中讨论，所讨论的问题基本上限于斯托克斯粒子。

5.1 气溶胶粒子曲线运动时的一般理论

气溶胶粒子在运动介质中运动时，粒子通常要落后于流动介质，这时，斯托克斯公式为：

$$F = 3\pi\mu d_p(V - U) \tag{5-1}$$

式中，V、U 分别为粒子和介质的运动矢量，m/s；d_p 为粒子的半径，m；μ 为介质的动力黏性系数，Pa·s。

如果粒子在曲线运动时，遵守斯托克斯定律，则此时的粒子运动微分方程为：

$$m\frac{dv}{dt} = -3\pi\mu d_p(V - U) + F \tag{5-2}$$

在直角坐标系中，式（5-2）的矢量形式为：

$$\left.\begin{aligned} m\frac{\mathrm{d}v_x}{\mathrm{d}t} &= -3\pi\mu d_p(v_x - U_x) + F_x \\ m\frac{\mathrm{d}v_y}{\mathrm{d}t} &= -3\pi\mu d_p(v_y - U_y) + F_y \\ m\frac{\mathrm{d}v_z}{\mathrm{d}t} &= -3\pi\mu d_p(v_z - U_z) + F_z \end{aligned}\right\} \tag{5-3}$$

式（5-3）说明，沿任一轴向方向的粒子运动服从与粒子作直线运动时同样的方程，不同轴向的运动彼此无关。这样，对分析粒子的曲线运动极为方便。

5.2 在重力作用下气溶胶粒子的曲线运动

5.2.1 层流中气溶胶粒子的运动

在本节中主要讨论水平管作层流流动的气溶胶粒子的运动和沉降。管子的截面很小，垂直对流可以略去，下面的计算方法只能用于实验仪器及取样筒中气溶胶的沉降。

根据前一章的讨论，粒子相对于介质的垂直速度可表达为：

$$v = v_s(1 - e^{-t/\tau}) \tag{5-4}$$

若粒子在管中停留的平均时间与张弛时间 τ 比起来大很多时，那么 $e^{-t/\tau}$ 项可以略去，这时粒子的垂直速度可认为是常量且等于 v_s，而粒子的水平速度与同一点的介质速度一致（在水平风量中忽略粒子的惯性），粒子轨迹可由下列方程决定：

$$\frac{\mathrm{d}x}{\mathrm{d}t} = v_x,\quad \frac{\mathrm{d}z}{\mathrm{d}t} = v_z - v_s \tag{5-5}$$

从式（5-5）中消去 dt，可以获得粒子轨迹的微分方程：

$$\frac{\mathrm{d}x}{v_x} = \frac{\mathrm{d}z}{v_z - v_s} \tag{5-6}$$

对速度分布引进流函数 φ，有

$$v_x = \frac{\partial\varphi}{\partial z},\quad v_z = -\frac{\partial\varphi}{\partial x} \tag{5-7}$$

则

$$\frac{\mathrm{d}x}{\partial\varphi/\partial z} = -\frac{\mathrm{d}z}{(\partial\varphi/\partial x) + v_s}$$

或

$$-v_s\mathrm{d}x = \frac{\partial\varphi}{\partial x}\mathrm{d}x + \frac{\partial\varphi}{\partial z}\mathrm{d}z = \mathrm{d}\varphi \tag{5-8}$$

把式（5-8）对管子的全长积分，得到：

$$v_s L = \varphi_0 - \varphi_L \tag{5-9}$$

其中，φ_0、φ_L 是粒子所在位置从通道开始到末了时流函数的值，从流函数的定义可知，此函数表示经管底与任意流线间单位宽的流体的体积流量。当 $\varphi_L = 0$ 时，式（5-9）给出粒子的轨迹，即将区分管中沉降粒子与不沉降粒子的临界路径，若单位宽度的总流量为 Q，那么在管子中沉降的效率为：

$$\eta = \frac{\varphi_0}{Q} = \frac{v_s L}{\int_0^{2h} v_x \mathrm{d}z} = \frac{v_s L}{2h\,\overline{U}} \tag{5-10}$$

式中，h 为管子的半高度，m；$\overline{U}$为指管内的平均速度，m/s；z 为距管底的距离，m。

在这一简单模型中，沉降效率 η 不依赖于流体的速度，仅仅依赖于停留时间 $\frac{L}{\overline{U}}$。对于一完全沉降的管子，其必要的长度为：

$$L_{c1} = \frac{2h\overline{U}}{v_s} \tag{5-11}$$

对于圆管，沉降效率为：

$$\eta = \frac{3v_s L}{8R\overline{U}} \tag{5-12}$$

则完全沉降所必需的长度为：

$$L_{c1} = \frac{8R\overline{U}}{3v_s} \tag{5-13}$$

5.2.2　紊流中气溶胶粒子的运动

在除尘净化中，多数工业沉降室均属这一情况，图 5-1 是沉降室的纵剖面和横剖面。在分析前首先假设：

（1）在底面上有一层流边界层，紊流扰动不进入其中，任何粒子进入该层内即被捕获。

（2）在流动通道内所有粒子都均匀分布。

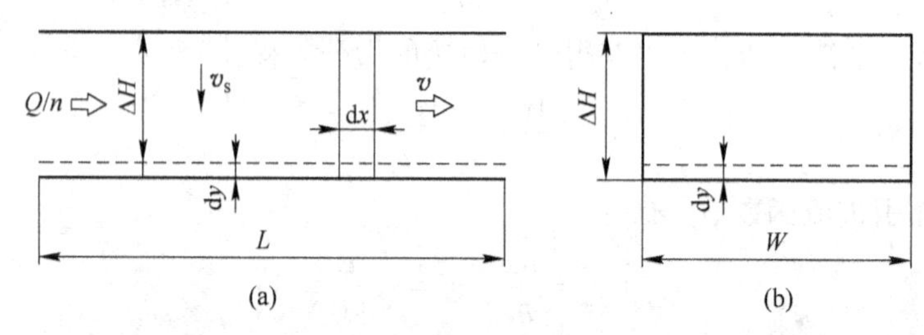

图 5-1　沉降式中粒子的运动

（a）纵剖面；（b）横剖面

考虑宽$\overline{W}$，高 ΔH 和长为 dx 的微元，如果 dy 表示层流边界层的厚度，那么当粒子运动到 x 方向下游一定距离，粒子穿过点线沉降到底部，气流行进距离为：

$$dx = v dt \tag{5-14}$$

则在同一时刻，边界层内粒子刚好沉降到底部，即

$$dy = v_s dt \tag{5-15}$$

由式（5-14）和式（5-15）得：

$$dy = \frac{v_s}{v} dx \tag{5-16}$$

由于沉降室单位长度体积内粒子的减少等于粒子在此长度内的沉降量。得出：

$$v_s dx W N = -v \Delta H W dN \tag{5-17}$$

由式（5-17）得：

$$-\frac{\mathrm{d}N}{N}=\frac{v_s}{v\Delta H}\mathrm{d}x \tag{5-18}$$

从通道进口到位置 x 的整个长度积分得：

$$N=C\mathrm{e}^{-v_s x/v\Delta H} \tag{5-19}$$

由于式（5-19）中，当 $x=0$ 时，$N=N_0$，故得常数 $C=N_0$。

则由式（5-19）得：

$$N=N_0\mathrm{e}^{-v_s x/v\Delta H} \tag{5-20}$$

沉降室总长度为 L 的收集效率为：

$$\eta=1-\frac{N}{N_0}=1-\exp\left(-\frac{v_s L}{\Delta H v}\right) \tag{5-21}$$

从式（5-21）可知，要提高沉降室的收集效率，就要降低风速和减少高度 ΔH。因此工业沉降室中都装有隔板，以减小粒子在沉降室中的沉降高度。此外，为了清灰方便，隔板多为倾斜的。

5.3 层流情况下气溶胶粒子在静电场中的运动

若通道是一水平放置的平行板电容器，如图 5-2 所示，上极板为负极，下极板为正极或接电极，那么，带有负电的气溶胶粒子就要向下极板运动，这时粒子所受到的库仑力为：

$$F=\frac{Vq}{h} \tag{5-22}$$

在该力的作用下，粒子在垂直方向上的运动速度为：

$$v_z=\frac{VqB}{h} \tag{5-23}$$

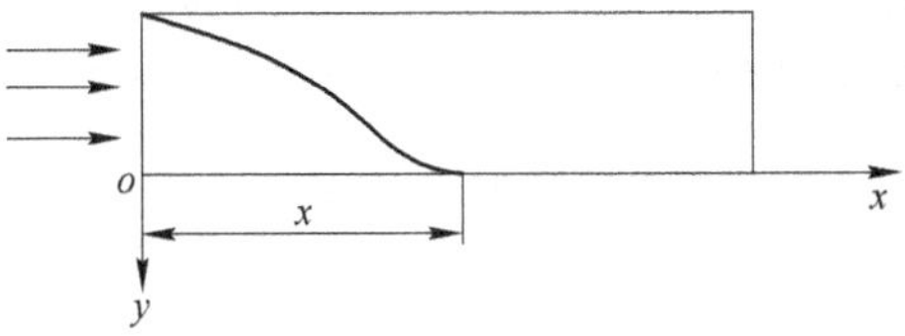

图 5-2 荷电粒子在电场中运动

式中，h 为极板间距，cm；V 为电容器极板间电压，V；q 为粒子上所带电荷，C；B 为粒子的迁移率，cm/(s · g)。

若把荷电粒子在电场强度为 1V/cm 的电场中的运动速度称为离子迁移率，则离子迁移率为：

$$u=qB \tag{5-24}$$

此时

$$v_z=\frac{Vu}{h}=\frac{\mathrm{d}z}{\mathrm{d}t} \tag{5-25}$$

气溶胶粒子在平行于极板方向的运动速度为极板间的风流速度 $v(x)$，且

$$v(x)=\frac{\mathrm{d}x}{\mathrm{d}t} \tag{5-26}$$

若荷负电粒子在进口的最上部进入电场，由式（5-25）、式（5-26）可计算出它沉降到下极板的距离 x_0：

$$x_0=\frac{h}{Vu}\int_0^h v(x)\,\mathrm{d}z=\frac{\bar{v}h^2}{Vu} \tag{5-27}$$

式中，$\bar{v}$ 为气流的平均风速，m/s。

若计及重力，则式（5-27）为：

$$x_0 = \frac{h}{Vu + v_s h}\int_0^h v(z)\,\mathrm{d}z = \frac{\bar{v}h^2}{Vu + v_s h} \tag{5-28}$$

由于 $v_z \gg v_s$，因此重力影响可以忽略不计，即该实验可以不考虑重力的影响。

由式（5-27）知，粒子沉降的距离 x_0 与平均风速和极板间距的平方成正比，与极间施加的电压及离子迁移率成反比。若能测出沉降距离 x_0 及粒子的大小，则在该情况下的离子迁移率 u 即可求出，即

$$u = \frac{\bar{v}h^2}{Vx_0} \tag{5-29}$$

在下极板铺上薄玻璃片以接受向下极板沉降的粒子，然后把玻璃片放到显微镜下进行观测，测出不同距离 x_0 处粒子的大小和数量，再由式（5-29）和式（5-24）可求出粒子的荷电量，即

$$q = ne = \frac{\bar{v}h^2}{Vx_0 B} \tag{5-30}$$

式中，n 为粒子上的电荷数目；e 为基本电荷，$e = 1.6 \times 10^{-19}$C。

如果被测定的粒子是细粒子，那么计算中还要进行肯宁汉修正。

图 5-3 是场强 $E = 3750$V/cm，$\bar{v} = 0.3$m/s，$h = 4.0$cm 情况下的测试结果，每条曲线的峰值可以认为是该粒径粒子的饱和荷电量。这一方法用来测定粒子的荷电差及离子迁移率是有效的。如果在两极板间加以交变电场，还可用来测定粒子的大小及其比重。

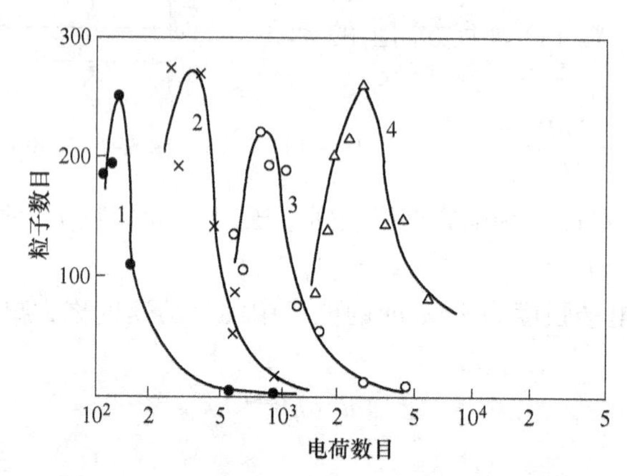

图 5-3　粒子的荷电量

1—$d = 0.8\mu$m；2—$d = 1.5\mu$m；3—$d = 3.5\mu$m；4—$d = 7.5\mu$m

5.4　在离心力场中气溶胶粒子的运动

以离心力为除尘机理的最主要的除尘设备是旋风除尘器，其基本形式是如图 5-4 所示，气流经进口管进入旋风器的圆柱体成螺旋线运动，气流沿外螺旋线下降，然后又沿内螺旋线上升，经出口管排出，粒子在离心力作用下沉降于旋风器壁上并顺器壁向下运动，由排灰口排出。

5.4.1　理想旋风除尘器的分离原理

旋风除尘器中气流的运动是很复杂的，前人对这方面的研究也比较多（可查有关文

献)，但理论上分析还很不完善，本章为进行理论分析，对离心力场中尘粒的运动进行一些简化计算。假设：

（1）尘粒的径向运动阻力由斯托克斯定律来描述，忽略尘粒之间的相互作用；

（2）气体的径向速度为零；

（3）尘粒的切向速度与气体速度一致；

（4）尘粒到达壁面上即被捕集，不致产生二次飞扬。

在上述假设条件下，取如图 5-5 所示极坐标系中点（r，θ）处有一流体微元，在无摩擦时，仅有法向压力作用此微元上。因流动为二维，则此微元单位厚度的质量为：

$$\mathrm{d}m = \rho r \mathrm{d}r \mathrm{d}\theta \tag{5-31}$$

而粒子的加速度为：

$$a = \frac{v^2}{r}$$

则

$$\rho r \mathrm{d}r \mathrm{d}\theta \cdot \frac{v^2}{r} = r \mathrm{d}\theta \mathrm{d}p \tag{5-32}$$

即

$$\frac{\mathrm{d}p}{\mathrm{d}r} = \rho \frac{v^2}{r} \tag{5-33}$$

式中，v 为气流速度，m/s；r 为微元点的曲率半径，m。

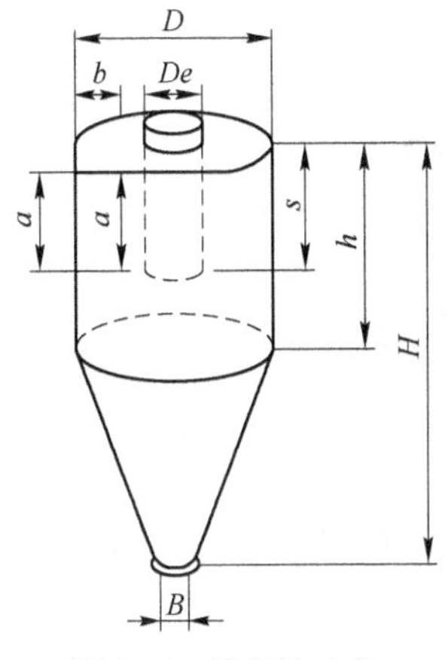

图 5-4　旋风除尘器

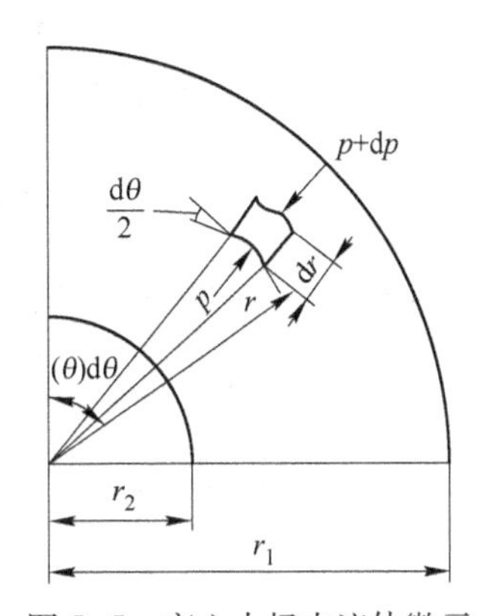

图 5-5　离心力场中流体微元

从进口处到微元所在点的伯努利方程式为：

$$\frac{p_0}{\rho} + \frac{v_0^2}{2} = \frac{p}{\rho} + \frac{v^2}{2} \tag{5-34}$$

式中，p_0 为进口压力，Pa；v_0 为进口速度，m/s。

式（5-34）对 r 求导数，则

$$\frac{\mathrm{d}p}{\mathrm{d}r} = -\rho v \frac{\mathrm{d}v}{\mathrm{d}r} \tag{5-35}$$

由式（5-33）和式（5-35）可得：

$$\frac{\mathrm{d}v}{v} = -\frac{\mathrm{d}r}{r} \tag{5-36}$$

式（5-36）的解为：

$$v = \frac{C}{r} \tag{5-37}$$

为了确定常数 C，先求出通过断面的流量 Q：

$$Q = W\int_{r_1}^{r_2} v\mathrm{d}r = CW\ln\frac{r_2}{r_1}$$

所以

$$C = \frac{Q}{W\ln(r_2/r_1)} \tag{5-38}$$

式中，W 为进口的高；r_2 为旋风器筒体半径，m；r_1 为出口管半径，m。

把式（5-38）代入式（5-37）得：

$$v = \frac{Q}{rW\ln(r_2/r_1)} \tag{5-39}$$

在极坐标中，速度的径向分量为零，而角分量等于 v，即

$$v_r = 0 \tag{5-40}$$

$$v_\theta = v = \frac{Q}{rW\ln(r_2/r_1)} \tag{5-41}$$

当粒子的运动阻力与作用其上的离心力相平衡时，可求出粒子的径向运动速度，即

$$\frac{\pi}{6}d_{\mathrm{p}}^3\rho_{\mathrm{p}}\frac{v_\theta^2}{r} = 3\pi\mu d_{\mathrm{p}}v_r \tag{5-42}$$

把式（5-41）代入式（5-42），则粒子的径向运动速度为：

$$v_r = \frac{\rho_{\mathrm{p}}Q^2d_{\mathrm{p}}^2}{18\mu r^3W^2(\ln r_2/r_1)^2} \tag{5-43}$$

在 $\mathrm{d}\theta$ 角度内粒子含量的减少等于被捕获的粒子的数量，即

$$-(r_2 - r_1)v_{\theta_2}\mathrm{d}N = r_2\mathrm{d}\theta v_{r_2}N \quad 或 \quad -\frac{\mathrm{d}N}{N} = \frac{v_{r_2}}{v_{\theta_2}}\cdot\frac{r_2}{r_2 - r_1}\mathrm{d}\theta \tag{5-44}$$

式中，N 为气流中的粒子的数量；v_{r_2}、v_{θ_2} 分别为外半径 r_2 处粒子的径向速度和气体的切向速度，m/s。

把式（5-44）积分得：

$$\ln N = -\frac{v_{r_2}}{v_{\theta_2}}\cdot\frac{r_2}{r_2 - r_1}\theta + C \tag{5-45}$$

在进口处 $\theta=0$，有 $C=\ln N_0$。

所以

$$\frac{N}{N_0} = \exp\left(-\frac{v_{r_2}}{v_{\theta_2}}\cdot\frac{r_2}{r_2 - r_1}\theta\right) \tag{5-46}$$

在 θ_1 角处的效率为：

$$\eta = 1 - \frac{N}{N_0} = 1 - \exp\left[-\frac{v_{r_2}r_2\theta_1}{v_{\theta_2}(r_2 - r_1)}\right] \tag{5-47}$$

把外半径 r_2 处的切向速度和径向速度代入式（5-47），则：

$$\eta = 1 - \exp\left[-\frac{\rho_{\mathrm{p}}Qd_{\mathrm{p}}^2\theta_1}{18\mu r_2W(r_2 - r_1)\ln(r_2/r_1)}\right] \tag{5-48}$$

当气溶胶流体物性不变时，离心分级效率与风量和旋风除尘器（或弯曲通道）的结构参数（即 θ_1、W、r_2、r_1）有关。如对于半圆形弯曲通道的入口方式，可近似取 $\theta_1=90°=\pi/2$、$W=0.3\text{m}$、$r_2=0.35\text{m}$、$r_1=0.05\text{m}$，如果取 $\mu_g=1.82\times10^{-5}\text{Pa}\cdot\text{s}$，$\rho_p=2700\text{kg/m}^3$，$Q_g=1\text{m}^3/\text{s}$，把以上参数代入式（5-48）得：

$$\eta=1-\exp(-0.000211d_p^2) \tag{5-49}$$

式中，粒径 d_p 的单位为 μm。

根据式（5-49）描绘了如图 5-6 所示的曲线。

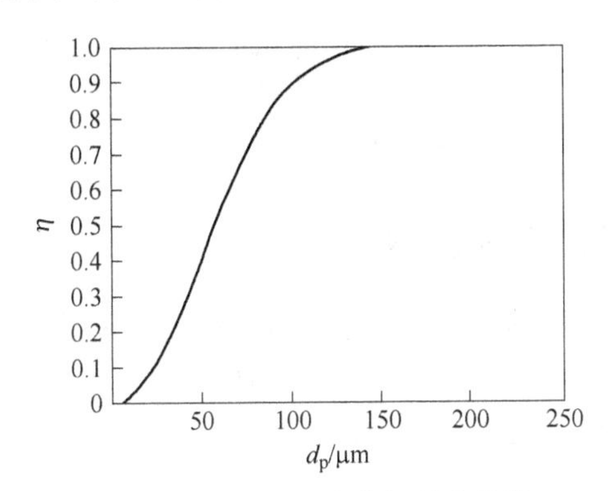

图 5-6　离心力场中分级效率曲线

从图中曲线可以看出，弧形通道的分离效果，对微细尘粒起不到分离作用，只有粒子颗粒较大时才有较高的分级效率。

给定粒子直径、流量和旋风器几何尺寸，根据式（5-48）求出到达某一给定效率时的回转角度 θ_1(rad)，即

$$\theta_1=-\frac{18\mu r_2W(r_2-r_1)(\ln r_2/r_1)\ln(1-\eta)}{\rho_pQd_p^2} \tag{5-50}$$

实际上旋风除尘器内的速度变化规律为：$vr^n=c$，其中指数 n 在 0.5~0.9 之间，因而有些学者根据这一差别对旋风器的收集效率进行修正。

【例 5-1】 对于旋风除尘器，每米长进口空气流量为 $5.0\text{m}^3/\text{s}$，进入 $r_1=20\text{cm}$，$r_2=40\text{cm}$ 的旋风器，流体是标准空气，粒子密度为 150kg/m^3，求对 50μm 粒子收集效率达到 0.99 时所必须的旋转角度，并求分级效率。

解： 由式（5-50）得：

$$\theta_1=-\frac{18\times1.84\times10^{-5}\times0.4\times1.0\times(0.4-0.2)\times(\ln0.4/0.2)\times\ln(1-0.99)}{150\times5.0\times(50\times10^{-6})^2}$$

$$=4.51\text{rad}=258°$$

对此旋转角度，作为粒子直径的函数的分级效率，由式（5-48）得：

$$\eta=1-\exp\left[-\frac{150\times5\times4.51d_p^2}{18\times1.84\times10^{-5}\times0.4\times1.0\times(0.4-0.2)\times\ln(0.4/0.2)}\right]$$

$$=1-e^{-0.184\times10^{10}d_p^2}$$

这一曲线绘制在图 5-7 中。

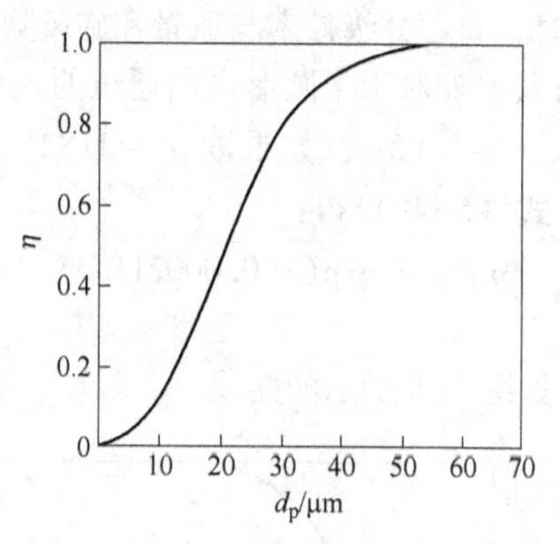

图 5-7　旋风器的效率

5.4.2　斯托克斯区旋风除尘器的收集效率

目前对旋风器的分离特性的研究还不够充分，存在很多描述的方法，为了更深入的认识旋风器分离粒子的性能，再从另一途径加以论述。

粒子在旋风气流中所受到的离心力为：

$$F_1 = m\frac{v_0^2}{r} = \frac{\pi}{6}d_p^3\rho_p\frac{v_\theta^2}{r} \tag{5-51}$$

粒子作径向运动所受到的阻力为：

$$F_2 = 3\pi\mu d_p v_r \tag{5-52}$$

当二者相平衡时，可以解出径向移动速度：

$$v_r = \frac{\rho_p d_p^2}{18\mu}\cdot\frac{v_\theta^2}{r} \tag{5-53}$$

在单位时间内落到单位面积筒壁上的粒子的数量为：

$$n_1 = \frac{N\rho_p d_p^2 v_\theta^2}{18\mu r} \tag{5-54}$$

式中，N 为气流中的粒子浓度。

若 h 是旋风器筒体的长度，n 是气流在筒内的回转圈数，则单位长螺旋的面积为 h/n，因而在 $\mathrm{d}x$ 长螺旋上在单位时间内沉降的粒子数量为：

$$n_2 = \frac{N\rho_p d_p^2 v_\theta^2 h}{18\mu rn}\mathrm{d}x \tag{5-55}$$

若 a、b 分别为旋风器进口的高和宽，N_0 为进口粒子的浓度，则单位时间内进入旋风器的粒子的数量为 $abv_\theta N_0$，而含尘气流在旋风器内流动过程中粒子数量的变化为 $abv_\theta\mathrm{d}N$。

在 $\mathrm{d}x$ 距离内粒子的沉降量应与在该范围内粒子数量的变化相等，所以

$$-abv_\theta\mathrm{d}N = \frac{N\rho_p d_p^2 v_\theta^2 h}{18\mu rn}\mathrm{d}x \tag{5-56}$$

即

$$-\frac{\mathrm{d}N}{N} = \frac{\rho_p d_p^2 h v_\theta}{18\mu rnab}\mathrm{d}x \tag{5-57}$$

把上式对整个旋风流的路径积分，则

$$-\int_{N_0}^{N_1}\frac{\mathrm{d}N}{N}=\int_0^{2\pi rn}\frac{\rho_p d_p^2 h v_\theta}{18\mu rnab}\mathrm{d}x \tag{5-58}$$

即

$$-\ln\frac{N_1}{N_0}=\frac{\pi\rho_p d_p^2 h v_\theta}{9\mu ab} \tag{5-59}$$

或者

$$\frac{N_1}{N_0}=\exp\left(-\frac{\pi\rho_p d_p^2 h v_\theta}{9\mu ab}\right) \tag{5-60}$$

因而收集效率为：

$$\eta=1-\frac{N_1}{N_0}=1-\exp\left(-\frac{\pi\rho_p d_p^2 h v_\theta}{9\mu ab}\right) \tag{5-61}$$

如果 $n=h/a$，$\varphi=b/r_1$，r_1 为筒体的半径，而斯托克斯数为：

$$Stk=\frac{\rho_p d_p^2 v_\theta}{36\mu r_1} \tag{5-62}$$

则式（5-61）可以改写成无因次形式，即

$$\eta=1-\exp\left(-4\pi\frac{n}{\varphi}Stk\right) \tag{5-63}$$

式（5-63）说明，收集效率与三个无因次数有关，这就大大简化了分析收集效率的因素，若 n 与 φ 一定，收集效率与斯托克斯之间的变化如图 5-8 所示。

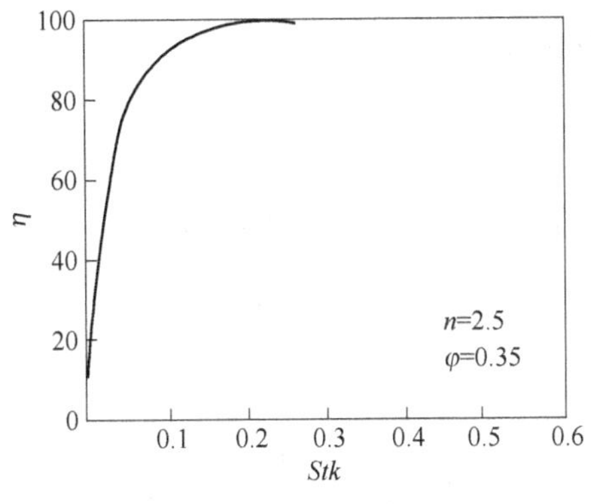

图 5-8　η 与 Stk 的关系

写成无因次形式，对旋风器的实验研究也是很方便的，若旋风器的几何尺寸一定，对斯托克斯数相等的两种情况，有相同的收集效率。根据式（5-63），可以用有限的模型来研究旋风器系列的分离性能，在分离性能上旋风器彼此相似的条件是：Stk、n 及 φ 相等。

收集效率公式（式（5-61）和式（5-63））的推导是建立在斯托克斯定律基础上的，而斯托克斯定律必须在 $Re\leqslant 1$ 的条件下应用，随 Re 的增大，斯托克斯定律与实际的差别也越大，否则计算结果将与实际有较大的偏差。对于条件

$$\frac{\rho v d_p}{\mu}\leqslant 1 \tag{5-64}$$

把式（5-53）代入其中可以得到：

$$\frac{\rho\rho_p d_p^3 v^2}{18\mu^2 r}\leqslant 1 \tag{5-65}$$

式（5-65）重新整理可以得到：

$$d_{\mathrm{p}} \leqslant \sqrt[3]{\frac{18\mu^2 r}{\rho_{\mathrm{p}} v^2 \rho}} \tag{5-66}$$

式（5-66）是收集效率公式（式（5-61）和式（5-63））的应用条件，当粉尘粒径小于由式（5-66）计算的数值时，式（5-61）、式（5-63）可以应用，否则式（5-61）、式（5-63）的计算误差较大。

【例 5-2】 如果旋风器筒体半径 $r_2=0.2\mathrm{m}$，进口切线速度 $v_\theta=15\mathrm{m/s}$，黏性系数 $\mu=1.82\times10^{-5}\mathrm{Pa\cdot s}$，空气密度 $\rho_{\mathrm{g}}=1.2\mathrm{kg/m^3}$，$\rho_{\mathrm{p}}=2500\mathrm{kg/m^3}$，求式（5-61）的使用条件。

解： 由式（5-66）得极限粒径为：

$$d_{\mathrm{p}} \leqslant \sqrt{\frac{18\times(1.8\times10^{-5})^2\times0.2}{1.2\times2500\times15^2}} \leqslant 12\times10^{-6}\mathrm{m}=12\mu\mathrm{m} \tag{5-67}$$

从式（5-67）可知，在上述条件下，只有小于 12μm 的粒子可用式（5-61）和式（5-63）来计算旋风器的收集效率，而对旋风器所能除掉的大多数粒子，都不能应用式（5-61）和式（5-63）来计算旋风器的收集效率，为此，必须寻求应用范围更广泛的计算收集效率的公式。

5.4.3　艾伦区旋风除尘器的收集效率

由于描述气溶胶粒子所受阻力为：

$$F = C_{\mathrm{D}}\frac{\pi d_{\mathrm{p}}^2}{4}\frac{\rho v^2}{2} \tag{5-68}$$

当 $1<Re<500$ 时，阻力系数 C_{D} 遵守艾伦规律，即

$$C_{\mathrm{D}} = \frac{10}{\sqrt{Re}} \tag{5-69}$$

此时，粒子的径向运动速度为：

$$v_r = \left(\frac{2\rho_{\mathrm{p}} v_\theta^2}{15\rho^{0.5}\mu^{0.5} r}\right)^{2/3} d_{\mathrm{p}} \tag{5-70}$$

则旋风器的收集效率为：

$$\eta = 1-\frac{N_1}{N_0} = 1-\exp\left(-\frac{v_r}{v_\theta}2\pi\frac{n}{\varphi}\right) \tag{5-71}$$

计算旋风器的收集效率时，对于小于极限粒径的粒子径向运动速度 v_r 按式（5-53）计算，对于大于极限粒径的粒子径向运动速度 v_r 按式（5-70）计算，这样对于任何粒子都可按式（5-71）计算收集效率。

【例 5-3】 如果旋风除尘器 $D=120\mathrm{mm}$，进口切线速度 $v_\theta=15\mathrm{m/s}$，黏性系数 $\mu=1.8\times10^{-5}\mathrm{Pa\cdot s}$，$n=2.5$，$\varphi=0.4$，空气密度 $\rho_{\mathrm{g}}=1.2\mathrm{kg/m^3}$，粒子密度 $\rho_{\mathrm{p}}=2500\mathrm{kg/m^3}$，分别计算斯托克斯区和艾伦区旋风除尘器的收集效率随粒径的变化。

解：（1）斯托克斯区旋风除尘器的收集效率随粒径的变化。

由式（5-62）得：

$$Stk = \frac{2500 \times 15 d_{\mathrm{p}}^{2}}{36 \times 1.8 \times 10^{-5} \times 60 \times 10^{-3}} = 9.645 \times 10^{8} d_{\mathrm{p}}^{2}$$

则由式（5-63）计算收集效率为：

$$\eta = 1 - \exp\left(-4 \times 3.14 \times \frac{2.5}{0.4} \times 9.645 \times 10^{8} d_{\mathrm{p}}^{2}\right) = 1 - \exp(-7.571 \times 10^{10} d_{\mathrm{p}}^{2})$$

（2）计算艾伦区旋风除尘器的收集效率随粒径的变化。

由式（5-70）得：

$$v_r = \left[\frac{2 \times 2500 \times 15^{2}}{15 \times 1.2^{0.5} \times (1.8 \times 10^{-5})^{0.5} \times 60 \times 10^{-3}}\right]^{2/3} d_{\mathrm{p}} = 8.977 \times 10^{4} d_{\mathrm{p}}$$

则由式（5-71）计算收集效率为：

$$\eta = 1 - \exp\left(-\frac{8.977 \times 10^{4} d_{\mathrm{p}}}{15} \times 2\pi \times \frac{2.5}{0.4}\right) = 1 - \exp(-2.349 \times 10^{5} d_{\mathrm{p}})$$

根据式（5-63）和式（5-71）计算结果，绘制如图5-9所示的旋风器分级效率曲线。

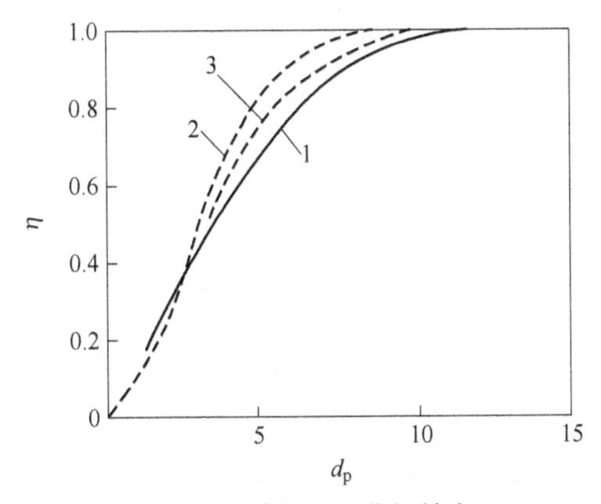

图5-9 旋风器的分级效率

1—实测值；2—式（5-63）；3—式（5-71）

由图5-9所示可知，对于细小粒子，实际效率高于理论效率；对于较大粒子，实际效率低于理论效率。前者是由于细小粒子发生凝并的缘故，后者是由于大粒子的回跳，降低了收集效率。

旋风除尘器的主要几何尺寸对其阻力影响很大，正确的选择旋风器的主要尺寸，可以大大降低阻力，从而减小能量消耗。要做到正确选择，必须首先搞清旋风器的主要几何尺寸与其阻力之间的内在规律。

旋风除尘器内部气流的运动是比较复杂的，目前还不能准确地从理论上推导出描述旋风器阻力的公式，因而不得不采用半经验的方法来加以解决。

旋风除尘器的阻力 ΔP 与其进口速度之间的关系可用下式描述：

$$\Delta P = \xi \frac{v^{2}}{2} \rho \tag{5-72}$$

式中，ξ 为旋风除尘器的阻力系数；ρ 为空气的密度，$\mathrm{kg/m^{3}}$。

实践中可以发现，阻力系数 ξ 与旋风器的进、出口断面，筒体直径和总长度有关，而与进、出口断面的关系更为密切，井伊谷钢一提出一个描述阻力系数的经验公式：

$$\xi = \frac{KB\sqrt{D}}{A\sqrt{H}} \tag{5-73}$$

式中，K 为比例常数；A 为出口断面积，m^2；D 为筒体直径，m；B 为旋风器进口断面积，m^2；H 为旋风器总长度（圆柱体与锥体部分长度之总和），m。

图 5-10 是 7 种类型的旋风器的 9 次测定资料绘制的阻力系数 ξ 与 $B\dfrac{\sqrt{D}}{A\sqrt{H}}$ 的关系。二者之间为一直线关系，该直线的斜率即为常数 K。从图中可以求出常数 $K=15$。也说明式（5-73）与实测资料是相当符合的。

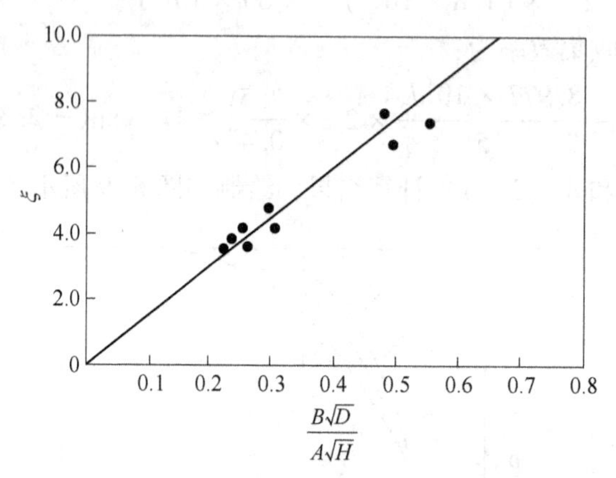

图 5-10　旋风除尘器的阻力特征

合理的旋风器尺寸可以保证旋风器有较高的除尘效率和较低的阻力，各个学者所推荐的旋风器结构尺寸见表 5-1。

表 5-1　切线进口旋风除尘器的结构尺寸　（m）

尺寸	说　明	高效旋风器		夫特	一般旋风器	
		斯台尔曼	莱帕		斯维夫特	彼得森和怀特拜
D	筒体直径	1.0	1.0	1.0	1.0	1.0
a	进口高度	0.5	0.44	0.5	0.5	0.58
b	进口宽度	0.2	0.21	0.25	0.25	0.208
S	进口管插入深度	0.5	0.5	0.625	0.6	0.583
d	出口管直径	0.5	0.4	0.5	0.5	0.5
h	圆柱体高度	1.5	1.4	2.0	1.95	1.333
H	全高	4.0	3.9	4.0	3.75	3.17
B	排灰口直径	0.375	0.4	0.25	0.4	0.5

旋风除尘器是一种比较简单的除尘设备，但是，至今对旋风除尘器的理论研究仍不完善，因而表 5-1 的建立很有实用价值。在设计旋风除尘器时，利用表 5-1 可很方便地确定各部分的几何尺寸。例如首先要知道处理风量 Q 并在合理的旋风进口风速范围 15～25m/s 中选择一工作风速 v，则

$$Q = abv = 0.5D \times 0.2Dv \tag{5-74}$$

得

$$D = \sqrt{\frac{Q}{0.1v}} \tag{5-75}$$

式中，D 为旋风体的直径，m；Q 为处理风量，m^3/s；v 为气流速度，m/s。

由式（5-75）确定旋风体直径 D 后，按表 5-1 中所给出的主要尺寸比例很容易地确定旋风器的主要尺寸。

5.5　在热力作用下气溶胶粒子的运动

驱动气溶胶粒子从较热的地方向较冷的地方移动的力首先是由延德尔（Tyndall）发现的，后来瑞利（Rayleigh）又进行了观察，艾特肯（Aitken）说明了粒子自由空间绕热体伸展的原因既不是重力、表面蒸发力、静电力，也不是离心力，而是存在于不等温区域内的纯热力驱动粒子从热面向冷面运动。

在粒子比气体平均自由程 λ 小的条件下，爱因斯坦（Einstein）和考武德（Cawood）提出一关系式，后来被维尔德曼（Waldmann）加以修正，方程基于气体分子的传输运动。热从热处向冷处传导过程中，粒子朝向热处的表面比朝向冷处的表面受到更大的撞击力，爱因斯坦和考武德推导的作用于粒子上的热力为：

$$F_t = -\frac{1}{2}\lambda p \frac{\pi d_p^2}{4}\frac{dT}{dx} \tag{5-76}$$

式中，p 为气体压力，Pa；λ 为气体分子平均自由路程；dT/dx 为气体中的热梯度。

式（5-76）中的负号表示与温度升高方向相反。

把式 $\bar{u} = \sqrt{8RT/\pi M}$ 和 $\lambda = \mu/0.499\rho\bar{u}$ 代入式（5-76）中得：

$$F_t = -\frac{\pi}{8}\frac{p\mu d_p^2}{\rho}\sqrt{\frac{\pi M}{2RT}}\frac{dT}{dx} \tag{5-77}$$

式中，$\bar{u}$ 为气体分子平均速度；M 为分子量；T 为绝对温度；R 为气体常数。

维尔德曼对式（5-77）进行修正以后得到的更精确的公式为：

$$F_t = -\frac{4}{15}d_p^2 E\sqrt{\frac{\pi M}{2RT}}\frac{dT}{dx} \tag{5-78}$$

其中

$$E = 2.5C_v\mu = 15R\mu/4M \tag{5-79}$$

式中，C_v 为气体的比热。

将式（5-79）代入式（5-78）得：

$$F_t = -d_p^2\mu\sqrt{\frac{\pi R}{2MT}}\cdot\frac{dT}{dx} \tag{5-80}$$

细小粒子在气体中运动的阻力，由艾泊斯坦（Epstein）方程：

$$F_D = \frac{4}{3}\pi d_p^2 p\sqrt{\frac{M}{2\pi RT}}\left(1 + \frac{\pi}{8}a\right)u_t \tag{5-81}$$

式中，u_t 为粒子的运动速度，m/s；a 为扩散反射系数。当 $a=0$ 时是完全弹性碰撞，$a=1$ 时是扩散撞击。实验发现 $a=0.81$。

由式（5-80）及式（5-81）得在热梯度中小粒子的速度为：

$$u_t = -\frac{1}{5\left(1+\frac{\pi}{8}a\right)}\frac{E}{p}\frac{dT}{dx} \tag{5-82}$$

由图 5-11 所示曲线可知，式（5-82）的计算结果与实验结果是吻合的。

艾泊斯坦得到的对于大于气体分子平均自由程的粒子：

$$F_t = -\frac{9\pi d_p \mu^2}{2\rho T(2+E_g/E_p)}\frac{dT}{dx} \tag{5-83}$$

式中，E_g 为气体的热传导系数；E_p 为粒子的热传导系数；ρ 为气体的密度。

如果作用在粒子上的气体阻力服从斯托克斯定律，那么在热梯度中粒子的速度为：

$$u_t = -\frac{3\mu_e}{2\rho T(2+E_g/E_p)}\frac{dT}{dx} \tag{5-84}$$

图 5-12 所示曲线表示了在热力作用下粒子的速度与温度的关系。对于 $d_p \geqslant 1\mu m$ 的粒子，随温度的升高粒子沉降速度增加，而对于 $d_p < 1\mu m$ 的粒子，速度随温度的升高而减小。

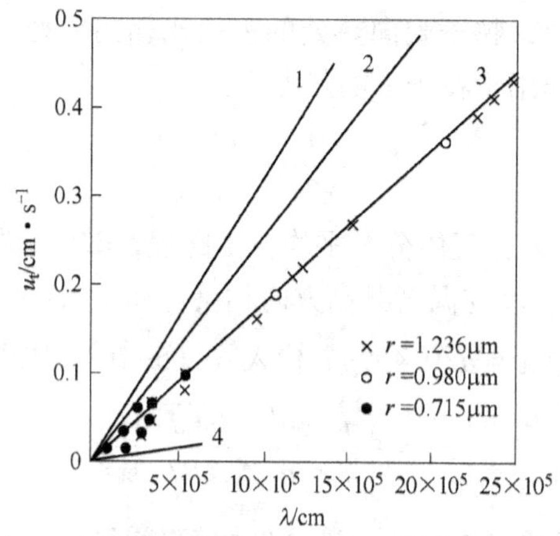

图 5-11　在热梯度中粒子速度与分子平均自由程之关系

（图中各符号是斯密特的实验结果）

1—爱因斯坦方程；2—维尔德曼方程，a=0；3—维尔德曼方程，a=1；4—艾泊斯坦方程

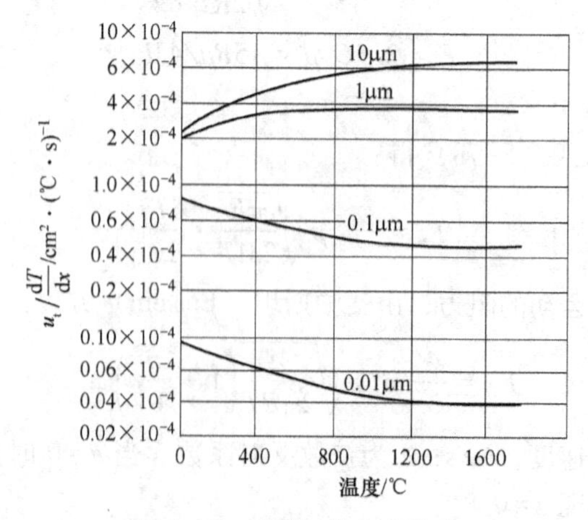

图 5-12　温度与热力之关系

（粒子直径为 0.01~10μm 的粒子）

5.6　气溶胶粒子曲线运动的数值模拟

前文3.6节及4.5节中，分别模拟了气溶胶粒子在静止空气中的等速及非等速直线运动。本节在第4.5节建立几何模型的基础上，通过设置相关参数，模拟气溶胶粒子在水平方向自然风流 v=0.25m/s 条件下的沉降过程。在自然风流所施加的外力及气溶胶粒子自身重力、浮力及气动阻力的作用下，气溶胶粒子做曲线运动，运动过程中气溶胶粒子的速度大小及方向均随时间发生改变。如图5-13为粒径 d=30μm、40μm、50μm、60μm、70μm及80μm的气溶胶粒子在流动空气中的运动轨迹；图5-14、图5-15分别为气溶胶粒子在流动空气中的运动速度随运动距离及运动时间的变化规律。从图5-13~图5-15中可以看出：

（1）气溶胶粒子自模型顶板处产生后，在自然风流的作用下，在水平方向上随风流扩散；在垂直方向上，粒子在自身重力、浮力及气动阻力的作用下向下加速沉降。气溶胶粒子粒径越小，沉降至底板所需时间越长，在风流中运动距离也越长。

（2）当粒径 d=30μm、40μm、50μm、60μm、70μm及80μm时，该模型中气溶胶粒子沉降至底板所需时间 t=0.030s、0.031s、0.032s、0.033s、0.035s及0.045s，沉降至底板的瞬时速度 v=0.15m/s、0.19m/s、0.22m/s、0.24m/s、0.25m/s及0.26m/s，在空气中的运动距离 s=0.0100m、0.0101m、0.0102m、0.0104m、0.0108m及0.0128m。

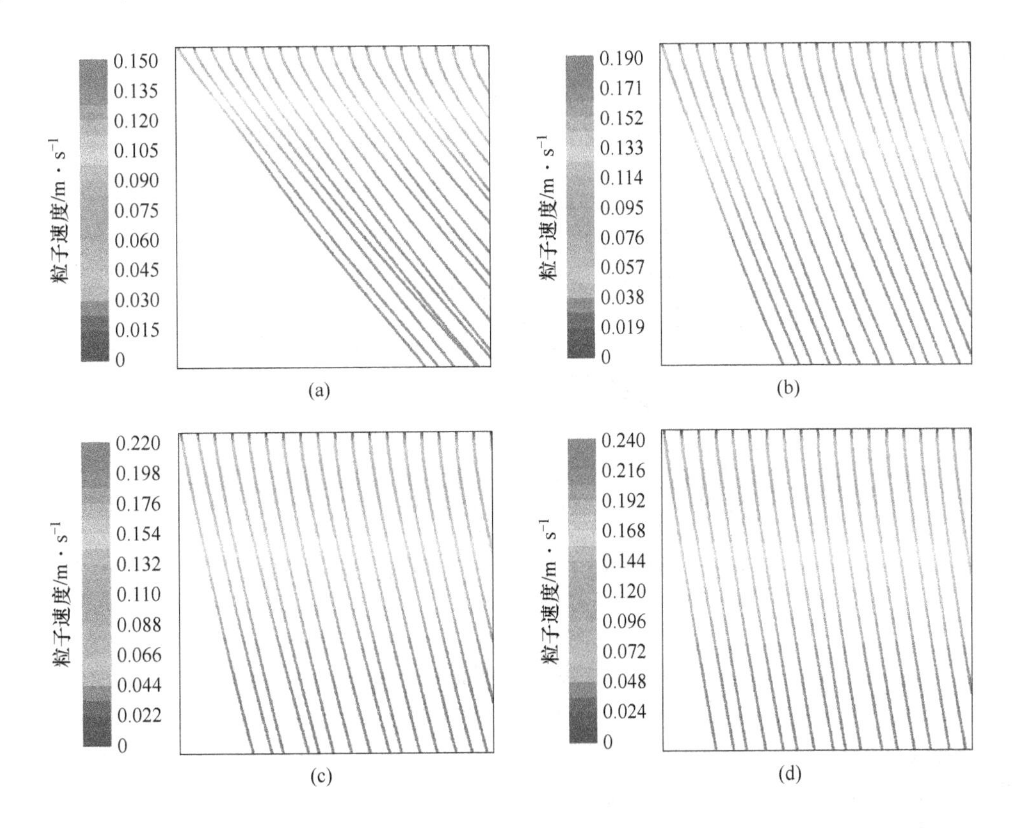

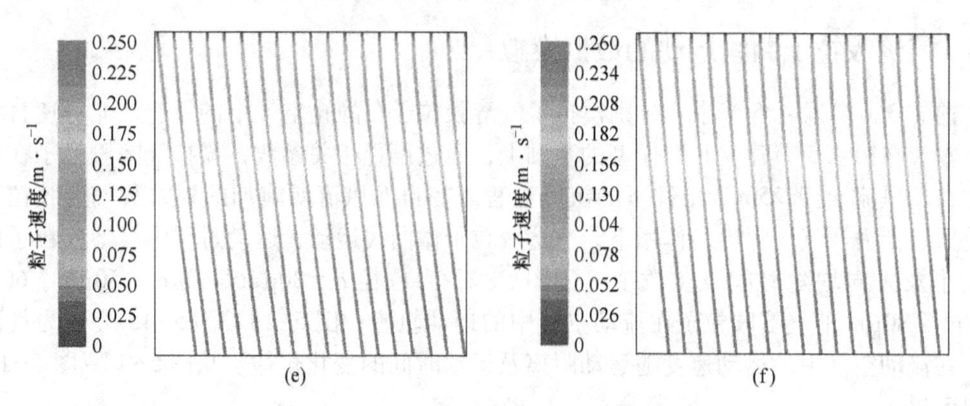

图 5-13　气溶胶粒子在流动空气中的曲线运动轨迹

(a) $d=30\mu m$；(b) $d=40\mu m$；(c) $d=50\mu m$；(d) $d=60\mu m$；(e) $d=70\mu m$；(f) $d=80\mu m$

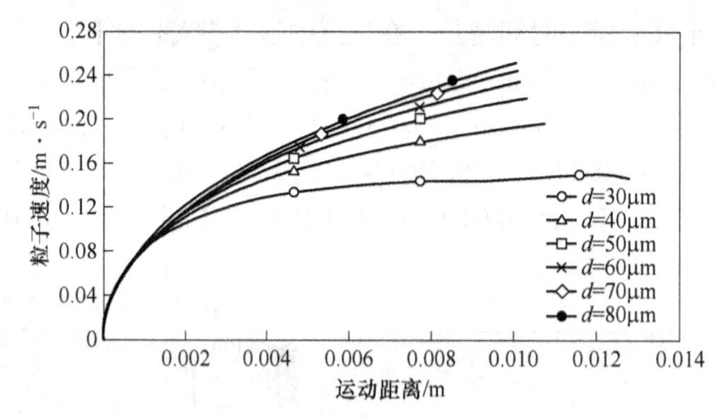

图 5-14　气溶胶粒子运动速度随运动距离的变化规律

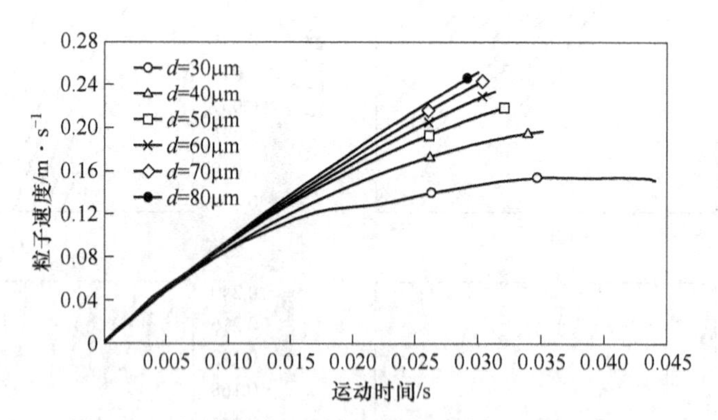

图 5-15　气溶胶粒子运动速度随运动时间的变化规律

复习思考题

5-1　推导沉降室长度为 L 高为 H 的收集效率。

5-2　什么是离子迁移率？写出其计算公式。

5-3　如何测定气溶胶粒子的荷电量？

5-4　旋风除尘器由几个主要部分组成？简述它的工作原理。

5-5 理想旋风除尘器的分离效率推导过程中，采用了哪几个假设条件?

5-6 斯托克斯区旋风除尘器的收集效率计算公式应满足什么样的条件?

5-7 对于旋风除尘器，每米长进口空气流量为 10.0m^3/s，进入 r_1 = 15cm，r_2 = 30cm 的旋风器，流体是标准空气，粒子密度为 1500kg/m^3，求粒径为 30μm 的粒子收集效率达到 0.80 时所必须的旋转角度，并求分级效率。

5-8 如果旋风器筒体半径 r_2=0.4m，进口切线速度 v_θ=18m/s，黏性系数 μ=1.82×10^{-5}Pa·s，空气密度 ρ_g=1.2kg/m^3，ρ_p=2600kg/m^3，求斯托克斯区和艾伦区旋风除尘器的极限粒径是多少?

5-9 若旋风除尘器的进口高度为 0.32m，内外半径分别为 0.05m 和 0.25m，进风口气体流量为 1.4m^3/s，当旋转角度为 180°时，求旋风除尘器分级效率的表达式（已知 ρ_p=2600kg/m^3，μ_g=1.82×10^{-5}Pa·s），并计算分级效率为 50%时，尘粒直径为多少?

5-10 如果旋风除尘器 D=200mm，进口切线速度 v_θ=20m/s，黏性系数 μ=1.8×10^{-5}Pa·s，n=3.5，φ=0.4，空气密度 ρ_g=1.2kg/m^3，粒子密度 ρ_p=3500kg/m^3，分别计算斯托克斯区和艾伦区旋风除尘器的收集效率随粒径的变化。

6　气溶胶粒子的纤维过滤理论

【学习要点】

本章主要介绍了气溶胶粒子在圆柱体上的沉降机理、绕圆柱体的速度场、纤维过滤的阻力、纤维过滤器的收集效率、纤维间的干扰和综合收集机理及纤维过滤器的特征和非稳定过滤。沉降机理共有惯性沉降、截留、扩散沉降、重力沉降和静电沉降5种；绕圆柱体的速度场可分为理想流体的流动、拉姆场、桑原-黑派尔场和皮切对桑原-黑派尔场的扩展；纤维过滤阻力在两个场中有不同的表达式，由桑原-黑派尔场得出的公式更符合实际；掌握截留效率、惯性沉降效率和截留惯性沉降效率的计算；综合捕尘机理大多为经验、半经验公式；收集效率依赖于粒子性质、过滤器性质和气体性质（粒子直径最为重要）。

气溶胶粒子的纤维过滤理论是纤维过滤除尘的基础。过滤可定义为借助于多孔介质从分散介质中分离出分散粒子的过程。

对于气溶胶粒子的纤维过滤来说，参与过滤的三个主要因素是：分散介质（指空气或其他混合气体），分散粒子和纤维材料。分散介质是由以下因素决定其特征，即气流速度，气体的密度、绝对温度、压力、黏性和湿度。分散粒子由以下因素决定其特征，即粒子的大小、粒子的粒径分布、粒子的形状、粒子的密度、粒子的电荷、粒子的化学组成和粒子的速度。纤维材料的特征由以下因素表示，即几何尺寸——过滤面积和厚度、纤维的直径、组成过滤器的纤维结构、过滤器的孔隙率和荷电情况。

过滤过程的基本参数是收集效率、过滤器的阻力和容尘特性（或更换与再生的时间）。这些参数一般都依赖于前面所提到的那些表征粒子、气流和纤维材料的特征。从理论的角度来看，过滤过程可以区分为两种状态：第一种状态，过滤材料是清洁的，两个基本参数——收集效率和阻力不随时间变化，称为稳定过滤；第二种状态是由于气溶胶粒子在过滤器中沉降，收集效率和阻力都随时间而变化，称为非稳定过滤。在过滤的使用初期可以认为是稳定过滤，随着容尘量的增加，过滤过程进入非稳定过滤状态。

空气过滤技术的发展离不开空气过滤理论的研究与发展。过滤理论特别是空气过滤理论的研究早在19世纪已经开始，而空气过滤器的研制与发展只有20多年的历史，过滤理论由早期的经典过滤理论发展到现代过滤理论及微孔过滤理论。

对微细颗粒运动规律的最早认识是在19世纪初期，当时植物学家Brown观察了微细颗粒悬浮在液体中的运动（即布朗运动）；1922年，Freundlich发展了对气溶胶过滤规律的认识，提出在0.1~0.2μm半径范围内气溶胶颗粒存在最大渗透率；1931年，Albrecht率先对气流通过单一圆柱纤维运动进行了研究，建立了Albrecht理论，随后Sell对其进行了必要的改进。至1936年考夫曼（Kaufmann）把布朗运动和惯性沉降的概念吸收到纤维过滤器的理论中来。而对过滤理论的系统研究是由朗缪尔进行的，他提出的“孤立纤维法”得到了广泛的应用，1952年，Davies把扩散、截留和惯性3种机制结合起来并用公式表示出来，从而建立了新的过滤理论——孤立纤维理论；1958年Friedlander及1967年Yoshioka发展了独立纤维理论，他们对较大雷诺数情况下颗粒的惯性、扩散沉积及重力效应和过滤器阻塞现象进行了研究和总结；1967年，Pickaar和Clarenburg试图提出一个纤维过滤器微孔结构的数学理论；1987年Pich及1993年Brown在其专著中描述了过滤理论的最新发展。

早期的经典过滤理论主要以单一纤维模型为基础，单一纤维可以认为是一圆柱体，解决纤维过滤问题的重要内容是绕单一纤维（圆柱体）或纤维系统的速度场的计算，这一计算是基于黏性流体的运动方程，即运用各种近似方法解纳维-斯托克斯方程，通常称为奥森近似计算。并认为过滤效率由3种机制决定，即惯性效应、截留效应和扩散效应。整个颗粒的捕集依靠多种捕集机理的联合作用。

6.1　气溶胶粒子在圆柱体上的沉降机理

纤维过滤器分为充填过滤器和单层过滤器，后者也称为袋式过滤器，滤纸也属这一类型。图6-1所表示的是充填过滤器，图6-2是单层过滤器，二者的捕尘机理是相同的。纤维过滤器的捕尘机理有下列几种：

（1）惯性沉降。纤维大多垂直放置于气流方向上，在纤维附近气流流线发生弯曲，由于粒子的惯性，粒子将不随从流线的弯曲而射向纤维并沉降到纤维表面，如图6-3中粒子1。显然，随粒子直径的增大和气流速度的增加，惯性沉降作用也随之增大。

（2）截留。粒子到纤维的距离小于粒子的半径时，在流动过程中被纤维所捕获，如图6-3中粒子2。

（3）扩散沉降。由于布朗运动，粒子的运动轨迹不与气体流线一致，粒子从气流中可以扩散到纤维上并沉降到纤维表面，如图6-3中粒子3。粒子直径越小，布朗运动越显著，扩散沉降的效率也增加。

（4）重力沉降。由于重力影响，粒子有一定的沉降速度，结果，粒子的轨迹偏离气体流线从而接触到纤维表面而沉降，如图6-3中粒子4。

（5）静电沉降。过滤器中的纤维和流经过滤器的粒子都可能带有电荷，由于电荷间库仑力的作用，也同样可以发生粒子在纤维上的沉降。

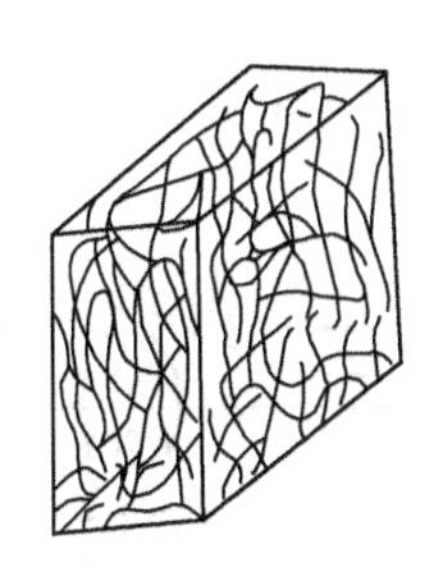
图6-1　充填过滤器

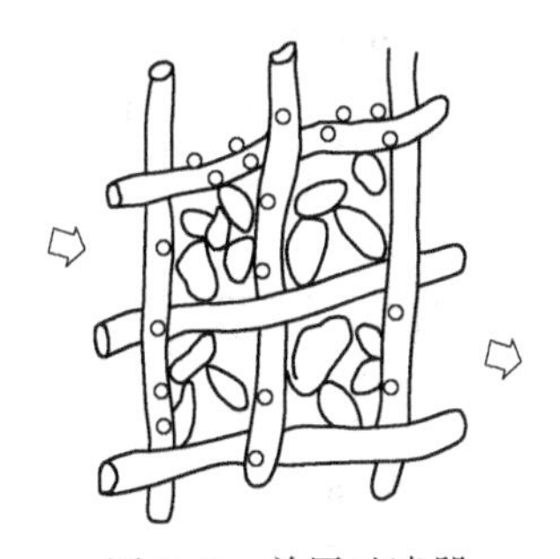
图6-2　单层过滤器

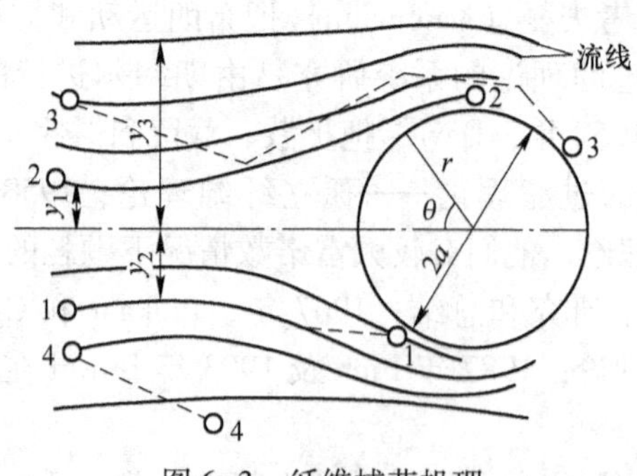

图 6-3　纤维捕获机理

粒子在纤维上的沉降是几个捕获机理共同作用的结果，其中有一两个机理占优势，而总的沉降效率是单一沉降机理沉降效率的函数，即

$$\eta = f(E_R,\ E_I,\ E_D,\ E_G,\ E_Q) \tag{6-1}$$

式中，E_R 为截留效率；E_I 为惯性效率；E_D 为扩散效率；E_G 为重力沉降效率；E_Q 为静电沉降效率。

对于式（6-1）所描述函数至今尚未完全研究清楚。

在本章中只对截留和惯性沉降进行讨论，扩散沉降和静电沉降将分别在第 8 章及第 10 章中讨论。重力沉降一般并不重要，通常可以忽略。

6.2　绕圆柱体的速度场

6.2.1　理想流体绕无限长圆柱体的流动

平行流与偶极子叠加而合成的流动即相当于平行流绕半径为 a 的圆柱体的流动。

平行流的复位势为：

$$W = V_0(x + iy) = V_0 Z \tag{6-2}$$

偶极子的复位势为：

$$W = \frac{M}{2\pi}\frac{1}{Z} = V_0\frac{a^2}{Z} \tag{6-3}$$

所以，平行流绕过半径为 a 的圆柱体的流动，复位势为：

$$W = V_0\left(Z + \frac{a^2}{Z}\right) \tag{6-4}$$

此时的势函数 φ 与流函数 ψ 分别为（见图 6-4）：

$$\left.\begin{aligned}\varphi &= V_0 x\left(1 + \frac{a^2}{x^2 + y^2}\right)\\ \psi &= V_0 y\left(1 - \frac{a^2}{x^2 + y^2}\right)\end{aligned}\right\} \tag{6-5}$$

若用极坐标表示：

$$\left.\begin{aligned}x &= r\cos\theta\\ y &= r\sin\theta\end{aligned}\right\} \tag{6-6}$$

将式（6-6）代入式（6-5）得：

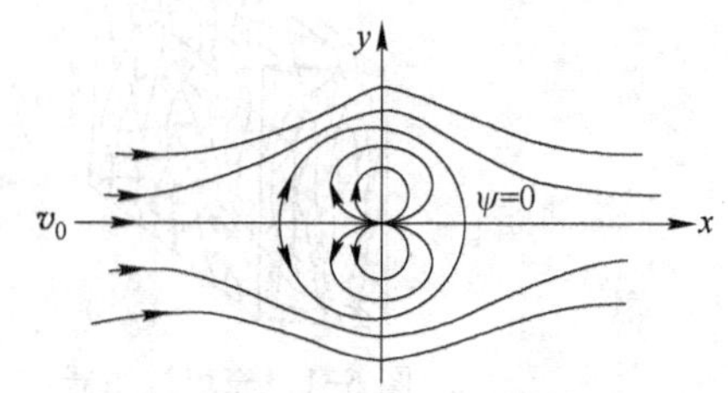

图 6-4　平行流与偶极子的叠加

$$\left.\begin{aligned}\varphi &= V_0\left(1+\frac{a^2}{r^2}\right)r\cos\theta\\ \psi &= V_0\left(1-\frac{a^2}{r^2}\right)r\sin\theta\end{aligned}\right\}\tag{6-7}$$

零流线，一条是 x 轴，另一条是圆心在原点半径为 a 的圆。此时的速度分布为：

$$\left.\begin{aligned}v_r &= \frac{\partial\varphi}{\partial r}=\frac{1}{r}\frac{\partial\psi}{\partial\theta}=v_0\left(1-\frac{a^2}{r^2}\right)\cos\theta\\ v_\theta &= \frac{1}{r}\frac{\partial\varphi}{\partial\theta}=-\frac{\partial\psi}{\partial r}=-v_0\left(1+\frac{a^2}{r^2}\right)\sin\theta\end{aligned}\right\}\tag{6-8}$$

在圆柱表面速度为：

$$\left.\begin{aligned}v_r &= 0\\ v_\theta &= -2v_0\sin\theta\end{aligned}\right\}\tag{6-9}$$

式（6-9）中负号表示 v_θ 的方向与 θ 的方向相反，合速度 $V=\sqrt{v_r^2+v_\theta^2}=2v_0\sin\theta$，说明圆柱表面上的速度分布与圆柱体的半径大小无关。

当 $\theta=0$ 时，在 B 点，速度 $v_B=0$；

当 $\theta=\pi$ 时，在 A 点，速度 $v_A=0$。A、B 两点均称为驻点。

当 $\theta=\frac{\pi}{2}$时，速度 $v_m=2v_0$，此点有最大速度值，如图 6-5 所示。

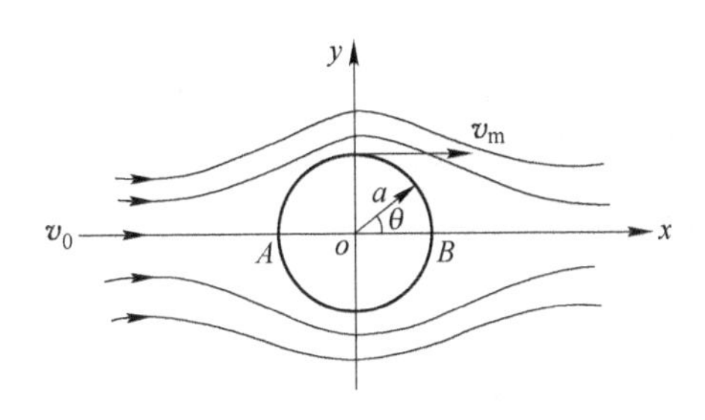

图 6-5 绕圆柱流动

6.2.2 拉姆场（Lamb）

对小雷诺数（$Re=v_0d_f/v$，d_f 为纤维的直径）时的黏性流体，拉姆根据奥森方程导出下列流函数方程：

$$\psi=\frac{av_0\sin\theta}{2(2-\ln Re)}\left(\frac{a}{r}-\frac{r}{a}+2\frac{r}{a}\ln\frac{r}{a}\right)\tag{6-10}$$

由于

$$\left.\begin{aligned}v_r &= \frac{1}{r}\frac{\partial\psi}{\partial\theta}\\ v_\theta &= -\frac{\partial\psi}{\partial r}\end{aligned}\right\}\tag{6-11}$$

将式（6-10）代入式（6-11）可得出速度分量为：

$$\left.\begin{aligned} v_r &= -\frac{v_0\cos\theta}{2(2-\ln Re)}\left(1-\frac{a^2}{r^2}-2\ln\frac{r}{a}\right) \\ v_\theta &= \frac{v_0\sin\theta}{2(2-\ln Re)}\left(1-\frac{a^2}{r^2}+2\ln\frac{r}{a}\right) \end{aligned}\right\} \tag{6-12}$$

这些方程在圆柱体附近是有效的，即在 $\frac{r-a}{a}<1$ 和 $Re<1$ 的条件下是有效的，在其他条件下，式（6-12）不够精确。

6.2.3　桑原-黑派尔场

前面讨论的是对孤立圆柱体的研究结果，没有考虑圆柱体之间的相互影响。对于纤维过滤来说，纤维之间不是孤立的，为了考虑它们之间的相互影响，有必要对孤立圆柱体的研究结果加以修正。

近年来，桑原和黑派尔分别对不规则平行均匀排列的圆柱体的速度场的研究取得成功，这两位学者获得了同样结果，仅常数值不同。

设圆柱体半径为 a，圆柱体轴线间距为 $2b$，垂直于气流排列，结构是不规则的但是均匀的，气流速度为 v_0，并设 $Fu=\frac{a}{b}$。

对二维不可压缩稳定流动，纳维-斯托克斯的斯托克斯近似可以写为：

$$\nabla\nabla\psi=0 \tag{6-13}$$

其中

$$\nabla=\frac{\partial^2}{\partial^2 r}+\frac{1}{r}\frac{\partial}{\partial r}+\frac{1}{r^2}\frac{\partial^2}{\partial\theta^2}$$

是柱坐标（r，θ）的拉普拉斯算子表达式。

设式（6-13）有下列形式的特解：

$$\psi=f(r)\sin\theta \tag{6-14}$$

那么从式（6-13）得：

$$\nabla\nabla\psi=\left(\frac{\mathrm{d}^2\varphi}{\mathrm{d}r^2}+\frac{1}{r}\frac{\mathrm{d}\varphi}{\mathrm{d}r}+\frac{1}{r^2}\varphi\right)\sin\theta=0 \tag{6-15}$$

这里

$$\varphi(r)=\frac{\mathrm{d}^2 f}{\mathrm{d}r^2}+\frac{1}{r}\frac{\mathrm{d}f}{\mathrm{d}r}-\frac{1}{r^2}f \tag{6-16}$$

式（6-15）的解为：

$$\varphi(r)=C_1 r+C_2\frac{1}{r} \tag{6-17}$$

式中，C_1、C_2 为任意常数。

由于式（6-17）得式（6-16）的解为：

$$f(r)=A\frac{1}{r}+Br+Cr\ln r+Dr^3 \tag{6-18}$$

则式（6-13）的特解为：

$$\psi=\left(A\frac{1}{r}+Br+Cr\ln r+Dr^3\right)\sin\theta \tag{6-19}$$

这里 A、B、C、D 是可以从边界条件决定的任意常数。为此，按下列边界条件决定这些任意常数。

对 $$r = a,\ v_r = 0,\ v_\theta = 0 \tag{6-20}$$

对 $$\rho = \frac{b}{a} = 1/Fu$$

$$\mathrm{rot}v = \omega = \frac{1}{\rho}v_\theta + \frac{\partial v_\theta}{\partial r} - \frac{1}{\rho}\frac{\partial v_r}{\partial \theta} = -\Delta\psi = 0 \tag{6-21}$$

$$v_r = v_0\cos\theta \tag{6-22}$$

由式（6-19）及条件式（6-20）~式（6-22），得到常数 A、B、C、D 的方程组：

$$\left.\begin{aligned} &AFu^4 + BFu^2 - CFu^2\ln Fu + D = v_0Fu \\ &2CFu^2 + 8D = 0 \\ &A + B + D = 0 \\ &A - B - C - 3D = 0 \end{aligned}\right\} \tag{6-23}$$

解方程式（6-23）得：

$$\left.\begin{aligned} A &= \frac{v_0Fu^2 - 2v_0}{2Fu^4 + 3Fu^2 + 3 + 4\ln Fu} \\ B &= \frac{2v_0 - 2v_0Fu^2}{2Fu^4 + 3Fu^2 + 3 + 4\ln Fu} \\ C &= \frac{-4v_0}{2Fu^4 + 3Fu^2 + 3 + 4\ln Fu} \\ D &= \frac{v_0Fu^2}{2Fu^4 + 3Fu^2 + 3 + 4\ln Fu} \end{aligned}\right\} \tag{6-24}$$

把式（6-24）代入式（6-19）并整理可得：

$$\psi = \frac{v_0a\sin\theta}{2\left(\beta - \frac{3}{4} - \frac{\beta^2}{4} - \frac{1}{2}\ln\beta\right)}\left[2\frac{r}{a}\ln\frac{r}{a} - \frac{r}{a}(1-\beta) + \frac{a}{r}\left(1 - \frac{\beta}{2}\right) - \frac{\beta}{2}\left(\frac{r}{a}\right)^3\right] \tag{6-25}$$

把式（6-25）简化得：

$$\psi = \frac{av_0\sin\theta}{2\left(-\frac{1}{2}\ln\beta - C\right)}\left(\frac{a}{r} - \frac{r}{a} + 2\frac{r}{a}\ln\frac{r}{a}\right) \tag{6-26}$$

式中，$\beta = 1 - \varepsilon = Fu^2$，$\varepsilon$ 为纤维过滤器的孔隙率；C 为常数，按桑原场，$C=0.75$，按黑派尔场，$C=0.5$。

把式（6-26）与式（6-10）进行比较，可以看出：

（1）在柱坐标中，流函数均可由 r，θ 表示，即 $\psi=\psi(r,\ \theta)$，这一点桑原-黑派尔场与拉姆场是相同的。

（2）拉姆场中包括 Re，而在桑原-黑派尔场中包括 β，适当选择 β 与 Re，流场是相同的，例如在 $\beta=0.001$ 时的桑原-黑派尔场与 $Re=0.495$ 时的拉姆场是相同的。

（3）当用桑原-黑派尔场来表示纤维系统中的速度场时，邻近纤维的影响同时被考虑进去了，对于干扰效果不必进行修正。

速度分量分别为：

$$\left.\begin{aligned} v_r &= \frac{1}{r}\frac{\partial\psi}{\partial\theta} = \frac{v_0}{2\left(-\frac{1}{2}\ln\beta - C\right)}\left[2\ln\frac{r}{a} - 1 + \beta + \frac{a^2}{r^2}\left(1 - \frac{\beta}{2}\right) - \frac{\beta}{2}\frac{r^2}{a^2}\right]\cos\theta \\ v_\theta &= -\frac{\partial\psi}{\partial r} = \frac{v_0}{2\left(-\frac{1}{2}\ln\beta - C\right)}\left[2\ln\frac{r}{a} + 1 + \beta - \frac{a^2}{r^2}\left(1 - \frac{\beta}{2}\right) - \frac{3\beta}{2}\frac{r^2}{a^2}\right]\sin\theta \end{aligned}\right\} \tag{6-27}$$

在纤维表面 $r=a$ 处　　$\psi = v_r = v_\theta = 0$　　（6-28）

在圆 $r=b$ 上

$$\left.\begin{aligned} v_r &= v_0\cos\theta \\ v_\theta &= -v_0\sin\left[1 + \frac{(1-\beta)^2}{2\left(-\frac{1}{2}\ln\beta - C\right)}\right] \\ \psi &= v_0\sin\theta \cdot b = yv_0 \end{aligned}\right\} \tag{6-29}$$

式（6-29）中的 β、Ku、$\frac{b}{a}$ 的数值见表 6-1。其中，

$$Ku = -\frac{1}{2}\ln\beta - C \tag{6-30}$$

对大多数纤维过滤器 $0.005 < \beta < 0.2$，$14.1\ \frac{b}{a} > 2.24$。

表 6-1　β、Ku 与 $\frac{b}{a}$ 的数值关系

β	Ku	b/a	β	Ku	b/a
0.001	2.7049	31.6	0.05	0.7973	4.47
0.002	2.3593	22.4	0.1	0.4988	3.16
0.005	1.9042	14.1	0.2	0.2447	2.24
0.01	1.5626	10.0	0.5	0.0341	1.41
0.02	1.2259	7.07			

6.2.4　皮切对桑原-黑派尔场的扩展

皮切考虑到空气在纤维表面的滑动因素，把桑原-黑派尔的理论加以普遍化，并在桑原-黑派尔的理论中取纤维表面上的切线速度及法向速度为零，保留在 $r=a$ 时，$v_r=0$，而 v_θ 为：

$$v_\theta = \xi'\left(\frac{\partial v_\theta}{\partial r} + \frac{1}{r}\frac{\partial v_r}{\partial\theta} - \frac{1}{r}v_\theta\right)_{r=1} \tag{6-31}$$

其中 $\xi'=\xi/a$ 为相对滑动系数，其他条件保持不变。这时方程式（6-19）中的 A、B、C、

D 系数的方程组变为：

$$\left.\begin{aligned} &A+B+D=0\\ &-A(1+4\xi')+B+C+D(3-4\xi')=0\\ &AFu^4+BFu^2-CFu^2\ln Fu+D=v_0Fu^2\\ &2CFu^2+8D=0 \end{aligned}\right\} \tag{6-32}$$

解方程组式（6-32）得：

$$\left.\begin{aligned} &A=\frac{v_0}{J}(Fu^2-2-2Fu^2\xi')\\ &B=\frac{v_0}{J}(2-2Fu^2)\\ &C=-\frac{4v_0}{J}(1+2\xi')\\ &D=\frac{v_0}{J}Fu^2(1+2\xi') \end{aligned}\right\} \tag{6-33}$$

其中

$$J=3+4\ln Fu-4Fu^2+Fu^4+\frac{\xi}{a}(2+8\ln Fu-2Fu^4) \tag{6-34}$$

马克斯维尔（Maxwell）和艾波斯坦（Epstein）推得空气的滑动系数为：

$$\xi=0.998\left(\frac{2-f}{f}\right)\lambda \tag{6-35}$$

式中，λ 为分子自由路程；f 为系数。

当 $f=1$ 时，

$$\xi/a=0.998Kn \tag{6-36}$$

式中，Kn 为努森数，$Kn=\lambda/a$。

又

$$J=3+4\ln Fu-4Fu^2+Fu^4+\frac{\xi}{a}(2+8\ln Fu-2Fu^4)$$

对 $\beta=1-\varepsilon\ll 1$, $\frac{r-a}{a}\ll 1$，流函数为：

$$\psi=\frac{v_0 a\sin\theta\left[\frac{a}{r}-\frac{r}{a}-2\left(1+2\frac{\xi}{a}\right)\frac{r}{a}\ln\frac{r}{a}\right]}{2\frac{\xi}{a}(-\ln\beta-2C+1)-\ln\beta-2C} \tag{6-37}$$

当 $C=0.75$ 或 $C=0.5$，在忽略滑动系数的情况下（$Kn\to 0$，$\xi\to 0$），式（6-37）就化成了式（6-26），即为桑原-黑派尔场。

6.3 纤维过滤的阻力

6.3.1 理想流体对圆柱体的绕流

圆柱体表面的压力分布，由伯努利方程可写出：

$$p_0+\frac{1}{2}\rho v_0^2=p+\frac{1}{2}\rho v^2 \tag{6-38}$$

式中，p_0、v_0 分别为距圆柱体无限远处的压力和速度；p、v 分别为圆柱体表面上的压力和速度。

由于
$$v = 2v_0\sin\theta \tag{6-39}$$
得
$$p = p_0 + \frac{\rho}{2}v_0^2(1 - 4\sin^2\theta) \tag{6-40}$$

圆柱体微弧 ds 上（见图 6-6）的总压力为：
$$\mathrm{d}p = p\mathrm{d}s \cdot 1 \tag{6-41}$$

压力的分量为：
$$\left.\begin{aligned}\mathrm{d}p_x &= \mathrm{d}p\cos\theta = p\mathrm{d}s\cos\theta \\ \mathrm{d}p_y &= \mathrm{d}p\sin\theta = p\mathrm{d}s\sin\theta\end{aligned}\right\} \tag{6-42}$$

将 $\mathrm{d}s = a\mathrm{d}\theta$ 代入式（6-42）得：
$$\left.\begin{aligned}\mathrm{d}p_x &= pa\cos\theta\mathrm{d}\theta \\ \mathrm{d}p_y &= pa\sin\theta\mathrm{d}\theta\end{aligned}\right\} \tag{6-43}$$

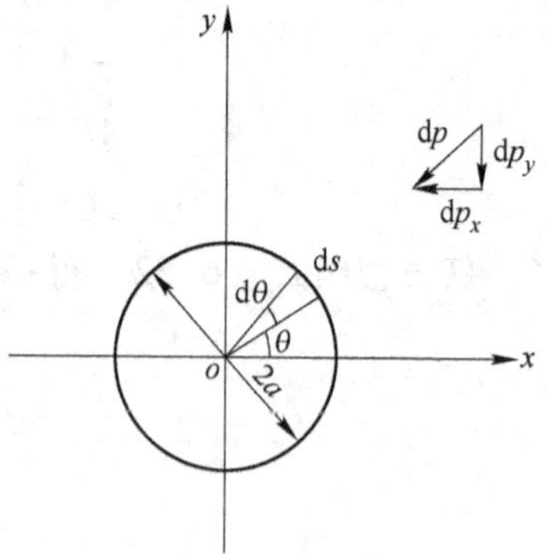

图 6-6　圆柱体所受的力

对整个圆周积分得：
$$p_x = \int_0^{2\pi} pa\cos\theta\mathrm{d}\theta = \int_0^{2\pi}\left[p_0 + \frac{1}{2}\rho v_0^2(1 - 4\sin^2\theta)\right]a\cos\theta\mathrm{d}\theta = 0 \tag{6-44}$$
同理
$$p_y = \int_0^{2\pi} pa\sin\theta\mathrm{d}\theta = 0 \tag{6-45}$$

从式（6-44）和式（6-45）可知，作用在圆柱体上的压力的合力无论在 x 或 y 方向皆为零，这是与实际不符的，称达朗贝尔佯谬，其主要原因是由于假设流体是无黏性的和假设圆柱体后部不发生分离和漩涡。

达朗贝尔（Jean-Baptiste le Rond d'Alembert），法国数学家、机械师、物理学家、哲学家、音乐理论家。1717 年 11 月 16 日生于法国巴黎，1783 年 10 月 29 日死于法国巴黎。达朗贝尔在《论动力学》中证明了对于不可压缩和非黏性的流体，在物体运动时，阻力为零，相对于流体的运动速度是恒定的。“零阻力”与观察物体相对于流体（如空气和水）运动的实际阻力是直接矛盾的，特别是与高雷诺数相对应的高速度。这是可逆性悖论的一个特例。

达朗贝尔说：“在我看来，这一理论（潜在的流动），在所有可能的严谨中得到发展，至少在几个案例中给出了一个严格的消失的阻力，一个我留给未来几何学家的奇特的悖论。”

诺贝尔化学奖获得者西里尔·欣谢尔伍德爵士认为：“从一开始，流体力学就被工程师们所怀疑，这导致了一个不幸的分裂——在水力学的领域，观测的现象不能解释，理论流体力学解释了无法观测的现象。”

怀着对这个悖论的崇敬，普朗特于 1904 年发现并提出了边界层理论。即使在非常高的雷诺数下，薄的边界层仍然是黏滞力的结果。流体力学界的一般观点是：从实际的角度来看，根据普朗特提出的观点可以解决这个悖论。但缺乏一个正式的数学证明，因为许多其他流体流动问题会涉及纳维-斯托克斯方程（用于描述黏性流动，至今没有办法解出通解）。

6.3.2 黏性流体绕圆柱体流动时的阻力

拉姆和戴维斯推导了在单一圆柱体上的作用力。对单位长圆柱体的作用力：

$$x = \frac{4\pi\mu v_0}{2 - \ln Re} \tag{6-46}$$

式（6-46）用于小雷诺数时曾被芬（Finn）的实验所证实，当 Re 增大到0.5以上时，式（6-46）所计算的 x 值过大。其次，由于过滤器中纤维的相互影响，使阻力的升高大于式（6-46）的计算值。

皮切考虑了气体在纤维表面的滑动，得出了作用在单位长纤维上的阻力为：

$$x = \frac{4\pi\mu v_0(1 + 1.996Kn)}{-\frac{3}{4} - \frac{1}{2}\ln\beta + \beta - \frac{1}{4}\beta^2 + 0.998Kn\left(-\frac{1}{2} - \ln\beta + \frac{1}{2}\beta^2\right)} \tag{6-47}$$

由式（6-47）可得出如下结论：

（1）如果 $a \to 0$，或 $2b \to \infty$，则 $\beta \to 0$，由式（6-47）得 $x=0$，这符合达朗贝尔佯谬。

（2）如果 $Kn \to 0$，式（6-47）化为：

$$x = \frac{4\pi\mu v_0}{-\frac{3}{4} - \frac{1}{2}\ln\beta + \beta - \frac{1}{4}\beta^2} \tag{6-48}$$

（3）对高孔隙系统，即 $\beta \ll 1$，

$$x = \frac{4\pi\mu v_0}{-\frac{3}{4} - \frac{1}{2}\ln\beta} \tag{6-49}$$

式（6-49）是基于桑原-黑派尔场，作用在单位长纤维上的阻力，此式是由富克斯和斯太乞金娜（Stechkina）推导的。

6.3.3 纤维过滤器的理论阻力

按艾白瑞尔（Iberall）的意见，穿过过滤器单位厚度的压力降是过滤器单位体积中纤维上的总阻力，单位体积中纤维的总长度是 $\beta/\pi a^2$，因而可求作用于过滤器上的阻力为：

$$\Delta P = \frac{x\beta}{\pi a^2}L \tag{6-50}$$

式中，L 为过滤器的厚度。

将式（6-47）代入式（6-50）得压力降的表达式为：

$$\Delta P = \frac{4\mu v_0\beta L(1 + 1.996Kn)}{a^2\left[-\frac{3}{4} - \frac{1}{2}\ln\beta + \beta + \frac{1}{4}\beta^2 + 0.998Kn\left(-\frac{1}{2} - \ln\beta + \frac{1}{2}\beta^2\right)\right]} \tag{6-51}$$

由式（6-51）可得出如下结论：

（1）压力降与流体的速度成正比，说明气流穿过过滤器的压力降符合达西（Darcy）定律。

（2）当温度不变时，λ=常数/p，那么由式（6-51）可得出，随气体压力的降低，阻

力减小，这已为实验所证实。

（3）如果滑动影响可以忽略，由式（6-51）有：

$$\Delta P = \frac{4\beta\mu v_0 L}{a^2\left(-\frac{3}{4} - \frac{1}{2}\ln\beta + \beta - \frac{1}{4}\beta^2\right)} \tag{6-52}$$

对于高孔隙过滤器，$\beta \ll 1$，则

$$\Delta P = \frac{4\beta\mu v_0 L}{a^2\left(-\frac{3}{4} - \frac{1}{2}\ln\beta\right)} \tag{6-53}$$

这与富克斯和斯太乞金娜推导的方程是一致的。

（4）式（6-51）说明 $\frac{\Delta P}{v_0}$ 不依赖于 Re，这一结论被实验所证实。

（5）在 β 和其他条件不变的条件下，ΔP 与纤维直径的平方成反比，因而采用细纤维的过滤器有很大的优越性。

6.3.4　半经验阻力公式

用来计算纤维充填层的科泽尼-卡尔曼（Kozeny-Carman）方程有下列形式：

$$\Delta P = \frac{22\beta\mu}{a^2(1-\beta)^3} \tag{6-54}$$

式中，β 为充填率。

式（6-54）仅对密实充填的纤维过滤器是有效的。

戴维斯用实验资料确定了 $\Delta Pa^2/\mu v_0 L$ 与 β 之间的关系，当 β 在 0~0.3 之间时

$$\Delta P = \frac{\mu v_0 L}{a^2} 16\beta^{1.5}(1 + 56\beta^3) \tag{6-55}$$

对于较低的 β 值，式（6-55）中的 β^3 项可以忽略，维尔内尔（Werner）和克莱伦拉格（Clerenlurg）用半径为 $0.049\mu m < a < 0.77\mu m$ 的玻璃纤维作实验，得出 $0.039 < \beta < 0.084$，实验结果与式（6-55）计算结果一致。

还可以采用下列方法分析滤料阻力，由于滤料孔隙率很高，可把纤维看作为独立的与风流方向垂直的长圆柱体，设纤维所受阻力服从牛顿定律，则单位长纤维上所受阻力为：

$$x = \psi 2a \frac{\rho v_0^2}{2} \tag{6-56}$$

单位面积滤料中纤维的长度为：

$$L = \frac{\beta H}{\pi a^2} \tag{6-57}$$

式中，H 为过滤器的厚度。

因而过滤器的阻力为：

$$\Delta P = \psi 2a \frac{\rho v_0^2}{2} \frac{\beta H}{\pi a^2} = \psi \frac{\beta\rho H v_0^2}{\pi a} \tag{6-58}$$

此时，阻力系数 ψ 是雷诺数的函数，即

$$\psi = f(Re) \tag{6-59}$$

由实验得到的这一函数关系如图 6-7 所示，由于图 6-7 是实际的测定结果，所以阻力系数 ψ 中也包括了纤维间的相互影响以及其他没有考虑到的因素。在用式（6-58）计算纤维过滤器的阻力时，可从图 6-7 中选取阻力系数 ψ 值。

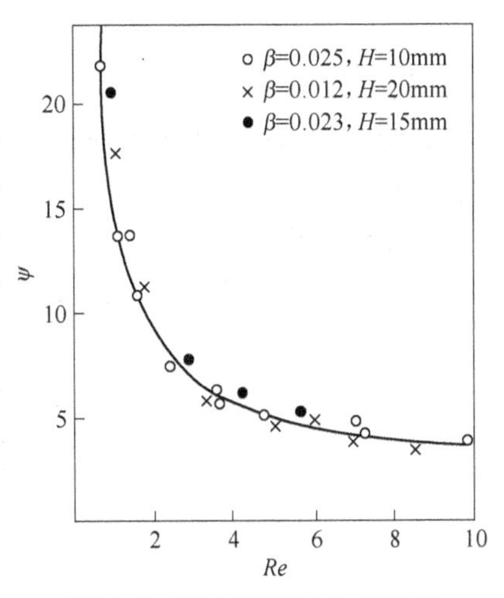

图 6-7　阻力系数与 Re 的关系

【例 6-1】 应用图 6-7 的实测资料比较理论阻力和实测阻力。

解：（1）实测阻力由式（6-58）为：

$$\Delta P = \psi 2a\frac{\rho v_0^2}{2}\frac{\beta H}{\pi a^2} = \psi\frac{\beta\rho H v_0^2}{\pi a},\quad \psi = f(Re)$$

（2）拉姆场的理论阻力由式（6-46）得：

$$\Delta P = x\frac{\beta H}{\pi a^2} = \frac{4\pi\mu v_0\beta H}{(2-\ln Re)\pi a^2} = \psi_L\frac{\beta\rho H v_0^2}{\pi a},\quad \psi_L = \frac{8\pi}{Re(2-\ln Re)}$$

（3）对于桑原-黑派尔的理论阻力由式（6-49）得：

$$\Delta P = x\frac{\beta H}{\pi a^2} = \frac{4\mu v_0\beta H}{a^2\left(-\frac{3}{4}-\frac{1}{2}\ln\beta\right)} = \psi_K\frac{\beta\rho H v_0^2}{\pi a},\quad \psi_K = \frac{8\pi}{Re\left(-\frac{3}{4}-\frac{1}{2}\ln\beta\right)}$$

如果已知纤维丝直径为 $d_f = 41\mu m$，$\beta = 0.023$，$H = 0.015m$，则实测阻力系数 ψ、阻力系数 ψ_L 和 ψ_K 与 Re 的关系如图 6-8 所示。

从该例题中可以看出：对于 $Re<2.2$ 时，ψ_L 低于实测值；当 $Re>2.2$ 时，ψ_L 又高于实测值，所以对于高 Re 值，由拉姆场出发推导的阻力公式不适用。$\psi_L=\psi(Re)$ 曲线的变化规律明显与实际不符合。

而 $\psi_K=\psi(Re)$ 的曲线接近于实际，两者间的误差较小，所以由桑原-黑派尔出发推导的纤维过滤阻力公式是符合实际的。

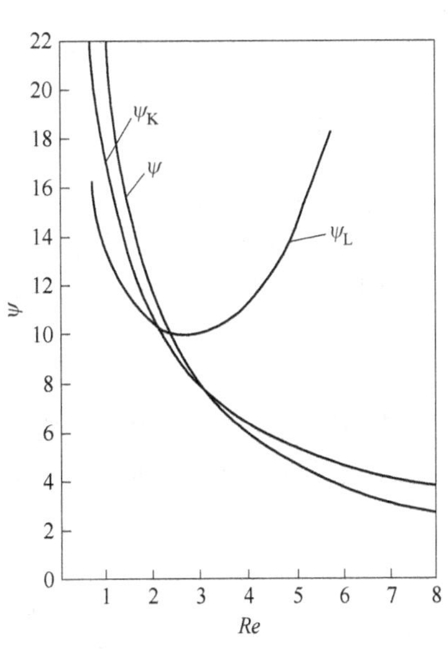

图 6-8　阻力系数的比较

6.4 纤维过滤器的收集效率

6.4.1 收集效率

设想过滤器有均一的充填密度 β，单一的纤维直径 $2a$（或等效直径），在厚度为 dh，面积为单位面积的微元体内，纤维的总长度 $L = \beta dh/\pi a^2$。

若通过过滤器的粒子浓度为 n，则粒子在单位时间内单位长度纤维上沉降的量为：

$$2avnE_\Sigma \tag{6-60}$$

其中
$$v = \frac{v_0}{1 - \beta} \tag{6-61}$$
式中，v_0 为进入过滤器的流速；E_Σ 为在全部沉降机理的作用下，单位长度纤维对粒子的捕捉效率。

在单位面积上体积为 $1 \times v_0$ 的气流在单位时间内粒子的减少为 $-v_0 \mathrm{d}n$，此粒子数量的变化是由于纤维对粒子的收集。得方程式为：

$$-v_0 \mathrm{d}n = 2av_0 nE_\Sigma \frac{1}{1 - \beta} \frac{\beta \mathrm{d}h}{\pi a^2} \tag{6-62}$$

即
$$\frac{\mathrm{d}n}{n} = -\frac{2\beta E_\Sigma}{\pi a(1 - \beta)} \mathrm{d}h \tag{6-63}$$

对式（6-63）两边分别积分得：

$$\ln \frac{n}{n_0} = -\frac{2\beta HE_\Sigma}{\pi a(1 - \beta)} \tag{6-64}$$

或

$$\frac{n}{n_0} = \exp\left[-\frac{2\beta HE_\Sigma}{\pi a(1 - \beta)}\right] \tag{6-65}$$

所以，纤维过滤器的收集效率为：

$$\eta = \frac{n_0 - n}{n_0} = 1 - \frac{n}{n_0} = 1 - \exp\left[-\frac{2\beta H}{\pi a(1 - \beta)} E_\Sigma\right] \tag{6-66}$$

由式（6-66）可知，纤维过滤器的收集效率随充填率 β，纤维层厚度 H 及单一纤维效率 E_Σ 的增大而增大，随纤维直径的增大而减小。另外也可以看出，为了确定纤维过滤器的效率，必须首先决定单一纤维效率 E_Σ，下面将根据各个沉降机理来确定单位长度单一纤维的收集效率。效率 E_Σ 的确定是本章中的核心问题。

6.4.2 截留效率

圆柱体垂直于流动方向平行排列，其所占的体积分数（即充填率）为 β，使 $\beta = a^2/b^2$，此处 b 是圆柱体间平均距离的一半。

由图 6-9 所示，按截留的定义，截留效率为

$$E_\mathrm{R} = \frac{y}{a} \tag{6-67}$$

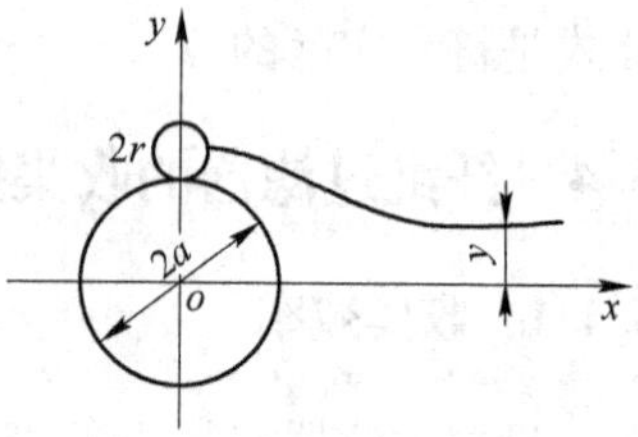

在极限流线内的所有粒子都将撞击到纤维上面被收集，此粒子数目与流向圆柱体的粒子数目之比即为截留效率。

图 6-9 截留机理

在圆柱体 b 上的任意一点，$r = b$，由式（6-29）得：

$$\psi = v_0 b \sin\theta \tag{6-68}$$

因而
$$E_\mathrm{R} = \frac{\psi}{v_0 a} \tag{6-69}$$

对 $\theta = \pi/2$，$r = a + d$ 代入式（6-25）得：

$$\psi = \frac{v_0 a}{2Ku}\left[2\frac{a + d}{a}\ln\frac{a + d}{a} - \frac{a + d}{a}(1 - \beta) + \frac{a}{a + d}\left(1 - \frac{\beta}{2}\right) - \frac{\beta}{2}\left(\frac{a + d}{a}\right)^3\right] \tag{6-70}$$

将式（6-70）代入式（6-69）得：

$$E_R = \frac{1}{2Ku}\left[2\left(1+\frac{d}{a}\right)\ln\left(1+\frac{d}{a}\right) - \left(1+\frac{d}{a}\right) + \left(1+\frac{d}{a}\right)^{-1} + \beta\left(1+\frac{d}{a}\right) - \frac{\beta}{2}\left(1+\frac{d}{a}\right)^{-1} - \frac{\beta}{2}\left(1+\frac{d}{a}\right)^{3}\right] \tag{6-71}$$

式（6-71）的计算结果见表6-2。斯太乞金娜、开尔切（Kirch）和皮切曾忽略式中乘以β的各项，这对β值较小时是正确的。但是β和d/a较大时，这种忽略会使截留效率的计算值过高。对于大于一定粒径的粒子，气体动力干扰开始有较大影响，实际的截留效率变得比表6-2中的数值小。

表6-2 按库瓦帕拉-黑派尔场的 E_R 值

β	d/a					
	0.01	0.02	0.05	0.1	0.2	0.5
0.001	0.0001	0.0002	0.0010	0.0034	0.0131	0.0709
0.002	0.0001	0.0002	0.0011	0.0039	0.0151	0.0810
0.005	0.0001	0.0002	0.0014	0.0049	0.0186	0.0999
0.01	0.0001	0.0002	0.0017	0.0059	0.0225	0.1210
0.02	0.0001	0.0003	0.0022	0.0074	0.0284	0.1520
0.05	0.0002	0.0005	0.0032	0.0110	0.0422	0.2238
0.1	0.0003	0.0007	0.0049	0.0166	0.0632	0.3310
0.2	0.0006	0.0012	0.0090	0.0298	0.1124	0.5660
0.5	0.0025	0.0059	0.0425	0.1246	0.4510	1.84

按拉姆流场，朗缪尔（Langmuir）、陈（Chen）、斯太乞金娜和拉姆根据式（6-10）及（6-69）计算得到的圆柱体的截留效率为：

$$E_R = \frac{1}{La}\left[\left(1+\frac{d}{a}\right)\ln\left(1+\frac{d}{a}\right) - \frac{1}{2}\left(1+\frac{d}{a}\right) + \frac{1}{2}\left(1+\frac{d}{a}\right)^{-1}\right] \tag{6-72}$$

式中，$La = 2 - \ln Re$。

当$Re=0.495$时，式（6-72）与$\beta=0.001$时式（6-71）给出的截留效率值是相同的，两个计算截留效率的公式的图解如图6-10所示。从图中可以看出：当$Re=0.495$时，式（6-71）与式（6-72）计算结果一致；当$Re>0.5$时，截留效率E_R与Re无关。

对于式（6-72），当d/a很小时，

$$\left.\begin{aligned}\left(1+\frac{d}{a}\right)^{-1} &\approx 1 - \frac{d}{a} + \left(\frac{d}{a}\right)^{2} \\ \ln\left(1+\frac{d}{a}\right) &\approx \frac{d}{a} - \frac{1}{2}\left(\frac{d}{a}\right)^{2}\end{aligned}\right\} \tag{6-73}$$

所以，当$d/a<0.1$时，式（6-72）可以近似写为：

$$E_R = \frac{1}{La}\left(\frac{d}{a}\right)^{2} \tag{6-74}$$

当$d/a \ll 1$时，由式（6-72）可得到：

$$E_R = 0.0518\frac{4\pi}{2-\ln Re}\left(\frac{d}{a}\right)^{\frac{3}{2}} \tag{6-75}$$

由以上各式知，截留效率 E_R 与 d/a 有关。

设
$$N_R = \frac{d}{a} = \frac{d_p}{d_f} \tag{6-76}$$

式中，N_R 为截留无因次参数；d_p 为粒子直径；d_f 为纤维直径。

以无因次数表示截留效率，则：

$$E_R = f(N_R) \tag{6-77}$$

在下列两种极端情况下，这个函数是容易求得的：

（1）当 $Stk \to \infty$ 时，粒子的惯性使粒子运动持久地保持直径方向，则沉降效率为：

$$E_R = 1 + N_R \tag{6-78}$$

（2）当 $Stk = 0$ 时，粒子没有惯性并沿气体流线运动。对于势流，当 $\theta = \frac{\pi}{2}$ 时，

$$E_R = \frac{W}{av} \tag{6-79}$$

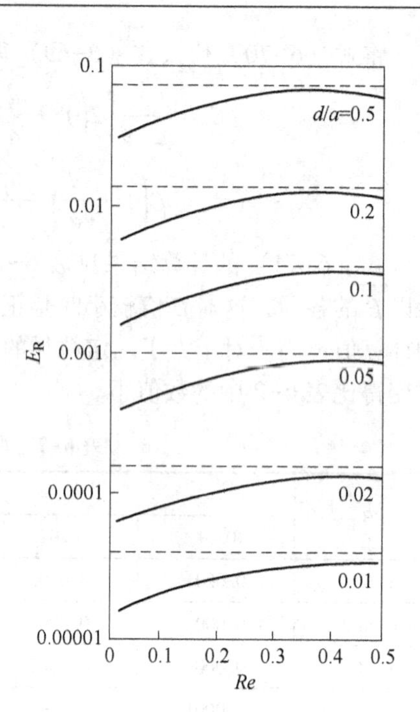

图 6-10　截留效率

——Lamb 场，式（6-72）；

---Kuwabara 场，式（6-71）；

$b = 31.6a$，$\beta = 0.001$

其中

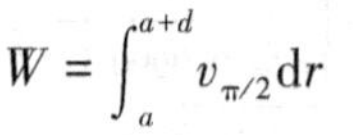

$$W = \int_a^{a+d} v_{\pi/2}\,\mathrm{d}r \tag{6-80}$$

式中，W 为容积速度。

因为
$$v_\theta = v_0\left(1 + \frac{a^2}{r^2}\right)\sin\theta \tag{6-81}$$

当 $\theta = \frac{\pi}{2}$ 时，
$$v_\theta = v_0\left(1 + \frac{a^2}{r^2}\right) \tag{6-82}$$

将式（6-82）代入式（6-80）得：

$$W = \int_a^{a+d} v_0\left(1 + \frac{a^2}{r^2}\right)\mathrm{d}r = av_0\left(1 + N_R - \frac{1}{1 + N_R}\right) \tag{6-83}$$

将式（6-83）代入式（6-79）得：

$$E_R = 1 + N_R - \frac{1}{1 + N_R} \tag{6-84}$$

式（6-84）计算的截留效率比式（6-74）计算的结果高。

从式（6-84）知，按截留机理得到的收集效率与速度无关，只与参数 N_R 有关。

6.4.3　惯性沉降效率

惯性沉降是过滤过程中的重要机理，因绕纤维（圆柱体）曲线流动的粒子由于惯性相对于气体而运动，最后沉降于纤维上。惯性沉降效率可以定义为被捕获的粒子数与沿这一方向做直线运动而应被捕到的粒子数之比，可用下式表示：

$$E_1 = \frac{y}{a} \tag{6-85}$$

式中，y 为无限远处从流动轴算起的极限轨迹的距离；a 为圆柱体的半径。

惯性沉降效率 E_1 可以解粒子运动方程加以计算，粒子的运动方程可由式（6-86）描述：

$$m\frac{\mathrm{d}u}{\mathrm{d}t} = F - F_D \tag{6-86}$$

式中，u 为粒子的速度，m/s；F_D 为流体的阻力，N；F 为外力，N。

如果作用于粒子上的阻力用斯托克斯定律描述，即

$$F_D = \frac{3\pi\mu d_p}{C}(u - v) \tag{6-87}$$

式中，$u - v$ 为粒子相对于流体的速度；C 为肯宁汉修正系数。

在忽略外力 F 的情况下，式（6-86）可写为：

$$\frac{C\rho_p {d_p}^2}{18\mu}\frac{\mathrm{d}u}{\mathrm{d}t} = -(u - v) \tag{6-88}$$

把式（6-88）改写成无因次形式，令

$$x' = 2x/d_f,\ y' = 2y/d_f,\ v'_x = v_x/v_0,\ v'_y = v_y/v_0,\ t' = 2v_0 t/d_f$$

$$\psi = \frac{C\rho_p d_p^2 v_0}{18\mu d_f} = Stk$$

将上述无因次参数代入式（6-88）得，分量形式为：

$$\left.\begin{aligned} 2\psi\frac{\mathrm{d}^2x'}{\mathrm{d}t'^2} + \frac{\mathrm{d}x'}{\mathrm{d}t'} - v'_x = 0 \\ 2\psi\frac{\mathrm{d}^2y'}{\mathrm{d}t'^2} + \frac{\mathrm{d}y'}{\mathrm{d}t'} - v'_y = 0 \end{aligned}\right\} \tag{6-89}$$

惯性参数 ψ（或 Stk）是描述惯性沉降的基本量，它随气流速度及粒径的增大而增大，因而惯性作用有与扩散作用相反的性质。惯性沉降效率 E_1 像其他沉降作用一样是参数 ψ 的函数，很多学者都曾对这一关系进行了研究，如阿尔布莱希（Albrecht）、塞尔（Sell）、戴维斯、朗缪尔及布劳德盖特（Blodgett）等人，他们的研究结果如图 6-11 所示，王和约翰斯通（Johnstone）对惯性碰撞效率 E_1 进行了试验研究，其结果如图 6-12 所示。

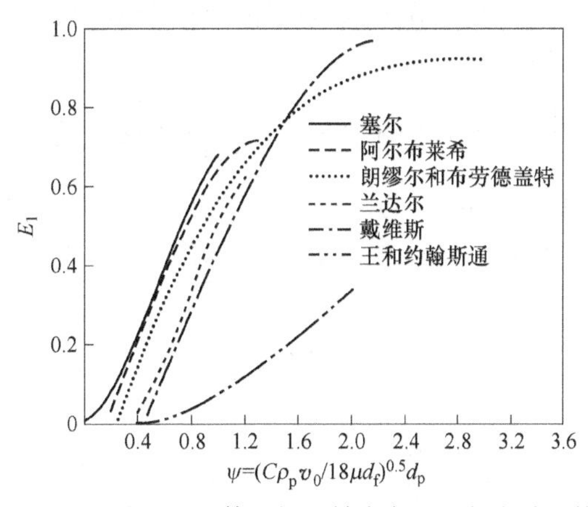

图 6-11　球对圆柱体的惯性效率各理论与实验比较

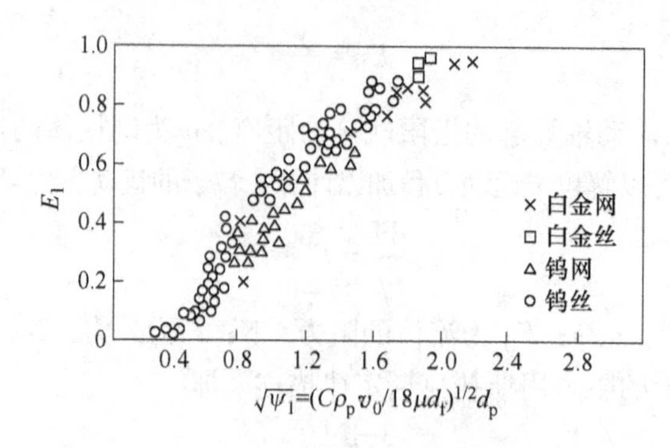

图 6-12　球对线的惯性效率实验结果

兰达尔（Landahl）和哈尔曼（Hermann）对 $Re=10$ 时得一经验方程：

$$E_1 = \frac{Stk^3}{Stk^3 + 0.77Stk^2 + 0.22} \tag{6-90}$$

粒子有对物体发生惯性沉降的最小惯性，以 Stk_{er} 表示，称为临界惯性参数，如果

$$Stk < Stk_{er}，则 E_1=0 \tag{6-91}$$

即惯性效率曲线 $E_1=E_1(Stk)$ 不相交于坐标原点，而与 x 轴相交于点 $Stk=Stk_{er}$，朗缪尔和布劳德盖特德对势流的圆柱体绕流得到：

$$Stk_{er} = \frac{1}{16} \tag{6-92}$$

耐坦森推得黏性流时（$Re=0.1$）：

$$Stk_{er} = 2.15 \pm 0.05 \tag{6-93}$$

对于圆柱体，在极限情况下朗缪尔和布劳德盖特得到的惯性效率为：

$$\left.\begin{aligned} &E_1 = Stk^2/(Stk + 0.06)^2, & Stk > 0.08 \\ &E_1 = 0, & Stk < 0.08 \end{aligned}\right\} \tag{6-94}$$

6.4.4　粒子的截留和惯性沉降

粒子在圆柱体上（或球体上）的截留和惯性沉降不是彼此无关的，往往在研究粒子的惯性沉降的同时也包括粒子的截留。

在前面的推导中，我们得到了圆柱体截留的沉降公式（6-71），若令 $\xi = y_1/a$，$\zeta = y_2/a$，则式（6-71）可写为：

$$\xi = \frac{1+\zeta}{2Ku}\left[2\ln(1+\zeta) + \beta - 1 + \frac{2-\beta}{2(1+\zeta)^2} - \frac{\beta}{2}(1+\zeta)^2\right] \tag{6-95}$$

现在来考虑气流作曲线运动时，粒子的惯性对沉降的影响。在绕圆柱体的流动中，粒径为 d_p 的粒子脱离流线而撞击到圆柱体表面，如图 6-13 所示。其运动方程可以下式描述：

$$\left.\begin{aligned} \frac{d^2x}{dt^2} + A\frac{dx}{dt} = Av_{xav} \\ \frac{d^2y}{dt^2} + A\frac{dy}{dt} = Av_{yav} \end{aligned}\right\} \tag{6-96}$$

其中

$$A = \frac{18\mu}{\rho_p d_p^2 C} \tag{6-97}$$

式中，C 为肯宁汉修正系数。

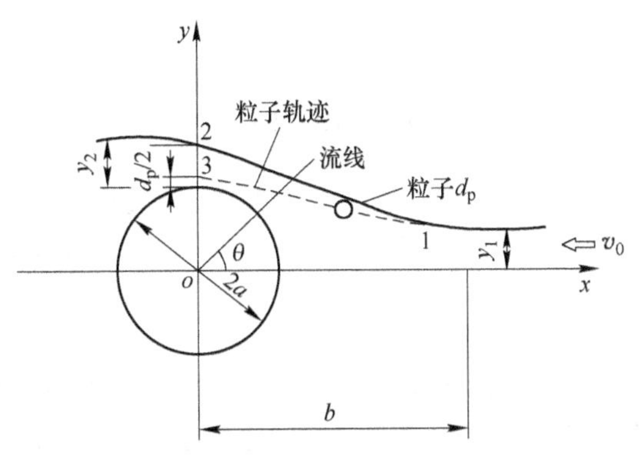

图 6-13　圆柱体的截留和惯性收集机理

根据初始条件：在 $t=0$ 时刻，$x=b$，$y=y_1$，$dx/dt = v_{xav}$，$dy/dt = 0$，可以得出式(6-96)的解为：

$$x = b + v_{xav}t \tag{6-98}$$

$$y = y_1 - \frac{v_{yav}}{A}(1 - e^{-At}) + v_{yav}t \tag{6-99}$$

当然可以取更好的边界条件，但是方程的解变得非常困难。从图 6-13 可知，当 $x=0$ 时，$y=(d_f + d_p)/2$，粒子恰好被圆柱体捕获，由式（6-98）得出通过时间为：

$$t_2 = -\frac{b}{v_{xav}} \tag{6-100}$$

因而式（6-99）可以写成：

$$y_1 = \frac{d_f + d_p}{2} + \frac{v_{yav}}{A}(1 - e^{Ab/v_{xav}}) - \frac{v_{yav}}{v_{xav}}b \tag{6-101}$$

如果让半径为 b 长度为 L_f 的圆柱体体积等于过滤器的单位体积，则

$$b = \sqrt{\frac{1}{\pi L_f}} = \frac{1}{\sqrt{4\beta/d_f^2}} = \frac{d_f}{2\sqrt{\beta}} \tag{6-102}$$

并假设 $k=-v_{xav}/v_0$，$\Omega = v_0/Ad_f$。若 v_{x2}为 2 点与圆柱体表面间的平均流速，则

$$v_{x2} = -\frac{y_1}{y_2}v_0 = -v_0\frac{2y_1/d_f}{2y_2/d_f} \tag{6-103}$$

取 v_x 的平均流速为：

$$v_{xav} = \frac{1}{2}(v_{x2} - v_0) \tag{6-104}$$

将式（6-103）代入式（6-104）得：

$$v_{xav} = -\frac{v_0}{2}\left(1 + \frac{2y_1/d_f}{2y_2/d_f}\right) \tag{6-105}$$

当气体由 1 点运动至 2 点间的水平距离时，在 y 轴方向运动了 1 点到 2 点间的垂直距离，则

$$v_{yav} = \frac{y_2 + d_f/2 - y_1}{-b/v_{xav}} = -v_{xav}\frac{d_f}{2b}\left(1 + \frac{2y_2}{d_f} - \frac{2y_1}{d_f}\right) \tag{6-106}$$

由式（6-105）和式（6-106）得：

$$k = \frac{1}{2}\left(1 + \frac{\xi}{\zeta}\right) \tag{6-107}$$

$$\frac{v_{yav}}{v_0} = \sqrt{\beta}k(1 + \zeta - \xi) \tag{6-108}$$

式（6-107）和式（6-108）中：

$$k = \frac{v_{xav}}{v_0},\ \xi = \frac{2y_1}{d_f},\ \zeta = \frac{2y_2}{d_f} \tag{6-109}$$

将式（6-107）~式（6-109）代入式（6-101），并整理化简得：

$$\zeta = \frac{\dfrac{d_p}{d_f} + 2\sqrt{\beta}\Omega k(1 - \xi)\left[1 - \exp\left(-\dfrac{1}{2\sqrt{\beta}\Omega k}\right)\right]}{1 - 2\sqrt{\beta}\Omega k\left[1 - \exp\left(-\dfrac{1}{2\sqrt{\beta}\Omega k}\right)\right]} \tag{6-110}$$

将式（6-95）代入式（6-107），然后代入式（6-110），结合图6-14和图6-15，可用迭代试差法计算出ζ和ξ，由此可解得收集效率E_{RI}为：

$$E_{RI} = \sigma\xi \tag{6-111}$$

式中，σ为系数，考虑粒子撞击圆柱体后回弹的可能。

Ku与β的关系如图6-16所示。

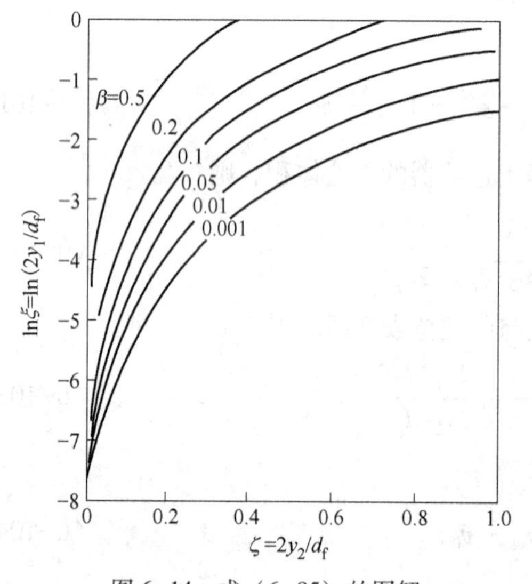

图6-14　式（6-95）的图解

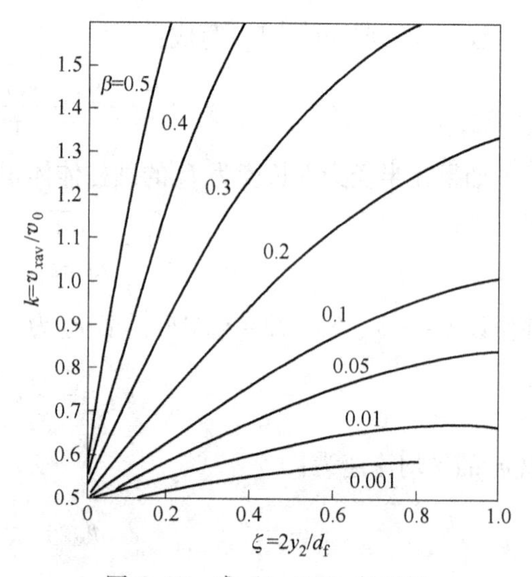

图6-15　式（6-107）的图解

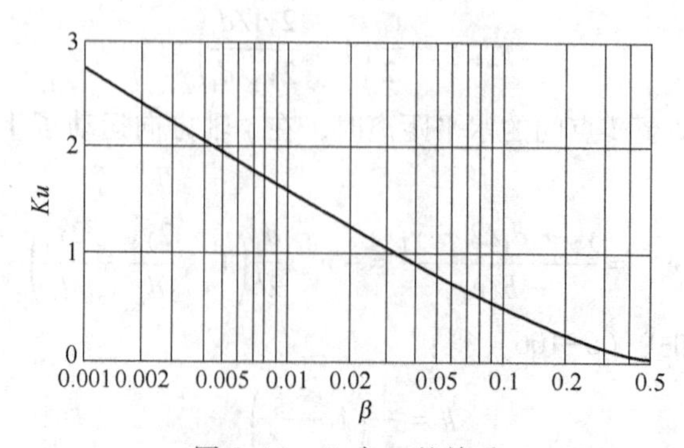

图6-16　Ku与β的关系

【例6-2】 已知 $v_0=0.2\text{m/s}$，$\beta=0.05$，$d_p=0.4\mu\text{m}$，$\rho_p=1000\text{kg/m}^3$，$d_f=4.0\mu\text{m}$，肯宁汉修正系数 $C=1.42$，求圆柱体的惯性和截留效率。

解：由式（6-97）得

$$A=\frac{18\mu}{\rho_p d_p^2 C}=\frac{18\times 1.84\times 10^{-5}}{1000\times(0.4\times 10^{-6})^2\times 1.42}=1.46\times 10^6$$

$2\sqrt{\beta}=2\sqrt{0.005}=0.4472$，$\dfrac{d_p}{d_f}=0.1$，$\Omega=\dfrac{v_0}{Ad_f}=\dfrac{0.2}{1.46\times 10^6\times 4\times 10^{-6}}=0.03425$，$2\sqrt{\beta}\cdot\Omega=0.4472\times 0.03425=0.01532$。则由式（6-110）得：

$$\zeta=\frac{0.1+0.01532k(1-\xi)\left[1-\exp\left(-\dfrac{1}{0.01532k}\right)\right]}{1-0.01532k\left[1-\exp\left(-\dfrac{1}{0.01532k}\right)\right]}$$

以 $\zeta=0.10$ 试之，由图6-14查得 $\ln\xi=-4.5$，$\xi=0.0111$，如图6-15查得 $k=0.55$，代入上式，并忽略指数项时：

$$\zeta=\frac{0.1+0.01532\times 0.55\times(1-0.0111)}{1-0.01532\times 0.55}=0.1093$$

按上述步骤进一步重复计算得，$\ln\xi=-4.3$，$\xi=0.0136$，$k=0.56$，则

$$\zeta=\frac{0.1+0.01532\times 0.56\times(1-0.0136)}{1-0.01532\times 0.56}=0.1094$$

最后结果取 $\xi=0.0136$，因此，当 $\sigma=1$ 时，$E_{RI}=\xi=0.0136$。而仅计算截留时，收集效率当 $\zeta=0.10$ 时，$E_R=0.0111$。

6.5　纤维间的干扰和综合收集机理

6.5.1　纤维间的干扰影响

过滤器中单一纤维的沉降效率与孤立纤维上的沉降效率是有区别的，其原因有二：（1）气体速度在过滤器中较高；（2）由于附近纤维的影响，绕单一纤维的速度场有变化，周围纤维的存在导致收集效率的增加，这一增加的可能性对每一机理是不同的。

陈认为干扰影响是过滤器的孔隙率和 Re 的函数，可用下列经验方程表示：

$$E_f=E(1+4.5\beta)\tag{6-112}$$

戴维斯得到：

$$E_f=E(1+68.1\beta-106\beta^2)\tag{6-113}$$

木村-井伊谷得到：

$$E_f=E(1+10Re^{\frac{1}{3}}\beta)\tag{6-114}$$

6.5.2　收集机理的综合

纤维对气溶胶粒子的收集是数个机理同时起作用的结果。前面已经对截留和惯性沉降机理单独地进行了分析，在以后几章中还要分别论述扩散沉降效率及静电沉降效率。截留及惯性沉降对大直径粒子占主导地位，而对于小直径粒子扩散作用占支配地位。然而无论它们起的作用是大还是小，它们的作用都是同时发生的，因而需要对各个机理的沉降效率加以综合，实际上收集效率的综合效应是十分复杂的，并不能将各个单独作用的效率简单

相加。

如果两个机理的收集效率均很小，可以假设每一因素对没有被其他因素所收集的平均粒子数目起作用来近似的综合。

以 N_0 表示被收集的粒子数目，N_0 表示原始数目，由于截留和惯性所收集到的粒子数目为：

$$N_{ci} = E_{RI} \cdot \frac{1}{2}[N_0 + N_0(1 - E_d)] \tag{6-115}$$

由于扩散作用收集到的粒子数目为：

$$N_{cd} = E_d \cdot \frac{1}{2}[N_0 + N_0(1 - E_{RI})] \tag{6-116}$$

它们的总数除以 N_0 可以得到纤维或水滴的收集效率为：

$$E_f = \frac{N_{ci} + N_{cd}}{N_0} = \frac{1}{2}E_{RI}(2 - E_d) + \frac{1}{2}E_d(2 - E_{RI}) = E_d + E_{RI} - E_d E_{RI} \tag{6-117}$$

根据上述假设所得到的公式（6-117），相当于两个过滤器串联使用时收集效率。

除此之外，还有人给出了一些近似的或经验的关系式，来解决各收集机理之间的相互影响问题。

对于纤维过滤器，福瑞德兰德尔提出扩散与截留效率 E_{DR}：

$$E_{DR} = \frac{6Re^{1/6}}{Pe^{2/3}} + 3N_R^2 Re^{1/2} \tag{6-118}$$

Torgeson 得出惯性与截留效率 E_{RI}：

$$E_{RI} = E_R[1 + N_R^{-3/2} Stk(0.5 + 0.8N_R)] \tag{6-119}$$

式中，E_R 为截留效率，由式（6-75）计算。

戴维斯建议惯性、截留与扩散效率 E_{DRI} 为：

$$E_{DRI} = 0.16[N_R + (0.5 + 0.8N_R)(Pe^{-1} + Stk) - 0.105N_R(Pe^{-1} + Stk)^2] \tag{6-120}$$

皮切曾应用式（6-118）来分析纤维过滤器的选择特征与速度特征，应用式（6-120）来分析纤维过滤器的温度特征。

6.6　纤维过滤器的特征和非稳定过滤

6.6.1　纤维过滤器的特征

为了更好地应用过滤理论，需要对描述收集效率的方程进行分析，纤维的收集效率依赖于描述粒子性质的量（如粒子大小、形状、密度、电荷等），依赖于过滤器性质的量（如过滤器的厚度、纤维直径、孔隙率），还依赖于气体的性质（流速、压力、温度等），而其中最重要的是收集效率依赖于粒子的直径，叫做纤维过滤器的“选择特征”。

6.6.1.1　选择特征

将 $D=KTB$，$B=(3\pi\mu d_p)^{-1}$ 及无因次数 Re、Pe 及 N_R 的表达式代到式（6-118）中得：

$$E_{DR} = \frac{6(KT)^{2/3}}{(3\pi\mu)^{2/3}\nu^{1/6}d_p^{2/3}v^{1/2}d_f^{1/2}} + \frac{3d_p^2 v^{3/2}}{\nu^{1/2}d_f^{3/2}} \tag{6-121}$$

式（6-121）可以写为 $E_{DR}=E_{DR}d_p$，并求其导数，得 E_{DR} 有最小值时的粒子直径，即

$$d_{pm}=\frac{0.85(KT)^{1/4}\nu^{1/8}d_f^{3/8}}{(3\pi\mu)^{1/4}v^{3/8}} \tag{6-122}$$

从式（6-122）可知，收集效率取最小值时的粒子直径 d_p 与流速和纤维直径有关，随流速的增大，最小值的位置向粒径小的方向移动。收集效率最小值的位置与流速的关系对验证理论是很重要的。选择性最小的位置与纤维直径的关系，从式（6-121）和式(6-122)可得以下结论：

（1）随纤维直径的增加，选择性最小的位置向粒径增大的方向移动。

（2）随纤维直径的增大，最小效率值降低。

（3）随纤维直径的增加，在最小值附近选择性曲线加宽。

（4）避免选择性最小值位置移动的条件是：

$$\frac{d_f}{v}=常数 \tag{6-123}$$

6.6.1.2 速度特征

孤立纤维收集效率最小值的速度位置，可以从式（6-118）得到：即

$$v_{0m}=\frac{2(KT)^{2/3}v^{1/3}d_f}{(3\pi\mu)^{2/3}d_p^{8/3}} \tag{6-124}$$

从式（6-124）得到以下结论：

（1）随粒径的增大，最小值的位置向速度较低的方向移动。

（2）收集效率的最小值随粒径的增大而增高。

（3）随纤维直径的增大，最小值的位置向速度较高的方向移动。

（4）随纤维直径的增大，效率在最小值处降低。

（5）当粒径及纤维直径变化时，为避免最小值的位置的移动，必须满足：

$$\frac{d_f}{d_p^{8/3}}=常数 \tag{6-125}$$

6.6.2 非稳定过滤

以上各节所讨论的内容称为稳定过滤。稳定过滤理论是假设沉降发生在理想化结构的过滤器中，且已沉降的粒子在进一步的过滤中不加考虑，但实际上沉降的粒子引起了过滤器结构的变化，过滤的两个基本参数——过滤效率和压力降均随过滤过程而变化，这时称为“非稳定过滤”。瓦特森（Watson）和李尔（Leer）对这一过程进行了研究，他们认为沉降效率的增加原因有：首先是由于粒子的不断沉降，孔隙分布变得更均一且平均大小变小；其次，在纤维表面形成“树枝”或“链子”，如图 6-17 所示，相似更细的纤维一样能更有效地收集粒子。

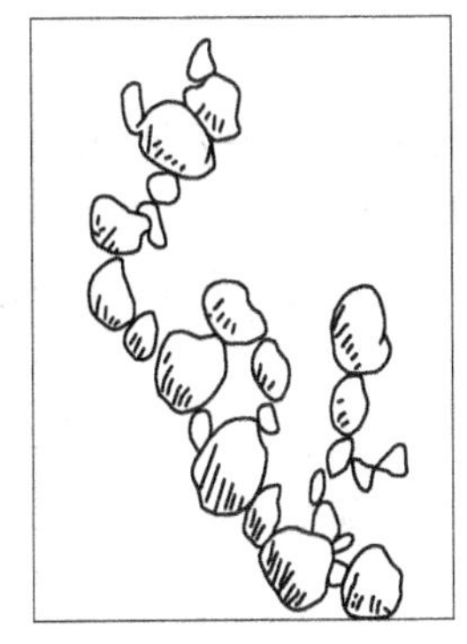

图 6-17 树枝状结构

6.6.2.1 阻力的增加

实验资料说明，对优良的纤维过滤器，阻力的增加为

$$\Delta P_t = \Delta P_0 e^{at} \tag{6-126}$$

式中，ΔP_0 为 $t=0$ 时刻的初始阻力；a 为常数，与纤维层的结构及物理特性有关；at 为一无因次数。其曲线在对数坐标上为一直线。

朱达和克劳塞尔对过滤器阻力的增高提出一理论模型，他们设想阻力的提高是过滤器中粒子沉降体积的函数，此体积可以认为是纤维的体积分数 β 的提高，即过滤器孔隙率的减小。

若初始阻力以式（6-52）表示，则：

$$\Delta P_0 = \frac{4\mu\beta_0 v_0 L}{a^2\left(-\frac{1}{2}\ln\beta_0 - \frac{3}{4}\right)} \tag{6-127}$$

或

$$\frac{\Delta P_0 A a^2}{\mu Q L} = \frac{8\beta_0}{-\ln\beta_0 - K} \tag{6-128}$$

式中，A 为面积；Q 为流量；L 为厚度；a 为纤维半径；β_0 为初始充填率。

若阻力的增高按增加 β 的办法来计算，以 $\Delta\beta$ 表示单位过滤器体积中的粒子体积，那么

$$\Delta P \approx \Delta P_0 \frac{\ln\beta_0 + K}{\ln(\beta_0 + \Delta\beta) + K} \tag{6-129}$$

大多数过滤器的阻力规律均服从式（6-129），其中 K 为常数。压力降的相对值与纤维直径无关。

令 $n = \Delta P / \Delta P_D$，当 $dn/d(\Delta\beta) = 0$ 时，可求出最优充填密度，即

$$\beta = e^{-K} \tag{6-130}$$

6.6.2.2　过滤效率的提高

贝灵斯（Billings）提出每平方厘米过滤面积粒子的数目为 N_A 时的透过率与清洁过滤器的关系为：

$$W_{NA} = W_0 \exp(-SN_A) \tag{6-131}$$

式中，S 为常数，与空气流速无关，其取值的范围为 $0.6\times10^{-9} \sim 6.9\times10^{-9}\,cm^2$/粒子。

考夫曼（Kaufmann），李尔（Leer）和戴维斯的资料证实：

$$W_t = W_0 \gamma^{-(\sqrt{P_t/P_0}-1)} \tag{6-132}$$

式中，W_t 为 t 时刻的透过率；W_0 为 $t=0$ 时刻的透过率；P_t 为 t 时刻的压力降；P_0 为 $t=0$ 时刻压力降。γ 为大于 1 的无因次数，对质量优良的过滤器，γ 值较高，反之，γ 值较低。

由式（6-126）和式（6-132）得：

$$W_t = W_0 \exp[-(e^{at/2} - 1)\ln\gamma] \tag{6-133}$$

从上述内容中可以看出，有关非稳定过滤的研究至今仍不够透彻。特别是对于非稳定过滤过程中收集效率的提高，还停留在半经验的阶段，需要进一步加以研究。

复习思考题

6-1　对于气溶胶粒子的纤维过滤来说，参与过滤的主要因素是什么？

6-2　纤维过滤过程的基本参数是什么？

6-3 纤维过滤器的捕尘机理有哪几种？并用图示表示。

6-4 流体绕无限长圆柱体的流动，简述拉姆场、桑原-黑派尔场和皮切对桑原-黑派尔场的扩展的区别与联系。

6-5 应用图 6-7 的实测资料比较理论阻力和实测阻力，并进行分析说明。

6-6 简述纤维过滤器的选择和速度特征，并进行分析。

6-7 随颗粒粒径的增加，惯性碰撞效率和直接截留效率会有什么样的变化，为什么？

6-8 已知气溶胶粒子的运动速度为 0.4m/s，粒子直径为 0.8μm，粒子密度为 $2000kg/m^3$，纤维直径为 6μm，纤维过滤器的充填率为 0.05，肯宁汉修正系数取 1.40，求圆柱体的惯性和截留效率。

6-9 若纤维过滤器的孔隙率为 0.9，纤维直径为 5μm，尘粒直径为 1.0μm，尘粒密度为 $2000kg/m^3$，取系数 $C=1.10$，当尘粒运动速度为 0.2m/s 时，

（1）按库瓦帕拉-黑派尔场求出或查出纤维对尘粒的截留效率。

（2）按朗缪尔计算纤维过滤器对尘粒的惯性效率。

7　气溶胶粒子的水滴捕集理论

【学习要点】

本章主要介绍了气溶胶粒子在球体上的截留、惯性沉降和水滴群的收集效率。掌握截留、惯性、水滴群收集效率计算方法，是开展湿式除尘工作的基础，对于如何选择湿式除尘的方式具有重要意义。

气溶胶粒子的水滴捕集理论是湿式除尘的理论基础。湿式除尘是由洗涤介质形成的粒子或液滴（通常为水滴，其直径往往比被清除的粒子大很多）穿过需净化的空气而清除固体粒子的过程。

湿式除尘的大多数情况，洗涤介质是水，偶尔使用其他物质。不同的洗涤器类型形成水滴的方法也不同。并以不同方式来保证水滴与被净化气体间有一相对速度。对所有的洗涤器，其净化过程包括粒子与水滴接触、收集捕获粒子后的水滴、排走并清除水中的污泥。

洗涤器的类型包括喷雾室（或喷雾塔）、旋风（或离心式）洗涤器、引射喷雾洗涤器、充填层洗涤器、雾化洗涤器和文丘里洗涤器等。

有关气溶胶粒子的水滴捕集理论研究，早在 1948 年 Langmuir 第一个在雨滴周围利用势流场来研究降雨捕集并计算碰撞效率，首先对下落雨滴捕集气溶胶粒子的问题进行了理论研究并分别讨论了层流条件下大、小雷诺数的情况。从此，陆续有研究者对不同机制作用下气溶胶粒子在雨滴表面的微观过程进行了研究和讨论。Greenfield 于 1957 年开始研究粒子的捕集。很多文献描述了气溶胶粒子在单一球体上的情况，假设了粒子黏性和无黏性的条件。

在进行理论分析时，认为水滴是坚硬的球体，所以解决水滴捕集粒子的关键问题是绕球体的速度场的计算，然后即可求出单一球体对粒子的收集效率。水滴捕尘的机理也可分为截留作用、惯性沉降、扩散沉降、重力沉降及静电沉降等，其详细内容请参阅第 6 章。

7.1　气溶胶粒子在球体上的截留及惯性沉降

在洗涤器中水形成水滴，在水滴穿过含粒子空气的过程中，有些粒子与水滴表面接触并附着其上。给定直径和密度的粒子，如果它最初是位于液滴运动轴的一定距离 y_1 内，粒子将撞击到水滴，如图 7-1 所示。如果粒子离运动轴的距离比 y_1 远，它将穿过水滴而不被收集。

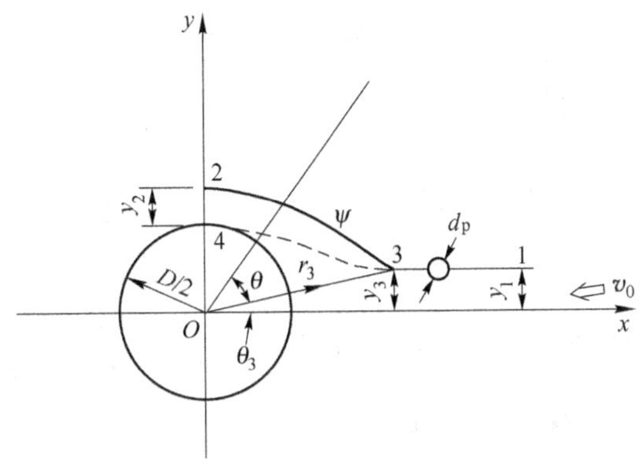

图 7-1　球体的绕流

对于沿流线运动而直径为 d_p 的粒子，由于气体流线在水滴附近弯曲，又由于粒子具有惯性而不适应气体流线，它将沿另一曲线路径运动，在这种情况下，处于离轴线较近位置的粒子将在水滴的前方与其相撞，这一捕集作用称为惯性作用。然而设想一具有一定体积但质量为零的粒子，如果其最初位置十分靠近轴线，这一粒子将附着于水滴的上下两侧。粒子在此意义上被捕获称为截留作用。这是一种极端情况。实际上这两种捕获机理是很难分开的，由惯性作用捕获的粒子所处流线的极限位置比由截留作用捕获的粒子所处流线的极限位置距离轴线更远，因而在研究惯性捕获作用时，已经包括了截留捕集作用。不必把两种机理分开来研究。在这一讨论中把它们作为单一捕获机理来处理。此时水滴捕获气溶胶粒子截留和惯性综合效率 E_{R1} 可用半径为 y_1 的圆面积和水滴的投影面积之比来规定。即

$$E_{R1} = \frac{\sigma \pi y_1^2}{\frac{1}{4}\pi D^2} = \frac{4y_1^2\sigma}{D^2} \tag{7-1}$$

式中，D 为水滴的直径。

撞击到水滴上的所有粒子，不可能全部被水滴所捕集，有些粒子可能反跳回气流中，而这些粒子又可能被其他水滴所捕获，这一复杂过程不论在理论上还是在实践上都研究得不够，因而在式（7-1）中用系数 σ 来考虑这种影响。

以 ψ 表示粒子最初所遵循的流线，在点 3 处粒子的路径开始从气体流线中分离，并在液滴上部表面的 $d_p/2$ 处横穿 y 轴，而气体流线在点 2 处穿过 y 轴，与液滴上部表面的距离为 y_2。对黏性流，流函数为：

$$\psi = -\frac{1}{2}v_0\sin^2\theta\left(r^2 - \frac{D^3}{8r}\right) \tag{7-2}$$

那么速度分量为：

$$\left.\begin{aligned} u_r &= \frac{1}{r^2\sin\theta}\frac{\partial\psi}{\partial\theta} = -v_0\cos\theta\left(1 - \frac{D^3}{8r^3}\right) \\ v_0 &= \frac{1}{r\sin\theta}\frac{\partial\psi}{\partial r} = \frac{1}{2}v_0\sin\theta\left(2 + \frac{D^3}{8r^3}\right) \end{aligned}\right\} \tag{7-3}$$

在球的表面：

$$u_r = 0,\ u_\theta = \frac{3}{2} v_0 \sin\theta$$

由式（7-2），穿过点 2 的流线为：

$$\psi = -\frac{v_0}{8}\left[(D + 2y_2)^2 - \frac{D^3}{D + 2y_2}\right] \tag{7-4}$$

为了简化，把式（7-4）中的最后一项的分母展为级数，则得：

$$\psi = -\frac{v_0}{8}\left[(D^2 + 4Dy_2 + 4y_2^2) - D^3\left(\frac{1}{D} - \frac{2y_2}{D^2} + \frac{4y_2^2}{D^3} - \frac{8y_2^3}{D^4} + \cdots\right)\right] \tag{7-5}$$

如果 y_2 比 $D/2$ 小很多，该方程可以近似为

$$\psi = -\frac{3}{4} D y_2 v_0 \tag{7-6}$$

由式（7-6）及式（7-2）得：

$$\sin^2\theta\left(r^2 - \frac{D^3}{8r}\right) = \frac{3}{2} D y_2 \tag{7-7}$$

式（7-7）是经过点 1 和点 3 的流线的方程，从点 3 开始，由于作用于粒子上的惯性力影响，粒子的路径与流线发生偏离，精确地确定粒子的运动需要解微分方程组，这在数学上是比较困难的，为此，对这一加速运动作近似处理。

粒子的速度假定与气体速度是相同的，气体在点 3 的速度是 v_0，在点 2 的速度小于 $1.5v_0$，取其平均速度 $1.25v_0$，即

$$\overline{u_x} = \frac{5}{4} v_0 \tag{7-8}$$

则粒子从点 3 运动到点 4 所需的时间近似为：

$$t = \frac{r_3 \cos\theta_3}{\overline{u_x}} = \frac{4}{5} \frac{r_3 \cos\theta_3}{v_0} \tag{7-9}$$

若粒子的加速度 a_y 为常数，则：

$$\frac{D}{2} + \frac{d_p}{2} - y_3 = \frac{1}{2} a_y t^2 \tag{7-10}$$

忽略其中的 $d_p/2$，则：

$$a_y = \frac{D - 2y_3}{t^2} \tag{7-11}$$

由于该加速度，作用于粒子上的力为

$$F = m a_y = \frac{\pi}{6} d_p^3 \rho_p a_y \tag{7-12}$$

假设粒子的侧向运动是层流，则最终速度

$$v_t = \frac{FC}{3\pi\mu d_p} = \frac{\rho_p d_p^2 a_y C}{18\mu} \tag{7-13}$$

式中，C 为肯宁汉修正系数。

那么 $v_t t$ 表示流线和粒子路径间在 t 时刻的垂直距离，从图 7-1 知，在粒子处于点 4 的

位置时，这个距离应该等于 $y_2 - \frac{d_p}{2}$，所以：

$$y_2 = \frac{d_p}{2} + v_t t = \frac{1}{2}d_p + \frac{\rho_p d_p^2 a_y t C}{18\mu} \tag{7-14}$$

把有关方程代入上式得到：

$$y_2 = \frac{d_p}{2} + \frac{5}{72}\frac{\rho_p d_p^2 v_0 C}{\mu r_3 \cos\theta_3}(D - 2y_3) \tag{7-15}$$

距离 y_3 可以表示为：

$$y_3 = \alpha D \tag{7-16}$$

则从图 7-1 知：

$$\sin\theta_3 = \frac{y_3}{r_3} = \frac{\alpha D}{r_3} \tag{7-17}$$

由式（7-7）知，对穿过点 3 的流线为：

$$\sin^2\theta_3\left(r_3^2 - \frac{D^3}{8r_3}\right) = \frac{3}{2}Dy_2 \tag{7-18}$$

把式（7-16）、式（7-17）代入式（7-18）并解出 r_3 为：

$$r_3 = \frac{D}{(8 - 12y_2/\alpha^2 D)^{1/3}} \tag{7-19}$$

则由式（7-17）得：

$$\sin\theta_3 = a\left(8 - 12\frac{y_2}{\alpha^2 D}\right)^{1/3} \tag{7-20}$$

因而 $$\cos\theta_3 = \sqrt{1 - \sin^2\theta_3} = \sqrt{1 - \alpha^2(8 - 12y_2/\alpha^2 D)^{2/3}} \tag{7-21}$$

所以式（7-15）可以化为：

$$\frac{y_2}{D} - \frac{1}{2}\frac{d_p}{D} = \frac{5}{72}\frac{\rho_p d_p^2 v_0 C}{\mu D}\frac{(8 - 12y_2/\alpha^2 D)^{1/3}}{\sqrt{1 - a^2(8 - 12y_2/\alpha^2 D)^{2/3}}}(1 - 2\alpha) \tag{7-22}$$

令 $$\beta = \frac{5}{72}\frac{\rho_p d_p^2 v_0 C}{\mu D} \tag{7-23}$$

那么式（7-22）可以改写为

$$\frac{y_2}{D} - \frac{1}{2}\frac{d_p}{D} = \frac{\beta(8 - 12y_2/\alpha^2 D)^{1/3}(1 - 2a)}{\sqrt{1 - \alpha^2(8 - 12y_2/\alpha^2 D)^{2/3}}} \tag{7-24}$$

式（7-24）中的 α 值在 0 与 1/2 之间选择。我们选择使 y_2 有最大值时的 α，为此把式（7-24）近似写为：

$$\frac{y_2}{D} = \beta\left(8 - 12\frac{y_2}{\alpha^2 D}\right)^{1/3}(1 - 2\alpha) \tag{7-25}$$

式（7-25）中，将 y_2 对 α 求导数，并令 $dy_2/d\alpha=0$，可得：

$$y_2 = \frac{2\alpha^3 D}{1 + \alpha} \tag{7-26}$$

这是选择 α 的最优方法，把式（7-26）代入式（7-25）得：

$$\beta = \frac{a^3}{(1+\alpha)^{2/3}(1-2\alpha)^{1/3}} \tag{7-27}$$

当β值已知，可从式（7-27）求出α值，为免除繁琐的计算，可利用图 7-2 查找α与β之间关系。

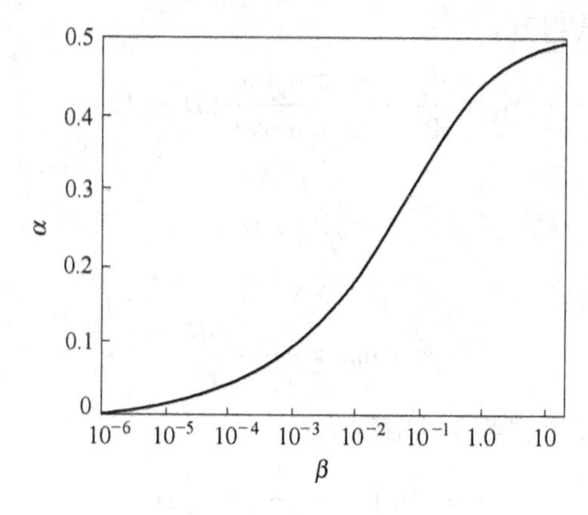

图 7-2　α与β之关系

已知α、β后，可从式（7-24）计算出$\frac{y_2}{D}-\frac{1}{2}\frac{d_p}{D}$值，也可从图 7-3 中查得。

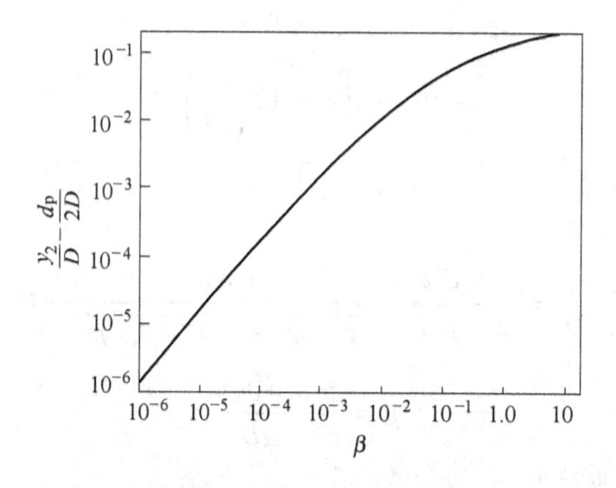

图 7-3　y_2与β之间的关系

以上讨论忽略了边界层的存在，实际上它可能对水滴的收集效率有很大影响，因此必须加以考虑对一轴对称物体上边界层的发展，凯斯曾做了详细的研究。对如图 7-4 所示的球体的边界层，在前停滞点处边界层厚度较小，沿表面向后逐渐加厚，边界层厚度可写为

$$\delta = \frac{2.90}{\sin^2\theta}\sqrt{\frac{vD}{v_0}}\left(\int_0^\theta \sin^2\theta \mathrm{d}\theta\right)^{1/2} \tag{7-28}$$

当$\theta=\pi/2$时，

$$\delta_2 = 1.958\sqrt{\frac{vD}{v_0}} \tag{7-29}$$

边界层中的速度剖面图可近似地用下式表示

$$u = u_0\left[\frac{3}{2}\frac{y}{\delta} - \frac{1}{2}\left(\frac{y}{\delta}\right)^3\right] = \frac{3}{2}v_0\left[\frac{3}{2}\frac{y}{\delta} - \frac{1}{2}\left(\frac{y}{\delta}\right)^3\right] \tag{7-30}$$

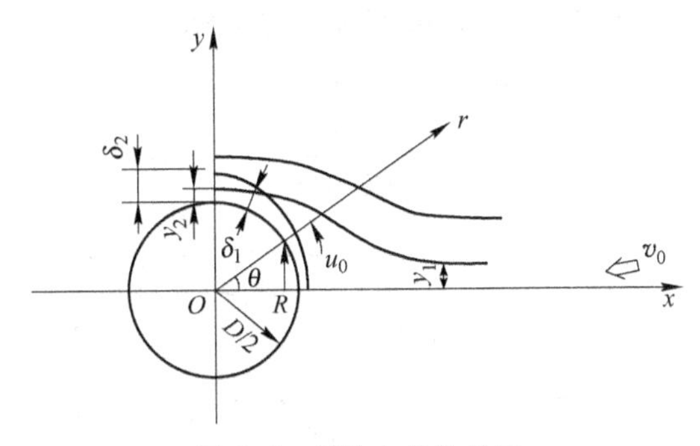

图 7-4　球体上的边界层

由质量流量的连续性，可得 y_1 与 y_2 之间的关系为：

$$\pi y_1^2 = \frac{2\pi}{v_0}\int_0^{y_2}\left(y + \frac{D}{2}\right)u\mathrm{d}y \tag{7-31}$$

由式（7-1）得到收集效率为：

$$E_{\mathrm{R1}} = \frac{8\sigma}{D^2 v_0}\int_0^{y_2}\left(y + \frac{D}{2}\right)u\mathrm{d}y \tag{7-32}$$

把式（7-30）代入式（7-32）并进行积分。

（1）对于 $y_2 < \delta_2$ 情况，

$$E_{\mathrm{R1}} = 8.811\sigma\sqrt{\frac{v}{v_0 D}}\left\{\left(\frac{y_2}{\delta_2}\right)^2 - \frac{1}{6}\left(\frac{y_2}{\delta_2}\right)^4 + \frac{4}{3}\frac{\delta_2}{D}\left[\left(\frac{y_2}{\delta_2}\right)^3 - \frac{1}{5}\left(\frac{y_2}{\delta_2}\right)^5\right]\right\} \tag{7-33}$$

式中 δ_2/D 很小时，可以忽略，这样式（7-33）可近似表示为：

$$E_{\mathrm{R1}} = 8.811\sigma\sqrt{\frac{v}{v_0 D}}\left[\left(\frac{y_2}{\delta_2}\right)^2 - \frac{1}{6}\left(\frac{y_2}{\delta_2}\right)^4\right] \tag{7-34}$$

（2）对于 $y_2 = \delta_2$ 情况，由式（7-34）得：

$$E_{\mathrm{R1}} = 7.3425\sigma\sqrt{\frac{v}{v_0 D}} \tag{7-35}$$

（3）对于 $y_2 > \delta_2$ 情况，式（7-32）可以写成为：

$$\begin{aligned} E_{\mathrm{R1}} &= 7.342\sigma\sqrt{\frac{v}{v_0 D}} + \frac{\sigma}{\pi D^2 v_0/4} \times \int_{\delta_2}^{y_2}\frac{v_0}{2}2\pi\left(y + \frac{D}{2}\right)\left[2 + \frac{D^3}{8\left(y + \frac{D}{2}\right)^3}\right]\mathrm{d}y \\ &= 7.342\sigma\sqrt{\frac{v}{v_0 D}} + \frac{4\sigma}{D^2}\int_{\delta_2}^{y_2}\frac{v_0}{2}2\pi\left(y + \frac{D}{2}\right)\left[2 + \frac{D^3}{8\left(y + \frac{D}{2}\right)^3}\right]\mathrm{d}y \\ &= 7.342\sigma\sqrt{\frac{v}{v_0 D}} + 2\sigma\frac{(y_2/D - \delta_2/D)\left[3 + 6y_2/D + 4(y_2/D)^2\right]}{1 + 2y_2/D} \end{aligned} \tag{7-36}$$

式（7-34）~式（7-36）可用来近似计算单一液滴的截留和惯性收集效率。

另外有学者单独对球体捕集效率进行了研究，兰兹（Rana）得到的结果如图 7-5 所示。而赫恩（Herne）得到结果是：

$$E_1 = 0.00376 - 0.464Stk + 9.68Stk - 16.2Stk^3 \tag{7-37}$$

$$0.0416 \leqslant Stk \leqslant 0.3$$

$$E_1 = \frac{Stk^2}{(Stk + 0.25)^2} \tag{7-38}$$

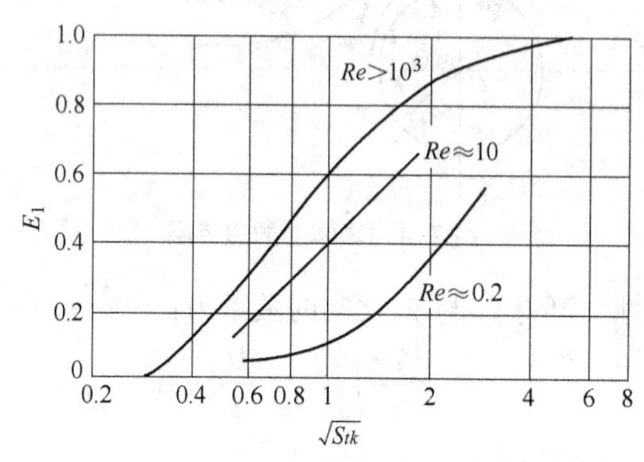

图 7-5　球体对球体的惯性碰撞效率

水滴对气溶胶粒子的捕获机理除惯性作用与截留作用之外，还有扩散沉降与静电沉降机理，其中静电沉降机理我们将在第 10 章中介绍。

单一水滴的综合收集效率是每个机理单独作用时收集效率的综合，其综合方法与单一纤维综合收集效率的计算方法相同，这里就不重复说明了。

【例 7-1】 一直径为 0.75mm 的水滴，以 15m/s 的速度穿过标准空气，空气中含有密度为 1800kg/m³、直径从 0.5~10μm 的粒子，计算截留与惯性收集效率与粒径间的函数关系。设 $\alpha=0.7$，$C=1$。

解：由式（7-23）得：

$$\beta = \frac{5}{72}\frac{\rho_p d_p^2 v_0 C}{\mu D} = \frac{5}{72} \times \frac{1800 \times 15 \times 1 \times d_p^2}{1.8 \times 10^{-5} \times 7.5 \times 10^{-4}} = 0.1389 \times 10^{12} d_p^2$$

由式（7-29）得：

$$\delta_2 = 1.958\sqrt{\frac{vD}{v_0}} = 1.958 \times \sqrt{\frac{1.5 \times 10^{-5} \times 7.5 \times 10^{-4}}{15}} = 5.365 \times 10^{-5}\text{m}$$

（1）对于 $y_2 < \delta_2$ 情况，由式（7-34）得：

$$E_{R1} = 8.811\sigma\sqrt{\frac{v}{v_0 D}}\left[\left(\frac{y_2}{\delta_2}\right)^2 - \frac{1}{6}\left(\frac{y_2}{\delta_2}\right)^4\right] = 0.227\left(\frac{y_2}{\delta_2}\right)^2\left[1 - \frac{1}{6}\left(\frac{y_2}{\delta_2}\right)^2\right]$$

（2）对于 $y_2 = \delta_2$ 情况，由式（7-35）得：

$$E_{R1} = 7.3425\sigma\sqrt{\frac{v}{v_0 D}} = 7.3425 \times 0.7 \times \sqrt{\frac{1.5 \times 10^{-5}}{15 \times 7.5 \times 10^{-4}}} = 0.1877$$

（3）对于 $y_2 > \delta_2$ 情况，由式（7-36）得：

$$E_{R1} = 7.342\sigma\sqrt{\frac{v}{v_0 D}} + 2\sigma\frac{(y_2/D - \delta_2/D)[3 + 6y_2/D + 4(y_2/D)^2]}{1 + 2y_2/D}$$

$$= 0.1877 + 1.4\frac{(y_2/D - 0.0715)\left[3 + 6y_2/D + 4(y_2/D)^2\right]}{1 + 2y_2/D}$$

对每个 d_p 值计算出 β 值后，可从图 7-3 中查出 $\left(\frac{y_2}{D} - \frac{1}{2}\frac{d_p}{D}\right)$ 的值，再由该值估算相应的 y_2 及 $\frac{y_2}{D}$ 的值，代入以上三式即可得到不同直径 d_p 时的收集效率，其结果如图 7-6 所示。

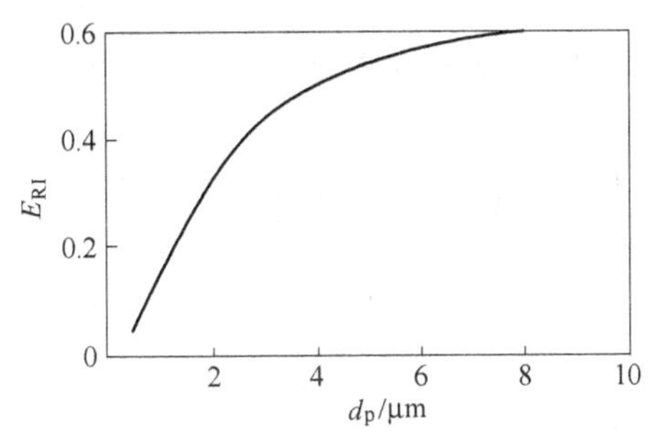

图 7-6　水滴的收集效率

7.2　水滴群的收集效率

7.2.1　水滴群的收集效率计算方法一

单一水滴的综合收集效率是很小的，为了使除尘器有足够大的收集效率，每个洗涤器都要造成大量的水滴，使空气中的粒子反复暴露在大量水滴中。

考虑一直径为 D 的圆柱体箱体，含固体粒子空气从与水滴运动相反的方向以一定的相对速度穿过圆柱体箱体。此时，每个水滴都要收集一定数量的粒子（在各种收集机理的综合作用下），其综合收集效率为 E_d。

令 N_0 为在某一时刻进入圆筒的原始粒子数目，N_1 为经过第一个液滴后的粒子数目，N_2 为经过第二个液滴后的粒子数目，经过 n 个液滴后圆筒中剩下的粒子数目为 N_n。那么有：

$$N_1 = N_0(1 - E_d)$$
$$N_2 = N_0(1 - E_d)^2$$
$$\vdots$$
$$N_n = N_0(1 - E_d)^n$$

总的收集效率为：

$$\eta = 1 - \frac{N_n}{N_0} = 1 - (1 - E_d)^n \tag{7-39}$$

对式（7-39）的应用，必须已知 n 值，n 值的确定需结合不同的洗涤器类型加以研究。例如对图 7-7 所示的喷雾室，假设 n 为粒子所遇到的水滴数目，S 为水滴形成的速度（每秒形成水滴的个数），v_d 为水滴的速度，v_n 为粒子向上运动的速度，可以认为它与空气速度一致，D 为水滴的直径，A_s 为喷雾室的截面积。那么，在单位时间内穿过直径为

D_n 的圆柱体的水滴数目为：

$$S\frac{\pi D^2/4}{A_s} \tag{7-40}$$

若室内含尘空气是静止的，那么粒子所遇到的水滴的数目应该为：

$$n = S\frac{\pi D^2/4}{A_s}\frac{L}{v_d} \tag{7-41}$$

式中，L 为喷雾室的高。

由于空气是向上运动的，那么粒子所遇到的水滴的数目应为：

$$n = S\frac{\pi D^2/4}{A_s}\left(\frac{L}{v_d} + \frac{L}{v_a}\right) \tag{7-42}$$

而水滴形成的速度为

$$S = \frac{6m}{\pi D^3 \rho_l} \tag{7-43}$$

式中，m 为每秒喷水量。

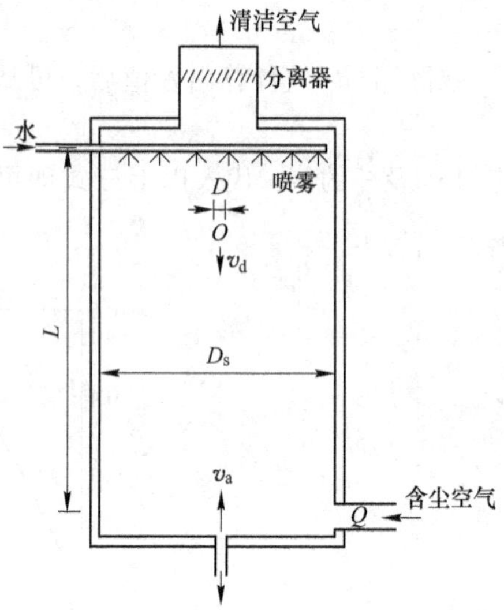

图 7-7　喷雾室

将式（7-43）代入式（7-42）得：

$$n = \frac{3mL}{2\rho_l D A_s}\left(\frac{1}{v_d} + \frac{1}{v_a}\right) \tag{7-44}$$

【例 7-2】 一直径 $D_s=2.0$m，$L=5.0$m 的喷雾室，处理流量为 $10\text{m}^3/\text{s}$ 的含尘空气，$\rho_p=1500\text{kg/m}^3$，水流量为 $0.01\text{m}^3/\text{s}$，水滴直径为 1.0mm，水滴速度为 1.15m/s。如采取 $\alpha=0.7$，$C=1$，并忽略扩散作用，求水滴的收集效率。

解：经计算，$v_a=3.18$m/s，$A_s=\frac{1}{4}\pi D_s^2=3.14\text{m}^2$。由式（7-44）得：

$$n = \frac{3mL}{2\rho_l D A_s}\left(\frac{1}{v_d} + \frac{1}{v_a}\right) = \frac{3\times 0.01\times 5}{2\times 0.001\times 3.14}\times\left(\frac{1}{3.18}+\frac{1}{1.15}\right) = 28.3$$

相对速度 $v_0 = 3.18 + 1.15 = 4.33$m/s，由式（7-29）得：

$$\delta_2 = 1.958\sqrt{\frac{vD}{v_0}} = 1.958\times\sqrt{\frac{1.55\times 10^{-5}\times 0.001}{4.33}} = 117\mu\text{m}$$

由式（7-33）可计算出 E_{R1}，并由式（7-39）计算总效率为：

$$\eta = 1-(1-E_d)^n = 1-(1-E_{RI})^{28.3}$$

计算结果表示在图 7-8 中。由图中可知对于大于 2.0μm 的粒子收集效率很好。

7.2.2　水滴群的收集效率计算方法二

洗涤器的收集效率还可以用其他方法计算。逆流式洗涤器与含尘气流在箱体中是相向运动的，在洗涤器中任取一微元体，如图 7-9 所示。微元体的高度为 dh，横截面积为 S，则在单位时间通过微元体的体积为：

$$V_a = v_a S \tag{7-45}$$

式中，v_a为气流速度。

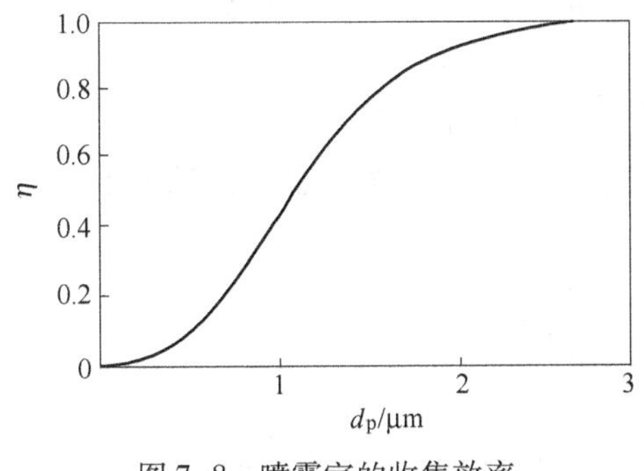

图 7-8 喷雾室的收集效率

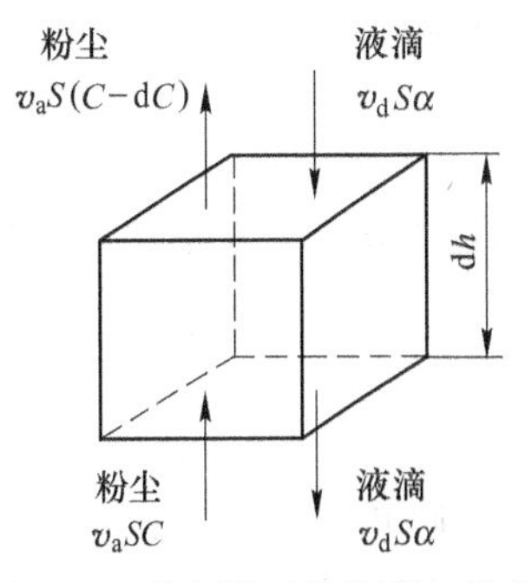

图 7-9 进出微元的液滴与粉尘

如果液滴相对于器壁的运动速度为 v_d，液滴的体积浓度为 α，则液体通过微元体的流量为：

$$V_w = \alpha S v_d \tag{7-46}$$

在微元体体积 $S\mathrm{d}h$ 中全部液体体积为 $\alpha S\mathrm{d}h$ ，液滴个数为 $\alpha S dh \Big/ \left(\frac{\pi}{6}d^3\right)$ ，其总横截面面积为：

$$\frac{\pi}{4}d^2 \frac{\alpha S\mathrm{d}h}{\frac{\pi}{6}d^3} = \frac{3}{2}\frac{\alpha S}{d}\mathrm{d}h \tag{7-47}$$

式中，d 为液滴直径。

若以 η_Σ 表示单个液滴对粉尘粒子的捕获效率，那么含尘气体在微元体内被全部液滴捕获的粒子量应为：

$$\frac{3}{2}\alpha S \frac{1}{d}\mathrm{d}h \cdot v_r C \eta_\Sigma \tag{7-48}$$

式中，v_r 为粒子相对于液滴的流速，$v_r = v_a + v_d$ 。

如果 C 是进入微元体内的粒子的浓度，则进入微元体的粒子总量为 $v_a SC$ ，而流出微元体的粒子总量为 $v_a S(C - \mathrm{d}C)$ ，由质量守恒定律可得：

$$v_a SC - v_a S(C - \mathrm{d}C) + \frac{3}{2}\alpha S \frac{1}{d}\mathrm{d}h \cdot v_r C\eta_\Sigma = 0 \tag{7-49}$$

整理后可得：

$$-\frac{\mathrm{d}C}{C} = \frac{3}{2}\frac{\alpha v_r \eta_\Sigma}{v_a d}\mathrm{d}h \tag{7-50}$$

在进口 $h=0$ 处粉尘浓度为 C_1，在洗涤器出口 $h=H$ 处粉尘浓度 C_2，对式（7-50）积分得：

$$\frac{C_2}{C_1} = \exp\left(-\frac{3}{2}\frac{\alpha v_r H}{v_a d}\eta_\Sigma\right) \tag{7-51}$$

所以洗涤器的收集效率为：

$$\eta = 1 - \frac{C_1}{C_2} = 1 - \exp\left(-\frac{3}{2}\frac{\alpha v_r H}{v_a d}\eta_\Sigma\right) \tag{7-52}$$

为了计算方便，把式（7-45）和式（7-46）代入式（7-52）得：

$$\eta = 1 - \exp\left(-\frac{3}{2}\frac{V_w v_r H}{V_a v_a d}\eta_\Sigma\right) \tag{7-53}$$

液滴直径 d 的大小取决于形成液滴的方法。对于离心喷雾器，液滴的平均直径可按下式计算：

$$\frac{d}{D} = \frac{18.3}{Re^{0.59}} \tag{7-54}$$

式中，D 为喷嘴的当量直径。

当 $Re \geqslant 20000$ 时，可近似取 $d/D = 0.06$。此时说明减少喷嘴面积是改善喷雾质量的关键。

湿式除尘器具有较高的收集效率，但其弱点是不可避免带来二次污染，只有具备水处理系统的场合才能选用。

复习思考题

7-1　什么是气溶胶粒子的水滴捕集理机理？

7-2　水滴捕获气溶胶粒子截留和惯性综合效率如何定义？写出计算公式。

7-3　水滴捕尘有几种除尘机理，单一液滴和液滴群的捕集效率如何计算？

7-4　一直径为 0.8mm 的水滴，以 20m/s 的速度穿过标准空气，空气中含有密度为 2000kg/m^3 的气溶胶粒子，当粒子直径为 5μm 时，计算水滴捕尘的截留与惯性收集效率。设 $\alpha=1$，$C=1$。

7-5　一直径 $D_s=3.0$m，$L=6.0$m 的喷雾室，处理流量为 15m^3/s 的含尘空气，$\rho_p=1800$kg/m^3，水流量为 0.15m^3/s，水滴直径为 1.2mm，水滴速度为 1.10m/s。如采取 $\alpha=0.7$，$C=1$，并忽略扩散作用，求水滴的收集效率。

8 气溶胶粒子的扩散与沉降

【学习要点】

本章主要介绍了扩散的基本定律、在静止介质中气溶胶粒子的扩散沉降、层流中气溶胶粒子的扩散、气溶胶粒子向圆柱体和球体的扩散及气溶胶粒子在大气中的紊流扩散与沉降。稳态扩散应用菲克第一定律，非稳态扩散应用菲克第二定律，扩散系数 $D=kTB$；掌握气溶胶粒子向圆柱体和球体扩散效率的计算；掌握有效源高度、地面上任意一点的污染物浓度计算。

布朗运动是悬浮在液体或气体中的微粒所作的永不停息的无规则运动。它是一种正态分布的独立增量连续随机过程，是随机分析中基本概念之一。布朗运动是在 1827 年英国植物学罗伯特·布朗（Robert·Brown）利用一般的显微镜观察悬浮于水中由花粉迸裂而出的微粒时，发现微粒会呈现不规则状的运动，因而称它布朗运动。这些小的颗粒，被液体的分子所包围，由于液体分子的热运动，小颗粒受到来自各个方向液体分子的碰撞，布朗粒子受到不平衡的冲撞，而作沿冲量较大方向的运动。又因为这种不平衡的冲撞，使布朗微粒得到的冲量不断改变方向，所以布朗微粒作无规则的运动。温度越高，布朗运动越剧烈。它间接显示了物质分子处于永恒的、无规则的运动之中。但是，布朗运动并不限于上述悬浮在液体或气体中的布朗微粒，一切很小的物体受到周围介质分子的撞击，也会在其平衡位置附近不停地做微小的无规则颤动。例如，灵敏电流计上的小镜以及其他仪器上悬挂的细丝，都会受到周围空气分子的碰撞而产生无规则的扭摆或颤动。大约 50 年后才有人观测到烟尘粒子在空气中的类似运动。1900 年爱因斯坦导出了布朗运动的关系式，后来被实验所证实。

正是由于布朗运动，使得气溶胶粒子可以通过两种途径被自然移除。一种是彼此发生碰撞而凝并，形成足够大的颗粒发生重力沉降；另一种是向各种表面迁移而黏附在物体表面而被移动。气溶胶粒子的这种迁移现象就是扩散运动，扩散运动是气溶胶粒子颗粒在其浓度场中由浓度高的区域向浓度低的区域发生输送作用。

在任何气溶胶系统中都存在扩散现象，而对粒径小于几个微米的微细粒子，扩散现象尤为明显，而且往往伴随着粒子的沉降、粒子的收集和粒子的凝聚发生。无论采取何种收集手段，气溶胶粒子的扩散对其收集性能有着重要影响。为了除尘净化目的，在本章中将着重介绍有关扩散的基本理论及其应用。

8.1　扩散的基本定律

8.1.1　菲克扩散定律

8.1.1.1　菲克第一扩散定律

在各向同性的物质中，扩散的数学模型是基于这样一个假设，即穿过单位截面积的扩散物质的迁移速度与该面的浓度梯度成比例，即菲克第一扩散定律为：

$$F = -D\frac{\partial C}{\partial x} \tag{8-1}$$

式中，F 为在单位时间内通过单位面积的粒子的质量（也称扩散通量 diffusion flux），g/(s·m^2)；C 为扩散物质的浓度，g/m^3；D 为扩散系数，m^2/s。在某些情况下，D 为常数。而在另一些情况下，D 可能是变量。

式（8-1）中的负号说明物质向浓度增加的相反方向扩散。

菲克第一定律只适应于 F 和 C 不随时间变化——稳态扩散（steady-state diffusion）的场合，如图 8-1 所示。对于稳态扩散也可以描述为：在扩散过程中，各处的扩散组元的浓度 C 只随距离 x 变化，而不随时间 t 变化，每一时刻从前边扩散来多少粒子，就向后边扩散走多少粒子，没有盈亏，所以浓度不随时间变化。实际上，大多数扩散过程都是在非稳态条件下进行的。非稳态扩散（nonsteady-state diffusion）的特点是：在扩散过程中，F 随时间和距离变化。通过各处的扩散通量 F 随着距离 x 在变化，而稳态扩散的扩散通量则处处相等，不随时间而发生变化。对于非稳态扩散，就要应用菲克第二定律了。

8.1.1.2　菲克扩散第二定律

在各向同性介质中，物质扩散的基本微分方程可以从式（8-1）中推导出来。

考虑一体积微元，如图 8-2 所示，令其各边平行相应的坐标轴，而边长分别为 2dx、2dy、2dz。微元体的中心在 $P(x, y, z)$ 点，这里扩散物质的浓度为 C，$ABCD$ 和 $A'B'C'D'$ 二面垂直 x 轴。那么穿过平面 $ABCD$ 进入微元体的扩散物质为：

$$4\mathrm{d}y\mathrm{d}z\left(F_x - \frac{\partial F_x}{\partial x}\mathrm{d}x\right) \tag{8-2}$$

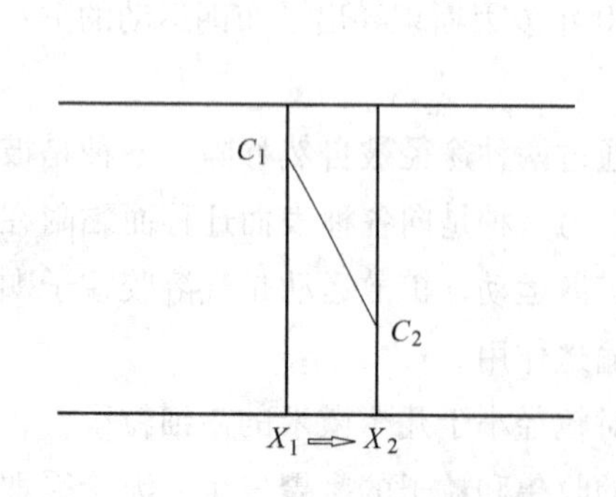

图 8-1　稳态扩散示意图

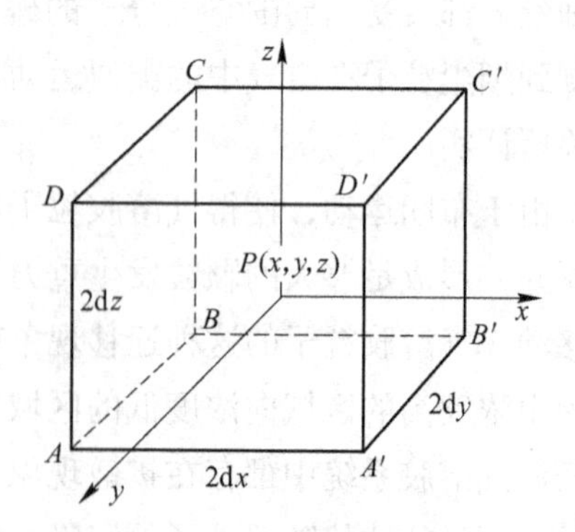

图 8-2　体积微元示意图

同理，穿过 $A'B'C'D'$ 面流出微元体的扩散物质为：

$$4\mathrm{d}y\mathrm{d}z\left(F_x + \frac{\partial F_x}{\partial x}\mathrm{d}x\right) \tag{8-3}$$

由式（8-3）和式（8-2）得，这两个面在微元体中扩散物质的增量为：

$$-8\mathrm{d}x\mathrm{d}y\mathrm{d}z\frac{\partial F_x}{\partial x} \tag{8-4}$$

对于其他相应的面，分别得到：

$$-8\mathrm{d}x\mathrm{d}y\mathrm{d}z\frac{\partial F_y}{\partial y} \quad 和 \quad -8\mathrm{d}x\mathrm{d}y\mathrm{d}z\frac{\partial F_z}{\partial z} \tag{8-5}$$

而微元体中扩散物质的总量的变化率为：

$$8\mathrm{d}x\mathrm{d}y\mathrm{d}z\frac{\partial C}{\partial t} \tag{8-6}$$

由式（8-4）~式（8-6）可以得出：

$$\frac{\partial C}{\partial t} + \frac{\partial F_x}{\partial x} + \frac{\partial F_y}{\partial y} + \frac{\partial F_z}{\partial z} = 0 \tag{8-7}$$

如果扩散系数 D 为常数，F_x、F_y、F_z 由式（8-1）决定，则式（8-7）变为：

$$\frac{\partial C}{\partial t} = D\left(\frac{\partial^2 C}{\partial x^2} + \frac{\partial^2 C}{\partial y^2} + \frac{\partial^2 C}{\partial z^2}\right) \tag{8-8}$$

对于一维情况，式（8-8）变为：

$$\frac{\partial C}{\partial t} = D\frac{\partial^2 C}{\partial x^2} \tag{8-9}$$

式（8-8）或式（8-9）通常称为菲克扩散第二定律。

对于柱坐标，式（8-8）可以改写为：

$$\frac{\partial C}{\partial t} = \frac{1}{r}\left[\frac{\partial}{\partial r}\left(rD\frac{\partial C}{\partial r}\right) + \frac{\partial}{\partial \theta}\left(\frac{D}{r}\frac{\partial C}{\partial \theta}\right) + \frac{\partial}{\partial z}\left(rD\frac{\partial C}{\partial z}\right)\right] \tag{8-10}$$

对于球面坐标，式（8-8）可以改写为：

$$\frac{\partial C}{\partial t} = \frac{1}{r^2}\left[\frac{\partial}{\partial r}\left(Dr^2\frac{\partial C}{\partial r} + \frac{1}{\sin\theta}\frac{\partial}{\partial \theta}\left(D\sin\theta\frac{\partial C}{\partial \theta}\right) + \frac{D}{\sin^2\theta}\frac{\partial^2 C}{\partial \phi^2}\right)\right] \tag{8-11}$$

所以这些方程都可以写成向量形式：

$$\frac{\partial C}{\partial t} = D\Delta C \tag{8-12}$$

对于一维情况，当 x 方向上有速度为 v_x 的介质的运动时，则在微元体中对应两面扩散物质的增加率为：

$$-8\mathrm{d}x\mathrm{d}y\mathrm{d}z\frac{\partial}{\partial x}(F_x + v_x C) = -8\mathrm{d}x\mathrm{d}y\mathrm{d}z\frac{\partial F_x}{\partial x} - 8\mathrm{d}x\mathrm{d}y\mathrm{d}z\frac{\partial (v_x C)}{\partial x} \tag{8-13}$$

同理，在微元体中扩散物质的总量的变化率为：

$$8\mathrm{d}x\mathrm{d}y\mathrm{d}z\frac{\partial C}{\partial t} \tag{8-14}$$

因而，考虑到式（8-1），可以得到此时的扩散方程为：

$$\frac{\partial C}{\partial t} = D\frac{\partial^2 C}{\partial x^2} - \frac{\partial(v_x C)}{\partial x} \tag{8-15}$$

对于三维情况：

$$\frac{\partial C}{\partial t} = D\Delta C - \mathrm{div}(\boldsymbol{VC}) \tag{8-16}$$

菲克（Adolf Eugen Fick），德国物理学家、心理学家。生于1829年9月3日，死于1901年8月21日。通过膜的扩散不仅吸引了物理学家更多的关注，而且作为一个非常有趣的物理现象。冯布鲁克、乔利、路德维希和克洛塔在这个问题上没有得出很好的结论，其中一个原因就是在这个领域进行定量实验存在巨大困难。尽管如此，菲克在进行定量实验的工作中添加了一些新的实验材料，并发表了他所发现的成果。但那时无法在短时间内取得更好的效果，部分原因是这个领域着重强调某些机械观点，特别是关于通过多孔体的实际扩散与其溶剂中可溶性物质的简单扩散之间的联系。他通过傅里叶热流定律推导出菲克第二定律，并对其进行了实验确认。

8.1.2 扩散系数

扩散方程也可以用其他概念来概括，若以 $\omega(x, t)$ 表示粒子在 t 时刻出现在区间 $[x, x+\mathrm{d}x]$ 中的概率，以 C_0 表示系统中粒子的个数浓度，那么在 t 时刻落在区间 $[x, x+\mathrm{d}x]$ 内的粒子的个数浓度为

$$C(x, t) = C_0\omega(x, t) \tag{8-17}$$

这样，可以把扩散方程用概率形式写为：

$$\frac{\partial \omega}{\partial t} = D\Delta\omega - \mathrm{div}(\boldsymbol{V\omega}) \tag{8-18}$$

对于一维情况：

$$\frac{\partial \omega}{\partial t} = D\frac{\partial^2 \omega}{\partial^2 t} - \frac{\partial(v_x \omega)}{\partial x} \tag{8-19}$$

当没有介质运动时，$v_x=0$，则：

$$\frac{\partial \omega}{\partial t} = D\frac{\partial^2 \omega}{\partial x^2} \tag{8-20}$$

扩散系数的确定无疑是非常重要的。1905年爱因斯坦曾指出，气溶胶粒子的扩散等价于一巨型气体分子，气溶胶粒子布朗运动的动能等同于气体分子，作用于粒子上的扩散力是作用于粒子上的渗透压力。对于单位体积中有 n 个悬浮粒子的气溶胶，其渗透压力 p_0 由范德霍夫（Van′t Hoff）定律得：

$$p_0 = nkT \tag{8-21}$$

式中，k 为玻耳兹曼常数，$k = 1.38\times10^{-23}$ J/K；T 为绝对温度，K。

由图8-3所示，因粒子的浓度由左向右逐渐降低，气溶胶粒子从左向右扩散并穿过平面 E、E'，E、E'平面间微元间离 $\mathrm{d}x$，相应的粒子浓度变化为 $\mathrm{d}n$，由式（8-21）知，驱

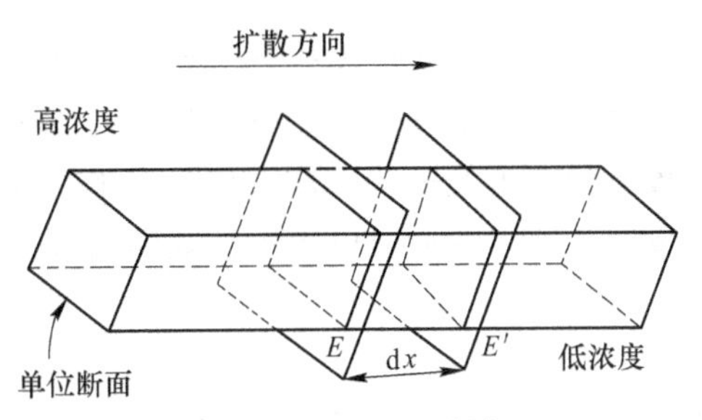

图 8-3　粒子的扩散模型

使粒子由左向右扩散的扩散力 F_{diff} 为：

$$F_{\mathrm{diff}} = -\frac{kT}{n}\frac{\mathrm{d}n}{\mathrm{d}x} \tag{8-22}$$

进行扩散运动的粒子还受斯托克斯阻力的作用，当粒子扩散是稳定的，则：

$$-\frac{kT}{n}\frac{\mathrm{d}n}{\mathrm{d}x} = 3\pi\mu d_{\mathrm{p}}v/C \tag{8-23}$$

式中，C 为肯宁汉滑动修正系数。

所以

$$nv = -\frac{kTC}{3\pi\mu d_{\mathrm{p}}}\frac{\mathrm{d}n}{\mathrm{d}x} \tag{8-24}$$

式（8-24）中左面的乘积 nv 是单位时间内通过单位面积的粒子的数量，即式（8-1）中的 F，所以：

$$D = \frac{kTC}{3\pi\mu d_{\mathrm{p}}} \tag{8-25}$$

式（8-25）是气溶胶粒子扩散系数的斯托克斯-爱因斯坦公式。或者写为：

$$D = kTB \tag{8-26}$$

式中，B 为粒子的迁移率。

扩散系数 D 随温度的增高而增大，对于较大粒子滑动修正可以忽略。系数 D 与粒径大小成反比，其大小可表征扩散运动的强弱。粒径对扩散系数的影响见表 8-1。

表 8-1　单位密度球体的扩散系数（20℃）

粒子直径/μm	迁移率/cm·(s·N)$^{-1}$	扩散系数/cm^2·s^{-1}
0.00037	4.6×10^{17}	0.19
0.001	1.3×10^{15}	5.2×10^{-4}
0.1	1.7×10^{18}	6.7×10^{-6}
1.0	6.8×10^{11}	2.7×10^{-7}
10	6.0×10^{10}	2.4×10^{-8}

此外，由式（8-25）知，物质的扩散系数与其密度无关，因此，在考虑气溶胶粒子的扩散问题时，可以应用其几何直径。

8.2　在静止介质中气溶胶粒子的扩散沉降

关于布朗运动引起的气溶胶粒子在“壁”上的沉降问题具有很大的实际意义。这里所说的“壁”是指气溶胶粒子所接触的固体及液体表面。我们可以认为：只要气溶胶粒子与

“壁”接触，粒子就黏在其上。这样，确定粒子在“壁”上沉降的速度，可以归结为计算一定分布状态的粒子到达已知边界的概率。因而可以利用上节谈到的函数 $\overline{\omega}$ 来完成，在大多数情况下，以粒子的浓度表示更方便一些。这时和壁相碰的粒子在瞬间离开了气体的空间，于是沿着壁的粒子浓度等于零。我们可以应用扩散理论来解决很多实际问题。

8.2.1　平面源

在 $x=0$ 处存在一平面源的扩散物质，对扩散系数 D 为常数的一维情况，可以应用式（8-9）来描述，即

$$\frac{\partial C}{\partial t} = D\frac{\partial^2 C}{\partial x^2}$$

该方程的解为：

$$C = \frac{A}{t^{1/2}}e^{-x^2/4Dt} \tag{8-27}$$

式（8-27）对 $x=0$ 是对称的，当 x 趋近于$+\infty$，或$-\infty$ 时，对 $t>0$，式（8-27）趋于零，除 $x=0$ 以外，对 $t=0$，它处处为零。在单位横截面为无限长圆柱体中扩散物质的总量 M 为：

$$M = \int_{-\infty}^{+\infty} C\mathrm{d}x \tag{8-28}$$

如果浓度分布用式（8-27）表示，令

$$x^2/4Dt = \xi^2,\ \mathrm{d}x = 2(Dt)^{1/2}\mathrm{d}\xi \tag{8-29}$$

将式（8-29）代入式（8-28）得：

$$M = 2AD^{1/2}\int_{-\infty}^{\infty} e^{-\xi^2}\mathrm{d}\xi = 2A(\pi D)^{1/2} \tag{8-30}$$

由式（8-27）和式（8-30）得：

$$C = \frac{M}{2(\pi Dt)^{1/2}}e^{-x^2/4Dt} \tag{8-31}$$

式（8-31）描述了在 $t=0$ 时刻在平面 $x=0$ 上的物质 M 由于扩散引起的扩展。图 8-4 所示为三个连续时间的典型分布。

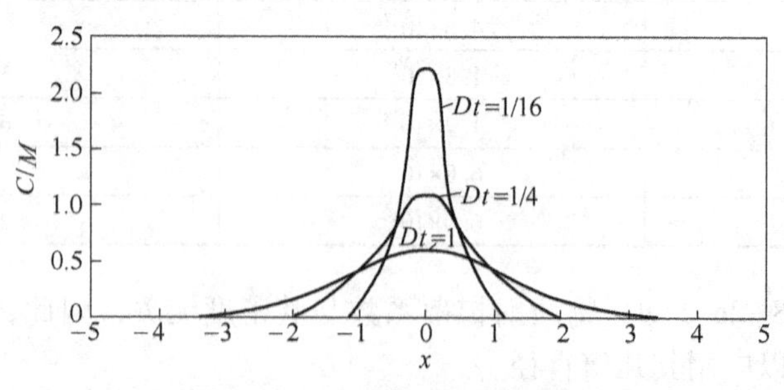

图 8-4　平面源浓度-距离曲线

以上讨论的问题，扩散物质的一半沿 x 的正方向移动，另一半沿 x 的负方向移动。然而如果有一半无限圆柱体伸展于 $x>0$ 的区间里并有一个不渗透的边界，所有的扩散发生在 x 的正方向，这时浓度分布为：

$$C = \frac{M}{(\pi Dt)^{1/2}} e^{-x^2/4Dt} \tag{8-32}$$

8.2.2 对垂直墙的扩散

垂直墙在 $x = x_0$ 处与含有静止气溶胶的很大空间相联，此处初始浓度 n_0 是均匀的，在这里可以应用一维扩散方程式（8-9），且有：

初始条件　　$x > x_0$ 时，$n(x, 0) = n_0$

边界条件　　$t > 0$ 时，$n(x_0, t) = 0$

这一问题的解是：

$$n(x_0, t) = \frac{2n_0}{\sqrt{4\pi Dt}} \int_0^{x-x_0} e^{-\xi^2} d\xi = \frac{2n_0}{\sqrt{\pi}} \int_0^{(x-x_0)/\sqrt{4Dt}} e^{-\eta^2} d\eta = n_0 \mathrm{erf}\left(\frac{x - x_0}{\sqrt{4Dt}}\right) \tag{8-33}$$

式中，erf 为概率积分函数。

如果 $x_0 = 0$，即垂直墙位于 $x = 0$ 处，此时，

$$n(x, t) = n_0 \mathrm{erf}\left(\frac{x}{\sqrt{4Dt}}\right) \tag{8-34}$$

式（8-33）和式（8-34）所表示的浓度分布如图 8-5 和如图 8-6 所示。

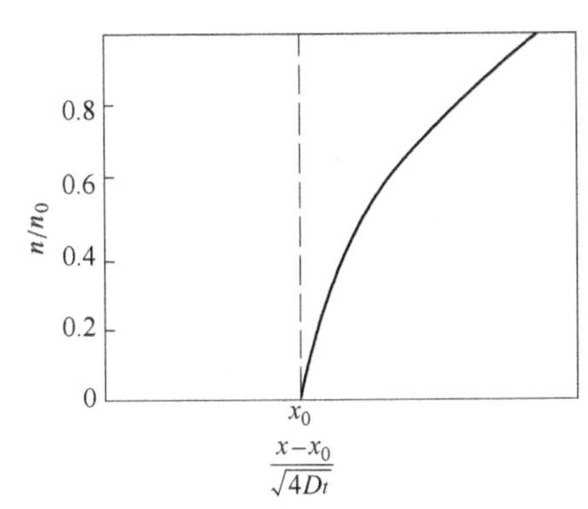

图 8-5　壁面附近气溶胶的浓度分布

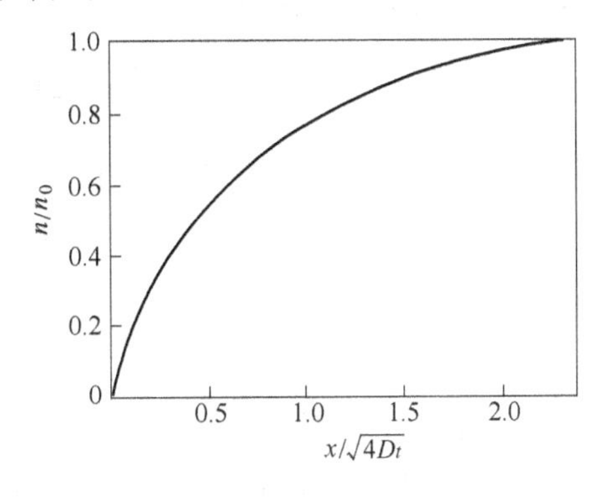

图 8-6　壁面附近气溶胶的浓度分布

通常人们对粒子的扩散速度，或在单位时间、单位面积上粒子的沉降量比对粒子的分布更有兴趣。单位面积上的扩散速度 F 可以按式（8-1）表示，即

$$F = D\left(\frac{\partial n}{\partial x}\right)_{x = x_0} \tag{8-35}$$

将式（8-33）代入式（8-35）得：

$$F = D \frac{\partial}{\partial x}\left[n_0 \mathrm{erf}\left(\frac{x - x_0}{\sqrt{4Dt}}\right)\right] = \frac{Dn_0}{\sqrt{4Dt}}\left[e^{-\frac{(x-x_0)^2}{4Dt}}\right]_{x = x_0} = n_0\left(\frac{D}{\pi t}\right)^{1/2} \tag{8-36}$$

那么在 $t_1 \sim t_0$ 时间间隔内到单位面积墙壁上的粒子数量为：

$$\int_{t_0}^{t_1} F dt = 2n_0\left[\frac{D(t_1 - t_0)}{\pi}\right]^{1/2} \tag{8-37}$$

在 $0 \sim t$ 时间内粒子沉降的数量为：

$$N(t) = \int_0^t F\mathrm{d}t = 2n_0\left(\frac{Dt}{\pi}\right)^{1/2} \tag{8-38}$$

此问题中的壁可以称为“吸收壁”。

8.2.3　半无限原始分布时的扩散

在实践中更经常出现的问题，有原始分布发生在半无限区间的情况，此时规定为：

当 $t=0$ 时，　　$C = C_0,\ x < 0;\ C = 0,\ x > 0$　　(8-39)

以上情况可以参看图 8-7，对宽度微元 $\mathrm{d}\xi$ 扩散物质的强度为 $C_0\mathrm{d}\xi$，那么，在距微元 ξ 处的点 P 在 t 时刻的浓度由式（8-31）得：

$$\frac{C_0\mathrm{d}\xi}{2(\pi Dt)^{1/2}}\mathrm{e}^{-\xi^2/4Dt}$$

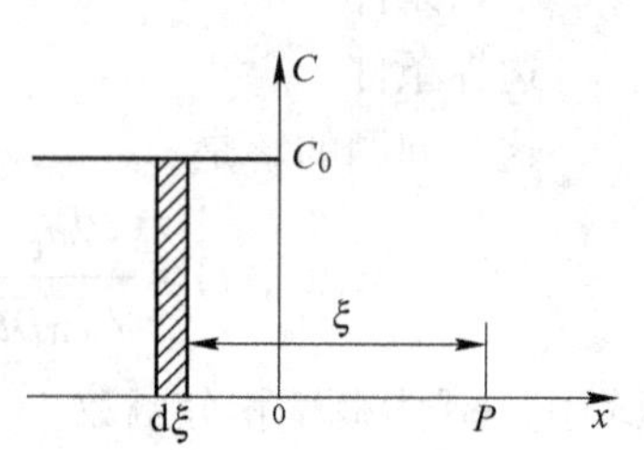

图 8-7　半无限原始分布

由于原始分布（8-31）引起的扩散方程的解是整个分布区间的积分，即

$$C(x,\ t) = \frac{C_0}{2(\pi Dt)^{1/2}}\int_x^{\infty}\mathrm{e}^{-\xi^2/4Dt}\mathrm{d}\xi = \frac{C_0}{\pi^{1/2}}\int_{\frac{x}{2\sqrt{Dt}}}^{\infty}\mathrm{e}^{-\eta^2}\mathrm{d}\eta \tag{8-40}$$

式中，$\eta = \xi/2\sqrt{Dt}$，一般可写为：

$$\mathrm{erf}(z) = \frac{2}{\sqrt{\pi}}\int_0^{\pi}\mathrm{e}^{-\eta^2\mathrm{d}\eta} \tag{8-41}$$

函数式（8-41）可以查误差函数表，并且此函数有下列基本性质：

$$\mathrm{erf}(-z) = -\mathrm{erf}(z),\ \mathrm{erf}(0) = 0,\ \mathrm{erf}(\infty) = 1 \tag{8-42}$$

因而

$$\int_z^{\infty}\mathrm{e}^{-\eta^2}\mathrm{d}\eta = \int_0^{\infty}\mathrm{e}^{-\eta^2}\mathrm{d}\eta - \int_0^{z}\mathrm{e}^{-\eta^2}\mathrm{d}\eta = 1 - \mathrm{erf}(z) = \mathrm{erfc}(z) \tag{8-43}$$

式中，erfc 为误差函数的余函数。

这样扩散方程式（8-40）的解可以写成为

$$C(x,\ t) = \frac{1}{2}C_0\mathrm{erfc}\left(\frac{x}{2\sqrt{Dt}}\right) \tag{8-44}$$

图 8-8 所示的曲线是式（8-44）所表示的浓度分布的形式，从图中可以看出，对所有的 $t>0$ 时刻，在 $x=0$ 处 $C=\frac{1}{2}C_0$。该情况的墙壁称为“渗透墙”。

用同样的方法，对于分布在 $-h<x<h$ 区间里的初始浓度为 C_0 的扩散物质的扩散问题，积分界限用从 $x-h$ 到 $x+h$ 来代替式（8-40）中的 $x\sim\infty$，可以得到：

$$\begin{aligned}C(x,\ t) &= \frac{C_0}{\sqrt{4Dt}}\int_{x-h}^{x+h}\mathrm{e}^{-\xi^2/4Dt}\mathrm{d}\xi = \frac{C_0}{\sqrt{\pi}}\int_{(x-h)\sqrt{4Dt}}^{(x+h)\sqrt{4Dt}}\mathrm{e}^{-\eta^2}\mathrm{d}\eta \\ &= \frac{C_0}{2}\left[\mathrm{erf}\left(\frac{x+h}{\sqrt{4Dt}}\right) - \mathrm{erf}\left(\frac{x-h}{\sqrt{4Dt}}\right)\right] \\ &= \frac{C_0}{2}\left[\mathrm{erf}\left(\frac{h-x}{\sqrt{4Dt}}\right) + \mathrm{erf}\left(\frac{h+x}{\sqrt{4Dt}}\right)\right]\end{aligned} \tag{8-45}$$

这种情况下的浓度分布曲线如图 8-9 所示，该分布对 $x=0$ 是对称的。

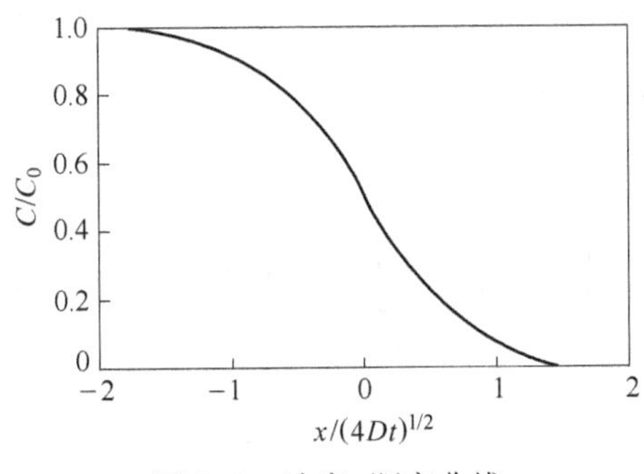

图 8-8　浓度-距离曲线

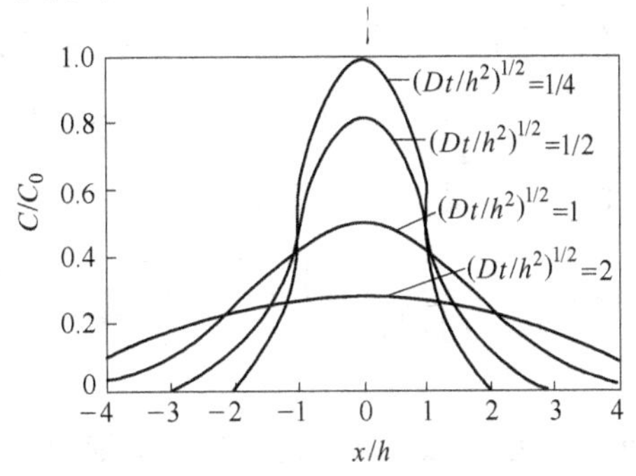

图 8-9　对有范围的线源的浓度-距离曲线

8.2.4　重力场中的扩散

粒子在重力作用下向水平表面的沉降，如果没有布朗运动在气溶胶云中发生，在沉降过程中，气溶胶云的顶部将保持一明显的边界。然而在布朗扩散的情况下，就不存在明显的边界了。

钱德莱塞克哈（Chandrasekhar）曾经讨论了这个问题，作用在粒子上的重力为：

$$F=\frac{4}{3}\pi r^{3}(\rho_{s}-\rho_{g})g \tag{8-46}$$

此时粒子的沉降速度为：

$$v_{s}=BF=\frac{2r^{2}(\rho_{s}-\rho_{g})g}{9\mu} \tag{8-47}$$

也可查表 8-2 得出重力沉降速度 v_s。

表 8-2　气溶胶粒子的特性参数

粒子直径/μm	B/cm·(N·s)$^{-1}$	D/cm^2·s^{-1}	τ/s	$\bar{v}_s$/cm·s^{-1}	λ_s/cm
1×10^{-3}	2.94×10^{5}	1.19×10^{-8}	8.13×10^{2}	4.96×10^{-3}	6.11×10^{-6}
5×10^{-4}	5.96×10^{5}	2.41×10^{-8}	3.24×10^{3}	1.41×10^{-2}	4.34×10^{-6}
1×10^{-4}	3.17×10^{6}	1.28×10^{-7}	8.59×10^{4}	0.157	2.07×10^{-6}
5×10^{-5}	6.71×10^{6}	2.71×10^{-7}	2.85×10^{5}	0.444	1.54×10^{-6}
1×10^{-5}	5.38×10^{7}	2.17×10^{-6}	4.44×10^{6}	4.97	1.12×10^{-6}
5×10^{-6}	1.64×10^{8}	6.63×10^{-6}	11.7×10^{6}	14.9	1.20×10^{-6}
1×10^{-6}	3.26×10^{9}	1.32×10^{-4}	8.35×10^{7}	157	2.41×10^{-6}
5×10^{-7}	1.26×10^{10}	5.09×10^{-4}	1.52×10^{8}	443	2.91×10^{-6}
1×10^{-7}	3.08×10^{11}	1.25×10^{-2}	8.79×10^{8}	4970	6.39×10^{-6}

注：表中 B 为粒子的迁移率；D 为粒子的扩散系数；τ 为张弛时间；λ_s 为粒子的平均自由程，$\lambda_s=\bar{v}t^{-1}$；$\bar{v}$为平均热速度。

那么对在垂直方向上的一维情况，可以应用式：

$$\frac{\partial n}{\partial t}=-\frac{\partial(v_{s}n)}{\partial x}+D\frac{\partial^{2}n}{\partial x^{2}} \tag{8-48}$$

边界条件：　$t>0$ 时，$n(0,\ t)=0$ (8-49)

初始条件：　$x\neq h$ 时，$n(x,\ 0)=0$ (8-50)

$$x=h \text{ 时}，\int_{h-\Delta}^{h+\Delta} n(x,\ 0)\mathrm{d}x=n_0 \tag{8-51}$$

此时，方程式（8-48）的解为：

$$n(x,\ t)=\frac{n_0}{\sqrt{4\pi Dt}}\exp\left[-\frac{2v_s(x-h)+v_s^2t}{4D}\right]\times\left\{\exp\left[-\frac{(x-h)^2}{4Dt}\right]+\exp\left[-\frac{(x+h)^2}{4Dt}\right]\right\} \tag{8-52}$$

因而粒子在（t，t+dt）之间与水平壁相撞的概率为：

$$\omega(x,\ t)\mathrm{d}t=-\frac{D}{n_0}\frac{\partial n}{\partial t}\int_{x=0}\mathrm{d}t=\frac{h}{\sqrt{4\pi Dt^3}}\exp\left[-\frac{(h-v_st)^2}{4Dt}\right]\mathrm{d}t \tag{8-53}$$

若把式（8-53）对 h 从 0 到∞积分，可以得到在时间（t，t+dt）中在 $1\mathrm{cm}^2$ 的壁上所沉降的粒子数为：

$$N(t)\mathrm{d}t=n_0\left[\sqrt{\frac{D}{\pi t}}t^{-v_s^2/4D}+\frac{v_s}{2}\left(1+\mathrm{erf}\sqrt{\frac{v_s^2t}{4D}}\right)\right]\mathrm{d}t \tag{8-54}$$

当 $t\gg\frac{4D}{v_s^2}$，则式（8-54）化为 $N(t)=n_0v_s$，则布朗运动已不影响对壁的沉降速度，此时它只与粒子的沉降速度 v_s 有关。

当 $t\ll\frac{4D}{v_s^2}$ 时，式（8-54）化为 $N(t)=n_0\left(\sqrt{\frac{D}{\pi t}}+\frac{v_s}{2}\right)$，在这种情况下沉降，没有沉降作用时的扩散和没有扩散作用时的沉降各占一半。由此可见，同时有布朗运动和外力作用情况下，计算气溶胶在壁上沉降速度时，只取两种效应简单的总和会产生严重的偏差。

以上各点，只有在静止介质中才是正确的，在实践中这种情况是很少遇到的，只能认为是理想化的结果。

8.3　层流中气溶胶粒子的扩散

层流中气溶胶粒子的扩散问题在实际中遇到得较少，往往在一些测量方法中遇到。

8.3.1　管中气溶胶粒子向筒壁的沉降

气溶胶粒子转移的概率 $\omega(x_0,\ x,\ t)$ 可用式（8-55）表示：

$$\omega(x_0,\ x,\ t)=\frac{1}{\sqrt{4\pi Dt}}\mathrm{e}^{-(x-x_0)^2/4Dt} \tag{8-55}$$

而位移的绝对平均值为：

$$|\overline{x-x_0}|=\frac{1}{\sqrt{4\pi Dt}}\int_{-\infty}^{\infty}|x-x_0|\ \mathrm{e}^{-(x-x_0)^2/4Dt}\mathrm{d}x=\sqrt{\frac{4Dt}{\pi}}=\delta \tag{8-56}$$

因而可以认为在管子进口地方和管壁之间的距离小于 $\delta=\sqrt{4Dt/\pi}$ 的粒子全部沉淀在壁上。假定层流时的速度分布为：

$$u = 2\bar{u}\left(1 - \frac{\rho^2}{R^2}\right) = 2\bar{u}\left(\frac{R+\rho}{R}\right)\left(\frac{R-\rho}{R}\right) \approx 4\bar{u}\frac{\delta}{R} \tag{8-57}$$

式中，$\bar{u}$为平均速度，m/s；R 为管的半径，m；ρ 为某一点到圆心的距离，m。

这样在层厚 δ 内的平均速度为 $\frac{2\bar{u}\delta}{R}$，因而在 t 时间内在这个层中的粒子沿轴向走过的平均距离为：

$$x = 2\bar{u}\delta t/R \tag{8-58}$$

把式（8-56）与式（8-58）中的 t 消去，得到：

$$\delta = (2DxR/\pi\bar{u})^{1/3} \tag{8-59}$$

因而在单位时间内流过离管口 x 处的管子截面积的粒子数目为：

$$N = \int_0^{R-\delta} 2n_0\bar{u}\left(\frac{R^2-\rho^2}{R^2}\right)2\pi\rho d\rho = (R^2 - 4\delta^2)\pi n_0\bar{u} = \frac{R^2-4\delta^2}{R^2}N_0 \tag{8-60}$$

式中，N_0 为进入管口的粒子数目。

由于 $\bar{n}/n_0 = N/N_0$，则：

$$\frac{\bar{n}}{n_0} = 1 - \frac{4\delta^2}{R^2} = 1 - 2.96\mu^{2/3} \tag{8-61}$$

其中

$$\mu = Dx/\bar{u}R^2 \tag{8-62}$$

式（8-61）的图形如图 8-10 所示。

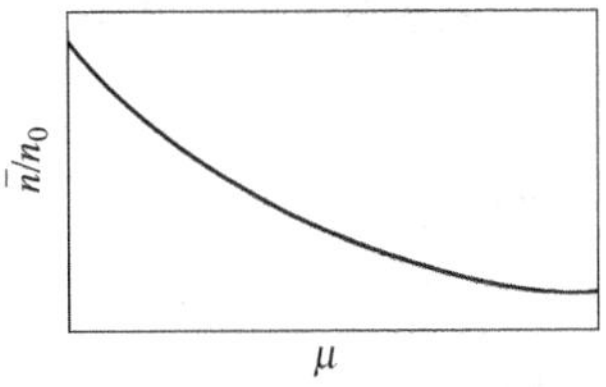

$\bar{n}/n_0$

μ

图 8-10 粒子在细管中的沉降

8.3.2 均一速度场中气溶胶粒子的扩散

对于浓度为 N_0 的粒子流，瞬时地从一点源射出，并有一均一的速度 v 的气流在 x 方向流过点源，这一问题常称瞬间点源问题。在和气流一起运动的坐标系统中，对位于坐标原点的点源，浓度分布为

$$n(x', y', z', t) = \frac{N_0}{\sqrt{(4\pi Dt)^3}}e^{-(x'^2+y'^2+z'^2)/4Dt} \tag{8-63}$$

式中，N_0 为在 $t=0$ 时刻，源所放出来的粒子数目。

而在静止的坐标系统中，式（8-63）变为：

$$n(x, y, z, t) = \frac{N_0}{\sqrt{(4\pi Dt)^3}}e^{-[(x-vt)^2+y^2+z^2]/4Dt} \tag{8-64}$$

同理，对于分布在 y 坐标轴上的无限长的粒子线源，可以得到：

$$n(x, z, t) = \frac{N_0'}{\sqrt{4\pi Dt}}e^{-[(x-vt)^2+z^2]/4Dt} \tag{8-65}$$

式中，N_0' 为单位长线源放出的粒子数目。

在源头连续的情况下，空间中气溶胶粒子的分布应是恒定的，因而对式（8-16）假定 $\frac{\partial n}{\partial t} = 0$，此外，还假定物质的对流输送速度比扩散输送要大，如果气流速度 v 是 x 轴方向，那么 $D\dfrac{\partial^2 n}{\partial^2 x}$ 项比 $v\dfrac{\partial n}{\partial x}$ 小很多，因而可以略去 $\partial^2 n/\partial^2 x$ 项，式（8-16）可化为：

$$\frac{\partial n}{\partial x} = \frac{D}{v}\frac{\partial^2 n}{\partial z^2} \tag{8-66}$$

这样式（8-66）的解与式（8-9）的解是一样的。即用 x 代替 t，用 D/v 代替 D，并乘以 ϕ'/v，对线源得：

$$n(z,\ x) = \frac{\phi'}{\sqrt{4\pi Dvx}}\mathrm{e}^{-vz^2/4Dx} \tag{8-67}$$

而对于定常的点源则得：

$$n(z,\ x) = \frac{\phi}{\sqrt{4\pi Dx}}\mathrm{e}^{-v(z^2+y^2)/4Dx} \tag{8-68}$$

8.4 气溶胶粒子向圆柱体和球体的扩散

8.4.1 气溶胶粒子向圆柱体的扩散

对于悬浮在气体中的细小粒子，被截留和惯性碰撞收集的可能性是很小的，因为它们不仅服从绕圆柱体的流线，而且也以不规则的方式横断流线而运动，在气体分子的撞击下粒子作随机运动，粒子的轨迹离开气体流线而沉降到障碍物的整个表面，越是细小的粒子和较小的流动速度，越表现出这一效果。

朗缪尔（Langmuir）第一个研究了由于扩散作用粒子在孤立圆柱体上的沉降。利用方程式（6-72），假设在 t 时间内粒子完全沉降到物体表面的气溶胶的厚度为 x_0，则由式（8-56）得：

$$x_0 = \left(\frac{4Dt}{\pi}\right)^{1/2} \tag{8-69}$$

把式（6-72）用于扩散沉降，此时：

$$E_{\mathrm{D}} = \frac{1}{2(2-\ln Re)}\left[2\left(1+\frac{x_0}{a}\right)\ln\left(1+\frac{x_0}{a}\right) - \left(1+\frac{x_0}{a}\right) + \left(1+\frac{x_0}{a}\right)^{-1}\right] \tag{8-70}$$

为了确定 x_0，必须求出粒子在 x_0 厚度中的沉降时间 t，为此假设扩散发生在 $\pi/6$ ~ $5\pi/6$ 之间，如图 8-11 所示。

$$t = \int_{\pi/6}^{5\pi/6}\frac{a\mathrm{d}\theta}{v_\theta} = \frac{2(2-\ln Re)a}{v_0\left(1-\dfrac{a^2}{\rho^2}+2\ln\dfrac{\rho}{a}\right)}\int_{\pi/6}^{5\pi/6}\frac{\mathrm{d}\theta}{\sin\theta} = \frac{2(2-\ln Re)a}{v_0\left[1-\dfrac{a^2}{(a+x_0)^2}+2\ln\dfrac{a+x_0}{a}\right]}\int_{\pi/6}^{5\pi/6}\frac{\mathrm{d}\theta}{\sin\theta} \tag{8-71}$$

如果圆柱体的半径 a 远远大于厚度 x_0 时，该式可简化为：

$$t = \frac{1.12a^2(2-\ln Re)}{v_0 x_0} \tag{8-72}$$

把式（8-72）代入式（8-69）可得：

$$\frac{x_0}{a} = \left[\frac{1.12(2-\ln Re)D}{av_0}\right]^{1/3} = 1.308(2-\ln Re)^{1/3}Pe^{-1/3} \tag{8-73}$$

式中，$Pe=2av_0/D$，称为贝克来数。粒子扩散系数 D 由式（8-25）计算，也可以应用图8-12来查粒子扩散系数 D 值。

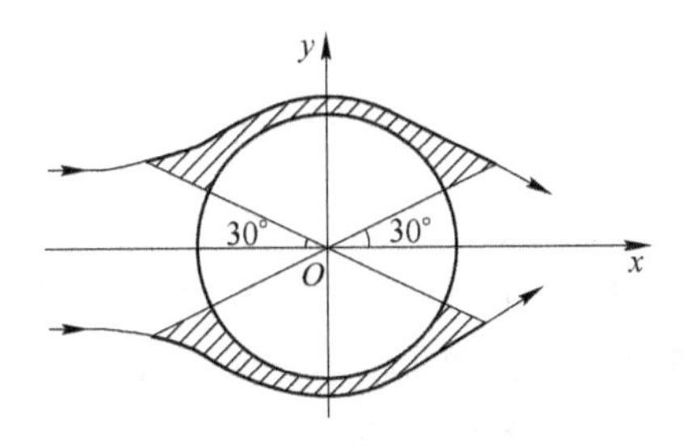

图 8-11　扩散沉降发生的时间

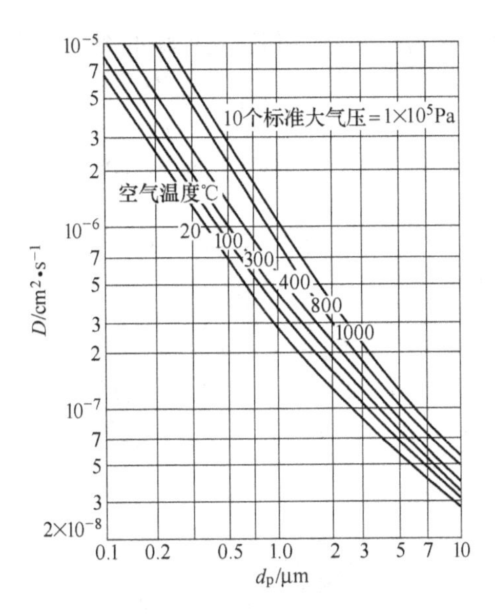

图 8-12　粒子扩散系数

当 $x_0/a \ll 1$ 时，式（8-70）可以简化为：

$$E_D = 1.71 \frac{1}{(2 - \ln Re)^{1/3}} Pe^{-2/3} \tag{8-74}$$

耐坦森也推导出一同样的关系式，当 $Pe \gg 1$ 时为：

$$E_D = \frac{2.92}{(2 - \ln Re)^{1/3}} Pe^{-2/3} \tag{8-75}$$

福瑞德兰德尔推导的关系式为：

$$E_D = \frac{2.22}{(2 - \ln Re)^{1/3}} Pe^{-2/3} \tag{8-76}$$

由同样方法，基于库瓦帕拉-黑派尔速度场，富克斯和斯太乞金娜推导的公式为：

$$E_D = \frac{2.9}{\left(-\frac{1}{2}\ln\beta - C\right)^{1/3}} Pe^{-2/3} \tag{8-77}$$

其中 $\beta=1-\varepsilon$，$C=0.75$ 或 $C=0.5$，这个方程有个优点，即不需要进行干扰效果的修正。

若假定为势流，斯太尔曼（Stairmand）推导的关系为：

$$E_{\mathrm{D}} = 2.83\frac{1}{Pe^{1/2}} \tag{8-78}$$

把贝克来数引进扩散收集效率的关系式中，在孤立圆柱体情况下，对于势流 $E_{\mathrm{D}}=E_{\mathrm{D}}(Pe)$，对于黏性流，$E_{\mathrm{D}}=E_{\mathrm{D}}(Pe, Re)$。对于圆柱体系统，$E_{\mathrm{D}}=E_{\mathrm{D}}(Pe, \beta)$，所以用无因次数 Pe 可表征扩散沉降的强度，即扩散沉降效率是 Pe 的函数。

对于小 Pe 数情况，斯太乞金娜和桃捷森得出：

$$E_{\mathrm{D}} = 0.75\left(\frac{4\pi}{2-\ln Re}\right)^{0.4} Pe^{-0.6} \tag{8-79}$$

约翰斯通、罗伯兹和兰兹应用与热量和质量传输的类似方法得出：

$$E_{\mathrm{D}} = \frac{1}{Pe} + 1.727\frac{Re^{1/6}}{Pe^{2/3}} \tag{8-80}$$

如果 $v_0=0.2\mathrm{m/s}$，$2a=4.0\mu\mathrm{m}$，$\beta=0.05$，此时 $Re=0.0513$，式（8-74）、式（8-77）、式（8-78）分别为：

$$E_{\mathrm{D}} = 1.005Pe^{-2/3}$$

$$E_{\mathrm{D}} = 3.19Pe^{-2/3}$$

$$E_{\mathrm{D}} = 2.83Pe^{-1/2}$$

由图 8-12 中查得扩散系数 D，那么上列三式的计算结果如图 8-13 所示。可见计算结果式（8-74）< 式（8-77）< 式（8-78）。在没有实验资料验证的情况下，在实践中应用式（8-77）可能较好。

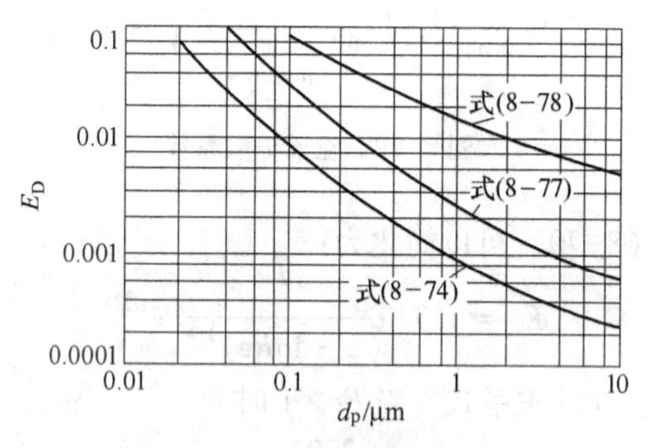

图 8-13　粒子收集效率

【例 8-1】 已知气体的速度为 0.2m/s，气体的温度为 20℃，纤维过滤器的充填率为 0.05，纤维直径为 4.0μm，气溶胶粒子的直径为 0.4μm，密度为 $1000\mathrm{kg/m^3}$。求气溶胶粒子的扩散效率。

解：由于气体的温度为 20℃，查图 8-12 得扩散系数 $D=10^{-6}\mathrm{cm^2/s}$，得：

$$Pe = \frac{2av_0}{D} = \frac{4.0\times10^{-6}\times0.2}{10^{-6}\times10^{-4}} = 8\times10^3$$

基于库瓦帕拉-黑派尔速度场，$C=0.75$，由式（8-77）得：

$$E_{\mathrm{D}}=\frac{2.9}{\left(-\frac{1}{2}\ln\beta-C\right)^{1/3}}Pe^{-2/3}=\frac{2.9}{\left(-\frac{1}{2}\ln0.05-0.75\right)^{1/3}}\times(8\times10^{3})^{-2/3}=\frac{2.9}{0.91}\times0.0025$$
$$=0.008$$

8.4.2 气溶胶粒子向球体的扩散

由于扩散作用引起的粒子的沉降服从菲克第一定律，即

$$\frac{N}{A}=D\left(\frac{\partial C}{\partial y}\right)_{y=0} \tag{8-81}$$

式中，N 为粒子沉降到表面积 A 上的速度。

图 8-14 中表示出了厚度为 δ 的速度边界层和厚度为 δ_{n} 的浓度边界层。与速度边界层相似，浓度边界层中的浓度可以表示为：

$$C=C_0\left[\frac{3}{2}\frac{y}{\delta_{\mathrm{n}}}-\frac{1}{2}\left(\frac{y}{\delta_{\mathrm{n}}}\right)^3\right] \tag{8-82}$$

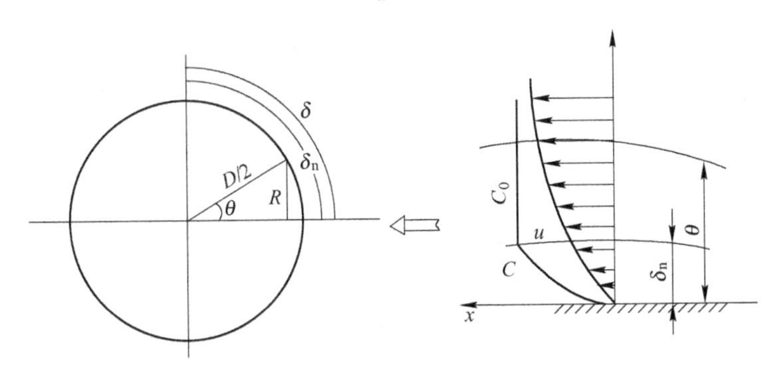

图 8-14 扩散边界层与速度边界层

为了便于分析，假设浓度边界层的厚度是速度边界层的一部分，即

$$\delta_{\mathrm{n}}=\lambda\delta \tag{8-83}$$

将式（8-83）代入式（8-82）得：

$$C=C_0\left[\frac{3}{2\lambda}\frac{y}{\delta}-\frac{1}{2\lambda^3}\left(\frac{y}{\delta}\right)^3\right] \tag{8-84}$$

且在球体表面的浓度梯度为：

$$\left(\frac{\partial C}{\partial y}\right)_{y=0}=\frac{3}{2\lambda\delta}C_0 \tag{8-85}$$

应用图 8-15 中所表示的球体表面的面积微元：

$$2\pi\frac{d}{2}\sin\theta\frac{d}{2}\mathrm{d}\theta$$

由式（8-85）和（8-81）得：

$$\mathrm{d}N=\frac{3\pi}{4\lambda}d^2DC_0\frac{\sin\theta}{\delta}\mathrm{d}\theta \tag{8-86}$$

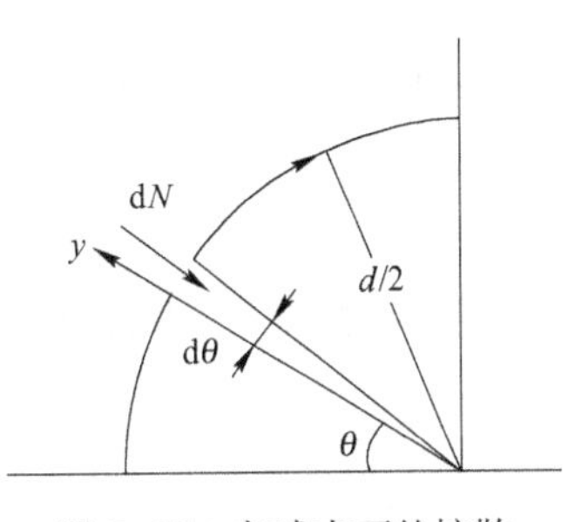

图 8-15 向球表面的扩散

把式（8-86）对球体的前半部分进行积分得：

$$N = \frac{3\pi}{4\lambda}d^2DC_0\int_0^{\pi/2}\frac{\sin\theta}{\delta}\mathrm{d}\theta \tag{8-87}$$

将式（7-29）代入式（8-87）得：

$$N = 1.783\frac{d^2DC_0}{\lambda}\sqrt{\frac{v_0}{vd}} \tag{8-88}$$

此外，粒子的沉降量还可由下式计算：

$$N = C_0\int_0^{\delta_n}u2\pi\frac{d}{2}\mathrm{d}y - \int_0^{\delta_n}C2\pi\frac{d}{2}u\mathrm{d}y \tag{8-89}$$

由式（7-30）及式（8-84）可把式（8-89）化为：

$$\begin{aligned} N &= \frac{3}{2}\pi dv_0C_0\int_0^{\delta}\left[\frac{3}{2}\frac{y}{\delta} - \frac{1}{2}\left(\frac{y}{\delta}\right)^3\right]\left[1 - \frac{3}{2\lambda}\frac{y}{\delta} + \frac{1}{2\lambda^3}\left(\frac{y}{\delta}\right)^3\right]\mathrm{d}y \\ &= dv_0C_0\delta_2(0.7069\lambda^2 - 0.05049\lambda^4) \\ &= dv_0C_0\sqrt{\frac{vd}{v_0}}(1.384\lambda^2 - 0.09886\lambda^4) \end{aligned} \tag{8-90}$$

把表示 N 的两个方程（8-88）和（8-90）等同起来并令 $Sc = v/D$，Sc 称施密特（Schmidt）数，则：

$$Sc = \frac{1.288}{\lambda^3(1 - 0.0714\lambda^2)} \tag{8-91}$$

由于 λ 比 1 小很多，上式还可近似写为：

$$\lambda = \frac{1.088}{Sc^{1/3}} \tag{8-92}$$

把式（8-92）代入式（8-88）得：

$$N = 1.639d^2DC_0Sc^{1/3}\sqrt{\frac{v_0}{vd}} \tag{8-93}$$

由于尾迹的影响，球体的后半部分很难进行精确的分析，假设后半球收集的粒子数目与前半球相同，这时总粒子数为：

$$N = 3.28\frac{d^2v_0C_0D}{(vdv_0)^{1/2}}Sc^{1/3} \tag{8-94}$$

粒子流过以球体直径为圆的断面的总流量为：

$$N_0 = \frac{\pi}{4}d^2v_0C_0 \tag{8-95}$$

式（8-94）被式（8-95）除得到收集效率：

$$E_D = \frac{4.18\sigma}{Sc^{2/3}}\sqrt{\frac{v}{v_0d}} = \frac{4.18\sigma}{Sc^{2/3}Re^{1/2}} \tag{8-96}$$

对于标准空气，施密特数可以写为：

$$Sc = 6.55 \times 10^{11}\frac{d}{C} \tag{8-97}$$

式中，C 为肯宁汉修正系数。

【例 8-2】 已知球形液滴直径为 0.5mm，以速度 10m/s 穿过标准状态的空气，计算不同粒径的扩散收集效率，设 $\sigma=1$。计算粒径取 0.1μm，0.2μm，0.5μm，1.0μm，5.0μm。

解：

$$Re=\frac{dv_0}{v_g}=\frac{10\times0.5\times10^{-3}}{1.55\times10^{-5}}=323$$

由式（8-96）得：

$$E_D=\frac{4.18\sigma}{Sc^{2/3}Re^{1/2}}=\frac{4.18\times1}{Sc^{2/3}\times323^{1/2}}=\frac{0.219}{Sc^{2/3}}$$

由式（8-97）计算 Sc，计算结果见表 8-3。

表 8-3 例 8-2 的计算结果

d_p/μm	0.1	0.2	0.5	1.0	5.0
C	2.91	1.89	1.337	1.168	1.034
Sc	2.25×10^4	2.93×10^4	2.45×10^5	5.60×10^5	31.67×10^5
E_D	0.00028	0.00013	0.000056	0.000033	0.00001

除上述计算扩散收集效率的克劳福德（Crawford）方法之外，约翰斯通和罗伯兹建议采用相似热传输的计算公式，即

$$E_D=\frac{4}{Pe}(2+0.557Re^{1/2}Sc^{3/8}) \tag{8-98}$$

【例 8-3】 直径为 1.0mm 的液滴，以 12m/s 的速度穿过含粉尘粒子的标准空气，粉尘粒子的密度为 1800kg/m³，设 $\sigma=0.75$，$C=1$。计算单一粒子的效率和综合效率。

解： 由式（7-23）得：

$$\beta=\frac{5}{72}\frac{\rho_p d_p^2 v_0 C}{\mu D}=\frac{5}{72}\times\frac{1800\times12\times1\times d_p^2}{1.8\times10^{-5}\times1.0\times10^{-3}}=8.3333\times10^{10}d_p^2$$

由式（7-29）得：

$$\delta_2=1.958\sqrt{\frac{vD}{v_0}}=1.958\sqrt{\frac{1.5\times10^{-5}\times1.0\times10^{-3}}{12}}=3.535\times10^{-5}\text{m}=35.35\mu\text{m}$$

（1）对于 $y_2<\delta_2$ 情况，由式（7-34）得：

$$E_{R1}=8.811\sigma\sqrt{\frac{v}{v_0D}}\left[\left(\frac{y_2}{\delta_2}\right)^2-\frac{1}{6}\left(\frac{y_2}{\delta_2}\right)^4\right]=0.234\left(\frac{y_2}{\delta_2}\right)^2\left[1-\frac{1}{6}\left(\frac{y_2}{\delta_2}\right)^2\right]$$

（2）对于 $y_2=\delta_2$ 情况，由式（7-35）得：

$$E_{R1}=7.3425\sigma\sqrt{\frac{v}{v_0D}}=7.3425\times0.75\sqrt{\frac{1.5\times10^{-5}}{12\times1.0\times10^{-3}}}=0.1947$$

（3）对于 $y_2>\delta_2$ 情况，由式（7-36）得：

$$E_{R1}=7.342\sigma\sqrt{\frac{v}{v_0D}}+2\sigma\frac{(y_2/D-\delta_2/D)[3+6y_2/D+4(y_2/D)^2]}{1+2y_2/D}$$

$$=0.1947+1.5\frac{(y_2/D-0.03535)[3+6y_2/D+4(y_2/D)^2]}{1+2y_2/D}$$

根据式（8-96）和式（8-97）计算出扩散效率。单一粒子的效率和综合效率计算结果如图 8-16 所示。

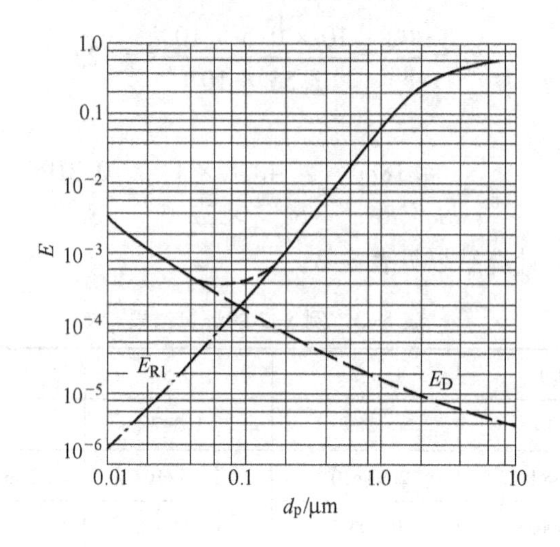

图 8-16　例 8-3 效率计算结果

8.5　气溶胶粒子在大气中的紊流扩散与沉降

从通风口及烟囱中流出的污染物向大气中的扩散与很多因素有关，如流出物的物理化学性质、气象特征、烟囱的高度和位置以及下风侧的地区特征，但这些因素不可能在分析方法中全部考虑到。

要达到最大程度的扩散，流出物必须有足够的冲量和浮力，对于流出物中的细小固体粒子，它的沉降速度较低，可以把气体扩散的研究成果用于小粒子的扩散。然而对大粒子就不能以相同的方法处理，它们有明显的沉降速度。

为了预防大气污染，需要正确地推算和预测污染物在大气中的浓度。为此，必须建立污染物在大气中的扩散模式。由于烟囱排放到大气中的污染物随风输送（即平流）和扩散（即紊流扩散），若污染物影响到地面，当其浓度超过所能允许的标准时，就会发生污染。因而研究污染物在大气中的扩散过程具有一定意义。

8.5.1　有界条件下的气溶胶粒子在大气中的扩散数学模型

实际的污染物排放源多位于地面或接近地面的大气边界层内，污染物在大气中的扩散必然会受到地面的影响，这种大气扩散称为有界大气扩散。在建立有界大气扩散模式时，必须考虑地面的影响。

8.5.1.1　坐标系

高斯模式的坐标系如图 8-17 所示，其原点为排放点（无界点源或地面源）或高架源排放点在地面的投影点，x 轴为平均风向，y 轴在水平面上垂直于 x 轴，正向在 x 轴的左侧，z 轴垂直于水平面 oxy，向上方为正向，即为右手坐标系。在这种坐标系中，烟流中心线或与 x 轴重合，或在 xoy 面的投影为 x 轴。

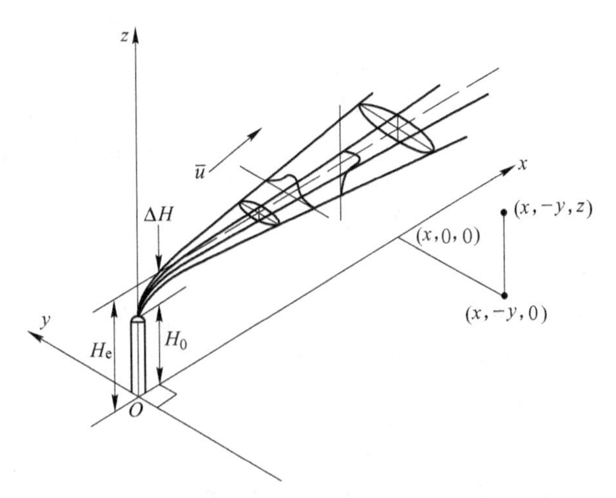

图 8-17 浓度为正态分布高架源烟云的输送扩散图

8.5.1.2 高斯模式的四点假设

大量的实验和理论研究证明，特别是对于连续源的平均烟流，其浓度分布是符合正态分布的，因此可以作如下假定：(1) 污染物浓度在 y、z 轴上的分布符合高斯分布（正态分布）；(2) 在全部空间中风速是均匀的、稳定的；(3) 源强是连续均匀的；(4) 在扩散过程中污染物质量是守恒的。

8.5.1.3 数学模型

如果风速取为沿 x 轴方向，且风速 u 为常量，则扩散方程可以写为：

$$\frac{\partial C}{\partial t} = -u\frac{\partial C}{\partial x} + D_x\frac{\partial^2 C}{\partial x^2} + D_y\frac{\partial^2 C}{\partial y^2} + D_z\frac{\partial^2 C}{\partial z^2} \tag{8-99}$$

式中，C 为下风侧烟流中污染物的浓度，mg/m^3；u 为烟囱口平均风速，m/s；D_x、D_y、D_z 分别为 x 轴、y 轴、z 轴方向的扩散系数，m^2/s。

在烟囱扩散问题中，式（8-99）中右边第二项远小于第一项，因而可以略去，若扩散是稳定的，$\frac{\partial C}{\partial t}=0$，则式（8-99）可简化为：

$$u\frac{\partial C}{\partial x} = D_y\frac{\partial^2 C}{\partial y^2} + Dz\frac{\partial^2 C}{\partial z^2} \tag{8-100}$$

此二阶偏微分方程的一般解是：

$$C = Kx^{-1}\exp\left[-\left(\frac{y^2}{D_y}+\frac{z^2}{D_z}\right)\frac{u}{4x}\right] \tag{8-101}$$

上式中 k 是任意常数，其值由边界条件确定，必须满足的条件是源的下游任何垂直平面上污染物的迁移量是常数（稳定状态），且该常数必须等于源的发散量 Q，即

$$Q = \iint\limits_S uC\mathrm{d}y\mathrm{d}z \tag{8-102}$$

对 y 的积分限应为-∞ 到+∞，然而对 z 的积分限应根据源的状态而定。

(1) 在地面上点源。对于地面水平的点源，z 的积分限应取从 0 到+∞，根据式(8-101) 和式（8-102）可导得 K 为：

$$K=\frac{Q}{2(\pi)(D_yD_z)^{1/2}} \tag{8-103}$$

（2）在地面以上高度为 H 的点源。如果将式（8-102）中对 z 的积分限可取为 $-\infty$ 到 $+\infty$，这样会导致一个小误差，但在数学上更容易处理，此时常数 K 可化为：

$$K=\frac{Q}{4\pi(D_yD_z)^{1/2}} \tag{8-104}$$

8.5.1.4　正态分布

为了估算在污染源的下游污染物的浓度，就要用到前述高斯模式的假设（1），即正态分布函数，因而需要对正态分布函数进行研究。正态分布函数为：

$$f(x)=\frac{1}{\sqrt{2\pi\sigma}}\exp\left[-\frac{(x-\mu)^2}{2\sigma^2}\right] \tag{8-105}$$

式中：μ 为任意实数；σ 为标准偏差，是大于零的实数。

式（8-105）的图形如图 8-18 所示，μ 决定了 $f(x)$ 的最大值的位置，且曲线对 μ 是对称的。当 $\mu=0$ 时，曲线对称于 x 轴。σ 决定曲线的宽窄，不论 σ 值是多大，曲线下的面积总是 1。分布函数随 σ 的增大而扩展，在大气污染扩散中有重要的物理意义。

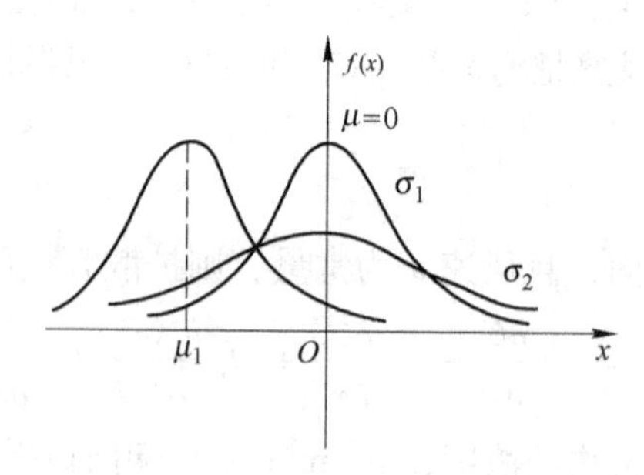

图 8-18　不同 μ、σ 时的正态分布

通常扩散方程取双正态分布形式，是每一个轴方向的单一正态分布函数的简单乘积，因此

$$f(y,z)=\frac{1}{2\pi\sigma_y\sigma_z}\exp\left[-\frac{(y-\mu_y)^2}{2\sigma_y^2}-\frac{(y-\mu_z)^2}{2\sigma_z^2}\right] \tag{8-106}$$

为此，我们将用这些方程与下面的研究的扩散内容进行分析比较。

8.5.1.5　地面水平点源的扩散

将式（8-103）的 K 值代入式（8-101）中，得到地面水平上污染物的浓度为：

$$C(x,y,z)=\frac{Q}{2\pi x(D_yD_z)^{1/2}}\exp\left[-\left(\frac{y^2}{D_y}+\frac{z^2}{D_z}\right)\frac{u}{4x}\right] \tag{8-107}$$

将式（8-106）应用于解决点源的扩散问题，最大浓度发生在中心线上，相当于式（8-106）中的 μ_y、μ_z 为零，因而式（8-106）变为：

$$f(x,y)=\frac{1}{2\pi\sigma_y\sigma_z}\exp\left(-\frac{y^2}{2\sigma_y^2}-\frac{y^2}{2\sigma_z^2}\right) \tag{8-108}$$

将式（8-107）改写成与上式相似的形式，令

$$\sigma_y^2 = \frac{2D_y x}{u},\ \sigma_z^2 = \frac{2D_z x}{u} \tag{8-109}$$

把上式代入式（8-107）中可得到地面水平点源下游的浓度关系式：

$$C(x,\ y,\ z) = \frac{Q}{\pi u \sigma_y \sigma_z}\exp\left[-\frac{1}{2}\left(\frac{y^2}{\sigma_y^2} + \frac{z^2}{\sigma_z^2}\right)\right] \tag{8-110}$$

在计算中，通常 σ_y、σ_z 的单位为 m，风速 u 的单位为 m/s，如果浓度 C 的单位为 mg/m^3，那么扩散量 Q 的单位必须用 mg/s 表示。

如果 y、z 都取零，那么式（8-110）可化为

$$C(x,\ 0,\ 0) = \frac{Q}{\pi u \sigma_y \sigma_z} \tag{8-111}$$

这一方程可以用来计算地面水平点源中心线的浓度。

8.5.1.6 地面水平上高度 H 处点源的扩散

地面水平点源高度 H 处点源的扩散，属于高架连续点源的扩散问题，必须考虑地面对扩散的影响。根据前述假设（4），可以认为地面像镜面一样，对污染物起全反射作用，如图 8-19 所示。可以把 P 点的污染物浓度看成是两部分贡献之和：一部分是不存在地面时 P 点所具有的污染物浓度；另一部分是由于地面反射作用所增加的污染物浓度。这相当于不存地地面时由位置在（0，0，H）的实源和在（0，0，$-H$）的虚源在 P 点所造成的污染物浓度之和（H 为有效源高）。

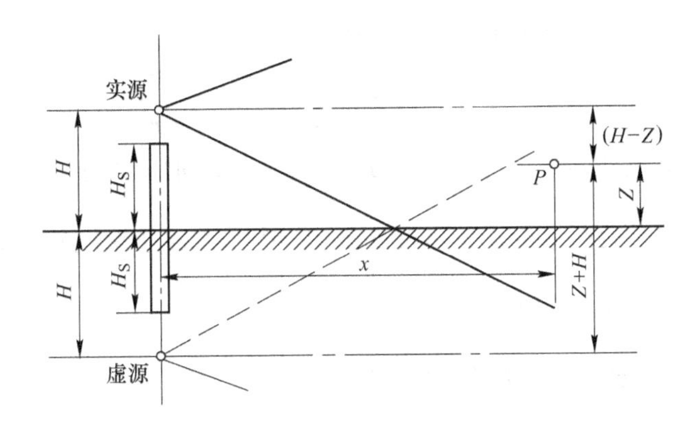

图 8-19 由地面产生的反射

A 实源的作用

P 点在以实源为原点的坐标系中的垂直坐标（距烟流中心线的垂直距离）为 $z-H$。当不考虑地面影响时，它在 P 点所造成的污染物浓度按式（8-110）计算，故实源作用在 P 点产生的污染物浓度为：

$$C(x,\ y,\ z)_{实} = \frac{Q}{2\pi u \sigma_y \sigma_z}\exp\left\{-\frac{1}{2}\left[\frac{y^2}{\sigma_y^2} + \frac{(z-H)^2}{\sigma_z^2}\right]\right\} \tag{8-112}$$

B 虚源的作用

P 点在以像源为原点的坐标系中的垂直坐标（距虚源的烟流中心线的垂直距离）为 $z+H$。它在 P 点产生的污染物浓度为：

$$C(x,\ y,\ z)_{\text{虚}} = \frac{Q}{2\pi u\sigma_y\sigma_z}\exp\left\{-\frac{1}{2}\left[\frac{y^2}{\sigma_y^2}+\frac{(z+H)^2}{\sigma_z^2}\right]\right\} \tag{8-113}$$

C　P 点的实际污染物浓度

P 点的实际污染物浓度应为实源和虚源作用之和，即

$$C = C_{\text{实}} + C_{\text{虚}} \tag{8-114}$$

$$C(x,\ y,\ z,\ H) = \frac{Q}{2\pi u\sigma_y\sigma_z}\exp\left(-\frac{y^2}{2\sigma_y^2}\right)\left\{\exp\left[-\frac{(z-H)^2}{2\sigma_z^2}\right]+\exp\left[-\frac{(z+H)^2}{2\sigma_z^2}\right]\right\} \tag{8-115}$$

式中，$C(x,\ y,\ z,\ H)$ 为源强为 Q(mg/s)、有效高度为 H(m) 的排放源在下风侧向空间点（$x,\ y,\ z$）处造成的浓度（mg/m^3）；u 为烟囱口高度上大气的平均风速，m/s；σ_y、σ_z 分别为横向和纵向的扩散系数，m。

式（8-114）即为高架连续点源在正态分布假设下的扩散模式，由此模式可求出下风向任一点的污染物浓度。

D　几种常用的大气扩散模式

a　高架连续点源

（1）地面上任意一点的浓度：式（8-115）中，令 $z=0$，得：

$$C(x,\ y,\ 0,\ H) = \frac{Q}{\pi u\sigma_y\sigma_z}\exp\left[-\left(\frac{y^2}{2\sigma_y^2}+\frac{H^2}{2\sigma_z^2}\right)\right] \tag{8-116}$$

（2）地面轴线浓度：式（8-116）中，令 $y=0$，得：

$$C(x,\ 0,\ 0,\ H) = \frac{Q}{\pi u\sigma_y\sigma_z}\exp\left(-\frac{H^2}{2\sigma_z^2}\right) \tag{8-117}$$

（3）地面轴线最大浓度：由于 σ_y 和 σ_z 都随 x 的增加而增加，因此在式（8-117）中，$\frac{Q}{\pi u\sigma_y\sigma_z}$ 项随 x 的增大而减少，而 $\exp\left(-\frac{H^2}{2\sigma_z^2}\right)$ 项则随 x 的增大而增大，两项共同作用的结果，必须在某一距离上出现浓度 C 的最大值。

假定 σ_y 和 σ_z 随 x 增大而增大的倍数相同，即 $\frac{\sigma_y}{\sigma_z}=$ 常数 K，代入式（8-117），就得到一个关于 σ_z 的单值函数式。再将它对 σ_z 求偏导数，并令 $\frac{\partial C}{\partial\sigma_z}=0$，即可得到出现地面轴线最大浓度点的 σ_z 值：

$$\sigma_z\mid_x C_{\max} = \frac{H}{\sqrt{2}} \tag{8-118}$$

将上式代入式（8-117），即得地面轴线最大浓度模式：

$$C(x,\ 0,\ 0,\ H)_{\max} = \frac{2Q}{\pi e u H^2}\cdot\frac{\sigma_z}{\sigma_y} = \frac{0.234Q}{uH^2}\cdot\frac{\sigma_z}{\sigma_y} \tag{8-119}$$

b　地面连续点源

令式（8-115）中，$H=0$，得地面连续点源在空间任一点（$x,\ y,\ z$）的浓度模式，即

$$C(x,\ y,\ z,\ 0)=\frac{Q}{\pi u\sigma_y\sigma_z}\exp\left(-\frac{y^2}{2\sigma_y^2}\right)\exp\left(-\frac{z^2}{2\sigma_z^2}\right) \tag{8-120}$$

由式（8-120）很容易得到地面源的地面浓度和地面轴线浓度模式，它们分别为：

$$C(x,\ y,\ 0,\ 0)=\frac{Q}{\pi u\sigma_y\sigma_z}\exp\left(-\frac{y^2}{2\sigma_y^2}\right) \tag{8-121}$$

$$C(x,\ 0,\ 0,\ 0)=\frac{Q}{\pi u\sigma_y\sigma_z} \tag{8-122}$$

c 地面源和高架源的浓度分布

地面源和高架源在下风向造成的地面浓度分布如图 8-20 所示，在下风向一定距离 x 处中心线的浓度高于边缘部分。两种源的地面轴线浓度如图 8-21 所示，图 8-21(a) 表示由于地面源所造成的轴线浓度距源距离的增加面降低；图 8-21(b) 表示对于高架源，地面轴线浓度先随距离 x 增加而急剧增大，在距源 2～3km 不太远的距离处（通常为 1～3km）地面轴线浓度达到最大值，超过最大值以后，随 x 继续增加，地面轴线浓度逐渐减少。

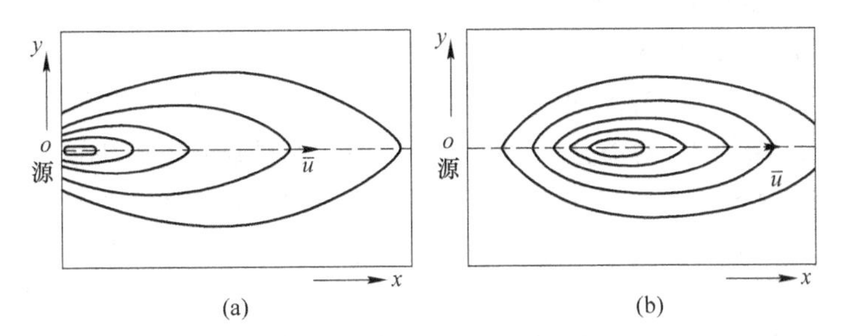

图 8-20 地面源和高架源的地面浓度分布

（a）地面源；（b）高架源

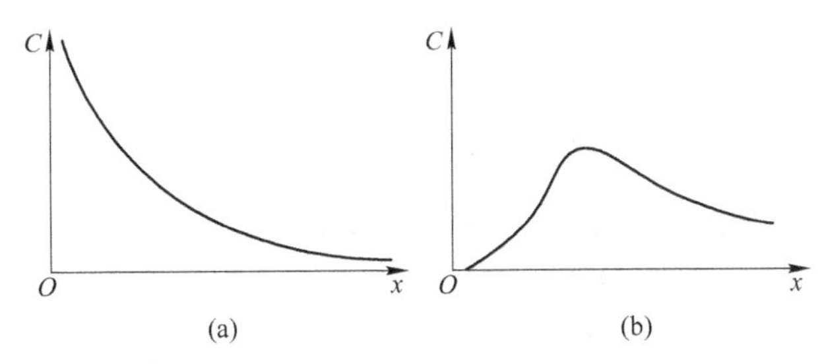

图 8-21 地面源和高架源的地面轴线浓度分布

（a）地面源；（b）高架源

8.5.2 有效源高 H 的计算

应用大气扩散模式估算大气污染浓度，必须求解出烟流有效高度（又称有效源高）H。有效源高是指烟囱排放的烟云距地面的实际高度，它等于烟囱（或排放筒）本身的高度 H_s 与抬升高度 ΔH 之和，即

$$H=H_s+\Delta H \tag{8-123}$$

对于已确定的烟囱，H_s 是一定的，因此求取烟云有效高度，实质上是计算烟气的抬

升高度。

8.5.2.1　影响烟气抬升高度的因素

影响烟气抬升高度的主要因素有烟气本身的热力性质、动力性质以及气象条件和近地层下垫面的状况等。

烟气抬升高度首先决定于烟气所具有的初始动量和浮力。初始动量决定于烟气出口速度（U_s）和烟囱口内径（d_s）；浮力则决定于烟气和周围空气的密度差。若烟气与空气因组分不同而产生的密度差异很小时，烟气抬升的浮力大小就主要取决于烟气温度（T_s）与空气温度（T_e）之差（$\Delta T=T_s-T_e$）。

烟气与周围空气的混合速率对烟气的抬升影响很大。烟气与周围空气混合越快，烟气的初始动量和热量散失得越快，从而抬升高度也就越小。决定混合速率的主要因子是平均风速和紊流强度。平均风速越大，紊流越强，混合越快，烟气抬升高度也越低。稳定的温度层结对烟气抬升有抑制作用，不稳定的温度层结能使烟气抬升作用增强。城市的地形和下垫面的粗糙度对抬升高度影响较大。近地面的紊流较强，不利于抬升。离地面越高，地面粗糙度引起的紊流越弱，对抬升越有利。

8.5.2.2　烟气抬升高度计算式

由上所述，影响烟气抬升的因素很多，也比较复杂。自20世纪50年代以来，有不少人提出了烟气抬升高度的计算方法，但至今还没有一个计算式能够准确表达出烟气抬升的规律，比较多的计算式是在一定的实验条件下，经数据处理而建立的经验或半经验计算式。使用这些计算式时，要注意其使用条件。这里仅介绍几个应用较广的公式。

A　霍兰德（Holland）公式

霍兰德将大量烟气抬升实测数据，经整理提出如下抬升高度经验公式：

$$\Delta H=\frac{U_s d_s}{u}\left(1.5+2.7\frac{T_s-T_a}{T_s}d_s\right)=\frac{1}{u}(1.5U_s d_s+9.56\times10^{-3}Q_H) \tag{8-124}$$

$$Q_H=Q_m\cdot C_p(T_s-T_a) \tag{8-125}$$

$$Q_m=\frac{\pi}{4}\cdot d_s^2\cdot U_s\cdot\rho_s \tag{8-126}$$

式中，Q_H为烟气热释放率，kJ/s；Q_m为热烟气排放质量速率。

将式（8-126）代入式（8-125）得：

$$Q_H=\frac{\pi}{4}\cdot d_s^2\cdot U_s\cdot\rho_s\cdot C_p(T_s-T_a) \tag{8-127}$$

式中，ρ_s为烟气排出口处T_s温度下烟气的密度，kg/m³；C_p为恒压烟气的热容，kJ/(kg·K)。

式（8-124）适用于中性条件。此式用于计算不稳定条件下的烟气抬升高度时，烟气实际抬升高度应比计算值增加10%~20%。用于计算稳定条件下的烟气抬升高度时，烟气实际抬升高度比计算值减少10%~20%。此式不适宜计算温度较高、热烟气或高于100m烟囱的抬升高度。

B　国标（GB 3840—1991）中的推荐的计算式

（1）当$Q_H\geqslant2093.5$kJ/s，且$T_s-T_a\geqslant35$K时烟气抬升高度计算式为：

$$\Delta H = \frac{n_0 Q_H^{n_1} H_s^{n_2}}{u} \tag{8-128}$$

式中，Q_H 为烟气热释放率，kJ/s。建议用下式计算：

$$Q_H = 353.8 Q_v \frac{T_s - T_a}{T_s} \tag{8-129}$$

式中，T_s 为烟气出口温度，K；T_a 为大气温度，K，取当地气象台（站）近5年定时观测的平均气温值；u 为烟囱口高度上的平均风速，m/s；Q_v 为实际条件下的烟气排放量，m^3/s；H_s 为烟囱的几何高度，即实际建筑高度，m；n_0、n_1、n_2 分别为系数及指数，见表8-4。

表8-4 n_0、n_1、n_2 的取值

$Q_H/kJ \cdot s^{-1}$	地表状况	n_0	n_1	n_2
$Q_H \geq 20930$	农村或城市远郊区	1.43	1/3	2/3
	城区	1.30	1/3	2/3
$20930 > Q_H \geq 2093.5$ 且 $\Delta T \geq 35K$	农村或城市远郊区	0.33	3/5	2/5
	城区	0.29	3/5	2/5

（2）当 $Q_H < 2093.5kJ/s$，且 $T_s - T_a < 35K$ 时烟气抬升高度计算式：

$$\Delta H = \frac{2}{u}(1.5 U_s d_s + 9.8 \times 10^{-3} Q_H) \tag{8-130}$$

式中，U_s 为烟囱口处的排烟速度，m/s；d_s 为烟囱排出口的内径，m。

其他符号的意义同前所述。

在其他文献中还可以见到很多烟气抬升高度计算式，这里不再一一介绍。当应用不同研究者所提出的烟气抬升高度计算同一气象条件、同一烟源的抬升高度，所得到的结果并不相同，甚至相差很大。这主要是因为，每一个计算式都是在特定条件下，根据数据经整理后所建立的经验关系式。如果待计算的烟源条件与所选用烟气抬升高度计算式的应用条件不符合，无疑所得到的计算结果将相差甚远。

通过烟气抬升高度的计算结果，要增加烟气抬升高度，以减轻地面烟气浓度，应注意以下几点：

（1）提高排烟温度，以减少烟道和烟囱的热损失；提高排烟温度 T_s 就会增加烟气的浮力。

（2）增加烟气的喷出速度，可以增加烟气上升的惯性力作用，但出口速度过大，会促进烟气与空气的混合，反而减少了浮力作用。

（3）增加排出的烟气量，即使喷出速度和排烟温度不变，如果增加烟气的排出量，惯性力和浮力作用均有帮助。因此，实际应用中可将分散的烟囱集合起来排放，以增加排出的烟气量。

【例8-4】 某城市火电厂的烟囱高度高100m，出口内径5m，出口烟气流速12.7m/s，温度100℃，流量250m³/s，烟囱出口处的风速4m/s，大气温度20℃，试确定烟气抬升高度及有效源高度。

解： 已知 $H_s = 100m$，$Q_v = 250m^3/s$，$d_s = 5m$，$U_s = 12.7m/s$，$T_s = 373K$，$T_a = 293K$，$u = 4m/s$。烟气的热释放率 Q_H 由式（8-129）得：

$$Q_H = 353.8Q_v \cdot \frac{T_s - T_a}{T_s} = \frac{353.8 \times 250 \times (373 - 293)}{373} = 18970.5\text{kJ/s}$$

由表 8-4 查得：$n_0=0.29$，$n_1=3/5$，$n_2=2/5$，由式（8-128）计算烟气抬升高度得：

$$\Delta H = \frac{n_0 Q_H^{n_1} H_s^{n_2}}{u} = \frac{0.29 \times 18970.6^{3/5} \times 100^{2/5}}{4} = 207.3\text{m}$$

由式（8-123）得有效源高度得：

$$H = H_s + \Delta H = 100 + 207.3 = 307.3\text{m}$$

8.5.3　扩散参数的确定

有效源高度确定后，应用大气扩散模式估算大气污染浓度，还必须解决扩散参数 σ_y 和 σ_z 的求值问题。扩散参数的确定可以现场测定，也可以在风洞中做模拟实验来确定，还可以根据经验计算式或图线法来估算。现场测定有照相法、等容（平衡）气球法、示踪剂扩散法、激光雷达测烟，以及定点观测风脉动标准差的方法等。经验估算法目前应用最多的是 P-G 扩散曲线法。

8.5.3.1　帕斯奎尔扩散曲线法

应用前述的扩散模式估算污染物浓度时需要确定源强 Q、平均风速 u、有效源高 H、扩散参数 σ_y 和 σ_z。其中 Q 值可由计算或实测得到，u 值可由多年的风速观测资料得到，H 的计算如前所述，余下的问题仅是如何确定 σ_y 和 σ_z 了。

扩散参数 σ_y 和 σ_z 的确定是很困难的，往往需要进行特殊的气象观测和大量的计算工作。在实际工作中，总是希望根据常规的气象观测资料就能估算出扩散参数。帕奎尔（Pasquill）于 1961 年推荐了一种方法，仅需用常规气象资料就可计算出 σ_y 和 σ_z。吉福德（Gifford）进一步将它作成应用更方便的图表，所以这种方法又简称 P-G 曲线法。

8.5.3.2　帕斯奎尔扩散曲线法的思想

帕斯奎尔首先提出应用观测到的风速、云量、云状和日照等天气资料，将大气的扩散稀释能力划分为 A、B、C、D、E、F 6 个稳定级别，然后根据大量扩散实验的数据和理论上的考虑，用曲线来表示每一个稳定度级别的 σ_y 和 σ_z 随距离的变化。这样就可用前面导出的扩散模式进行浓度估算了。

8.5.3.3　帕斯奎尔扩散曲线法的应用

A　根据常规气象资料确定稳定度级别

帕斯奎尔划分稳定度级别的标准见表 8-5。对该标准的几点说明如下：

稳定度级别中，A 为极不稳定，B 为不稳定，C 为弱不稳定，D 为中性，E 为弱稳定，F 为稳定。稳定度级别 A-B 表示按 A、B 级的数据内插。夜间定义为日落前 1h 至日出 1h。不论何种天气状况，夜间前后各 1h 作为中性，即 D 级稳定度。

表 8-5　稳定度级别划分表

地面风速/m · s^{-1}（距地面 10m 处）	白天太阳辐射			阴天的白天或夜间	有云的夜间	
	强	中	弱		薄云遮天或低云≥5/10	云量≤4/10
<2	A	A-B	B	D		

续表 8-5

地面风速/m·s⁻¹（距地面 10m 处）	白天太阳辐射			阴天的白天或夜间	有云的夜间	
	强	中	弱		薄云遮天或低云≥5/10	云量≤4/10
2~3	A-B	B	C	D	E	F
3~5	B	B-C	C	D	D	E
5~6	C	C-D	D	D	D	D
>6	C	D	D	D	D	D

强太阳辐射对应于碧空下的太阳高度角大于 60°的条件；弱太阳辐射相当于碧空下太阳高度角为 15°~35°。在中纬度地区，仲夏晴天的中午为强太阳辐射，寒冬晴天中午为弱太阳辐射，云量将减少太阳辐射，云量应与太阳高度一起考虑。例如，在碧空下应是强太阳辐射，在有碎中云（云量 6/10~9/10）时，要减到中等太阳辐射，在碎低云时减到弱辐射。

由于城市有较大的地面粗糙度及热岛效应，这种方法对城市地区是不太可靠的。对于开阔的乡村地区还能给出较可靠的稳定度，尤其当最大差别出现在静风晴夜时，乡村地区大气状况是稳定的，而城市地区在高度相当于建筑物的平均高度几倍之内是稍不稳定或近中性的，而它的上部则有一个稳定层。

B　利用扩散曲线确定 σ_y 和 σ_z

图 8-22 和图 8-23 便是帕斯奎尔和吉福德给出的不同稳定度时 σ_y 和 σ_z 随下风距离 x 变化的经验曲线，简称 P-G 曲线图。在按表 8-5 确定了某地某时属于何种稳定级别后，便可用这两张图查出相应的 σ_y 和 σ_z 值。

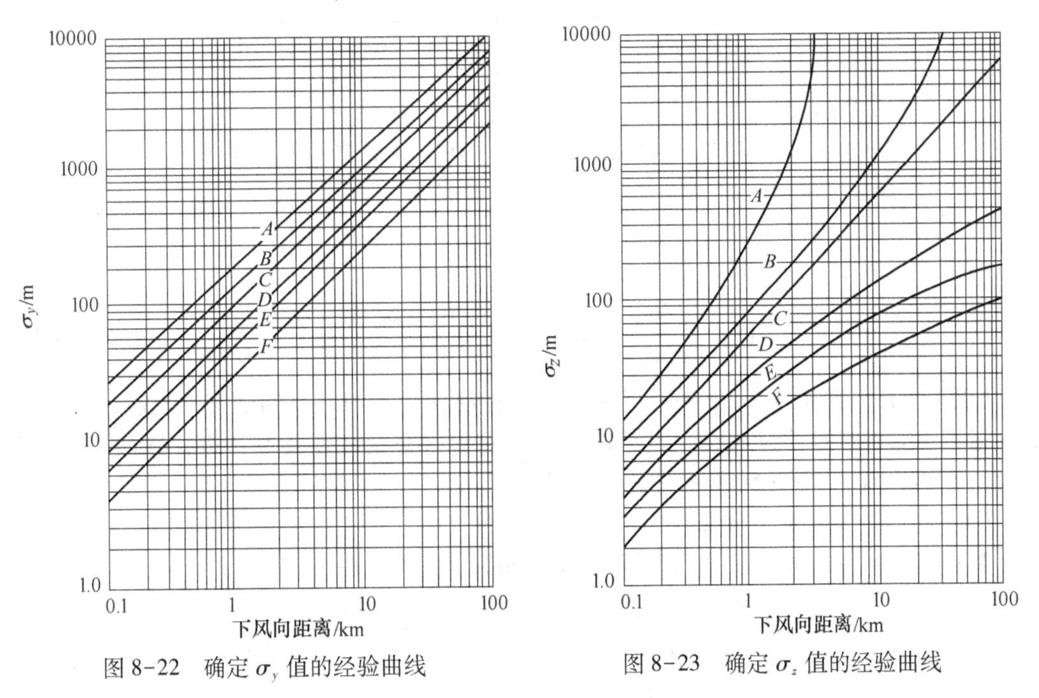

图 8-22　确定 σ_y 值的经验曲线　　图 8-23　确定 σ_z 值的经验曲线

根据地面上方 10m 处的风速、日照等级、阴云分布状况及云量等天气资料，按表 8-5

确定出某时某地的大气稳定度级别，然后再利用 P-G 扩散曲线图查出对于当时当地的大气稳定度及下风向距离 x 的 σ_y 和 σ_z 值。

【例 8-5】 某石油精炼厂排放 SO_2，排放口有效高度 $H=60$m，SO_2 排放量 $Q=80$g/s，试估算在风速 $u=6$m/s 的冬季阴天清晨 8 时，距离该厂正下风向 500m 处的地面轴线的浓度。

解：对于阴天的早晨，查表 8-5 得大气稳定度取 D 类，在 $x=500$m 时，由图 8-22 和图 8-23 分别查得 $\sigma_y=36$m，$\sigma_z=18.5$m，代入式（8-117）得：

$$C(x,\ 0,\ 0,\ H)=\frac{Q}{\pi u\sigma_y\sigma_z}\exp\left(-\frac{H^2}{2\sigma_z^2}\right)=\frac{80}{\pi\times6\times36\times18.5}\times\exp\left(-\frac{60^2}{2\times18.5^2}\right)$$

$$=0.00637\times\frac{1}{192.35}=3.3\times10^{-5}\text{g/m}^3=0.033\text{mg/m}^3$$

8.5.4 粒子在地面上的沉降

气体污染物不受重力影响，而固体粒子的运动受重力强烈影响，重力对粒子扩散的影响是使中心显示向下倾斜。由于重力影响，在不考虑地面反射的影响，高度 H 的点源式（8-112）中必须用粒子的沉降距加以修改，粒子离开烟囱后的自由沉降距离是 $v_t t$（v_t 称粒子最终沉降速度，t 是污染物流到下游 x 距离处的时间），因而 $t=x/u$，这时粒子浓度方程式为：

$$C(x,\ y,\ z)=\frac{Q}{2\pi u\sigma_y\sigma_z}\exp\left\{-\frac{1}{2}\left[\frac{y^2}{\sigma_y^2}+\frac{(z-H+v_t x/u)^2}{\sigma_z^2}\right]\right\} \tag{8-131}$$

若计算沿中心线地面水平的浓度，由 $y=0$，$z=0$，得：

$$C(x,\ 0,\ 0)=\frac{Q}{2\pi u\sigma_y\sigma_z}\exp\left[-\frac{1}{2}\left(\frac{(H-v_t x/u)^2}{\sigma_z^2}\right)\right] \tag{8-132}$$

式中，Q 为粒子的发散速度，g/s。

若以 ω 表示单位时间单位面积的质量沉降，则 C 与 ω 之间的关系如下：

$$\omega=\frac{\text{输送的质量流量}}{\text{面积}}=\frac{\text{输送的体积流量}\times\text{浓度}}{\text{面积}}=\text{沉降速度}\times\text{浓度}=v_t\cdot C$$

所以粒子沿中心线在地面水平的沉降为：

$$\omega=\frac{Qv_t}{2\pi u\sigma_y\sigma_z}\exp\left[-\frac{1}{2}\left(\frac{(H-v_t x/u)^2}{\sigma_z^2}\right)\right] \tag{8-133}$$

【例 8-6】 若密度为 1.5g/cm³ 的粉尘，从有效高度 $H=120$m 的烟囱中发散，粒子的发散流量对 40μm 的粒子为 4g/s，风速是 3m/s，且大气稳定性等级为 D 级，试计算：

（1）对距离为 200~5000m 的下游的沉降量 ω；

（2）在何处发生最大沉降量？

解：（1）对 40μm 的粒子经计算 $v_t=7.3$cm/s，由式（8-133）得：

$$\begin{aligned}\omega&=\frac{4\times0.073}{2\pi\times3\sigma_y\sigma_z}\exp\left\{-\frac{1}{2}\left[\frac{120-(0.073x/3)^2}{\sigma_z}\right]\right\}\\&=\frac{1.55\times10^{-2}}{\sigma_y\sigma_z}\exp\left[-\frac{(120-0.0243x)^2}{2\sigma_z^2}\right]\end{aligned} \tag{8-134}$$

令
$$A=\frac{1.55\times10^{-2}}{\sigma_y\sigma_z},\quad B=\frac{(120-0.0243x)^2}{2\sigma_z}$$

按式（8-134）可计算出 ω 的值，计算结果见表 8-6。

（2）从表 8-6 中可以看出最大沉降量发生在离烟囱 1000m 处。

表 8-6　不同位置的沉降量

x/m	σ_y/m	σ_z/m	A	B	e^{-B}	ω/g·(m^2·s)$^{-1}$
200	18	8.5	1.01×10^{-4}	91.7	1.50×10^{-40}	1.52×10^{-44}
500	40	19	2.04×10^{-4}	16.1	1.01×10^{-7}	2.06×10^{-11}
1000	75	31	5.67×10^{-4}	4.77	8.52×10^{-3}	4.83×10^{-5}
1500	110	40	3.52×10^{-5}	2.18	1.13×10^{-1}	3.98×10^{-6}
2000	160	55	1.76×10^{-6}	0.843	4.31×10^{-1}	7.59×10^{-7}
3000	210	70	1.05×10^{-6}	0.226	7.98×10^{-1}	8.38×10^{-7}
4000	290	84	6.36×10^{-7}	0.037	9.64×10^{-1}	6.13×10^{-7}
5000	350	100	4.43×10^{-7}	0	1.0	4.43×10^{-7}

复习思考题

8-1　什么是菲克扩散第一定律和第二定律？

8-2　已知气体的速度为 0.4m/s，气体的温度为 20℃，纤维过滤器的充填率为 0.05，纤维直径为 5.0μm，气溶胶粒子的直径为 0.5μm，密度为 1600kg/m^3。求气溶胶粒子的扩散效率。

8-3　已知球形液滴直径为 0.4mm，以速度 12m/s 穿过标准状态的空气，计算不同粒径的扩散收集效率，设 $\sigma=1$。计算粒径取 0.1μm、0.2μm、0.5μm、1.0μm、5.0μm。

8-4　直径为 0.8mm 的液滴，以 10m/s 的速度穿过含粉尘粒子的标准空气，粉尘粒子的密度为 1800kg/m^3，设 $\sigma=0.75$，$C=1$。计算单一粒子的效率和综合效率。

8-5　某城市火电厂的烟囱高度为 80m，出口内径 4m，出口烟气流速 14m/s，温度 100℃，流量 200m^3/s，烟囱出口处的风速 5m/s，大气温度 20℃，试确定烟气抬升高度及有效源高度。

8-6　位于北纬 40°，东经 120°的某厂建有一座排气烟囱，高 40m，出口内径 0.5m，排气温度 323K，出口喷速 10m/s。8 月中旬某日下午 2 点，云量 5/4，气温 303K，地面平均风速 2.8m/s，在 1000m 以上存在明显逆温层。试求此时下风向地面轴线上距源 1000m、5000m、8000m 处的污染物浓度。

8-7　某污染源排出的 SO_2 量为 60g/s，有效源高为 70m，烟囱出口处平均风速为 8m/s。试估算在风速 $u=8$m/s 的冬季阴天清晨 8 时，距离该厂正下风方向 1000m 处 SO_2 的地面浓度。

9　气溶胶粒子的凝并

【学习要点】

本章主要介绍了气溶胶粒子热凝并、在内力场影响下气溶胶粒子的凝并和在外力场影响下气溶胶粒子的凝并。在通风除尘中可以通过先将细颗粒凝并成大颗粒的方法提高降尘率。通常外加作用力进行凝并，但是无论是外加电场、磁场或是声场，为了获得更好的凝并效果需要耗费大量的能量，有些甚至占到除尘消耗能量的一半。以声场凝并为例：实验中当声音大于100dB，频率高于1kHz，有很好的凝并效果，但是增加了工作场所的噪声，而且实际中未制造出实用的声波聚团除尘器。

气溶胶的凝并是气溶胶粒子间由于相对运动而碰撞并黏着成为较大粒子的过程，其最终的结果是粒子数量浓度的连续下降和粒子体积的增加。凝并是气溶胶粒子间最重要的动力学现象，当粒子间的相对运动由布朗运动引起时，这种凝并过程称为布朗凝并。布朗凝并是气溶胶系统中自发并且永久存在的一种现象。由布朗运动（扩散）导致气溶胶粒子互相接触而合并的过程称为热凝并，它在气溶胶中是普遍存在的。在内力的作用下也能引起气溶胶粒子的凝并，如范德华力（分子力）、荷电粒子、电偶极子和磁极子等所引起的粒子凝并等。在外力场影响下也可引起凝并，如电场和磁场中的凝并、重力场和离心力场中的凝并（动力凝并）、声场中的凝并以及层流和紊流中的凝并等。

气溶胶粒子的凝并理论由两部分构成：第一部分主要是建立理论模型，实质是处理粒子凝并效率与粒子尺度分布函数之间的关系；第二部分是把建立在物理模型基础之上的凝并效率公式引入气溶胶通用动力学方程中。在凝并理论中，一般都假设粒子的每一次接触均导致凝并，凝并理论的目标是描述粒子的数目浓度及粒径大小随时间的变化。在本章中将着重讨论热凝并、分子间作用力引起的凝并、荷电粒子的凝并、电场和磁场中的凝并、声凝并以及梯度凝并等。

9.1　热凝并

热凝并是由布朗运动（扩散）导致气溶胶粒子互相接触而合并的过程。斯莫鲁克夫斯基（Smoluchowski）首先提出了在静止介质中气溶胶粒子热凝并的经典理论。他假设球形粒子的热凝并服从扩散定律，任何粒子间的碰撞与接触导致它们间的凝并，即在单一分散气溶胶中，假设其中一个粒子是静止的，而试求另外的粒子与其接触的频繁程度，或者说平均要经过多长时间间隔，作布朗运动的粒子与该静止的粒子相接触。此外还假设在整个凝并过程中，该静止粒子的大小与形状都保持不变。

如图 9-1 所示，对球形粒子来说，粒子的接触，其球心之间的距离等于其半径之和，可以用一半径为 r_{12} 的“吸收球面”来代替静止粒子。

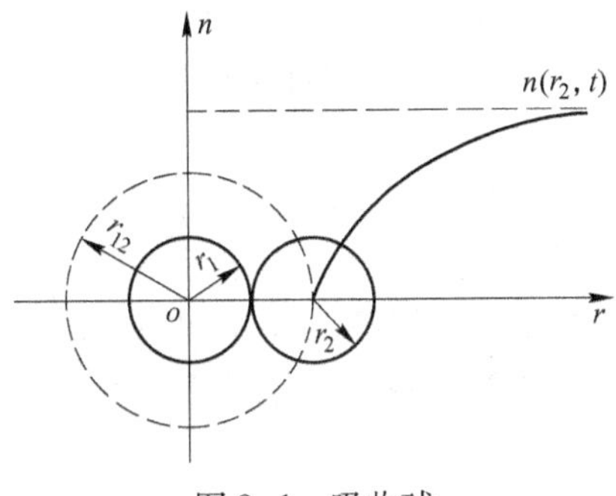

图 9-1 吸收球

$$r_{12} = r_1 + r_2$$

半径为 r_2 的粒子 2 在单位时间内扩散到半径为 r_1 的粒子 1 上的粒子数目 N_{12} 服从扩散定律，所以：

$$N_{12} = 4\pi r_{12}^2 D_2 \left(\frac{\partial n}{\partial \bar{r}}\right)_{\bar{r}=r_{12}} \tag{9-1}$$

式中，D_2 为 2 类粒子的扩散系数。

$n = n(\bar{r}, r_2, t)$ 是半径为 r_2 的粒子在 t 时刻的浓度，它是从粒子 1 中心计算的距离 $\bar{r}$ 的函数。

为了决定对半径为 r_{12} 的“吸收球”的浓度梯度，必须解以球坐标 $\bar{r}$ 表示的扩散方程：

$$\frac{\partial(\overline{nr})}{\partial t} = D_2 \frac{\partial^2(\overline{nr})}{\partial \bar{r}^2} \tag{9-2}$$

式（9-2）所满足的条件是：

$$\left.\begin{aligned} &\bar{r} \to \infty \text{ 时}，n(\infty, r_2, t) = n(r_2, t) \\ \text{且}\quad &\bar{r} = r_{12} \text{ 时}，n = 0 \end{aligned}\right\} \tag{9-3}$$

第一条边界条件说明随 $\bar{r}$ 的增大，浓度 n 趋近于极限 $n(r_2, t)$，在该处浓度与扩散无关。第二边界条件说明在 $r_{12}=r_1+r_2$ 处接触，且粒子 2 在 2 类粒子中消失。方程式（9-2）在满足边界条件式（9-3）时的解为：

$$n(\bar{r}, r_2, t) = n(r_2, t)\left[1 - \frac{r_{12}}{\bar{r}} + \phi\left(\frac{\bar{r} - r_{12}}{\sqrt{4D_2 t}}\right)\right] \tag{9-4}$$

其中高斯误差积分 ϕ 为：

$$\phi(x) = \frac{2}{\sqrt{\pi}}\int_0^x e^{-\xi_2} \mathrm{d}\xi \tag{9-5}$$

因而从式（9-4）可以求出：

$$\left(\frac{\partial n}{\partial \bar{r}}\right)_{\bar{r}=r_{12}} = \frac{n(r_2, t)}{r_{12}}\left[1 + \frac{r_{12}}{\sqrt{\pi D_2 t}}\right] \tag{9-6}$$

在式（9-6）中 $r_{12}/\sqrt{\pi D_2 t}$ 是扩散过程中的非稳定因素，当 $t \gg r_{12}^2/D_2$ 时，该项可以忽

略，因而

$$\left(\frac{\partial n}{\partial \bar{r}}\right)_{\bar{r}=r_{12}} = \frac{n(r_2,\ t)}{r_{12}} \tag{9-7}$$

把式（9-7）代入式（9-1）就可以得到在单位时间内扩散并粘着到固定粒子 1 上的粒子 2 的数目，即

$$N_{12} = 4\pi D_2 r_{12} n(r_2,\ t) \tag{9-8}$$

为了便于分析，在上述分析中假定粒子 1 是静止的，实际上这是不可能的。因为粒子 1 也参与了布朗运动，必须把粒子 1 的扩散系数 D_1 也加到计算中，当二粒子均作布朗运动时，在式（9-8）中必须取二者扩散系数的和来计算，而不是二者的积，这是因为粒子在 t 时刻的均方位移为：

$$\overline{(x - x_0)}^2 = \frac{1}{\sqrt{4\pi Dt}}\int_{-\infty}^{\infty}(x - x_0)^2 e^{-(x-x_0)^2/4Dt}dx = \frac{4Dt}{\sqrt{\pi}}\int_{-\infty}^{\infty}\xi^2 e^{-\xi^2}d\xi = 2Dt \tag{9-9}$$

而在 Δt 时间间隔内沿 x 轴粒子 1 和粒子 2 的相对位移的均方值为：

$$\overline{(\Delta x_1 - \Delta x_2)}^2 = (\overline{\Delta x_1})^2 + (\overline{\Delta x_2})^2 - 2\Delta x_1 \Delta x_2 \tag{9-10}$$

由于位移 Δx_1 和 Δx_2 是彼此独立的，所以 $\Delta x_1 \Delta x_2 = 0$，将式（9-9）代入式（9-10）得：

$$\overline{(\Delta x_1 - \Delta x_2)}^2 = (\overline{\Delta x_1})^2 + (\overline{\Delta x_2})^2 = 2(D_1 + D_2)\Delta t \tag{9-11}$$

式（9-11）说明二粒子的扩散系数等于单个粒子的扩散系数之和，这时式（9-8）可以改写为：

$$N_{12} = 4\pi(D_1 + D_2)(r_1 + r_2)n(r_2,\ t) \tag{9-12}$$

已知的扩散系数 D 与迁移率 B 之间的关系式：

$$D = kTB \tag{9-13}$$

这时式（9-12）变为：

$$N_{12} = 4\pi(B_1 + B_2)(r_1 + r_2)kTn(r_2,\ t) \tag{9-14}$$

式中，k 为玻尔兹曼常数；T 为绝对温度。

引进一个新的术语——凝并常数 k_0（r_1+r_2），并令

$$k_0(r_1 + r_2) = 4\pi(B_1 + B_2)(r_1 + r_2)kT \tag{9-15}$$

式（9-14）变为：

$$N_{12} = k_0(r_1 + r_2)n(r_2,\ t) \tag{9-16}$$

式（9-16）表明凝并速度 N_{12} 是凝并常数 $k_0(r_1+r_2)$ 与粒子浓度 $n(r_2,\ t)$ 的乘积。

为了说明式（9-16），现举一个实例。

【例 9-1】 对半径为 1μm 的等粒径粒子，凝并常数不依赖于半径 r 且 $k_0(r_1 + r_2) = 6.6\times 10^{-10}\text{cm}^3/\text{s}$，在标准空气中粒子浓度 $n(r_2,\ t) = 1.66\times 10^5$ 粒/cm³，求粒子的凝并速度。

解： 由式（9-16）得：

$$N_{12} = k_0(r_1 + r_2)n(r_2,\ t) = 6.6 \times 10^{-10} \times 1.66 \times 10^5 = 10^{-4}\ 粒/\text{s}$$

计算结果表明，粒子将和其他粒子在 10^4s 内碰撞一次，换言之，如果有 10000 个粒子，那么在 1s 内平均只有一个粒子与其他粒子发生碰撞。表 9-1 中给出了式（9-16）中的凝并常数值。

表 9-1 按扩散理论计算的凝并常数值 k_0 (cm^3/s)

$r_1/\mu m$ \ $r_2/\mu m$	0.001	0.01	0.1	1.0
0.001	803.4×10^{-3}			
0.01	2232×10^{-3}	84×10^{-3}		
0.1	20299×10^{-3}	234.2×10^{-3}	12.68×10^{-3}	
1.0	201054×10^{-3}	2121×10^{-3}	36.69×10^{-3}	6.6×10^{-3}

穆勒（Muller）研究了气溶胶粒子的粒径分布随时间的变化，并给出了这一变化的基本方程式，但这一方程难于求解，斯莫鲁克夫斯提出了一简单的微分方程，来代替穆勒的方程。如果仅考虑粒子的数目浓度随时间的变化，且假设对所有粒子的凝并常数均相同，则凝并的基本方程为：

$$\frac{dn}{dt} = -\frac{1}{2}k_0 n^2 \tag{9-17}$$

当 $t=0$ 时，$n=n_0$，则式（9-17）的解为：

$$\frac{1}{n} - \frac{1}{n_0} = \frac{1}{2}k_0 t \tag{9-18}$$

或者把上式写为：

$$n = \frac{n_0}{1 + \frac{1}{2}k_0 n_0 t} = \frac{n_0}{1 + \frac{t}{t_h}} \tag{9-19}$$

$$t_h = \frac{2}{k_0 n_0}$$

式中，n_0为粒子的原始数目浓度；t_h为粒子数目浓度的半值时间。

式（9-19）是按斯莫鲁克夫斯基理论表示的粒子数目浓度随时间的变化。当 $t=t_h$ 时，粒子的数目浓度减小一半。

如果在凝并过程中单位体积中气溶胶粒子的质量不变，那么由式（9-19）经变换可以得到：

$$\frac{d(t)}{d_0} = \left[\frac{n_0}{n(t)}\right]^{\frac{1}{3}} \tag{9-20}$$

式中，d_0为粒子凝并前的原始粒径；$d(t)$ 为发生凝并 t 时刻的粒径。

或将式（9-20）改写为：

$$d(t) = d_0\left(1 + \frac{1}{2}n_0 k_0 t\right) \tag{9-21}$$

用式（9-21）描述液滴的凝并过程是恰当的，对于固体粒子，由于其形状不规则，只能用式（9-21）近似地加以说明。

9.2 在内力场影响下气溶胶粒子的凝并

在内力的作用下能引起气溶胶粒子的凝并，有范德华力（分子力）和荷电粒子等所引起的粒子凝并等。

9.2.1　范德华力（分子力）

流向粒子 1 的粒子流对围绕粒子 1 的所有同心表面是常量，即

$$N_{12} = 4\pi \bar{r}^2\left(D\frac{\mathrm{d}n}{\mathrm{d}\bar{r}} - BFn\right) \tag{9-22}$$

其中第一项是从扩散方程得到的，第二项是考虑由于分子力 $F(\bar{r})$ 引起的粒子径向移动速度，$v=BF$，边界条件为：

对吸收球表面　　$\bar{r} = r_1 + r_2 = r_{12}$，$n = 0$

$\bar{r} = \infty$，$n = n_\infty$

则式（9-22）的解为：

$$n(\bar{r}) = n_0 \mathrm{e}^{\frac{1}{kt}\int_\infty^{\bar{r}} F(\rho)\mathrm{d}\rho}\left\{1 - \int_\infty^{\bar{r}} \exp\left[-\int_\infty^{\bar{r}}\frac{1}{kT}F(\rho)\mathrm{d}\rho\right]\frac{\mathrm{d}\bar{r}}{\bar{r}^2}\bigg/\int_\infty^{r12}\exp\left[-\int_\infty^{\bar{r}}\frac{1}{kT}F(\rho)\mathrm{d}\rho\right]\frac{\mathrm{d}\bar{r}}{\bar{r}^2}\right\} \tag{9-23}$$

在单位时间里凝并到粒子 1 上的 2 类粒子的数目为：

$$N_{12} = \frac{4\pi D n_0}{\int_\infty^{r12}\frac{\mathrm{e}^{-\frac{1}{kT}\int_\infty^{\bar{r}}F(\rho)\mathrm{d}\rho}}{\bar{r}^2}\mathrm{d}\bar{r}} \tag{9-24}$$

而对于没有分子力时的情况：

$$N_{12} = 4\pi(D_1 + D_2)r_{12}n_0$$

由于 F 力的影响，凝并常数的变化可用下列因素表达：

$$z_{\mathrm{m}} = \frac{1}{\int_0^1 \mathrm{e}^{\frac{1}{kT}\psi\left(\frac{r12}{x}\right)}\mathrm{d}x} \tag{9-25}$$

式中，z_{m} 为存在范德华力时与不存在此力时凝并常数之比；$x = r_{12}/\bar{r}$ 且 $-\int_\infty^{\bar{r}} F(\rho)\mathrm{d}\rho = \psi(\bar{r})$ 为中心距离 $\bar{r}$ 时，分子力 $F(\bar{r})$ 的位势。对于吸引力，$\psi<0$，$z>1$，即此时凝并常数增加，对于斥力，$\psi<0$，而 $z<1$，凝并常数减小。

季霍米罗夫（Tikhomirov）等人得到分子力的位势为：

$$\psi(\bar{r}) = \frac{\pi^2 Q}{6}\left[\frac{2r^2}{\bar{r}^2} + \frac{2r^2}{\bar{r}^2 - 4r^2} + \ln\left(1 - \frac{4r^2}{\bar{r}^2}\right)\right] \tag{9-26}$$

此时系数：

$$z_{\mathrm{m}} = \frac{1}{\int_0^1 \exp\left[-\frac{\pi^2 Q f(x)}{6kT}\right]}\mathrm{d}x \tag{9-27}$$

式中，Q 为常数。

而

$$f(x) = \frac{x^2}{2} + \frac{x^2}{2(1 - x^2)} + \ln(1 - x^2) \tag{9-28}$$

所以分子力的影响与粒径无关，而仅与$\frac{Q}{kT}$的值有关，Q 值约为 $7\times10^{-22}\sim5\times10^{-20}$J。而此时凝并常数的增加大约为 $z_m=1.5$ 到 $z_m=1.001$ 之间。

9.2.2 荷电粒子

设想有两类粒子，半径分别为 r_1 和 r_2，所带电荷分别为 ν 与 μ 个基本电荷，由电荷引起的引力的斥力可使相应的凝并常数增大和减小，如果忽略彼此间的感应力，则自由电荷之间的作用力为：

$$F(\bar{r}) = \nu\mu \frac{e^2}{\bar{r}^2} \tag{9-29}$$

作用力的位势为：

$$\psi = \nu\mu e^2 \frac{x}{r_{12}} \tag{9-30}$$

其中 $x = r_{12}/r$

富克斯得到荷电粒子和非荷电粒子凝并常数之比为：

$$z_e = \frac{a/r_{12}}{e^{a/r_{12}-1}} = \frac{y}{e^y - 1} \tag{9-31}$$

其中 $a = \nu\mu e^2/kT$，$r_{12} = r_1 + r_2$，$y = a/r_{12}$

当 $\nu = \mu = 1$ 时，$a = e^2/kT$ 表示两基本电荷间的距离，当温度为 20℃时，$a = e^2/kT = 0.0574\mu m$ 。图 9-2 表示出了 $z_e = y(e^y - 1)^{-1}$ 的函数关系，$y<0$ 说明粒子间为引力，$y>0$ 说明粒子间为斥力，对于非荷电粒子 $y=0$，而 $z=1$。而且对于 $|y| \ll 1$，粒子为弱荷电，$|y| \gg 1$，粒子为强荷电。

现在考虑一特殊情况：所有粒子粒径相同，且荷有相同电荷 σ_e，在忽略静电凝并（对强荷电是允许的），仅考虑静电发散的情况下：

$$n(t) = \frac{n_0}{1 + t/t_h} \tag{9-32}$$

其中半值时间 $t_h = (4\pi B\sigma^2 e^2 n_0)^{-1}$，如果在 $t=0$ 时刻原始粒子数 $n_0 = 2\times10^6$ 粒子/cm^3，每一粒子带两个基本电荷，那么 $t_h=10.6$s。这样，如果气溶胶是盛在一个容器中，那么它将在粒子间斥力作用下很快沉降到器壁上。

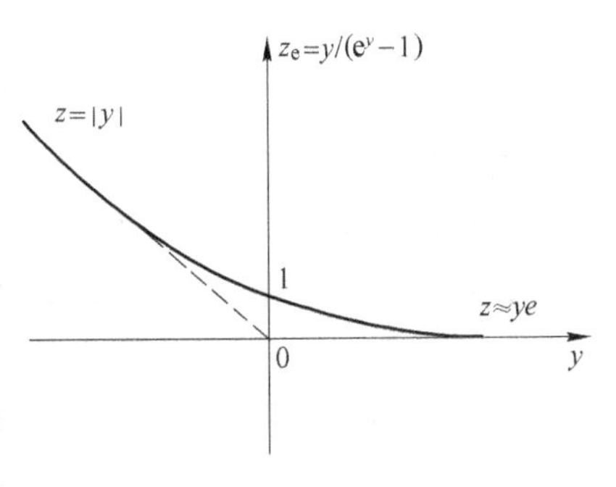

图 9-2 系数 z_e 与 y 之间的关系

9.3 在外力场影响下气溶胶粒子的凝并

在外力场影响下引起气溶胶粒子的凝并，主要有电场和磁场、声场以及层流和紊流中梯度等产生的力而引起的凝并等。

9.3.1　电场和磁场凝并

如图9-3所示，在均匀电场或磁场$\overline{E}$或$\overline{H}$中，半径为r的极化球形气溶胶粒子的偶极矩为：

$$\left.\begin{aligned} p &= \frac{\varepsilon - 1}{\varepsilon + 2}\overline{E}r^3 \\ \text{或}\quad p &= \frac{\mu - 1}{\mu + 2}\overline{H}r^3 \end{aligned}\right\} \tag{9-33}$$

式中，ε为介电常数；μ为磁导率。

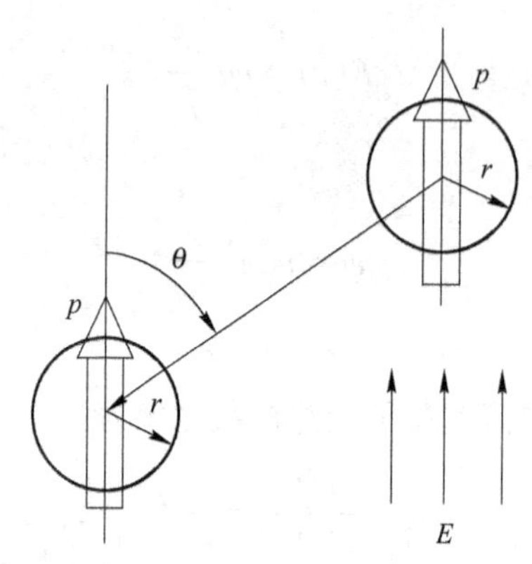

图9-3　在均匀电场中两个极化气溶胶粒子间的作用力（偶极矩p）

对于较大介电常数和磁导率值，式中系数$(\varepsilon-1)/(\varepsilon+2)$和$(\mu-1)/(\mu+2)$可取为1，对于这类物质的两个偶极子相互间的引力$F$的分量形式当$\bar{r} \gg r$时为：

$$\left.\begin{aligned} F_r &= -\frac{3\overline{E}^2 r^6}{\bar{r}^4}(3\cos^2\theta - 1) \\ F_\theta &= -\frac{6\overline{E}^2 r^6}{\bar{r}^4}\sin\theta\cos\theta \end{aligned}\right\} \tag{9-34}$$

式中，$\bar{r}$为粒子的距离；θ为粒子中心的连线与场之间的夹角，如图9-3所示。

式（9-34）中在小距离$\bar{r}$的情况下由于粒子间相互极化所引起的感应力被忽略了。图9-4中表示的是平行偶极矩情况下两气溶胶粒子间的力线，从图9-4知，在$\theta=90°$附近属斥力范围，在$\theta=0°$和$\theta=180°$附近属引力范围。

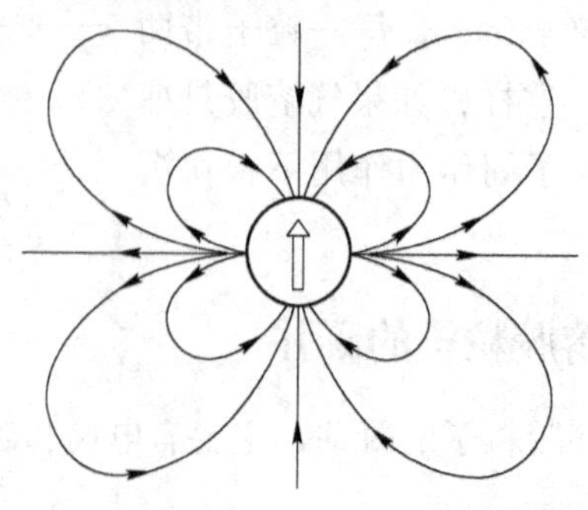

图9-4　平行偶极矩情况下两气溶胶粒子间的力线

富克斯为了简化问题，忽略式（9-34）中的角分量，仅保留式中的径向分量 F_r，在固定的 θ 角情况下计算凝并常数与没有偶极矩时的比值 z，根据式（9-25）得：

$$z_{\theta} = a/\int_{0}^{a} e^{-\mu^3} d\mu \tag{9-35}$$

其中

$$a = \frac{r_M}{2r}(3\cos^2\theta - 1)^{1/3} = \frac{1}{2}\left(\frac{E^2 r^3}{kT}\right)^{1/3}(3\cos^2\theta - 1)^{1/3} \tag{9-36}$$

式中，$r_M = \sqrt[3]{\frac{p_1 p_2}{kT}}$，是两个偶极子间的距离。

对于整个球体的 z_{θ} 的平均值 $\bar{z}$ 为

$$\bar{z} = \frac{1}{2}\int_{0}^{\pi} z_{\theta} \sin\theta d\theta \tag{9-37}$$

若当 $r_M^3/r^3 = \bar{E}^2 r^3/kT \gg 20$，则

$$\bar{z} \approx \frac{1}{12}\frac{r_M^3}{r^3} = \frac{1}{12}\frac{\bar{E}^2 r^3}{kT} \tag{9-38}$$

由式（9-38）可知，要使气溶胶粒子加速凝并必须获得强的电场或磁场。获得数万高斯的磁场在技术上是容易实现的，而提高电场强度受空气击穿强度的限制，仅能实现的电场强度为 20000V/cm，此电场强度仅为可实现的磁场强度的 1/150，所以，在磁场中加速凝并细小粒子比电场中快得多。

对于半径 $r = 1\times10^{-5}$cm 的气溶胶粒子，在电场强度 $\bar{E} = 12000$V/cm，对于 $T = 20$℃，$r_M^3/r^3 = \bar{E}^2 r^3/kT \approx 40$，按式（9-37）可计算得 $\bar{z} = 3.4$。

9.3.2 声场凝并

利用声场中的声波带动空气振动，从而使粒径、密度等性质不同的颗粒发生不同振幅的振动，使得振幅幅度较大的小粒子与振幅较小的大粒子相互碰撞并发生凝并，称为声场凝并。高能的振动波即高强度的声势场变化引起的粒子运动，可以看作是一种有序运动振动声波引起不同大小的粒子具有不同的速度，因而发生凝并的现象。声场中气溶胶的凝并一直是许多人研究的课题，一般认为声场凝并的三个主要原因是：

（1）在声场中粒子振动的振幅不同导致粒子间的碰撞（称为同向凝并）。

（2）由于空气和粒子的相对运动，粒子间存在空气动力引力。

（3）在驻波情况下声辐射压力驱使气溶胶粒子向振动波腹运动，在该处前面提到的两个因素最强。

海德曼（Hiedemann）的声凝并理论仅考虑了上述的同向凝并，对于细小粒子，由于它们的质量很小，在参与声波的振动中有相对大的振幅，所以它们必然与几乎不振动的较大粒子相碰撞而导致凝并。海德曼得到粒子的振幅 x_p 与气体振幅 x_g 之比为：

$$\frac{x_p}{x_g} = \frac{1}{\sqrt{\left(\frac{4\pi\rho_p r^2 f}{9\mu}\right)^2 + 1}} \tag{9-39}$$

式中，μ 为气体的黏性系数，Pa · s；ρ_p 为粒子的密度，kg/m^3；r 为粒子的半径，m；f 为

振动频率。

当 ρ_p 与 μ 为常数时，比值 x_p/x_g 仅仅由乘积 r^2f 决定，如果 $r^2f=20\mu m^2\cdot kHz$ 时 $x_p/x_g\approx0.5$，因而声场频率 $f=20kHz$，粒子半径为 $r=1\mu m$ 的粒子参与振动时振幅只有空气分子振幅的一半。在图 9-5 中表示出了不同频率时振幅比与粒子半径间的关系。

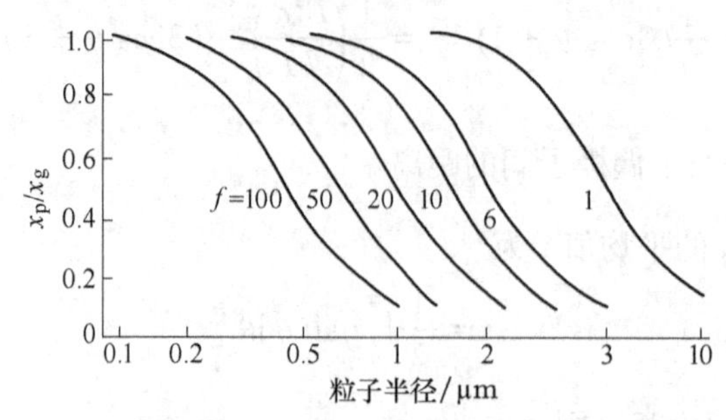

图 9-5　不同频率时振幅比 x_p/x_g 与粒子半径之间的关系

然而，仅考虑同向影响不能精确描述声凝并，实践证明在很高频率时，几乎所有粒子都处于静止状态，没有声凝并发生。这一点，海德曼的理论与实验结果有较大出入。

目前虽然还不存在广泛的声凝并理论，但从实践中可得出如下结论：

（1）只有很强的声场（大于 $0.1W/cm^2$，相应于 150dB）才能引起有效的凝并。

（2）粒子的数目浓度必须很高，即气溶胶粒子间的距离必须很小。冲淡了的烟雾也不具有这样的浓度。

（3）声凝并作为一种辅助方法，与其他除尘设备联合应能高净化效果。

9.3.3　流场中的梯度凝并

在有速度梯度存在的流场里，在容器壁附近的层流与紊流中，可能促进气溶胶粒子的凝并，考虑这种影响的理论称为斯莫鲁克夫斯基梯度凝并理论。如图 9-6 所示，对半径为 r_1 和 r_2 的两类球形粒子，在具有垂直于流动方向的速度梯度 $G=dv/dx$ 的层流中，粒子 2 有相对于粒子 1 的速度 $v=Gx=Gr_{12}\sin\theta$，而每秒钟到达粒子 1 表面（即半径为 r_{12} 的球面）的粒子 2 的数目，在 x 和 $x+dx$ 区间内为：

$$dN_G=nv\cdot2r_{12}\cos\theta dx=2nGr_{12}^3\sin\theta\cos^2\theta d\theta \tag{9-40}$$

式中，n 为单位体积内粒子的数目。

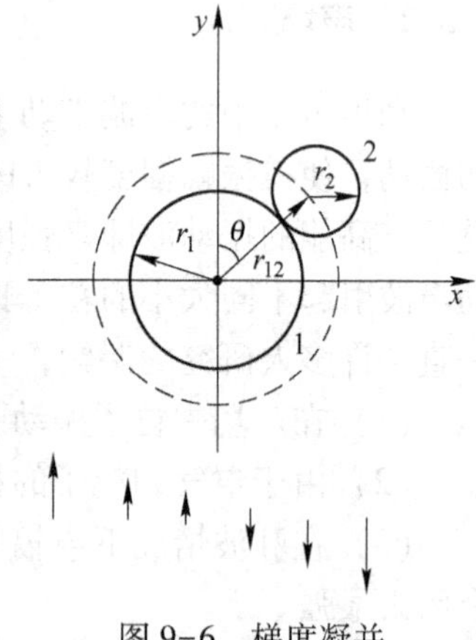

图 9-6　梯度凝并

粒子 2 到达粒子 1 表面的总数是：

$$N_G=2\int_0^{\pi/2}dN_G=4\int_0^{\pi/2}nGr_{12}^3\sin\theta\cos^2\theta d\theta=\frac{4}{3}nGr_{12}^3 \tag{9-41}$$

对单一粒径的气溶胶，$r_1=r_2=r$，$r_{12}=2r$，故有：

$$N_G=\frac{32}{3}nGr^3 \tag{9-42}$$

在以上推导中，流体绕粒子的流动被忽略了，为了考虑这一点，有的学者提出一对粒子碰撞效果的修正公式：

$$E = \frac{Stk^2}{(Stk + 0.06)^2},\ Stk > 0.08 \tag{9-43}$$

$$E = 0,\ Stk < 0.08 \tag{9-44}$$

其中

$$Stk = \frac{2u\rho_p d_p^2}{9\mu r_{12}}$$

式中，u 为二粒子间的速度差。

式（9-43）和式（9-44）说明，对 $Stk<0.08$ 的细小粒子，不可能达到粒子 1 的表面，即梯度凝并仅对 $Stk>0.08$ 的粒子才能发生，低于此极限的粒子的凝并是由于热凝并或其他原因造成的。

考虑到碰撞修正以后，粒子 2 到达粒子 1 表面的总数为：

$$N_G = \frac{32}{3} nGr^3 E \tag{9-45}$$

由此得出梯度凝并速度与热凝并速度之比为：

$$\frac{N_G}{N_{th}} = \frac{32nGr^3E}{3 \times 16\pi nDr} = \frac{2EGr^2}{3\pi D} \tag{9-46}$$

在速度梯度为常数的情况下，比值 N_G/N_{th} 随粒子半径的平方而增长。对具有几微米半径的气溶胶粒子，梯度凝并可能等于或甚至大于热凝并，这时的速度梯度 G 达 $100s^{-1}$ 大小，该值在层流边界层内或流过管道的层流内很容易发生。

热凝并的凝并常数 $k_0 = 8\pi Dr$，梯度凝并的凝并常数 $k_0 = \frac{32}{3} Gr^3 E$。式（9-17）所表示的凝并速度可由图 9-7 表示，从图中可以看出，凝并速度最小时的位置发生在粒子直径为 0.1～1.0μm 处，小于 0.1μm 粒子从气体介质中很快减少，而较大的粒子以较小的扩散系数作为细小粒子的载体很快被沉降。它们的寿命对于半径 0.01μm 的粒子每小时减少一半，对于半径 0.5μm 的粒子减少的速度是每天 50%。

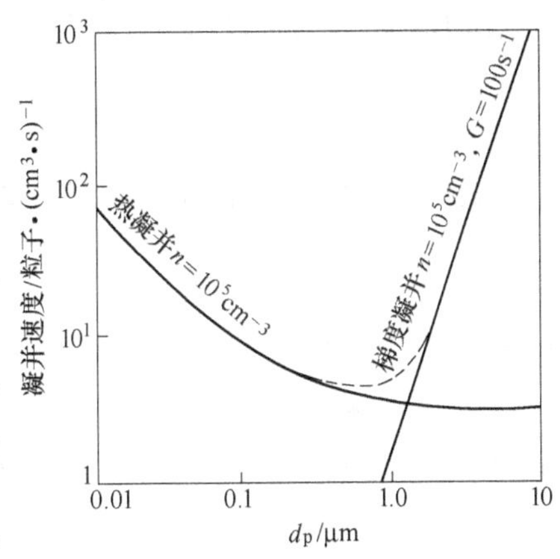

图 9-7　等直径粒子的凝并速度

在紊流中粒子的凝并，列维齐（Levich）按扩散考虑计算粒子流向半径为 r 的吸收球面的值为：

$$N_{turb} = 25\sqrt{\frac{E}{\nu}} r^3 n \tag{9-47}$$

式中，E 为每克秒的能量消散；ν 为运动黏度。

图尼次基（Tunitskii）假定凝并在紊流中是梯度凝并，也得到一个与式（9-47）相类似的表达式，但系数不同，即

$$N_{turb} = 4\sqrt{\frac{E}{\nu}} r^3 n \tag{9-48}$$

同样，上述公式也没有考虑粒子的绕流问题，这样，计算结果可能大大超过实测

结果。

对于旋风除尘器，内部流场十分复杂，从理论上和实践上都说明其内部气流切向速度随半径的减小而增大，可见其切向速度在径向方向存在明显的速度梯度。由于这一速度梯度的存在，在旋风器内会存在强烈的粒子凝并现象发生，这是由气流速度造成的。此外，粒子在离心力作用下还要作径向运动，粒子的径向运动速度与其直径的平方成正比，粒子间的径向速度差也会导致粒子的相互接触与碰撞而产生凝并，这种凝并可以称为颗粒速度梯度凝并。粒子的凝并使其粒径变大，对旋风除尘器而言这无疑将提高其收集效率。进口粉尘浓度越高，越会增加旋风器内部这两种凝并发生的机会，这就是采用旋风除尘器处理高浓度含尘气流时收集效率变高的重要原因之一。

假设斯莫鲁克夫斯基所提出的描述凝并过程的简化理论可以用来描述旋风器中的上述两种速度梯度凝并，那么原始浓度为 N_0 的某一粒径的粒子在 t 时刻后浓度为：

$$N_t = \frac{N_0}{1 + \frac{1}{2}k_0 N_0 t} \tag{9-49}$$

此时的凝并常数 k_0 应为旋风器中两种速度梯度影响下的凝并常数。经测定，此时的凝并常数 k_0。约为 $2.4\times10^{-8}\sim4.3\times10^{-7}\text{cm}^3/\text{s}$。

低含尘浓度时凝并作用不明显，如果忽略低浓度时的凝并作用，那么可以把高浓度时的收集效率视为低浓度时的收集效率与凝并效率的综合，即

$$\eta = 1 - (1 - \eta_1)(1 - E) \tag{9-50}$$

其中凝并效率 E 可由下式计算：

$$E = \frac{N_0 - N_t}{N_0} \tag{9-51}$$

在旋风器中的停留时间 t 可按下式计算：

$$t = \frac{2\pi rn}{v} \tag{9-52}$$

式中，r 为旋风器的筒体半径；n 为气流在筒内的回转数；v 为旋风器入口切线速度。

用气溶胶粒子凝并理论研究旋风除尘器在高粉尘浓度下的收集效率是相当成功的。图 9-8是这一计算结果与实测结果的比较，从中可以看出二者是相当接近的。

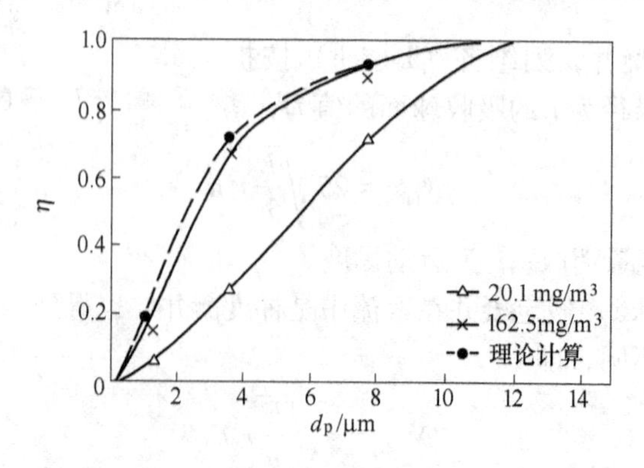

图 9-8　理论计算与实验资料的比较（滑石粉尘）

复习思考题

9-1 什么是气溶胶粒子的凝并，其凝并过程大致可分为哪几类?

9-2 简述气溶胶粒子热凝并的机理。

9-3 引起气溶胶粒子凝并的外力主要有哪些?

9-4 试分析引起声场凝并的主要原因。

9-5 分析旋风除尘器处理高浓度粉尘效果较好的原因。

10　气溶胶粒子的静电沉降

【学习要点】

本章主要介绍了电场强度与电晕电流、气溶胶粒子的荷电、荷电气溶胶粒子在静电场中的运动与沉降和影响静电除尘器性能的其他因素。电晕放电属于阴极发射，负离子在电场力的作用下离开电晕区流向集尘极，并形成电晕电流；气溶胶粒子荷电方式有两种（场电荷和扩散电荷），掌握两种荷电方式荷电量的计算；掌握带电粒子驱动速度、电迁移率的计算；收集效率有多依希公式、非多依希公式（考虑浓度分布不均）、库泊尔曼公式和莱昂纳德公式，掌握效率的计算、会区别4种公式与实测结果的差别；影响除尘性能的因素有粒子比电阻、非均一气流分布的影响和漏风及粒子再飞扬的影响。通过一些前处理使粒子的比电阻处于合适的范围可使得收集效果提高；掌握非均一气流分布实际透过率及系数 F 的计算。漏风和再飞扬计算透过率的公式类似。

静电除尘器由于具有除尘效率高、能处理大烟气量的高温烟尘、设备阻力小、能耗低、坚固耐用、维护简单、安全可靠、长期运行费用低、且不会产生二次污染等突出优点，被世界各国广泛应用于各个工业部门及民用设施。100多年来的应用实践说明，从投资和长期运行成本综合来看，电除尘器总体费用最低，技术经济性最好，运行维护管理压力较小，是符合国家节能减排的主流除尘设备。

静电除尘器按其应用的不同形式可以有不同的分类方式：按照集尘极的几何形状可以分管型和线板型；按照气流流动可以分为立式和卧式；按照集尘极上清灰方式可以分为干式和湿式；按照粉尘在静电除尘器内的荷电方式及分离区域布置可以分为单区和双区。通常情况下，工业上较大规模的静电除尘采用干式、线板型、单区卧式静电除尘器，电晕线采用负电晕放电。近几年来又出现了静电增强过滤设备，丰富了静电收集的内容。此外，静电收集原理也曾用于气溶胶的测量，可用以测定气溶胶粒子的荷电、迁移率、粒径大小及其分布。

静电除尘器（electrostatic precipitator，ESP）的工作原理是以高压直流电在两极间产生电晕放电，含尘气流通过该空间时，粒子被强制荷电，荷电粒子在库仑力的作用下向极板运动并被极板捕获，如图10-1所示。在电晕放电极的窄小区域内气体分子被电离而离子化，正离子

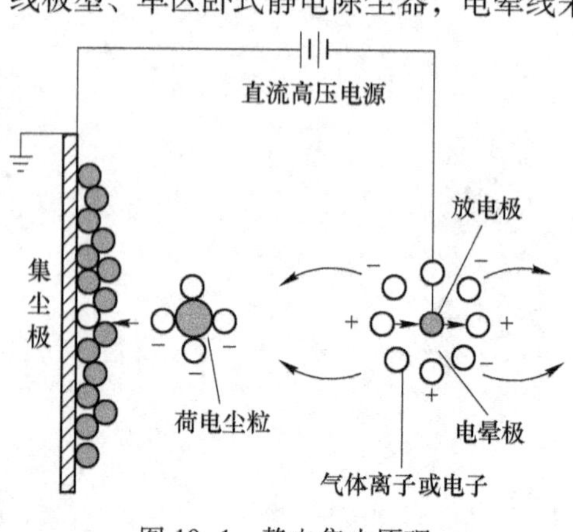

图10-1　静电集尘原理

向电晕极运动而被中和，负离子在向集尘极运动过程中撞击粒子而使其荷电，荷电粒子在电场作用下向集尘极运动而被收集，失去电荷，经振打脱离集尘极。一般静电除尘器的工作电压在 30kV 以上，处理的粒子浓度大约在 $30g/m^3$ 以下。

在静电场作用于荷电粒子上的库仑力要比重力大很多倍，在图 10-2 所示中表示了电力与重力的比较，也表示了作用于气溶胶粒子上的其他力与重力的比较，对于直径为 1μm 的粒子，静电力比重力约大 10000 倍，对于直径为 10μm 的粒子，静电力比重力约大 1000 倍。因而静电除尘器有很高的收集效率，特别是对细小粒子。此外，静电除尘器可处理高达 500°C 的高温含尘气体，设备阻力较低，这是静电除尘设备比较优越之处。

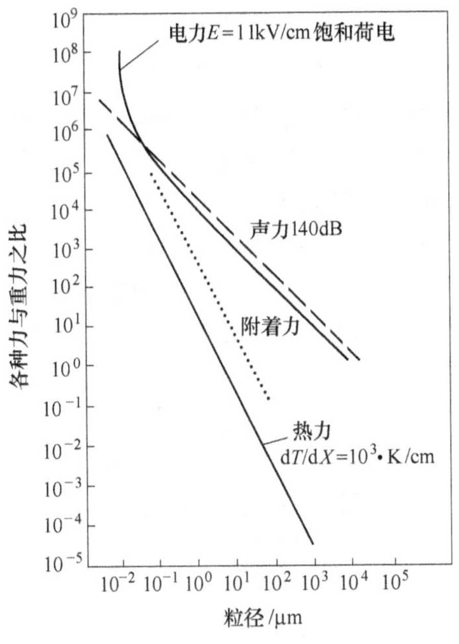

图 10-2 电力与其他力的比较

在本章里，着重论述电场强度与电晕电流，气溶胶粒子的荷电，荷电粒子在静电场中的运动、静电收集理论，影响除尘效率的因素以及电荷影响下气溶胶粒子在圆柱体上的沉降等。

10.1 电场强度与电晕电流

静电除尘的伏安特性如图 10-3 所示，气体离子的离子迁移率和电晕区外部粒子浓度是影响伏安特性的主要因素。负电晕与正电晕的伏安特性有较大差别，在达到火花放电前，负电晕有较高的电流、电压值。对不同的气体，伏安特性也有所不同，对氮气，电流上升较快，对氧气，电流上升较缓慢。而空气处于二者之间。两极间的电压越高，电场强度与电晕电流也越高，但它们之间的关系是复杂的，受气体成分、温度、压力、电极形状、粒子浓度、收集极的尘粒厚度等因素的影响，精确地表达它们之间的关系是困难的。

由电工学理论知，对于两同轴圆柱体间的电场强度为：

$$E = \frac{V}{r\ln(r_2/r_1)} \tag{10-1}$$

式中，V 为两圆柱体间电压，V；r_1 为极线的半径，m；r_2 为圆筒的半径，m。

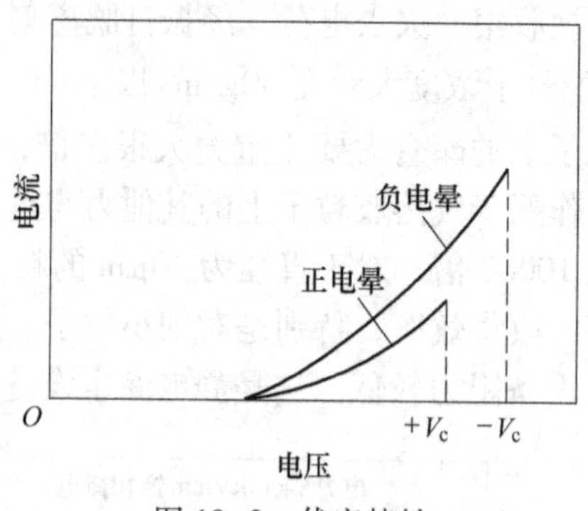

图 10-3　伏安特性

通常在自由空间中，由于宇宙辐射，每立方厘米气体中有大约1000个自由电子，它们在极线附近较大的位势梯度作用下急剧加速，撞击气体原子或气体分子，如果自由电子的速度充分大，撞击的结果产生新的自由电子和正气体离子，自由电子被气体吸收而产生负气体离子，这种雪崩过程连续发生在极线附近的区域中，此区域称为电晕区或离子化区，其中正离子被放电极线吸收，负离子在电场作用下离开电晕区而流向收集极，形成电晕电流。电晕所需要的最小电压称为电晕起始电压，电晕起始电压须由实验确定。对于同轴的圆柱体体系，经怀特黑德（Whitehead）的研究给出临界场强（kV/cm）为：

$$E_c = 31m\frac{\rho}{\rho_s}\left(1 + \frac{0.308}{\sqrt{r_1\rho/\rho_s}}\right) \tag{10-2}$$

式中，m 为一系数，与放电极表面状态有关，对光滑的金属线 $m=1$，粗糙的金属线 $m=0.92$，绞合的金属线 $m=0.82$；ρ/ρ_s 为相对空气密度，在标准状态下 $\rho/\rho_s=1$，在其他条件下为：

$$\frac{\rho}{\rho_s} = 0.0029\frac{p}{T} \tag{10-3}$$

式中，T 为绝对温度，K；p 为大气压力，Pa。

根据式（10-1）和式（10-2）得电晕起始电压（kV）为：

$$V_c = 31m\frac{\rho}{\rho_s}\left(1 + \frac{0.308}{\sqrt{r_1\rho/\rho_s}}\right)r_1\ln\frac{r_2}{r_1} \tag{10-4}$$

而电场中的电晕电流是电荷数目、荷电面积和离子速度 $n \cdot E$ 的函数，即

$$i = 2\pi rneuE \tag{10-5}$$

式中，n 为每立方厘米电荷数目；e 为基本电荷；u 为离子迁移率，cm^3/V；E 为场强，V/cm。

在 $r<r_2$ 的空间内任一点的场强可由泊桑方程得到：

$$E = \left[\left(\frac{r_1E_c}{r}\right)^2 + \frac{2i}{u}\left(1 - \frac{r_1^2}{r^2}\right)\right]^{1/2} \tag{10-6}$$

当 $r\gg r_1$ 时

$$E = \sqrt{\frac{2i}{u}} \tag{10-7}$$

对于线-板极集尘器特鲁斯特（Troost）曾得到一实验结果：

$$E = \sqrt{\frac{8iL}{uW}} \tag{10-8}$$

式中，L 为线-板极间距离，cm；W 为线与线之间距离，cm。

粒子的存在可减少收集区内的电晕电流，既考虑空间电荷又考虑粒子的存在，场强可近似写成：

$$E = \left[\frac{2i}{u}\left(1 + \frac{2\varepsilon Ar}{\varepsilon + 2}\right) + \frac{C_0^2}{r^2}\right]^{1/2} \tag{10-9}$$

式中，A 为单位体积中所有粒子的表面积；ε 为粒子的介电常数；$C_0 = V/\ln(r_2/r_1)$。

当 C_0^2/r^2 很小时，式（10-9）可进一步简化为：

$$E = \left[\frac{2i}{u}\left(1 + \frac{2\varepsilon Ar}{\varepsilon + 2}\right)\right]^{1/2} \tag{10-10}$$

双板型集尘器，有与式（10-10）相似的方程：

$$E = \left[\sqrt{\frac{8iL}{uW}}\left(1 + \frac{\varepsilon Ar}{\varepsilon + 2}\right)\right]^{1/2} \tag{10-11}$$

在有粒子存在时，电场强度是电晕电流 i、离子迁移率 u 和单位体积中粒子的总表面积 A 的函数。式（10-10）和式（10-11）说明，有粒子存在时的场强大于只有空间电荷时的场强。

10.2　气溶胶粒子的荷电

大多数气溶胶是荷电的，气溶胶粒子荷电的方法很多，如喷雾、研磨、从粉体状态飞扬、与器壁摩擦、通过高温火焰和高能辐射等。但工业上最常应用的方法是通过电晕放电，它可使粒子荷电达到饱和。我们希望粒子尽可能多地荷电，因为作用在粒子上的分离力与粒子上电荷量成正比。

以电晕放电使粒子荷电存在两种不同机理。其中最重要的是电场中的离子撞击粒子而荷电，称为场荷电，第二个荷电过程是离子向粒子的扩散，称为扩散荷电。场荷电过程对于粒径大于 0.5μm 的粒子占优势，对于粒径小于 0.2μm 的粒子扩散荷电占优势，而对 0.2~0.5μm 的粒子，二者都起一定作用。

10.2.1　场荷电

怀特（White）等人对场荷电过程作出了理论描述，在推导粒子的场荷电方程之前假设：

（1）粒径相同的粒子有相同的荷电量。

（2）气溶胶粒子彼此间充分分离，粒子间的相互影响可以忽略。

（3）电场强度 E_0 和气体离子浓度 N_0 在任一粒子附近是均一的。

（4）粒子是球形的。

把一最初不荷电的半径为 a 的球形粒子放进电场强度为 E_0 和离子浓度为 N_0 的单极放电电场中，该粒子立即荷电。这一荷电作用继续下去直到粒子上的总电荷建立起充分强的排斥电场阻止了其他离子到达该粒子。场荷电机理是气体离子流向粒子。

不论是介电的还是导电的粒子，在静电场中，都要在粒子附近引起电力线的集中，接着在粒子表面上电场增强。对导电粒子，集中和增强最大，对于介电粒子，这种集中和增强随介电常数的减少而缩小。在均匀电场中的球形导电粒子，电场和等电位线的分布如图10-4所示。通过球体的电力线的总数比不受干扰时增强，在平行于电场方向的球体轴线上存在最大场强，它是不受干扰场强的3倍。

图中点划线表示通过球体的电场的界限。在这个界限里面的沿电力线运动的气体离子将撞到球体上并把电荷给予球体，球体荷电后立刻改变了电场形状，因而也改变了荷电的速度，对于荷电达到半饱和的情况，电场形状如图10-5所示。现在粒子从较小的部分取得电荷，荷电速度相应的减小，直到最后终止荷电，完成荷电过程。

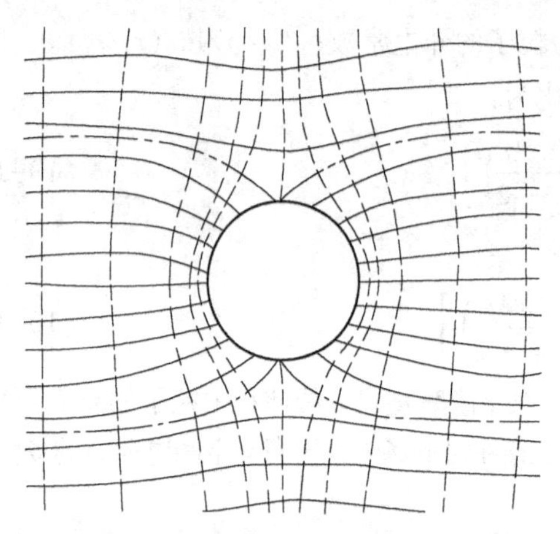

图10-4　球形粒子附近的电力线与等势线

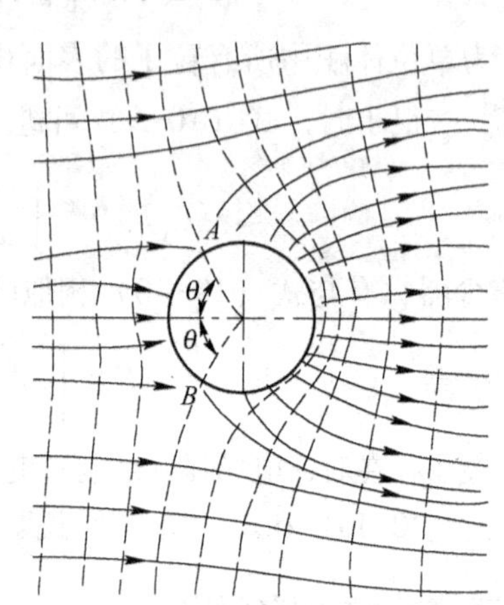

图10-5　均匀电场中部分荷电的导电球体的电场与等电位线

导电球体表面上任一点的电场 E_1 以原始的均匀电场表示，可以写为：

$$E_1 = 3E_0\cos\theta \tag{10-12}$$

如果在 t 时刻有 n 个离子集聚到粒子上，这些电荷必然产生一排斥电场，该电场阻止其他离子到达粒子表面，球体表面上的排斥电场的大小由高斯定律可得：

$$E_2 = -\frac{ne}{\pi\varepsilon_0 d_p^2} \tag{10-13}$$

式中，e 为基本电荷，$e = 1.602\times10^{-19}$ C。ε_0 为介电系数或电容率，$\varepsilon_0 = 1.602\times10^{-19}\mathrm{C^2/(N\cdot m^2)}$

因而，球体上任一点的电场强度 E 是 E_1 和 E_2 之和，即

$$E = E_1 + E_2 = 3E_0\cos\theta - \frac{ne}{\pi\varepsilon_0 d_p^2} \tag{10-14}$$

进入球体的总电通量可由下列积分表示：

$$\psi(ne) = \int_A\left(3E_0\cos\theta - \frac{ne}{\pi\varepsilon_0 d_p^2}\right)\mathrm{d}A \tag{10-15}$$

由图10-6知，球体上的面积微元 dA 可写成：

$$\mathrm{d}A = 2\pi a^2\sin\theta\mathrm{d}\theta \tag{10-16}$$

把式（10-16）代入式（10-15）得：

$$\psi(ne) = \int_\theta^{\theta_0}\left(3E_0\cos\theta - \frac{ne}{\pi\varepsilon_0 d_p^2}\right)2\pi a^2\sin\theta\mathrm{d}\theta \tag{10-17}$$

式中，θ_0 为球体表面电场强度为零时的位置。由式（10-14）可得：

$$\theta_0 = \arccos\frac{ne}{3\pi\varepsilon_0 d_p^2 E_0} \tag{10-18}$$

所以，式（10-17）的积分结果为：

$$\psi(ne) = 3\pi a^2 E_0\left(1 - \frac{ne}{3\pi\varepsilon_0 d_p^2 E_0}\right)^2 \tag{10-19}$$

当 ψ（ne）$=0$ 时，粒子上的电荷达到饱和，把饱和时的电荷记作 $n_s e$，则由式（10-19）可以得到：

$$n_s = 3\pi\varepsilon_0 d_p^2 \frac{E_0}{e} \tag{10-20}$$

式中，n_s 为电荷饱和后粒子上的电荷数目。这样式（10-19）可写为：

$$\psi(ne) = \frac{n_s e}{4\varepsilon_0}\left(1 - \frac{ne}{n_s e}\right)^2 \tag{10-21}$$

设通过球体表面的电流为 i，则：

$$i = jA(t) \tag{10-22}$$

式中，j 为电流密度；$A(t)$ 为粒子左面（如图 10-6 所示）几倍粒径处离子被捕获的面积，在该处电场基本上没有粒子所扰动。

在没有被扰动的电场中，气体离子的运动速度为

$$v = KE_0 \tag{10-23}$$

式中，K 为离子的迁移率。

因此电流密度为：

$$j = N_0 eKE_0 \tag{10-24}$$

由式（10-22）和式（10-24）得出通过粒子的电流为：

$$i = N_0 eKE_0 A(t) \tag{10-25}$$

把面积 $A(t)$ 以在 t 时刻进入粒子的总电通量 ψ 表示，则：

$$A(t) = \psi / E_0 \tag{10-26}$$

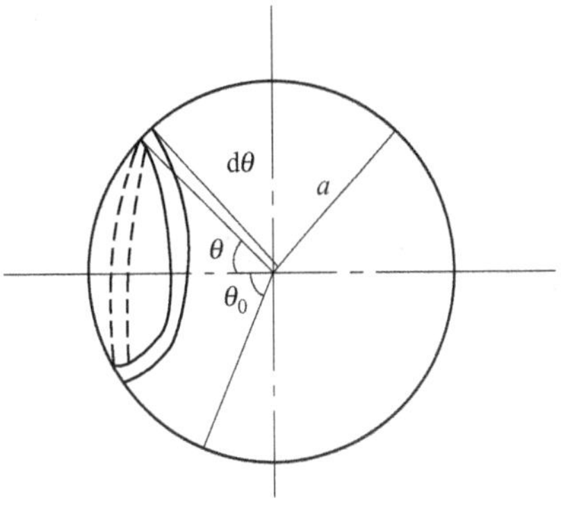

图 10-6　球体上的面积微元

由式（10-21）、式（10-25）、式（10-26）可得：

$$i = \frac{d(ne)}{dt} = N_0 eK\frac{n_s e}{4\varepsilon_0}\left(1 - \frac{n}{n_s}\right)^2 \tag{10-27}$$

因为 n_s、e 均为常量，把式（10-27）两边分别除以 $n_s e$ 得

$$\frac{d\left(\frac{n}{n_s}\right)}{dt} = \frac{N_0 eK}{4\varepsilon_0}\left(1 - \frac{n}{n_s}\right)^2 \tag{10-28}$$

对于初始条件 $t=0$、$n=0$，式（10-28）的解为：

$$\frac{1}{1 - \frac{n}{n_s}} = \frac{N_0 eK}{4\varepsilon_0}t + 1 \tag{10-29}$$

令 $t_0 = 4\varepsilon_0/N_0eK$，则：

$$\frac{n}{n_s} = \frac{t}{t + t_0} \tag{10-30}$$

由式（10-30）知，当 $t=t_0$ 时，$n=n_s/2$，可以认为 t_0 是一时间常数，并可以用来衡量粒子荷电时间的快慢，t_0 较小时，说明粒子荷电较快，反之，说明粒子荷电较慢，这主要是由电场中气体离子的浓度及其电迁移所决定。如果 t_0 一定，那么由图 10-7 可知，粒子的场荷电过程最初荷电速度较快，荷电时间越长，荷电速度变慢，最后趋于饱和。在理论上，当 $t\to\infty$ 时，$n\to n_s$。

在标准条件下的空气中，离子的电迁移率为：

$$K = 2.2 \times 10^{-4}\mathrm{m^2/(s \cdot V)},\ N_0 = 5 \times 10^{14}\ \text{离子}/\mathrm{m^3}$$

对以上条件下的荷电时间常数 t_0 为：

$$t_0 = \frac{4\varepsilon_0}{N_0eK} = \frac{4 \times 8.854 \times 10^{-12}}{5 \times 10^{14} \times 1.6 \times 10^{-19} \times 2.2 \times 10^{-4}} = 0.002\mathrm{s} \tag{10-31}$$

由式（10-31）计算可知，气溶胶粒子的荷电时间与其在除尘器中的停留时间相比是很短促的，以至于可以被忽略。

由式（10-20）知，场荷电情况下粒子的饱和电荷数目与电场强度 E_0 及粒径 d_p 的平方成正比。粒子的饱和电荷随粒径的增大增加很快，如图 10-8 所示。

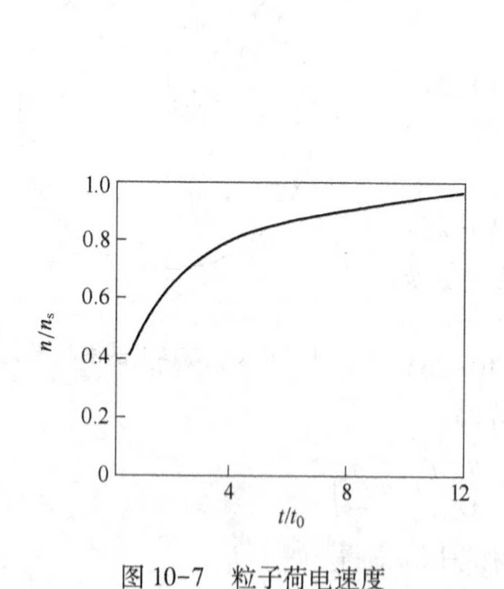

图 10-7　粒子荷电速度

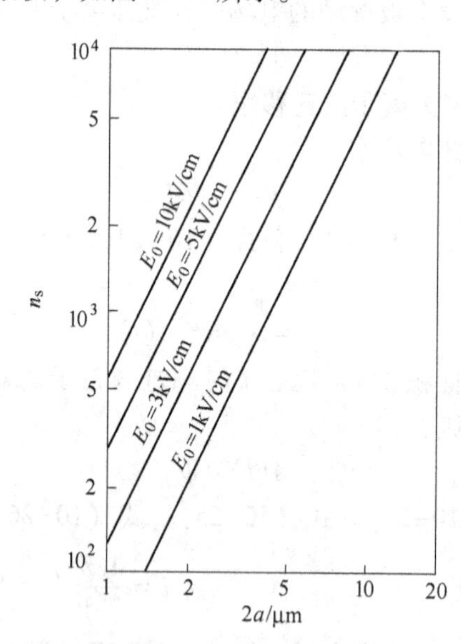

图 10-8　粒子的饱和电荷

对于介电粒子，饱和电荷数 n_s 为：

$$n_s = \frac{3\varepsilon_p}{\varepsilon_p + 2}\frac{\pi\varepsilon_0 d_p^2 E_0}{e} \tag{10-32}$$

式中，ε_p 为粒子的介电常数，对于导电粒子，一般材料的介电常数 $\varepsilon_p\to\infty$。例如变压器油 $\varepsilon_p=2.0$，大理石 $\varepsilon_p=8.0$，一般粒子的介电常数 $\varepsilon_p=5\sim6$。

10.2.2　扩散荷电

阿伦特（Arend）和卡尔曼（Kallman）是最早发现扩散荷电的学者，原来由怀特等人进行了理论研究，由前述的场荷电过程了解到场荷电电荷随粒径的减小而迅速减小，对于细小粒子必须考虑由于离子的扩散而使粒子荷电的情况。粒子荷电的精确理论必须同时考虑场荷电和离子扩散荷电问题，但这在理论推导是十分困难的，因而不得不分别加以考虑。

离子存在于气体中必然占有一部分气体分子的热能，离子在热运动过程中与气溶胶粒子碰撞而使其荷电，这一荷电机理不依赖于外加电场。

气体在位势场中的密度不是均一的，它随下列方程变化：

$$N = N_0 e^{-V/kT} \tag{10-33}$$

式中，V 为势能；k 为玻尔兹曼常数；T 为绝对温度；N_0为未受干扰处离子的浓度。

如果用式（10-33）来描述悬浮粒子附近气体离子的浓度，那么，当粒子上的电荷是 ne，则距粒子 r 距离处气体的势能为：

$$V = \frac{ne^2}{r}\frac{1}{4\pi\varepsilon_0} \tag{10-34}$$

因而粒子附近离子的浓度为：

$$N = N_0 \exp\left(-\frac{ne^2}{4\pi\varepsilon_0 rkT}\right) \tag{10-35}$$

在粒子的表面离子的浓度为：

$$N = N_0 \exp\left(-\frac{ne^2}{2\pi\varepsilon_0 d_p kT}\right) \tag{10-36}$$

在单位时间里撞击到粒子表面上的离子数目为：

$$\frac{dn}{dt} = \pi d_p^2 NC = \pi d_p^2 C N_0 \exp\left(-\frac{ne^2}{2\pi\varepsilon_0 d_p kT}\right) \tag{10-37}$$

式中，C 为离子的均方根速度；d_p 为粒子的直径。

在 $t=0$、$n=0$ 的初始条件下，式（10-37）的解为：

$$n = \frac{2\pi\varepsilon_0 d_p kT}{e^2}\ln\left(1 + \frac{e^2 d_p t N_0 C}{2\varepsilon_0 kT}\right) \tag{10-38}$$

图 10-9 是理论结果与海维特（Hweitt）的实验结果的比较。对大于 0.6μm 的粒子场荷电理论与实验结果的差别在 10%以内，对于小于 0.2μm 的粒子，实验曲线与扩散理论曲线一致。

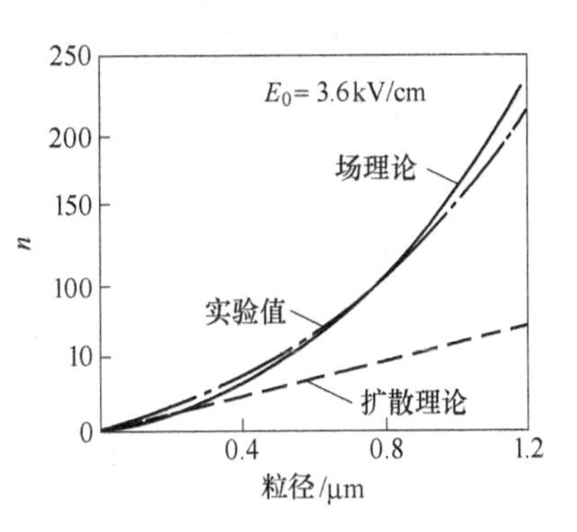

图 10-9　理论计算与实践数据比较

在考切特（Cochet）发表的文章中，对超细粒子的荷电规律进行了研究，对半径为 0.02～0.5μm 的超细粒子与离子的平均自由程是同一数量级，在中等电场强度下，场荷电与扩散荷电对粒子荷电量同等重要的，必须同时加以考虑。这样才能精确地计算在场荷电与扩散荷电共同作用下粒子的荷电量，根据上述认识，考切特导出：

$$n=\left[\left(1+\frac{\lambda}{a}\right)^2+\frac{2}{1+\frac{\lambda}{a}}\frac{\varepsilon_p-1}{\varepsilon_p+2}\right]\frac{\pi\varepsilon_0 d_p^2 E_0}{e}\frac{t}{t+t_0} \tag{10-39}$$

式中，λ 为离子的平均自由程。

式（10-39）与实验结果一致。

【例 10-1】 气溶胶粒子的直径 $d_p=5\mu m$，气体中离子浓度 $N_0=5\times10^{14}$离子/m^3，离子的迁移率 $K=2.2\times10^{-4}m^2/(s\cdot V)$，电场强度 $E_0=6\times10^5 V/m$，气体的温度 $T=300K$，离子的均方根速度 $C=50m/s$，玻尔兹曼常数 $k=1.38\times10^{-23}J/K$，粒子的介电常数 $\varepsilon=5$，气体的介电系数 $\varepsilon_0=8.85\times10^{-12}C^2/(N\cdot m^2)$，基本电荷 $e=1.6\times10^{-19}C$，求 1s 后气溶胶粒子的荷电量。

解：荷电时间常数：由式（10-29）得：

$$t_0=\frac{4\varepsilon_0}{N_0 eK}=\frac{4\times8.85\times10^{-12}}{5\times10^{14}\times1.6\times10^{-19}\times2.2\times10^{-4}}=0.002s$$

场荷电由式（10-30）和式（10-32）得：

$$n=\frac{3\varepsilon_p}{\varepsilon_p+2}\times\frac{\pi\varepsilon_0 d_p^2 E_0}{e}\times\frac{t}{t+t_0}$$

$$=\frac{3\times5}{5+2}\times\frac{3.14\times8.85\times10^{-12}(5\times10^{-6})^2\times6\times10^5}{1.6\times10^{-19}}\times\frac{1}{1+0.002}=5571$$

扩散荷电由式（10-38）得：

$$n=\frac{2\times3.14\times8.85\times10^{-12}\times5\times10^{-6}\times1.38\times10^{-23}\times300}{(1.6\times10^{-19})^2}\times$$

$$\ln\left[1+\frac{(1.6\times10^{-19})^2\times5\times10^{-6}\times1\times5\times10^{14}\times50}{2\times8.85\times10^{-12}\times1.38\times10^{-23}\times300}\right]=480$$

粒子的总荷电量是以上二者之和，所以 1s 后气溶胶粒子的荷电量为：

$$n=5571+480=6051$$

【例 10-2】 气溶胶粒子的介电常数 $\varepsilon=5$，电场强度 $E_0=3\times10^6 V/m$，气体的温度 $T=300K$，气体中离子浓度 $N_0=2\times10^{15}$离子/m^3，离子的均方根速度 $C=467m/s$，气体的介电系数 $\varepsilon_0=8.85\times10^{-12}C^2/(N\cdot m^2)$，求气溶胶粒子直径 $d_p=0.1\mu m$，$0.5\mu m$ 和 $1.0\mu m$ 时，在电场和扩散荷电综合作用下粒子荷电量随时间的变化。

解：由式（10-32）得：

$$q_s=n_s e=3\pi\varepsilon_0 d_p^2 E_0\frac{\varepsilon_p}{\varepsilon_p+2}$$

$$=3\pi\times8.85\times10^{-12}\times3\times10^6\times\frac{5}{5+2}d_p^2=1.79\times10^{-4}d_p^2$$

由式（10-38）得扩散荷电：

$$n=\frac{2\pi\varepsilon_0 d_p kT}{e^2}\ln\left(1+\frac{e^2 d_p t N_0 C}{2\varepsilon_0 kT}\right)=\frac{2\pi\times 8.85\times 10^{-12}\times 300\times 1.38\times 10^{-23}d_p}{(1.6\times 10^{-19})^2}\times$$

$$\ln\left[1+\frac{(1.6\times 10^{-19})^2\times 467\times 2\times 10^{15}d_p t}{2\times 8.85\times 10^{-12}\times 300\times 1.38\times 10^{-23}}\right]$$

$$=8.99\times 10^6 d_p\ln(1+3.26\times 10^{11}d_p t)$$

电场和扩散荷电综合作用下粒子荷电量为：

$$q=q_s+ne=1.79\times 10^{-4}d_p^2+1.44\times 10^{-12}d_p\ln(1+3.26\times 10^{11}d_p t)$$

因此，粒子荷电量随时间和粒径的变化曲线如图 10-10 所示。

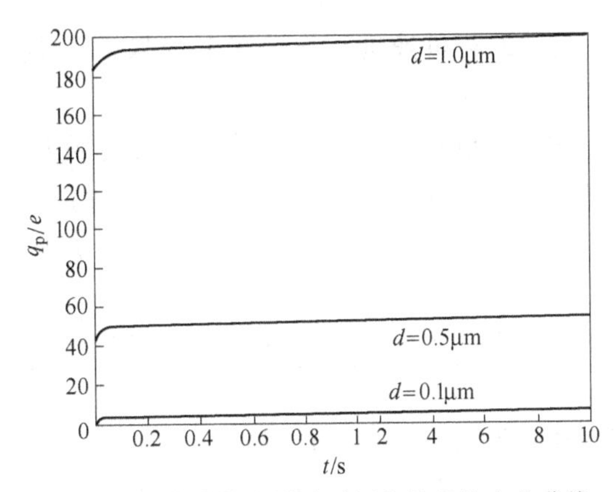

图 10-10　粒子荷电量随时间和粒径的变化曲线

10.3　荷电气溶胶粒子在静电场中的运动与沉降

10.3.1　荷电气溶胶粒子在静电场中的运动

荷电粒子在静电场中的运动和沉降是静电收集过程中的第二个基本步骤，作用于荷电粒子上的收集力服从库仑定律，而粒子的运动速度正比于库仑力的大小，因而正比于粒子电荷与场强的乘积。如果作用于荷电粒子上的库仑力为：

$$F_e=qE_p \tag{10-40}$$

式中，q 为粒子的电荷，C；E_p 为电场强度，V/m。

则粒子运动的速度可按下列微分方程进行计算：

$$m\frac{d\omega}{dt}=qE_p-3\pi\mu d_p\omega \tag{10-41}$$

式中，m 为粒子的质量，kg；ω 为粒子的驱进速度，m/s；d_p 为粒子的直径，m；μ 为气体黏性系数，Pa · s。

解式（10-41）得：

$$\omega=\frac{qE_p}{3\pi\mu d_p}\left(1-e^{-\frac{3\pi\mu d_p t}{m}}\right) \tag{10-42}$$

对于静电沉降，指数 $3\pi\mu d_p/m$ 对所有粒子都是很大的，例如对粒径为 10μm 的密度为 1g/cm^3 的球形粒子。

$$\frac{3\pi\mu d_p}{m}=\frac{3\pi\mu d_p}{\frac{1}{6}\pi d_p^3}=\frac{18\times1.8\times10^{-5}}{(10\times10^{-6})^2}=3.24\times10^6\mathrm{s}$$

可见，指数项完全可以忽略。消去指数项等于忽略式（10-41）中的惯性 $m\frac{d\omega}{dt}$，这个简化是合理的，因为粒子达到最终速度的时间远比粒子在静电除尘器中停留的时间短得多。式（10-42）经简化后得驱进速度可以写为：

$$\omega=\frac{qE_p}{3\pi\mu d_p}=\frac{\varepsilon_p}{\varepsilon_p+2}\frac{\varepsilon_0E_0E_pd_p}{\mu}\tag{10-43}$$

式（10-43）说明，粒子的驱进速度正比于荷电场强 E_0、收集场强 E_p 和粒子直径，但与气体黏性系数 μ 成反比。

【例 10-3】 对于粒径 $d_p=10\mu m$ 的气溶胶粒子，在荷电场强 $E_0=5kV/cm$，收集场强 $E_p=3kV/cm$，气体黏性系数 $\mu=1.84\times10^{-5}kg/(m\cdot s)$，粒子的介电常数 $\varepsilon_p=5$，气体的介电系数 $\varepsilon_0=8.85\times10^{-12}C^2/(N\cdot m^2)$ 条件下，求粒子的驱进速度。

解：由式（10-43）得：

$$\omega=\frac{5}{5+2}\times\frac{8.85\times10^{-12}\times5\times10^5\times3\times10^5\times10\times10^{-6}}{1.84\times10^{-5}}=0.5153\mathrm{m/s}$$

对于细小粒子，式（10-43）还需乘以肯宁汉修正系数 C，即

$$\omega=\frac{\varepsilon_p}{\varepsilon_p+2}\frac{\varepsilon_0E_0E_pd_pC}{\mu}=\frac{\varepsilon_p}{\varepsilon_p+2}\frac{\varepsilon_0E_0E_pd_p}{\mu}\left(1+A\frac{\lambda}{a}\right)\tag{10-44}$$

式中，λ 为气体分子平均自由程，在标准条件下，$\lambda=0.1\mu m$；A 为常数，在标准条件下，$A=0.86$。

在实际的电除尘器中，粒子的运动是十分复杂的，由理论计算所得到的驱进速度与实际的驱进速度有较大的差别，主要原因是理论的抽象与实际情况有较大差别所造成的。

各种粒径的气溶胶粒子的布朗运动速度，在重力场中的最终沉降速度以及场强为 2.5kV/cm 条件下的驱进速度之间的比较见表 10-1。从表中可知，粒子的驱进速度比其在重力场中的最终沉降速度大很多倍。例如对 1μm 的粒子，驱进速度是最终沉降速度的 370 倍，粒径越小，此倍数越大，当粒径为 0.1μm 时，二者之比为 35000 倍。

表 10-1 粒子运动速度的比较

粒径/μm	布朗运动速度/$cm\cdot s^{-1}$	最终沉降速度/$cm\cdot s^{-1}$	驱进速度/$cm\cdot s^{-1}$	ω/v_s
0.1	0.0028	0.00008	2.80	35000
0.2	0.0016	0.00032	2.80	87000
1	0.00058	0.008	2.94	370
2	0.00039	0.032	5.88	183
10	0.00017	0.80	210.40	32.8
20		3.20	58.80	18.6
40		13.20	117.60	8.9

如果令 $K=\omega/E_{p}$，K 称为电迁移率，则

$$K=\frac{\varepsilon_{p}}{\varepsilon_{p}+2}\frac{\varepsilon_{0}E_{0}d_{p}}{\mu}\left(1+A\frac{\lambda}{a}\right) \tag{10-45}$$

或

$$K=\frac{n_{0}e}{3\pi\mu d_{p}}\left(1+A\frac{\lambda}{a}\right) \tag{10-46}$$

对于扩散荷电的电迁移率为：

$$K=\frac{2\varepsilon_{0}kT}{3\mu e}\left(1+A\frac{\lambda}{a}\right)\ln\left(1+\frac{e^{2}d_{p}tN_{0}C}{2\varepsilon_{0}kT}\right) \tag{10-47}$$

由式（10-45）和式（10-47）计算的理论电迁移率如图 10-11 所示。对标准条件下单一荷电粒子的电迁移率如图 10-12 所示。图 10-13 中的曲线是刘、怀贝特（Whitby）和海威特（Hewitt）的实验结果，图 10-13 说明在标准条件下最小电迁移率发生在粒径近 0.3μm 处，低压时的实验结果没有出现电迁移率的最小值，且电迁移率明显增大。

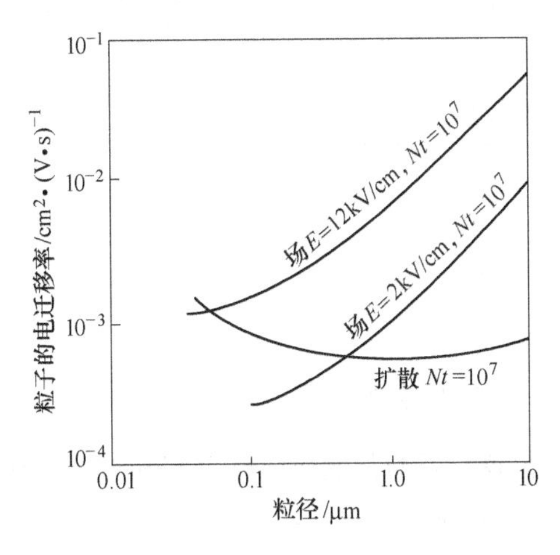

图 10-11 粒子电迁移率的理论值

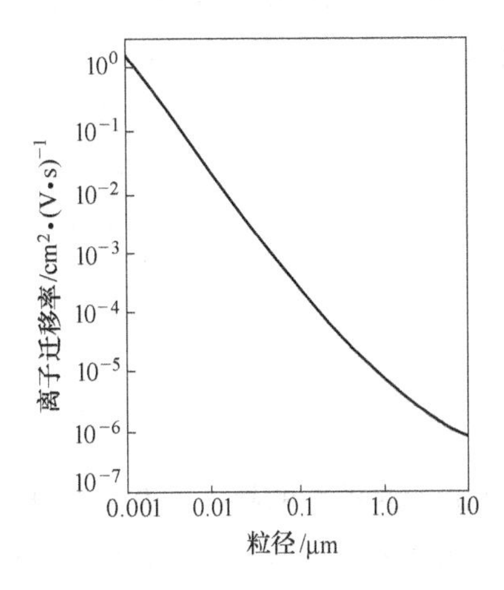

图 10-12 粒子电迁移率的理论值

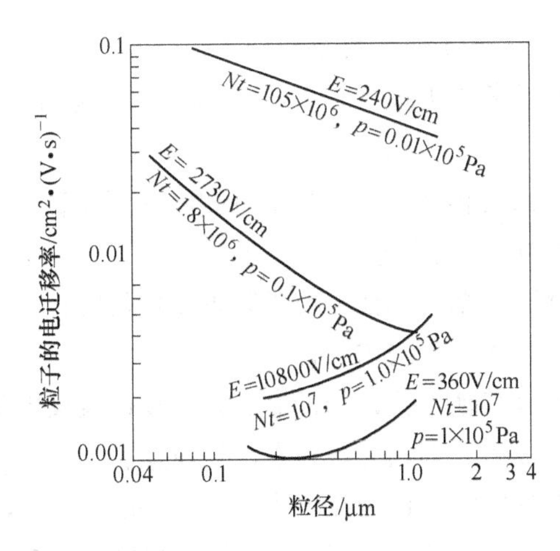

图 10-13 粒子电迁移率的实验值

10.3.2　荷电粒子在静电场中的沉降

静电场中气流的流动状态原则上可以是层流也可以是紊流。但在工业电除尘器中，气流的流动状态均属紊流，层流状态只有在实验室中的实验设备上才能存在。

10.3.2.1　层流状态下荷电粒子在静电场中的沉降

如图 10-14 所示，考虑一管状收集部分，d 为两极板间距，含有单一粒子的气溶胶粒子穿过管道，在高压电极附近的粒子必须运动一距离 d 到达接地电极而被收集，粒子的驱进速度 ω 与气流方向垂直，在 $t=d/\omega$ 时间内处于高压电极附近的粒子运动到收集电极（接地电极），而相应的管长 L 必须为：

$$L = vt = v\frac{d}{\omega} \tag{10-48}$$

由式（10-48）给出的管长可以收集粒子驱进速度大于 ω 的所有粒子的单一粒子，上述条件将有 100%的收集效率，对于非均一粒度分布的粒子，应按照需要的收集效率来设计管长。

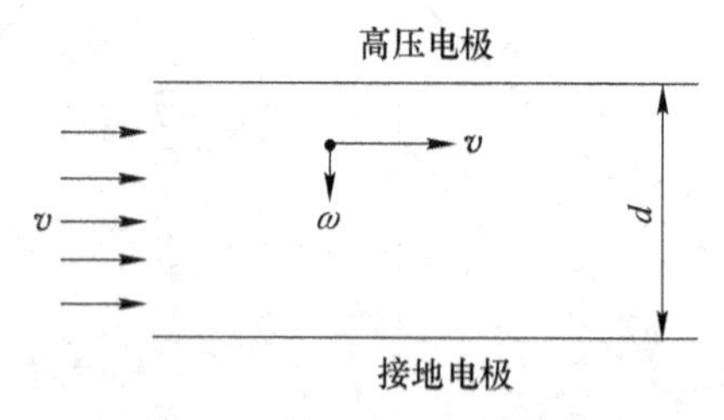

图 10-14　粒子在电场中的运动

在层流情况下的静电收集器可用于测量气溶胶粒子的荷电量、迁移率和粒径，例如粒子的荷电量 q 可以从观察粒子的路径和水平方向的沉降距离而得到，即

$$q = \frac{3\pi\mu d_{\mathrm{p}}}{E_{\mathrm{p}}}\frac{d}{L}v \tag{10-49}$$

10.3.2.2　粒子沉降的一维数学模型

荷电粒子在静电场中沉降的机理十分复杂，为了建立数学模型。需要作一些必要的假设：

（1）粒子是球形的，而且相同粒径的粒子有相同的荷电量；

（2）忽略粒子间的相互影响；

（3）电场强度与气体离子浓度在任一粒子附近是均匀的；

（4）进入静电场的气流速度是均匀的；

（5）在收尘区域内没有其他干扰，如冲刷、再飞扬以及反电晕现象等；

（6）粒子运动到收尘极后，即认为该粒子已被收集；

（7）由于紊流和扩散的影响，认为在收尘区内某一断面上粒子的浓度是均匀的。

如图 10-15 所示，沿 x 方向气流速度为 v，粒子浓度为 C，在流动方向上单位长度集尘极面积为 a，通道截面面积为 f，荷电粒子的驱进速度为 ω，在 $\mathrm{d}t$ 时间内在微元距离 $\mathrm{d}x$

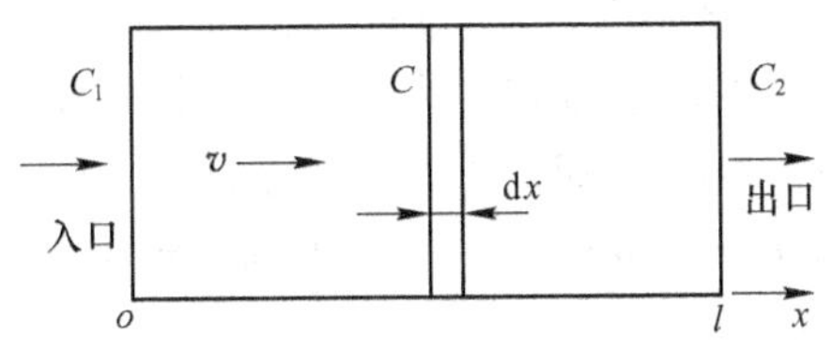

图 10-15　静电收集示意图

内捕集的粒子量应等于微元体积中粒子数量的变化，即

$$a\mathrm{d}x \cdot \omega C\mathrm{d}t = -f\mathrm{d}x\mathrm{d}C \tag{10-50}$$

又因为 $\mathrm{d}x = v\mathrm{d}t$，由式（10-50）得：

$$\frac{a\omega}{fv}\mathrm{d}x = -\frac{\mathrm{d}C}{C} \tag{10-51}$$

式（10-51）是描述粒子在气流方向上浓度变化的一维微分方程。若进口浓度为 C_1，出口浓度为 C_2，集尘器的长度为 l，则微分方程的解为：

$$C = C_1\exp\left(-\frac{a\omega}{fv}x\right) \tag{10-52}$$

出口粒子浓度 C_2 为：

$$C_2 = C_1\exp\left(-\frac{al}{fv}\omega\right) \tag{10-53}$$

由式（10-52）和式（10-53）得集尘器的收集效率为：

$$\eta = 1 - \frac{C_2}{C_1} = 1 - \exp\left(-\frac{al}{f}\omega\right) \tag{10-54}$$

或

$$\eta = 1 - \exp\left(-\frac{A}{Q}\omega\right) \tag{10-55}$$

式中，A 为极板面积；Q 为两收尘极间流量之半。

式（10-54）或式（10-55）是著名的多依希（Deutsch）收集效率公式，它说明集尘器的收集效率随极板面积和驱进速度的增大而增加，随处理流量的增加而降低。

把大量的实测资料和理论计算结果进行对比，可以发现式（10-54）或式（10-55）的计算结果普遍偏高，说明在多依希公式中没有概括进大量存在的非多依希现象。例如，静电场中流速不均；粒子的再飞扬，粒子驱进速度随流速变化；粒子的驱进速度不与粒径成正比；粒子的驱进速度在通道宽度方向上是变化的；粒子浓度在静电场中的三个方向上都是变化的等。

为缩小计算结果与实际之间的差别，长期以来，人们多以有效驱进速度 ω_e 来代替理论驱进速度 ω_e，有效驱进速度 ω_e 是在一些技术参数和几何参数已知情况下借公式（10-54）或式（10-55）由收集效率反算而得到的，它是一个综合指标，上面所提到的那些非多依希现象似乎被考虑到有效驱进速度之中了，然而，这样做的后果是大大减少了理论对实践的指导意义。

10.3.2.3　粒子沉降的三维数学模型

该模型的建立是保留了在一维模型中所提出的假设的前 6 条，而舍弃其中的第 7 条假设得到的。

如图 10-16 所示，在空间电场内建立三维坐标，取坐标原点位于进口平面的中心，x 轴为气流方向，y 轴指向收尘极，重力方向为 z 轴。在该三维坐标系中任取一微元体，如图 10-16 中之 3 所示，图中 1 为极尘极，2 为电晕极，图 10-17 是微元体的放大图。在三个方向上微元体的边长分别为 $\mathrm{d}x$，$\mathrm{d}y$，$\mathrm{d}z$。在 x 方向上流进和流出微元体的气溶胶粒子数量分别为：

$$\mathrm{d}y\mathrm{d}zuC\mathrm{d}t \text{ 及 } \mathrm{d}y\mathrm{d}zuC\mathrm{d}t + \mathrm{d}y\mathrm{d}zu\frac{\partial C}{\partial x}\mathrm{d}x\mathrm{d}t$$

同理在 y，z 方向上流进和流出微元体的气溶胶粒子的数量分别为：

$$\mathrm{d}z\mathrm{d}xvC\mathrm{d}t \text{ 及 } \mathrm{d}z\mathrm{d}xvC\mathrm{d}t + \mathrm{d}y\mathrm{d}xv\frac{\partial C}{\partial y}\mathrm{d}y\mathrm{d}t$$

$$\mathrm{d}x\mathrm{d}ywC\mathrm{d}t \text{ 及 } \mathrm{d}x\mathrm{d}ywC\mathrm{d}t + \mathrm{d}x\mathrm{d}yw\frac{\partial C}{\partial z}\mathrm{d}z\mathrm{d}t$$

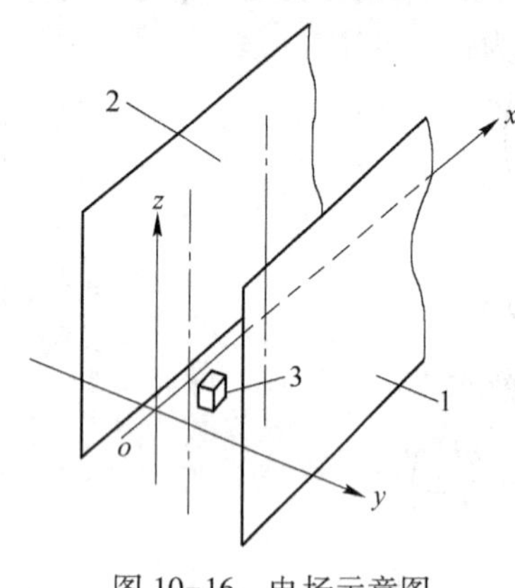

图 10-16　电场示意图

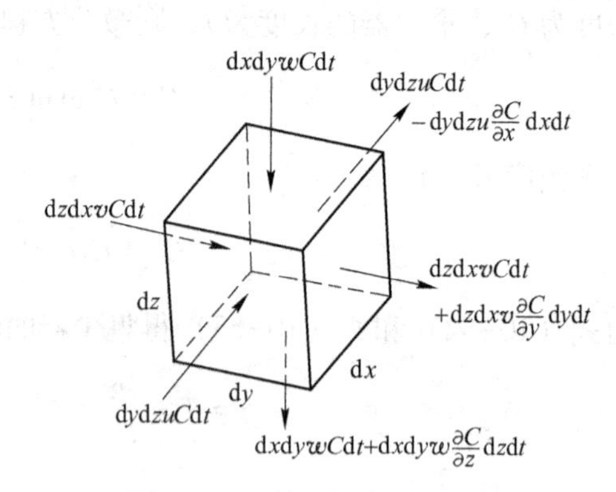

图 10-17　静电场中的微元体

在该微元体内既没有源也没有汇，即在微元体内粒子既不产生也不消灭，因而可以得到：

$$u\frac{\partial C}{\partial x} + v\frac{\partial C}{\partial y} + w\frac{\partial C}{\partial z} = 0 \tag{10-56}$$

式中，C 为气溶胶粒子的浓度；u 为 x 方向的气流速度，即 x 方向粒子的运动速度；v 为 y 方向的粒子的运动速度，即荷电粒子的驱进速度；w 为 z 方向粒子运动速度，即粒子在重力作用下的沉降速度。

式（10-56）是一个描述静电场中气溶胶粒子沉降运动的三维偏微分方程。

在一般情况下，粒子的重力沉降速度 w 与其驱进速度 v 和气流速度 u 相比小得多，可以忽略，这样式（10-56）可以简化成平面问题，即

$$u\frac{\partial C}{\partial x} + v\frac{\partial C}{\partial y} = 0 \tag{10-57}$$

选定边界条件 $C(0, 0) = C_0$，C_0 为进口出粒子浓度。

$$C(x, 0) = C_0\exp\left(-\frac{av}{fu}x\right) \tag{10-58}$$

方程式（10-57）的解为：

$$C(x,\ y) = C_0\exp\left[-\frac{a}{f}\left(\frac{v}{u}x - y\right)\right] \tag{10-59}$$

式（10-52）与式（10-59），如果令 $y=0$，二者完全一致，只是符号不同而已。

由式（10-59）知，如果取定 y，则粒子浓度随 x 的增大而降低；如果 x 已定（即在一定断面上），粒子浓度随着 y 的增大而增高。在收集极极板末端处，出口粒子浓度有最大值，即

$$C(l,\ b) = C_0\exp\left[-\frac{a}{f}\left(\frac{v}{u}l - b\right)\right] \tag{10-60}$$

式中，l 为收集极极板长度，m；b 为电晕极与收集极间距离，m。

由于上述原因，为了计算静电除尘器收集效率，必须首先计算出口断面上粒子的平均浓度 $\overline{C}$，即

$$\overline{C} = \frac{C_0}{b}\int_0^b \exp\left[-\frac{a}{f}\left(\frac{v}{u}l - y\right)\right]\mathrm{d}y \tag{10-61}$$

因为 $f=ab$，所以式（10-61）可写为：

$$\overline{C} = C_0(\mathrm{e}-1)\exp\left(-\frac{av}{fu}l\right) = 1.718C_0\exp\left(-\frac{av}{fu}l\right) \tag{10-62}$$

而收集效率为：

$$\eta = 1 - \frac{\overline{C}}{C_0} = 1 - 1.718\exp\left(-\frac{av}{fu}l\right) \tag{10-63}$$

若令 $A=al$，为收集极极板面积；$Q=fu$ 为气流流量，则：

$$\eta = 1 - 1.718\exp\left(-\frac{A}{Q}v\right) \tag{10-64}$$

把式（10-63）或式（10-64）与多依希公式比较，右边第二项多了一个 1.718 的系数，所以在相同条件下，由式（10-64）计算结果小于由式（10-54）计算的结果，可见 y 方向上的粒子浓度分布不均，使静电除尘器的收集效率降低。由于多依希模型（一维模型）没有考虑 y 方向上粒子浓度的变化，因而式（10-54）的计算结果总是高于相同条件下的实测值。y 轴上的不均一的浓度分布是多依希理论的计算值高于实测值的重要原因之一，式（10-64）中由于考虑了断面上的浓度不均，其计算结果比多依希公式的计算结果更精确。

10.3.2.4　静电沉降与紊流扩散模型

库泊尔曼（Cooperman）于 1971 年提出这一模型来描述粒子在静电场中的沉降运动。他指出在收尘区域内存在三个浓度梯度：

（1）在气流方向上，上游的粒子浓度高于下游的粒子浓度；

（2）在垂直于气流的水平方向上，从电晕极到收尘极粒子浓度逐渐增高；

（3）在重力方向上，电场中粒子浓度从上到下逐渐增高。

由于紊流混合和扩散作用，粒子将由高浓度向低浓度转移，这一紊流扩散影响明显与粒子的静电收集过程相反。

库泊尔曼认为对于某些非多依希现象可以用小于 1 的系数 f 来概括，此时，有效驱进

速度 $\omega_c=(1-f)\omega$。紊流扩散的影响可用扩散系数 D_t 来描述。在上述条件下，库泊尔曼得出描述静电沉降的微分方程为：

$$\frac{d^2C}{dx^2}-\frac{v}{D_t}\frac{dC}{dx}-(1-f)\frac{\omega}{bD_t}C=0 \tag{10-65}$$

取边界条件为 $x=0$ 时 $C=C_0$，$x\to\infty$ 时 $C\to 0$。式（10-65）的解为：

$$C=C_0\exp(-kx) \tag{10-66}$$

其中

$$k=-\frac{v}{2D_t}+\left[\frac{v^2}{4D_t}+(1-f)\frac{\omega}{bD_t}\right]^{1/2}$$

因而收集效率为

$$\eta=1-\exp\left\{\left[a_i-(a_i^2+2\beta_i)^{\frac{1}{2}}\right]\frac{l}{b}\right\} \tag{10-67}$$

其中

$$a_i=\frac{bv}{2D_{ti}},\ \beta_i=\frac{b(1-f)\omega_i}{2D_{ti}}$$

a_i 与 β_i 分别描述第 i 区间粒径的粒子在轴向和横向的紊流程度的无因次数，b 是两收尘极间的半宽度。

当 $a_i^2\gg 2\beta_i$ 时，此时的流动称低紊流状态：

$$\sqrt{1+\frac{2\beta_i}{a_i^2}}\approx 1+\frac{\beta_i}{a_i^2} \tag{10-68}$$

则式（10-67）变为：

$$\eta=1-\exp\left[-\frac{(1-f)\omega_i}{v}\frac{l}{b}\right] \tag{10-69}$$

当 $a_i^2\ll 2\beta_i$ 时，此时的流动称高紊流状态：

$$\sqrt{1+\frac{2\beta_i}{a_i^2}}\gg 1 \tag{10-70}$$

则式（10-67）变为：

$$\eta=1-\exp\left[-\sqrt{\frac{(1-f)w_il^2}{bD_{ti}}}\right] \tag{10-71}$$

系数 f 与紊流扩散系数 D_t 目前尚无理论上的计算方法，但可利用收尘效率的实测资料进行反算。对于高流速、大收集空间及微细粒子紊流扩散系数较大，通常 $D_t=0.01\sim10.0\text{m}^2/\text{s}$，而系数 f 在 0.5~0.7 之间。

与多依希公式进行比较，上述两种情况下的有效驱进速度 ω_c 应为：

$$\omega_c=(1-f)\omega_i\quad（低紊流状态） \tag{10-72}$$

$$\omega_c=v\left[\frac{(1-f)\omega_ib}{D_{ti}}\right]\quad（高紊流状态） \tag{10-73}$$

通常，静电收尘区内粒子的运动状态多属第一种流动状态，所以一般均用式（10-69）进行计算。

尽管系数 f 与 D_t 难以从理论上确定，但是库泊尔曼的理论仍有很多可取之处，如对静电场中粒子浓度分布的认识以及系数 f 的提出等均对认识收尘区内粒子的沉降运动是很有益的。

1980 年莱昂纳德（Leonard）等人也对静电收集理论进行了研究。他们也认为在静电场中收集粒子的机理除静电收集以外，还必须考虑紊流扩散问题，粒子的沉降是静电迁移与涡流扩散的综合结果。

图 10-18 是收集模型示意图，含尘气流以匀速 u 进入收尘器，在流动方向上粒子速度与气流速度一致，而在 z 方向粒子有效驱进速度 ω。此外在 x，z 方向上尚有气流的脉动速度。

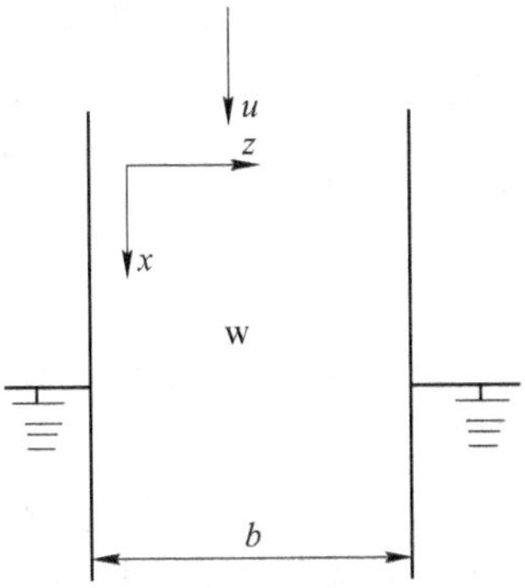

因而静电收集机理可归结为下列数学模型：

$$u\frac{\partial n}{\partial x}+w\frac{\partial n}{\partial z}+\frac{\partial\,\overline{n'u'_x}}{\partial x}+\frac{\partial\,\overline{n'u'_z}}{\partial z}=0 \qquad (10-74)$$

图 10-18 收集模型示意图

式中，u'_x、u'_z 分别为气流速度脉动分量；n'为粒子浓度脉动分量；式中的横线表示乘积的时间平均。

又

$$\overline{n'u'_x}=-D\frac{\partial n}{\partial x},\quad \overline{n'u'_z}=-D\frac{\partial n}{\partial z}$$

所以

$$u\frac{\partial n}{\partial x}+w\frac{\partial n}{\partial z}=D\left(\frac{\partial^2 n}{\partial x^2}+\frac{\partial^2 n}{\partial z^2}\right) \qquad (10-75)$$

按式（10-75），莱昂纳德等人得到收尘效率公式为：

$$\eta=1-\exp\left[-\frac{\omega l}{ub}F(Pe)\right] \qquad (10-76)$$

式中，Pe 为无因次数，称为贝克莱（Peclet）数，$Pe=\omega b/D$。 (10-77)

当函数 $F(Pe)=1$ 时，式（10-76）简化为多依希公式，此时 $Pe\ll 1$（即紊流扩散系数 D 很大）。如果 $Pe\to\infty$（即 $D\to 0$，为层流状态），函数 $F(Pe)\to Pe/4\gg 1$，所以函数 $F(Pe)$ 总是大于 1 的数，可见由该模型所得到的收尘效率公式总是大于由多依希公式所计算的收集效率，如图 10-19 所示。

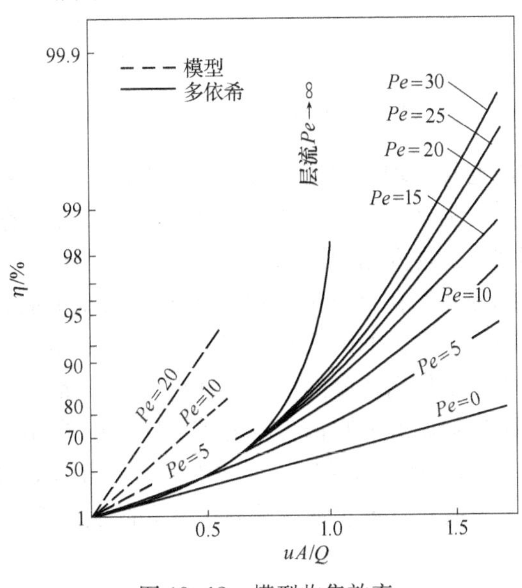

图 10-19 模型收集效率

按凯斯（Kays）的意见，通常涡流扩散系数 D 是 150ν 数量级，这里 ν 是运动黏度，在标准条件下 $\nu=1.5\times10^{-5}\mathrm{m^2/s}$，所以 $D\approx2.25\times10^{-3}\mathrm{m^2/s}$，对于典型的静电收尘器，$Pe\gg1$，此时 $F(Pe)\approx Pe/4$，而收尘效率公式为：

$$\eta = 1 - \exp\left[-\frac{\omega^2 l}{4uD}\right] \tag{10-78}$$

式（10-78）说明，在场强一定的条件下，静电收尘效率与极间通道宽度无关；指数与驱进速度的平方有关。这是该模型所得到的与众不同的结论。

为了对理论结果与实测结果进行比较，在专门制作的静电收尘器模型上进行测试，该模型的具体尺寸为：极板高度 $a=0.2\mathrm{m}$，极板长度 $l=0.55\mathrm{m}$，极板间距 $b=0.05\mathrm{m}$。工作电压为30kV，该情况下粒子的驱进速度为：

$$\omega = \frac{\varepsilon_p}{\varepsilon_p+2}\frac{\varepsilon_0 E_0 E_p d_p}{\mu} = 11.8\times10^4 d_p\ \mathrm{cm/s}$$

当收尘区中气流速度 $u=1.0\mathrm{m/s}$，紊流扩散系数 $D=2.2\times10^{-3}\mathrm{m^2/s}$，$f=0.5$ 时，按4种收集效率公式进行计算，计算结果及实测结果如图10-20所示，由图可见，按式(10-64)与库泊尔曼方法计算的结果与实测值比较接近。按多依希公式及莱昂纳德等人的方法计算结果大大高于实测结果，也高于式（10-64）及库泊尔曼方法的计算结果，莱昂纳德等人的方法偏离实测值最大。

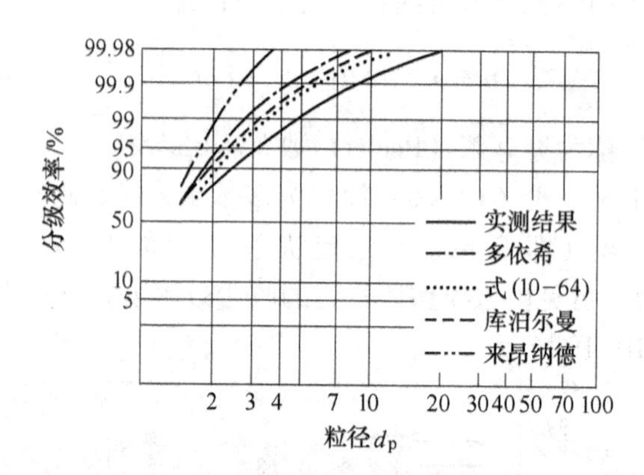

图10-20　实测结果与计算结果的比较

综合目前国内外对静电收尘理论的研究现状，可以得出一个共同的认识，即多对依希模型不能精确地描述静电收尘这一复杂事物，有必要在前人认识的基础上，建立一种概括更多客观规律的数学模型。上述介绍内容都是为这一目的所做的工作。

库泊尔曼及莱昂纳德等人都在自已的理论中引入了紊流扩散因素，这是十分复杂的，但是，尽管这两种方法中概括进去的因素是共同的，但二者的结论却截然不同。库泊尔曼认为紊流扩散的影响在于粒子从高浓度向低浓度迁移，这显然是与收尘过程相反，因而也就降低了收尘效率。而莱昂纳德等人则认为紊流扩散促使粒子向收尘极沉降，因而使静电收尘效率增高。但从图10-20中可以看出，至少在粒径大于1μm的情况下，莱昂纳德方法明显地偏离实测结果。说明对紊流扩散影响收尘效果的认识至今仍不够透彻。还需要进一步加以研究。

所引入的系数 f 及紊流扩散系数 D 如何确定其大小没有规律可循，因而不得不根据收尘效率的测定值来加以反算，这样无疑会带来很大局限性，某一条件下经反算得到的结果不一定适合于不同条件的其他情况。

10.3.2.5 荷电粒子在冲击式极板上的沉降

上述理论只适用于顺流式线-板型静电除尘器。为了在静电除尘器中综合空气动力捕获机理，近年来有出现了收集极板垂直气流轴线方向的线-板型结构。对于这种类型的静电除尘器，分析其内部粒子沉降的方法，有很大的不同。图 10-21 所示是冲击式静电除尘器的收集模型，气流从上部进口流入，从下部出口流出，中间绕极板流动。荷电粒子在静电力与惯性力作用下向收集极沉降。

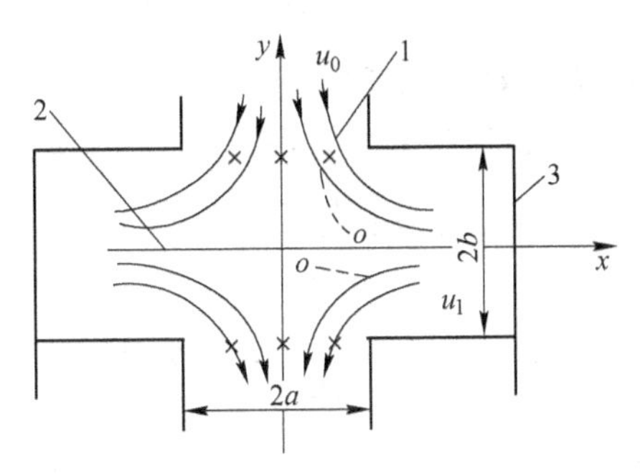

图 10-21 冲击式静电除尘器的收集模型

1—电晕极；2—收集极；3—壳体

为了把问题简化，认为流体为理想流体，把气流绕收集极的流动看作是平面问题。此时，各象限内气流的流线分别是一双曲线簇。由相应的流函数可求出第一象限内的速度分量为：

$$u_x = \frac{u_0}{b}x,\ u_y = -\frac{u_0}{b}y \tag{10-79}$$

第四象限内的速度分量为：

$$u_x = -\frac{u_1}{b}x,\ u_y = \frac{u_1}{b}y \tag{10-80}$$

对于收集极板的正面（第一象限），作用于粒子上的力的平衡方程为：

$$\left.\begin{aligned} m\frac{\mathrm{d}v_x}{\mathrm{d}t} + 3\pi\mu d(v_x - u_x) = 0 \\ m\frac{\mathrm{d}v_y}{\mathrm{d}t} + 3\pi\mu d(v_y - u_y) = Eq \end{aligned}\right\} \tag{10-81}$$

式中，m 为粒子的质量；E 为场强；q 为粒子荷电量；v_x、v_y 为分别为粒子在 x、y 方向上的运动速度；u_x、u_y 分别为流体在 x、y 方向上的运动速度。

由式（10-79）及式（10-81）得：

$$\left.\begin{aligned} x'' + \frac{1}{\tau}x' - \frac{u_0}{\tau b} = 0 \\ y'' + \frac{1}{\tau}y' + \frac{u_0}{\tau b}y = \frac{1}{\tau}EqB \end{aligned}\right\} \tag{10-82}$$

对于初始条件 $t=0$ 时，$x_0=0$，$y=b$，$\frac{dx}{dt}=0$，$\frac{dy}{dt}=-u_0$，解式（10-82）并经简化得到粒子的轨迹方程：

$$\left.\begin{aligned}x&=\frac{1+\alpha}{2\alpha}x_0e^{-\frac{t}{2\tau}(1-\alpha)}-\frac{1-\alpha}{2\alpha}x_0e^{-\frac{t}{2\tau}(1+\alpha)}\\y&=\left[\frac{1+\beta}{2\beta}\left(1+\frac{EqB}{u_0}\right)b-\frac{\tau u_0}{\beta}\right]e^{-\frac{t}{2\tau}(1-\beta)}-EqB\frac{b}{u_0}\end{aligned}\right\}\tag{10-83}$$

其中

$$\alpha=\sqrt{1+\frac{4\tau u_0}{b}},\ \beta=\sqrt{1-\frac{4\tau u_0}{b}}$$

式中，τ 为粒子的张弛时间；B 为粒子的迁移率。

同理，对于收集极板的背面，得到下列方程：

$$\left.\begin{aligned}x''-\frac{1}{\tau}x'-\frac{u_1}{\tau a}&=0\\y''+\frac{1}{\tau}y'-\frac{u_1}{\tau a}y&=\frac{1}{\tau}EqB\end{aligned}\right\}\tag{10-84}$$

对于初始条件 $t=t_0$ 时，$x=a$，$\frac{dx}{dt}=-u_1$；$y=-y_0+EqBt_0$，$\frac{dy}{dt}=0$。方程式（10-84）的解为：

$$\left.\begin{aligned}x&=\left[\frac{a}{2}\left(1-\frac{1}{\beta_1}\right)-\frac{\tau u_1}{\beta}\right]e^{\frac{t-t_0}{2\tau}(1+\beta_1)}+\left[\frac{a}{2}\left(1+\frac{1}{\beta_1}\right)+\frac{\tau u_1}{\beta}\right]e^{\frac{t-t_0}{2\tau}(1-\beta_1)}\\y&=\left(\frac{EqB}{u_1}l-y_0\right)e^{\frac{t-t_0}{2\tau}(1-\beta_1)}-\frac{a}{u_1}EqB\end{aligned}\right\}\tag{10-85}$$

其中

$$t_0=\frac{l-a}{u_1},\ \beta_1=\sqrt{1+\frac{4\tau u_1}{a}}$$

式中，l 为收集极板长度之半。

下面从粒子的轨迹方程来推导单一极板的收集效率公式。

对于第一象限（极板正面）处于进口不同位置处的粒子，在收集极板上的沉降位置是不同的，离中心线越远，粒子在极板上沉降的位置也就越远。如果在进口平面上距中心线 x_0 处的粒子刚好沉降于收集极板上，x_0 就是粒子沉降的极限距离。因而收集极板正面的收集效率可表示为：

$$\eta=x_0/a\tag{10-86}$$

由上述粒子的沉降条件：$y=0$，$x=l$，从式（10-83）中可求出 x_0，经简化得：

$$x_0=\frac{2\alpha}{1+\alpha}le^{\frac{t}{2\tau}(1-a)}\tag{10-87}$$

其中

$$t=\frac{2\tau}{1-\beta}\ln\left[\frac{1+\beta}{2\beta}\left(1+\frac{u_0}{EqB}\right)-\frac{\tau u_0^2}{\beta bEqB}\right]\tag{10-88}$$

因而极板正面的收集效率为：

$$\eta_1=\frac{2\alpha}{1+\alpha}\frac{l}{a}e^{\frac{t}{2\tau}(1-a)}\tag{10-89}$$

对于第四象限（极板背面），气流绕过极板板后，粒子还会在极板背面继续沉降。如果粒子处在距极板 y_0 距离处，在运动过程中刚好沉降于 $x=0$ 处，那么背面的收集效率可表示为：

$$\eta_2 = y_0/b \tag{10-90}$$

由上述极限条件，可以求出 y_0 及运动时间 t，因而：

$$\eta_2 = \frac{EqB}{bu_1}\left[l - \alpha e^{\frac{t-t_0}{2\tau}(1-\beta_1)} \right] \tag{10-91}$$

其中，

$$t = t_0 - \frac{\tau}{\beta_1}\ln\left[\frac{2\tau u_1 - a(\beta_1 - 1)}{2\tau u_1 + a(\beta_1 + 1)}\right] \tag{10-92}$$

单一极板的收集效率是有限的。在实用上为了获得足够高的收集效率，需要多段串联使用。多段串联时综合收集效率为：

$$\eta_{\sum} = 1 - [(1-\eta_1)(1-\eta_2)]^n \tag{10-93}$$

式中，n 为收集极板个数。

图 10-22 所示是几何尺寸为 $a=b=25$cm，$l=75$cm，技术参数为 $u_0=u_1=3$m/s，$E=32$kV/cm 时多段冲击式静电除尘器的收集性能。由图 10-22 可知，单板正面的收集效率略高于单板背面的收集效率。随着场强的提高，收集效率明显提高。在性能测试中发现，进口风速 $u=2.5\sim3.0$m/s 时，收集效率有最高值，风速大于或小于该值时，收集效率明显下降。由式（10-89）及式（10-91）知，增大极板长度及缩小通道宽度，也可提高收集效率。

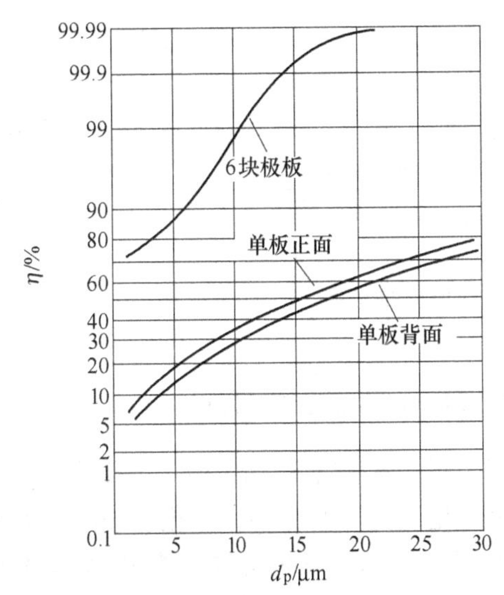

图 10-22　分级收集效率

（$a=b=25$cm，$l=75$cm，$u_0=u_1=3$m/s，$E=32$kV/cm）

10.3.3　在收集极板不同位置处气溶胶粒子的沉降量

如果用式（10-53）来描述静电场中沿轴线方向的粒子浓度分布，则极板上不同位置处粒子的累计沉降量为：

$$M = (C_1 - C_x)Qt = C_1Qt(1 - e^{-\frac{aw}{fv}x}) \tag{10-94}$$

式中，C_x 为 x 位置处的粒子浓度，mg/m³；Q 为流量，m³/s；t 为时间，s。

而 x 处的相对累计沉降量为：

$$M_1 = \frac{(C_1 - C_x)Qt}{C_1Qt} = 1 - e^{-\frac{aw}{fv}x} \tag{10-95}$$

当 $x=l$ 时，相对累计沉降量为：

$$M_1 = 1 - e^{-\frac{aw}{fv}l} \tag{10-96}$$

此时，相对累计沉降量 M_1 与多依希收集效率公式相同，只是其含意不同而已。

由式（10-95）可求出 x 单位长度极板上的相对沉降量，即

$$m = \frac{dM_1}{dx} = \frac{aw}{fv}e^{-\frac{aw}{fv}x} \tag{10-97}$$

式（10-97）的计算结果如图 10-23 及图 10-24 所示。由图 10-23 可知，在 $v<2$m/s 条件下，粒径大小不同其相对沉降量分布差别很大，随粒径的减小相对沉降量曲线变得平缓。对于粒子的总体而言，粒子的相对沉降量随距离的增大迅速衰减，如图 10-24 所示。在 $v<2$m/s 条件下，大约在 $x=100$mm 处，粒子的相对沉降量即减少到进口处的 1/2。

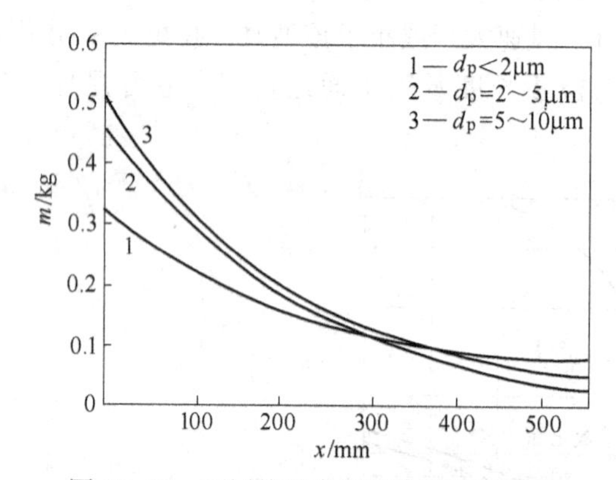

图 10-23　不同粒子在不同位置的沉降量

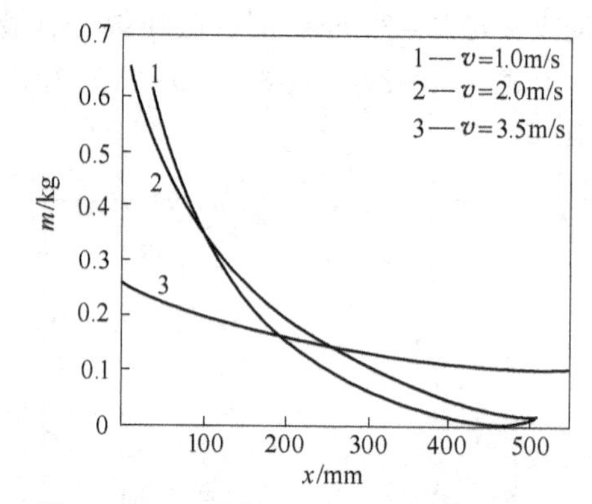

图 10-24　原始粒子在不同位置的沉降量

10.3.4　在电荷影响下气溶胶粒子在圆柱上的沉降

用纤维过滤净化气体时，需要考虑电荷的影响，气溶胶粒子和纤维通常是带静电的。在一般情况下，纤维上的静电电荷是不平稳的，会很快地随时间减小，因而电荷对沉降的影响逐渐消失。但是，有时可以采用特殊的方法（如电离气体通过、X 射线或放射线辐射）使纤维和气溶胶粒子荷电。这时，气溶胶粒子在纤维上的沉降效率有时超过截留、惯性和扩散沉降效率的总和，因而需要对在电荷影响下粒子在圆柱体上的沉降问题进行研究，该问题可分为下列三种情况。

（1）荷电粒子与荷电纤维。此时粒子与纤维间的作用力为：

$$F(\rho) = \frac{2Qq}{\rho} \tag{10-98}$$

式中，q 为粒子上的电荷；Q 为圆柱体上电荷的体积密度；ρ 为粒子与圆柱体之间的距离。

由于库仑力，粒子在圆柱体上沉降的无因次参数为：

$$N_{Qq}=\frac{4Qq}{3\pi\mu d_{\mathrm{f}}d_{\mathrm{p}}u} \tag{10-99}$$

耐坦森推导出荷电粒子在荷电圆柱体上沉降的效率为：$E_{Qq}=\pi N_{Qq}$。

$$E_{Qq}=\frac{\pi aqQ}{3\mu ur} \tag{10-100}$$

式中，a 为圆柱体的半径；r 为粒子的半径。

（2）荷电纤维与中性粒子。此情况下耐坦森给出作用力为：

$$F(\rho)=4Q^2\frac{r^3}{\rho^3}\frac{D_1-1}{D_1+2} \tag{10-101}$$

式中，D_1 为粒子的介电常数。

无因次沉降参数为：

$$N_{Q0}=\frac{4}{3\pi}\frac{D_1-1}{D_1+2}\frac{d_{\mathrm{p}}^2Q^2}{\mu d_{\mathrm{f}}^3u} \tag{10-102}$$

当 $\rho/a\gg1$ 时，得到：

$$E_{Q0}=\left(\frac{3\pi}{2}\right)^{1/3}N_{Q0}^{1/3}=\left(\frac{D_1-1}{D_1+2}\frac{\pi^2r^2aQ^2}{\mu u}\right)^{1/3} \tag{10-103}$$

当（$\rho-a$）/$a\ll1$ 时，得到：

$$E_{Q0}=\frac{D_1-1}{D_1+2}\frac{2\pi^2r^2aQ^2}{3\mu u} \tag{10-104}$$

（3）荷电粒子与中性纤维。此情况下耐坦森和吉列斯培（Gellespie）提出作用力为：

$$F(\rho)=\frac{D_2-1}{D_2+1}\frac{q^2}{4(\rho-a)^2} \tag{10-105}$$

式中，D_2 为纤维的介电常数。

相应的无因次参数为：

$$N_{0q}=\frac{D_2-1}{D_2+1}\quad\frac{q^2}{3\pi\mu d_{\mathrm{p}}d_{\mathrm{f}}^2u} \tag{10-106}$$

对于势流，沉降效率方程为：

$$E_{0q}=(6\pi)^{1/3}N_{0q}^{1/3} \tag{10-107}$$

或者

$$E_{0q}=\left(\frac{D_2-1}{D_2+1}\right)^{1/3}\left(\frac{q^2}{4\mu ra^2u}\right)^{1/3} \tag{10-108}$$

对于黏性流，沉降效率为：

$$E_{0q}=\frac{2}{(2-\ln Re)^{\frac{1}{2}}}N_{0q}^{1/2} \tag{10-109}$$

图 10-25 所示为中性粒子穿过荷电过滤器时，上述三种情况下不同粒径时的透过率，从图中可以看出，随粒径的增大，透过率明显降低，荷电粒子穿过中性过滤器时大致有相同情况。而荷电粒子穿过荷电过滤器时，透过率降低得更多。因而用荷电的办法来提高纤维过滤器的净化效率是很有必要的。

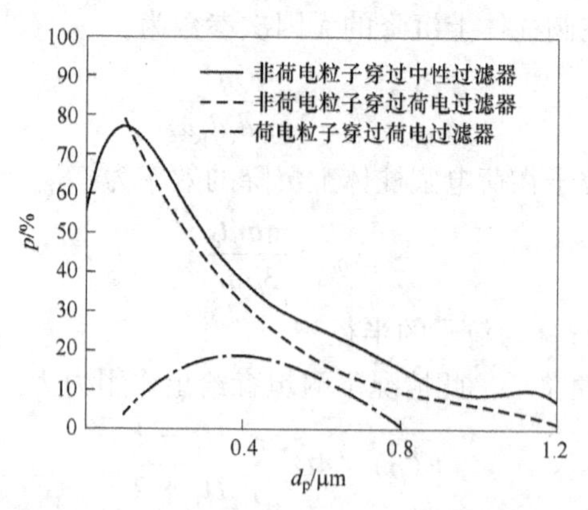

图 10-25　电荷影响下不同粒径时的透过率

10.4　影响静电除尘器性能的其他因素

除以上所讨论的内容以外，静电除尘器的收集效率还受其他因素的影响，如粒子的比电阻、已被收集的粒子的再飞扬、气流分布不均匀以及漏风等因素都对除尘效率有不同程度的影响。下面对这些影响因素分别加以分析。

10.4.1　粒子比电阻的影响

在单位极板上堆积单位厚度粒子的电阻值称为比电阻，其单位为 Ω · cm。从图10-26中可看出粒子比电阻随温度的变化规律。最初随温度的上升，粒子比电阻随之增大，温度在 150℃附近时，比电阻有最大值，温度再继续升高，比电阻反而减小，在比电阻的增大段主要是表面电阻占主要成分，比电阻的减小段是体积电阻占主要成分。气体中的含湿量对比电阻有很大影响，随相对湿度的增加，比电阻降低，当温度高于 250~500℃后，湿度的影响可以忽略。为了分析粒子比电阻对收集效率的影响，可把比电阻分为三个范围：

（1）低比电阻：$\rho_s<10^4\Omega\cdot cm$。

（2）中等比电阻：$\rho_s=10^4\sim10^{11}\Omega\cdot cm$。

（3）高比电阻：$\rho_s>10^{11}\Omega\cdot cm$

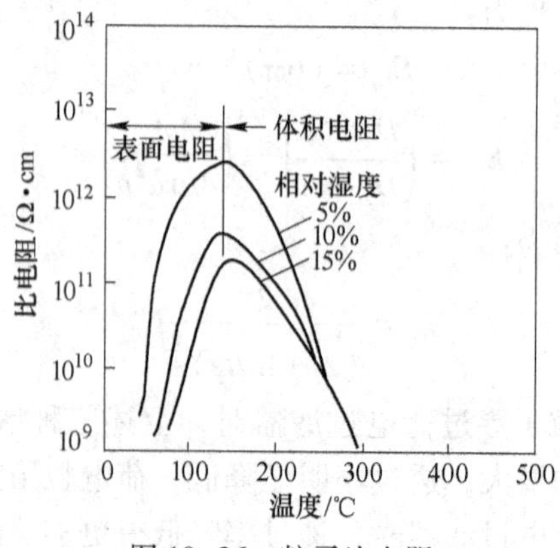

图 10-26　粒子比电阻

对于低比电阻粒子，在它们达到收集极后立即失去原来的负电荷，因为它们具有相对高的导电性，并且很快地带上与收集极同样极性的电荷，当排斥力大于附着力时，粒子又回到收集空间的气流中，回到气流中的粒子又重新荷上负电荷，结果又向收集极运动，所以低比电阻粒子是呈跳跃形式穿过集尘区。应用静电除尘器收集这类粒子不可能取得良好效果。具有这类性质的粒子包括炭黑（比电阻约为 $3\times10^3\Omega\cdot cm$）和金属氧化物。

对于高比电阻粒子，从收集粒子层失去电荷的速度很低，粒子如同一绝缘层，电荷在收集粒子上积聚直到发生电击穿（电火花）这称为反电晕。反电晕产生的正离子向放电极移动，中和了粒子上的负电荷，因而恶化了除尘器的收集效果。

粒子比电阻在 $10^4\sim10^{11}\Omega\cdot cm$ 范围内时，以上两种问题可以避免，除尘器的工作正常。

10.4.2 非均一气流分布的影响

如果气体流量为 Q，集尘器断面为 A，则流速 $v_0=Q/A$，在实际情况下，保持除尘器内流速处处相等是困难的，为了获得良好流动状态，需要在结构上进行研究。不良的流动状态会使收集效率降低。为了描述由于速度分布不均匀对收集效率的影响，可把式（10-54）插入一大于1的系数 F 来修正。若以 p_i 表示某一粒径的粒子的穿透率，那么

$$p_i=\exp\left(-\frac{al\omega_i}{fFv_0}\right) \tag{10-110}$$

如果第 j 个区域的速度为 v_j，断面积为 f_j，单位长度极板的面积（即该区域极板的高度）为 a_j，那么该区域的透过率 p_{ij} 为：

$$p_{ij}=\exp\left(-\frac{a_jl\omega_i}{f_jv_j}\right) \tag{10-111}$$

又

$$p_iQ=\sum_j Q_jp_{ij}=\sum_j v_jA_jp_{ij} \tag{10-112}$$

或者

$$p_i=\frac{1}{v_0A}\sum_j v_jA_jp_{ij} \tag{10-113}$$

式中，Q 为总流量；Q_j 为第 j 区域的流量。

而 $A=\sum A_j$，A 是 N 个相等的面积 A_j，则：

$$p_i=\frac{1}{v_0N}\sum_{j=1}^{N}v_jp_{ij} \tag{10-114}$$

再整理式（10-109）得：

$$F=-\frac{al}{Av_0}\frac{w_i}{\ln p_i} \tag{10-115}$$

其中 p_i 由式（10-113）或式（10-114）计算，代入式（10-115）即可求出 F。

【例 10-4】 若除尘器分为三个相等的区域，当 $v_i=v_0$ 时，透过率为 0.01，求当 $v_1=0.5v_0$，$v_2=v_0$，$v_3=2v_0$ 时的实际透过率及系数 F。

解：由式（10-110）得：

$$0.01=\exp\left(-\frac{al\omega_i}{fv_0}\right)$$

即
$$\frac{al\omega_i}{fv_0} = -\ln 0.01 = 4.605$$

由式（10-111）得：
$$p_{i1} = \exp\left(-\frac{4.605}{1/2}\right) = 0.0001$$
$$p_{i2} = 0.01$$
$$p_{i3} = \exp\left(-\frac{4.605}{2}\right) = 0.1000$$

则由式（10-114），三个区域流速不均匀时的实际透过率为：
$$p_i = \frac{1}{3v_0}\left(\frac{v_0}{2} \times 0.0001 + v_0 \times 0.01 + 2v_0 \times 0.1000\right) = 0.070$$

所以除尘器原来的收集效率由原来的99%降到93%，此时的修正系数 F 由式（10-115）得：
$$F = -\frac{-4.605}{\ln 0.070} = 1.73$$

一般来说，穿过除尘器的气流较均匀时，F 值约为1.1～1.2。

10.4.3　漏风和粒子再飞扬的影响

古切（Gooch）和佛兰西斯（Francis）对这种影响提出了修正计算的方法：漏风主要是气流通过灰斗部分发生风流短路，结构上往往在该处设置挡板以减少漏风。发生漏风时的透过率可用下式描述：
$$p_{iS} = \left[S + (1 - S)(p_i)^{1/N}\right]^N \tag{10-116}$$
式中，S 为每一漏风部分的漏风百分率；N 为漏风部位的个数；p_i 为不漏风时给定粒径的透过率。

【例 10-5】某一通风除尘系统，有4个漏风部位，每一部位的漏风率为5%，而不漏风时给定粒径的透过率 p_i=0.01，求除尘系统发生漏风时的透过率。

解：由式（10-116）得：
$$p_{iS} = \left[0.05 + (1 - 0.05)(0.01)^{1/4}\right]^4 = 0.0151$$

在振打过程中，收集极极板上的粒子向灰斗降落，同时一部分粒子再飞扬到气流中，假设 R_i 为某一粒径再飞扬的百分率，且沿着收尘器的长度方向它是一常数，古切和佛兰西斯推导出下列透过率的修正式：
$$p_{Ri} = \left[R_i + (1 - R_i)(p_i)^{1/N}\right]^N \tag{10-117}$$
式中，N 为发生再飞扬的段数。

式（10-116）与（10-117）在形式上是一样的。

【例 10-6】针对例10-5的条件，如果除漏风外，还有1%再飞扬，求除尘系统发生漏风和飞扬时的透过率。

解：由式（10-117）得：
$$p_{Ri} = \left[0.01 + 0.99(0.01)^{1/4}\right]^4 = 0.0109$$

则除尘系统发生漏风和飞扬时的总透过率为：
$$p = p_{iS} + p_{Ri} = 0.0151 + 0.0109 = 0.0260$$

即除尘系统的收集效率从99%降至97.4%。

由于二者计算形式相同，可以把它们合到一起，以（$S+R$）代替式（10-116）中的S，因为单独的S或R值是不易测得的。综合到一起以后，可以从实验值进行反算得到。对于不良运行的除尘器，两个修正参数的和可高达0.1。

以上因素都会使电除尘器的收集效率降低，这些因素的综合等于粒子驱进速度的降低，如果已知收集效率、收集板面积和气体流速，那么可以反算出表观粒子的驱进速度，称为有效驱进速度。它综合了粒子比电阻、漏风以及再飞扬等因素对收集效率的影响。

海因瑞切（Heinrich）研究粒径对有效驱进速度的影响发现1～5μm粒径的粒子有效驱进速度ω_c与理论值ω一致，如图10-27所示，对于大粒子有效驱进速度低于理论值。从理论上进行分析，驱进速度ω不随气流速度变化，但实际上随气流速度的不同驱进速度有明显的变化，气流速度在2.0m/s左右时，有效驱进速度有最大值，如图10-27所示。

有效驱进速度ω_c随比电阻的不同有很大的变化，对单区式静电除尘器来说，比电阻在10^{10}～$10^{11}\Omega\cdot cm$范围时，有效驱进速度急剧下降，如图10-28所示。

图10-29所示说明有效驱进速度随粒子层厚度的变化，随极板上粒子厚度的增加，有效驱进速度降低。

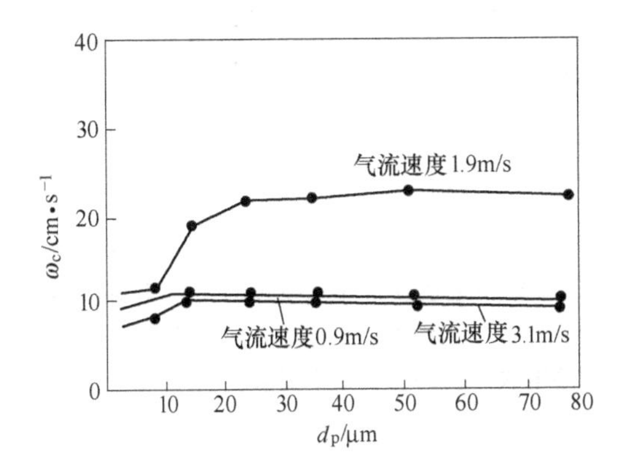

图10-27　各种速度条件下有效驱进速度ω_c与粒径间关系（平板电极）

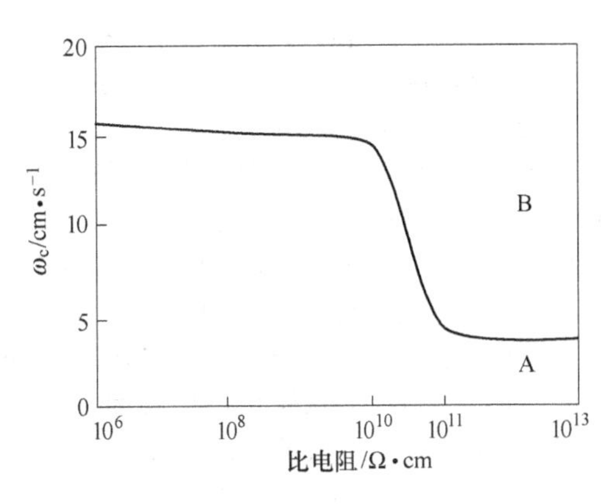

图10-28　有效驱进速度ω_c与比电阻

A—单区式；B—双区式

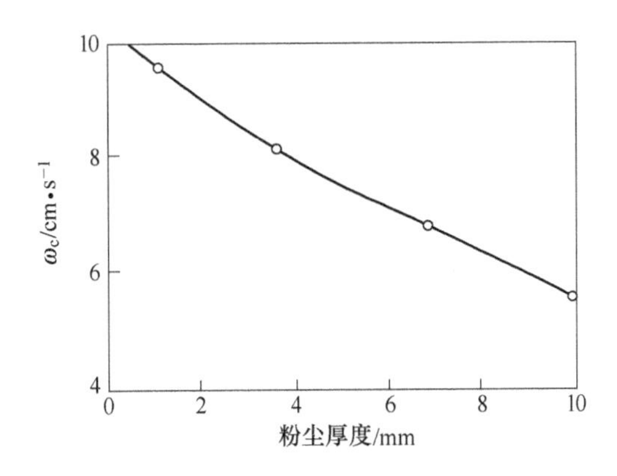

图10-29　平板电极上有效驱进速度ω_c随粉尘厚度的变化

复习思考题

10-1　静电除尘器按其应用的不同形式可以分几大类？

10-2　什么是电晕电流和电晕起始电压？

10-3　简述气溶胶粒子荷电的机理。

10-4　什么是气溶胶粒子荷电的时间常数，如何计算？

10-5　气溶胶粒子的直径 $d_p=3\mu m$，气体中离子浓度 $N_0=5\times10^{14}$离子/m^3，离子的迁移率 $K=2.2\times10^{-4}m^2/(s\cdot V)$，电场强度 $E_0=7\times10^5V/m$，气体的温度 $T=310K$，离子的均方根速度 $C=50m/s$，玻尔兹曼常数 $k=1.38\times10^{23}J/K$，粒子的介电常数 $\varepsilon=6$，气体的介电系数 $\varepsilon_0=8.85\times10^{-12}C^2/(N\cdot m^2)$，基本电荷 $e=1.6\times10^{-19}C$，求 2s 后气溶胶粒子的荷电量。

10-6　气溶胶粒子的介电常数 $\varepsilon=6$，电场强度 $E_0=4\times10^6V/m$，气体的温度，$T=320K$，气体中离子浓度 $N_0=4\times10^{15}$离子/m^3，离子的均方根速度 $C=500m/s$，气体的介电系数 $\varepsilon_3=8.85\times10^{-12}C^2/(N\cdot m^2)$，求气溶胶粒子直径 $d_p=0.3\mu m$，$0.5\mu m$ 和 $1.0\mu m$ 时，在电场和扩散荷电综合作用下粒子荷电量随时间的变化。

10-7　什么是气溶胶粒子的驱进速度，如何计算？

10-8　对于粒径 $d_p=5\mu m$ 的气溶胶粒子，在荷电场强 $E_0=8kV/cm$，收集场强 $E_p=5kV/cm$，气体黏性系数 $\mu=1.84\times10^{-5}kg/(m\cdot s)$，粒子的介电常数 $\varepsilon_p=5$，气体的介电系数 $\varepsilon_0=8.85\times10^{-12}C^2/(N\cdot m^2)$ 条件下，求粒子的驱进速度。

10-9　什么是气溶胶粒子的电迁移率，如何计算？

10-10　影响静电除尘器性能的主要因素有哪些？

10-11　在静电收尘器中，若荷电场强为 12kV/cm，收集场强为 8kV/cm，气体的动力黏性系数为 $1.8\times10^{-5}Pa\cdot s$，介电材料为大理石，求直径为 7μm 的尘粒驱进速度？如果极板面积为 2.2m^2，两收尘极间的流量为 2.2m^3/s，按多依希（Deutch）公式计算在此尘粒驱进速度下，静电收尘器的收集效率。若考虑两极板间粒子浓度的不均性，则静电收尘器的收集效率为多少？

10-12　若除尘器分为相等的 4 个区域，当 $v_i=v_0$ 时，透过率为 0.001，求当 $v_1=0.5v_0$，$v_2=v_0$，$v_3=2v_0$，$v_4=3v_0$ 时的实际透过率及系数 F。

10-13　某一通风除尘系统，有 5 个漏风部位，每一部位的漏风率为 4%，而不漏风时给定粒径的透过率为 $p_i=0.02$，求除尘系统发生漏风时的透过率。

11　气溶胶力学理论在矿山粉尘分布数值模拟中的应用

【学习要点】

本章主要介绍了气溶胶力学理论在矿山粉尘分布数值模拟中的应用情况，主要包括地下和露天开采矿山主要作业场所粉尘产生、运移及时空分布特征。通过本章学习，可以帮助读者更加深刻、直观地理解气溶胶力学理论。

数值模拟作为一种简便、经济、实用的研究手段，相比于理论分析与实验研究，具有速度快、成本低、可视化等优势，能对各种各样的物理、化学和生物现象及状态进行研究，最终实现真实过程的形象再现，目前数值模拟已在粉尘控制方面得到了广泛的应用。

本章主要采用数值模拟的研究手段，对地下矿山及露天矿常见的产尘地点粉尘运移规律及浓度分布特征进行研究，旨在动态直观地观察粉尘在风流中的运动、扩散及沉降过程。

11.1　数值模拟软件及控制方程的建立

11.1.1　数学模型的选定

自然界和工程应用中通常会遇到多相流动问题。一般来说，物质具有气态、液态和固态三相，但是多相流系统中相的概念具有更为广泛的意义。在多项流动中，“相”可以定义为具有相同类别的物质，该类物质在所处的流动中具有特定的惯性响应并与流场相互作用。多相流动模式一般可以分为 4 类，即气液两相流或液液两相流、气固两相流、液固两相流以及三相流。目前应用较多的离散相模型，本质上属于气固两相流的范畴。处理多相流有两种数值计算的方法：欧拉-拉格朗日方法和欧拉-欧拉方法。在 Fluent 中的拉格朗日离散相模型遵循欧拉-拉格朗日方法。在离散相模型中，流体相被处理为连续相，直接求解时用纳维-斯托克斯方程，而离散相是通过计算流场中大量的粒子、气泡或是液滴的运动得到的。离散相和流体相之间可以有动量、质量和能量的交换。该模型的一个基本假设是，作为离散的第二相的体积比率应很低，对于体积率小于 10%的气泡、液滴和粒子负载流动，可以采用离散相模型。

11.1.2　数值模拟软件的选择

11.1.2.1　Fluent 软件概述

Fluent 是目前国际上最为流行的商用 CFD 软件，能够模拟流动、传热和化学反应等复杂的物理、化学现象，是基于有限容积法和非结构化网格的通用 CFD 求解器。能够模拟层流、湍流、无黏性流、多相流、自由表面流、相变流、传热传质、多孔介质、颗粒流动、化学反应等复杂的流动现象。适用于低速不可压流动、跨声速流动乃至可压缩性强的超声速和高超声速流动。网格可由 GAMBIT、GEOMESH、preBFC、ANSYS、TGrid 等软件直接输入。

Fluent 包含非耦合求解算隐式算法、耦合隐式算法、耦合显示算法。非耦合求解算法包括 SIMPLE、SIMPLEC 和 PISO 算法。耦合算法包括：所有流场平均量的耦合求解，湍流、辐射和用户自定义标量输运方程的非耦合求解。

Fluent 湍流模型有标准 $k-\varepsilon$ 模型、RNG $k-\varepsilon$ 模型、Realizable $k-\varepsilon$ 模型、标准 $k-\omega$ 模型、SST $k-\omega$ 模型、浮力和压缩效应的 $k-\varepsilon$ 子模型、雷诺应力模型、大涡模拟的亚格子应力模型和壁面函数等模型。

在 Fluent 求解器中离散化方法采用有限容积法。其基本思路是：将计算区域划分为网格，并使每个网格周围有一个互不重复的控制体积，将待解微分方程对每一个控制体积积分得出一组离散方程。Fluent 默认的流场求解方法为 Simple 算法，即“求解压力耦合方程组的半隐式方法”。它是目前工程上应用最为广泛的流场计算方法，核心是通过“猜测—修正”的过程，在交错网格的基础上计算压力场，求解动量方程。

11.1.2.2　数值模拟计算方法

由于计算流体力学具有比较复杂的原理，要在较短的篇幅中全部介绍完毕是不现实的，这里就不再一一赘述，只简要地介绍 Fluent 主要的几个相关数值计算方法。

（1）有限容积法是 Fluent 求解器中的离散化方法。其基本思路是将计算区域离散成为网格，并保证每个网格均被一个互不重复的控制体积围绕，通过对每个控制体积使用待解微分方程（控制方程）积分便可得出一组离散方程。

（2）为了解决动量方程离散后对有问题的压力场的检测问题，采用交错网格方式的变量布置，即在不可压缩流场计算中采用了两套网格，一套用于基本流场变量的取值，另一套则专门用于速度取值。

（3）Fluent 在求解过程中使用的积分方式有分离式和耦合式两种，对于在非常精致的网格上求解的流动或可压缩高速流动需要考虑使用耦合式，文中使用分离式进行求解。

（4）Simple 算法是 Fluent 默认的流场计算方法，即“计算压力耦合方程组的半隐式方法”。它是目前工程上应用最频繁的流场计算方法，核心是通过“猜测—修正”的过程，在错落有序的网格基础上计算压力场，计算动量方程。本章使用的 SIMPLEC 是 SIMPLE 算法的改进，其欠松弛的特性可以加速收敛。

11.1.2.3　数值模拟计算过程

Fluent 的数值模拟计算过程主要有以下几个步骤。

（1）GAMBIT 前处理。GAMBIT 具有建模及网格划分的功能，是进行数值模拟计算前处理器的首选，适于简单模型的建立。对于复杂模型，可以采用 PRE、UG 等软件进行建模，复杂模型建模完成后，可以导入 GAMBIT 软件再进行网格划分。网格划分完成后保存 dbs 文件和输出 msh 文件。

前处理步骤如下：1）定义计算域、绘制简化物理模型；2）对计算域进行网格划分；3）定义域边界单元的边界条件；4）定义流体的属性参数。

（2）Fluent 求解。Fluent 求解是 Fluent 的核心部分。其基本思路是：将计算区域划分为网格，并使每个网格周围有一个互不重复的控制体积，将待解微分方程对每一个控制体积积分得出一组离散方程。

求解步骤大致如下：1）输入网格并检查网格；2）选择求解器（2D 或 3D）；3）选择求解方程，层流或者湍流、化学组分或者化学反应、传热模型等；4）确定流体的材料属性；5）确定边界类型及边界条件；6）设置计算中的控制参数；7）初始化流场；8）求解计算；9）保存结果及后处理。

（3）Fluent 或 Tecplot 后处理。Fluent 软件具有自带的后处理功能，也可使用 Tecplot 对 Fluent 结果进行后处理。

通过后处理可以显示：1）计算域的几何模型及网格；2）矢量图（如速度矢量图）；3）等值线图；4）填充型的等值线图（云图）；5）*XY* 散点图；6）粒子轨迹图。

11.1.3 数值模拟控制方程的建立

11.1.3.1 空气流动控制方程的建立

根据相关文献资料及现场实际调查结果，可将矿山作业场所内空气流动看作连续的、充分发展的湍流，模型内选用三维稳态不可压缩 N-S 方程，以及 RNG k-ε 双方程建立封闭控制方程组如下。

质量守恒方程：

$$\frac{\partial}{\partial x_i}(\rho u_i) = 0 \tag{11-1}$$

动量守恒方程：

$$\frac{\partial}{\partial x_j}(\rho u_i u_j) = \frac{\partial}{\partial x_j}\left[(\mu + \mu_t)\left(\frac{\partial u_i}{\partial x_j} + \frac{\partial u_j}{\partial x_i}\right)\right] - \frac{\partial p}{\partial x_i} + \rho g_i \tag{11-2}$$

RNG k-ε 两方程：

$$\frac{\partial}{\partial x_i}(\rho k u_i) = \frac{\partial}{x_j}\left(\alpha_k \mu_{eff} \frac{\partial k}{\partial x_j}\right) + G_k - \rho\varepsilon \tag{11-3}$$

$$\frac{\partial}{\partial x_i}(\rho\varepsilon u_i) = \frac{\partial}{x_j}\left(\alpha_\varepsilon \mu_{eff} \frac{\partial \varepsilon}{\partial x_j}\right) + \frac{\varepsilon}{k}C_{1\varepsilon}G_k - \frac{\varepsilon^2}{k}C_{2\varepsilon}\rho \tag{11-4}$$

式中，G_k 为湍动能变率；k 为湍动能，m^2/s；ε 为湍动能耗散率，m^2/s^3；μ 为层流黏性系数，Pa · s；μ_t 为湍流黏性系数，Pa · s；μ_{eff}为有效黏性系数，Pa · s；p 为有效压力，Pa；g_i 为 i 方向重力加速度，m/s^2；ρ 为空气密度，kg/m^3；x_i 和 x_j 为 x、y 方向上的坐标，m；u_i 和 u_j 分别为空气在 x、y 方向上的速度，m/s；$C_{\varepsilon 1}$、$C_{\varepsilon 2}$、α_ε、α_k 为常数，分别取 1.42、1.68、1.393、1.393。

11.1.3.2 粉尘运动控制方程的建立

矿山作业场所空气中粉尘颗粒所占的体积分数不足 10%，属于稀相气固两相流，且空气密度比粉尘颗粒密度要小得多，粉尘颗粒在空气中所占的体积可忽略不计。通过对空气中粉尘颗粒受力情况进行分析，发现除重力及气动阻力外，其他作用力的数量级都很小，可以忽略不计，则粉尘颗粒的作用力平衡方程为：

$$\frac{du_p}{dt} = \frac{g_x(\rho_p - \rho)}{\rho_p} + F_D(u - u_p) \tag{11-5}$$

其中
$$F_D = 0.75\frac{C_D\rho|u_p - u|}{\rho_p d_p} \tag{11-6}$$

式中，u_p 为粉尘颗粒速度，m/s；ρ_p 为粉尘颗粒密度，kg/m^3；d_p 为粉尘颗粒直径，m；C_D 为气动阻力系数。

要想获得粉尘颗粒在空气中的运动轨迹，首先必须要确定出空气的瞬时速度。一般来说，粉尘颗粒运动轨迹控制方程为：

$$\frac{du_p}{dt} = \frac{1}{\tau_p}(u - u_p) \tag{11-7}$$

式中，τ_p 为颗粒松弛时间，s。

空气的瞬时速度可看作是平均速度与脉动速度之和，即

$$u = \bar{u} + u'(t) \tag{11-8}$$

对于 RNG k-ε 模型，粉尘颗粒的积分时间步长可近似等于空气的拉格朗日积分时间步长，即

$$T_L = 0.15\frac{k}{\varepsilon} \tag{11-9}$$

假设空气脉动速度满足高斯概率密度分布，则 u' 可表示为：

$$u' = \zeta\sqrt{\overline{(u')^2}} \tag{11-10}$$

式中，ζ 为服从正态分布的随机数。

假设粉尘颗粒所处位置空气湍流各向同性，则：

$$\sqrt{\overline{(u')^2}} = \sqrt{\overline{(v')^2}} = \sqrt{\overline{(w')^2}} = \sqrt{\frac{2k}{3}} \tag{11-11}$$

式中，$\sqrt{\overline{(u')^2}}$、$\sqrt{\overline{(v')^2}}$、$\sqrt{\overline{(w')^2}}$ 分别为当地 x、y、z 方向上脉动速度的均方根，m/s。

11.2　地下矿山粉尘分布中的应用

11.2.1　综放工作面粉尘分布的数值模拟

综放工作面是煤矿井下最大的产尘场所，粉尘浓度高达 1500mg/m^{3}以上，远远超过国家有关卫生标准。不仅严重威胁着煤矿工人的身心健康，还大大恶化了工作条件，加大了机械设备的磨损，甚至还有煤尘爆炸的危险。同时综放工作面生产工序多、尘源多、现场条件复杂，粉尘治理难度较大。因此，采用数值模拟的方法研究综放工作面各尘源粉尘分布规律，深入探讨综放工作面割煤、移架、放顶煤、转载四大工序单独作业以及同时作业时的粉尘分布规律，可有效地为综放工作面单尘源降尘和多尘源降尘的有机结合提供技术支持，对于针对性地采取合理的粉尘治理措施，有着十分重要的指导意义。

11.2.1.1　几何模型的建立

某煤矿某综放工作面，煤层平均厚度 14.44m，采高 3.9m，平均放煤高度 11.54m，平均控顶距约 6m，倾斜长 207m，走向长 1932.6m，工作面设计风量 2087m^3/min。采用单一

走向长壁后退式综合机械化低位放顶煤开采，用 Eickhoff SL-500AC 型采煤机落煤、装煤，42×1000×268AFC 2×1050kW TTT 型前部刮板运输机和 42×1250×268AFC 2×1050kW TTT 型后部刮板运输机运煤，ZF15000/27.5/42 型低位放顶煤支架支护顶煤、顶板。进风巷中设有皮带机、转载机、移动变电站、各部开关、自动控制站、乳化液泵站、喷雾泵站等；回风巷为运输巷。

根据现场实际简化模型，将采煤机机身、电缆槽视为规则的长方体，摇臂简化为与实际外形相近的规则状，滚筒简化为圆柱体加圆柱形截齿，液压支柱简化为规则圆柱体，建立一个长 120m、宽 6m、高 3.9m 的长方体计算区域，利用 GAMBIT 建立采煤机割煤时的三维几何模型如图 11-1 所示。

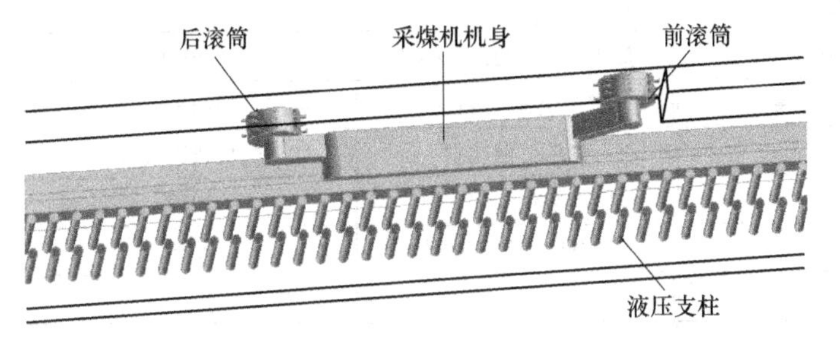

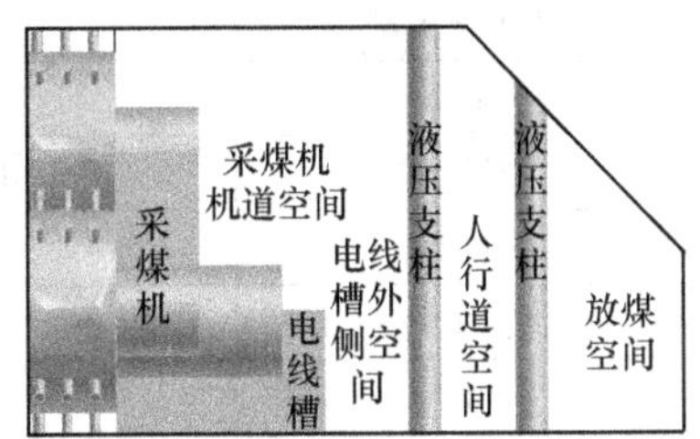

图 11-1 综放工作面三维几何模型

11.2.1.2 数值模拟参数的设置

将网格模型导入 Fluent 中，根据该综放面的实际情况及相关实际测量数据，结合数值模拟方法及所确定的数学模型，设置相关参数见表 11-1～表 11-5。其中，表 11-1～表 11-3是进行离散相模拟的基本设定，后文中所有作业场所粉尘分布的数值模拟均遵循此设定。

表 11-1 计算模型设定

边界条件	参数设定	边界条件	参数设定
求解器	非耦合求解法	能量方程	关闭
湍流模型	k-ε 双方程模型	离散相模型	打开

表 11-2 求解参数设定

边界条件	参数设定	边界条件	参数设定
压力-速度耦合方式	SIMPLEC 算法	离散格式	二阶迎风
压力插值格式	标准	收敛标准	10^{-6}

表 11-3 离散相参数设定

边界条件	参数设定	边界条件	参数设定
相间耦合频率	10	阻力特征	球形颗粒
计算步数	20000	DPM 边界	捕捉/反弹
时间步长	0.01	剪切边界	无滑移

表 11-4　边界条件设定

边界条件	参数设定	边界条件	参数设定
入口边界类型	速度入口	出口边界类型	自由流出
入口速度/m · s^{-1}	1.5	壁面粗糙高度/m	0.1
水力直径/m	3.258	壁面粗糙常数	0.5
湍流强度/%	3.609		

表 11-5　粉尘源参数设定

边界条件	参数设定	边界条件	参数设定
喷射源类型	面尘源	移架产尘强度/kg · s^{-1}	0.023
颗粒流数量	10	放煤产尘强度/kg · s^{-1}	0.009
材质	低挥发性煤	转载产尘强度/kg · s^{-1}	0.012
粒径分布	R-R 分布	湍流扩散模型	随机轨道模型
分布指数	1.93	颗粒轨道跟踪次数	1000
粉尘初始速度/m · s^{-1}	2	积分时间尺度常数	0.15
割煤产尘强度/kg · s^{-1}	0.045		

11.2.1.3　模拟结果及分析

A　工作面流场分布规律

通过 Fluent 软件进行流场解算，综放工作面风速矢量图和各断面风速云图如图 11-2 和图 11-3 所示。

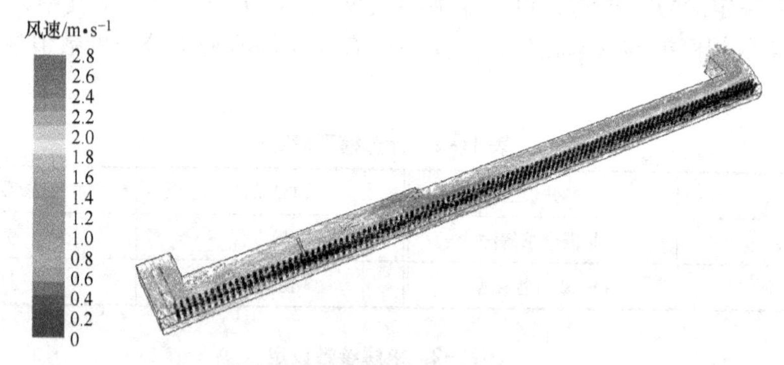

图 11-2　综放工作面风速矢量图

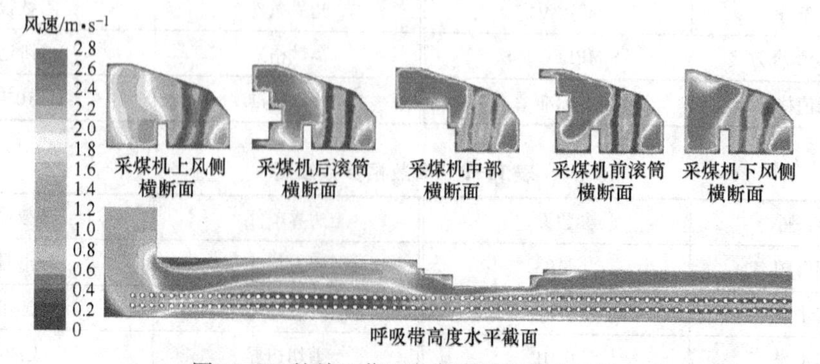

图 11-3　综放工作面各断面风速分布云图

分析图 11-2 和图 11-3 可知：（1）由于液压支柱的阻碍作用，使得采煤机机道空间的风速较大，在整个流场中占主导作用；液压支柱间的人行道空间风速较小，局部出现大的扰动；液压支柱后方放煤空间风速也较小，风速变化也较为明显。（2）在采煤机的阻碍作用下，采煤机附近的流场出现了较大扰动，风流产生绕流，采煤机上方风流速度增加较大；在采煤机的上风侧和下风侧，工作面的流场分布相对比较稳定。（3）由于井下粉尘的扩散主要是受空气流速的影响，通过风流流场的模拟可知，在采煤机附近风速较大，极易把粉尘吹散开来，因此，必须在采煤机滚筒点采取措施，在粉尘还未扩散开来前进行降尘；移架作业产生的粉尘随着风流在机道扩散，需要采取全断面降尘措施；放煤作业产生的粉尘一旦扩散至液压支柱空间，由于该部分空间风流流速变化大，流场极不稳定，很不利于降尘工作，因此必须采取措施，防止放顶煤产生的粉尘向液压支架间及采煤机道扩散。

B 割煤粉尘分布规律的模拟结果分析

采煤机割煤过程中的产尘，一方面是由于采煤机截齿对煤体的截割破碎产尘，另一方面是由于煤块在下落过程中破碎及冲击气流产尘。在此，分别在采煤机前后滚筒上设置尘源。通过跟踪大量粉尘的扩散轨迹，得到粉尘浓度空间分布如图 11-4 所示。图 11-5 为采煤机道呼吸带高度沿线（$y=2.0$m，$z=1.6$m）、电线槽外侧呼吸带高度沿线（$y=3.2$m，$z=1.6$m）以及液压支柱间人行道呼吸带高度沿线（$y=4.2$m，$z=1.6$m）粉尘浓度沿程变化图（采煤机中部在 $x=40$m 处）。

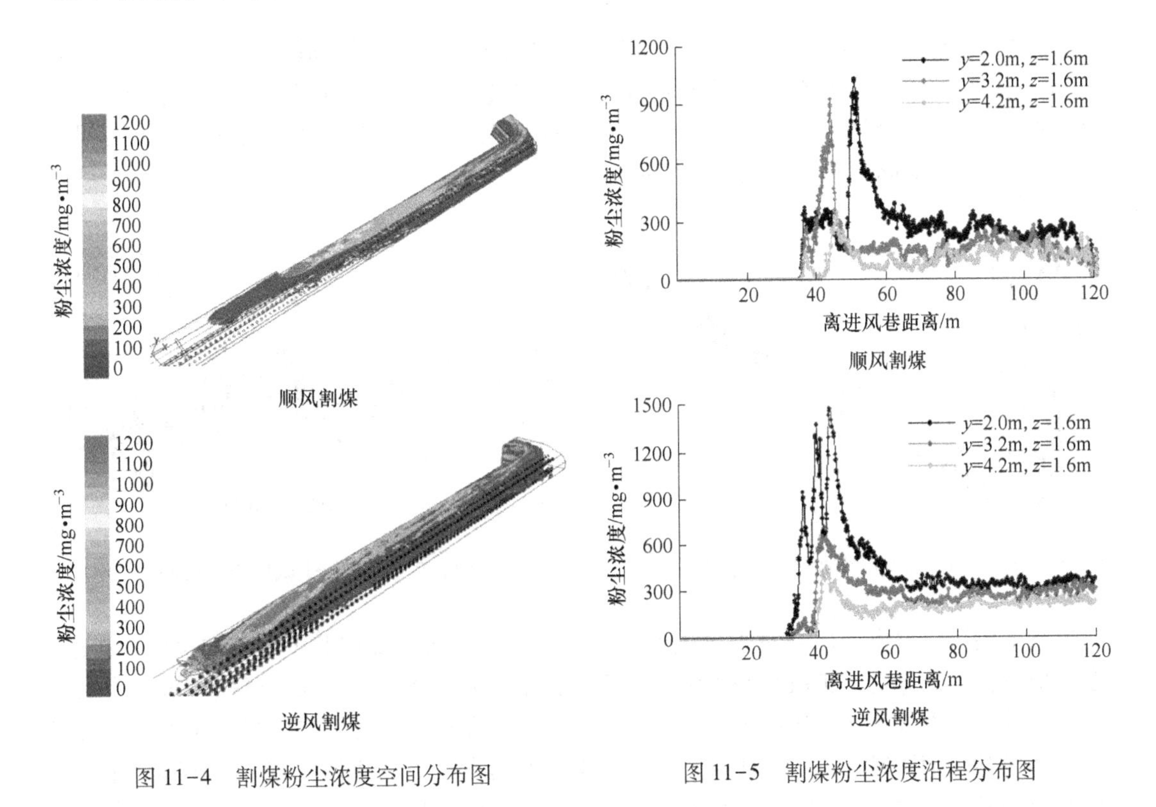

图 11-4 割煤粉尘浓度空间分布图

图 11-5 割煤粉尘浓度沿程分布图

从图中可以看出：（1）采煤机割煤产生的粉尘大部分沿着前煤壁随风流扩散，少数粉尘向后方液压支柱间扩散。这是由于靠近煤壁侧风速较大，且风流比较稳定，因此粉尘也主要是沿着煤壁向回风巷飘散。(2) 在采煤机附近粉尘浓度出现峰值，且采煤机道空间粉尘浓度峰值比人行道空间粉尘浓度峰值大很多；而在采煤机下风向整个工作面空间的粉尘浓度迅速降低，并最终达到稳定状态。分析原因，是由于采煤机占据了工作面几乎一半的断面，风速在采煤机附近几乎增加一倍，大量大粒径粉尘被风流吹扬扩散开来，同时由于采煤机的阻碍作用，风流方向在此向人行道侧偏转，增强了粉尘从滚筒处向人行道的扩散；在采煤机下风向，风速减小，风向再次稳定，大部分大粒径粉尘逐渐沉降，小粒径粉尘继续随风流飘散，粉尘浓度也逐渐趋于稳定。(3) 顺风割煤时，在采煤机道呼吸带沿线上，粉尘浓度在后滚筒位置（$x=34$m）处，粉尘浓度开始迅速增加到400mg/m^3，在采煤机下风向15m处，粉尘浓度再次急剧增加，达到最大值1200mg/m^3。随后开始缓慢下降，最终稳定在300mg/m^{3}左右。在电线槽外侧呼吸带高度沿线，粉尘在采煤机中部位置达到最大值1100mg/m^{3}后，逐渐下降，最终稳定在200mg/m^{3}左右，在液压支柱间的人行道内，采煤机附近浓度也略有增加，最大峰值为400mg/m^3，然后缓慢降至150mg/m^{3}左右，但随着距离的增加，人行道粉尘浓度又略微有增加的趋势。说明风流对割煤粉尘的扩散起到了决定性的作用，在进行防降尘设计时，应该充分考虑风流的影响结果。(4) 逆风割煤粉尘浓度分布规律与顺风割煤基本一致，只是在采煤机附近粉尘浓度最大值比顺风割煤大，达到了1500mg/m^{3}左右。

C 移架粉尘分布规律的模拟结果分析

在割煤作业上风向20m位置设置粉尘源，该尘源在工作面机道上方顶板处，为一长3.5m，宽0.3m的细长面尘源。模拟计算得粉尘浓度空间分布如图11-6所示。图11-7为电线槽外侧呼吸带高度沿线（$y=3.2$m，$z=1.6$m）以及液压支柱间人行道呼吸带高度沿线（$y=4.2$m，$z=1.6$m）粉尘浓度沿程变化图。

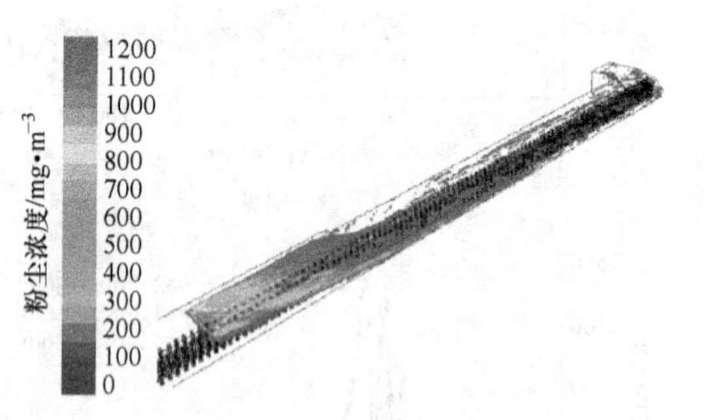

图 11-6 移架粉尘浓度空间分布图

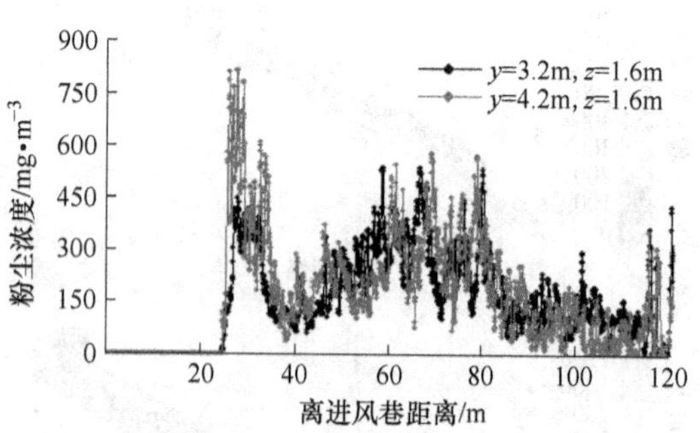

图 11-7 移架粉尘浓度沿程分布图

从上图可以看出：(1) 移架产生粉尘后，粉尘迅速向移架作业下风向的全断面扩散。在扩散过程中部分粉尘扩散至底板沉降；部分粉尘与前后壁及顶板发生碰撞后被反弹回气流中，继续随着气流向工作面下风向扩散；大部分粒径较小的粉尘在风流的作用下一直运动到回风巷，随回风被排出工作面。(2) 在移架作业附近，粉尘浓度较大。在移架作业下风向20m由于采煤机对风流的影响，风速变大，流场也变得极不稳定，不利于粉尘的沉降，因此该段的粉尘浓度也较大，在采煤机下风向，随着风流流场逐步趋于稳定，大颗粒粉尘逐渐沉降，粉尘浓度也逐渐降低。(3) 在人行道呼吸带高度，移架处粉尘浓度最大，达到 775mg/m^3，随后粉尘浓度逐渐降低，最后稳定在 100mg/m^3 左右。在液压支柱与电线槽之间的机道呼吸带高度，由于风速相对于人行道较大，粉尘迅速被吹散开来，因此该线上的峰值相对较小，只有 300mg/m^3 左右，在 50m 后（采煤机后）机道粉尘浓度逐渐和人行道内的浓度趋于一致。

D 放顶煤粉尘分布规律的模拟结果分析

在割煤作业上风向 30m 处的放顶煤液压支柱后方处设置为一长 2m，宽 0.3m 的面尘源。粉尘浓度空间分布如图 11-8 所示。图 11-9 为电线槽外侧呼吸带高度沿线（y=3.2m，z=1.6m）以及液压支柱间人行道呼吸带高度沿线（y=4.2m，z=1.6m）粉尘浓度沿程变化图。

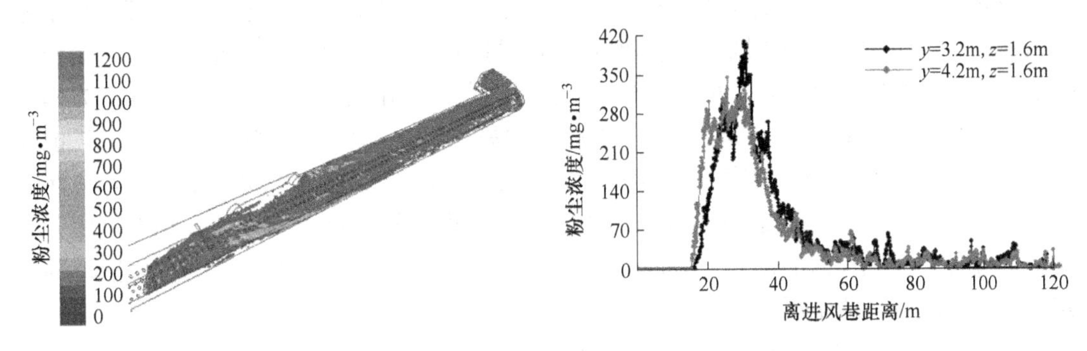

图 11-8 放顶煤粉尘浓度空间分布图

图 11-9 放顶煤粉尘浓度沿程分布图

分析上图可知：(1) 放顶煤作业产生粉尘后，粉尘迅速向液压支柱间的人行道扩散，由于人行道处风速较小，并且放顶煤尘源离底板较近，所以一部分粉尘沉降在底板上。另一部分粉尘则扩散至采煤机机道，在机道风流的吹散作用下又逐渐弥漫在整个工作面。(2) 放顶煤作业时，在作业点附近粉尘浓度较大。由于前方煤壁侧风速较大，液压支柱空间风速较小，因此粉尘基本上都是沿液压支柱空间扩散，在采煤机附近，由于采煤机对风流的阻碍，风流在此偏转，横向冲刷后方液压支柱空间，从而也带动粉尘扩散至整个作业面空间。(3) 在人行道呼吸带高度，放煤处粉尘浓度最大，达到 345mg/m^3，随后粉尘浓度逐渐降低，最后稳定在 100mg/m^3 左右。这主要是因为放顶煤在液压支柱后方，液压支柱空间风速相对较小，因此粉尘不易被吹散开来，大部分粒径较大的粉尘则沉降较快。而未能迅速沉降的粉尘粒径都相对较小，因此也更容易随风流向回风巷飘散。(4) 放顶煤作业过程中，在其下风向 10m 范围内粉尘浓度较大，因此应该在放煤孔处进行降尘的同时加强对底板和液压支架底座的洒水，增强其对粉尘的捕获能力。

E 转载点粉尘分布规律的模拟结果分析

按照实际生产中的布局，在工作面进风口前后转载处分别设置两个点尘源，模拟计算得粉尘浓度空间分布如图 11-10 所示。图 11-11 为电线槽外侧呼吸带高度沿线（y=3.2m，z=1.6m）以及液压支柱间人行道呼吸带高度沿线（y=4.2m，z=1.6m）粉尘浓度沿程变化图。

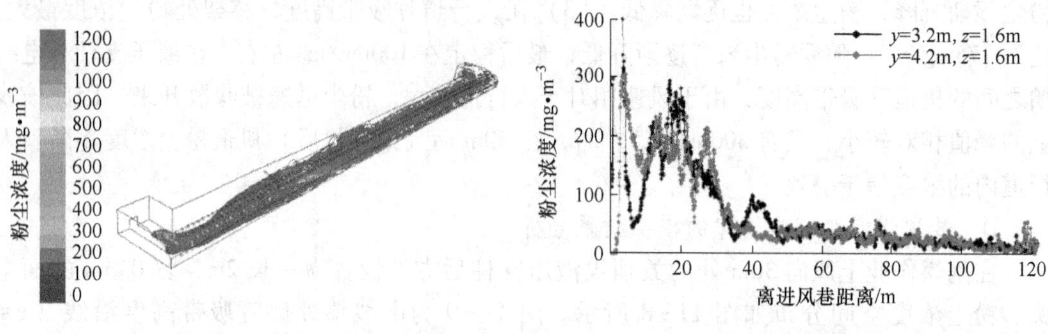

图 11-10　转载点粉尘浓度空间分布图　　图 11-11　转载点煤粉尘浓度沿程分布图

分析上图可得：（1）转载点处产生的粉尘除了部分沉降被底板捕获外，大部分粉尘随着风流向整个工作面空间扩散，一直随着风流穿过整个工作面进入回风巷，对整个工作的作业都会产生影响。这主要是由于转载点处在进风巷与工作面的交汇点，风流在此方向发生 90°偏转，局部风速较大，转载产生的粉尘极易被风流吹散开来并随着风流迅速扩散开来。（2）在转载点处粉尘浓度急剧增加到最大值 400mg/m^3，然后又缓慢下降，在离转载点 35m 之后基本保持在稳定的 50mg/m^{3}左右。（3）由于转载点处的粉尘影响着割煤、移架、放煤等整个工作面的作业，因此转载点处的粉尘治理也是综放工作面粉尘治理的重点，应在转载点处粉尘源头控制住粉尘，防止其随风扩散。

F　多尘源粉尘分布规律的模拟结果分析

在井下实际生产过程中，各个工序在时间上并没有明确的界限，一般都是多个甚至全部工序同时作业。因此，工作面粉尘浓度实际是多个尘源共同作用的结果。为了能够更真实地模拟井下实际粉尘扩散分布规律，分别在转载点、放煤孔、移架处、割煤点设置尘源，模拟计算在多尘源作用下的综放工作面粉尘浓度分布规律。在多工序共同作业下，工作面粉尘扩散空间分布和浓度沿程变化如图 11-12 和图 11-13 所示。

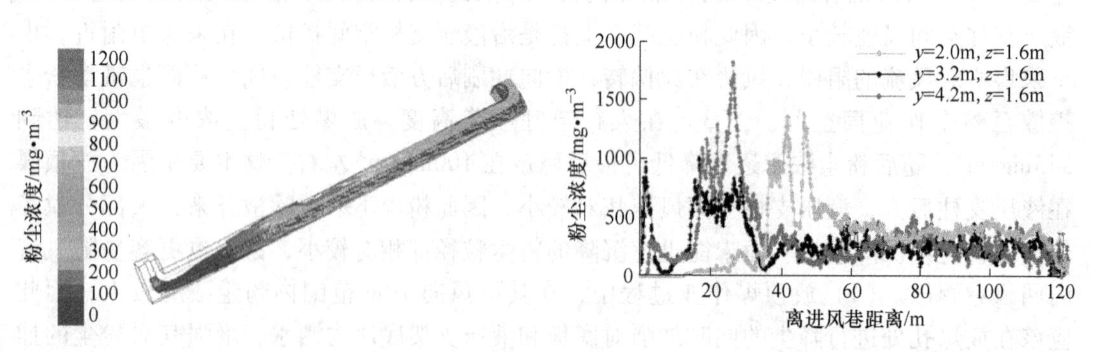

图 11-12　多尘源粉尘浓度空间分布图　　图 11-13　多尘源煤粉尘浓度沿程分布图

从图中可以看出：（1）转载点和放顶煤作业产生的粉尘沿人行道扩散较多，而移架和割煤产生的粉尘则主要是沿着采煤机道空间扩散，特别是割煤作业，越靠近前煤壁，粉尘浓度越大。因此移架和割煤是综放工作面粉尘控制的重点，但转载和放顶煤由于其粉尘扩散空间正好是工人的工作区域，所以对转载和放煤粉尘的控制也非常重要。（2）在多尘源作用下，综放工作面的粉尘浓度叠加效应十分明显，风流每经过一个尘源点，工作面粉尘浓度就显著增加，特别是在经过采煤机割煤后，工作面的粉尘浓度明显高于单个尘源作用下的浓度。(3) 电线槽外侧及人行道呼吸带高度沿线，在转载点尘源（$x=3$m）作用下，粉尘浓度出现第一个峰值，随后粉尘浓度有所下降；经过放顶煤尘源（$x=15$m）后，粉尘浓度再次急剧增加；经过移架尘源后粉尘浓度达到峰值，然后又迅速下降；在随后的扩散过程中有缓慢上升的趋势。在采煤机道，转载、放煤、移架作业对其粉尘浓度影响都较小，而在割煤作业点，粉尘浓度出现急剧增加，并且之后保持在较高值，说明割煤作业的主要影响区域是采煤机道空间。

11.2.2 综掘工作面粉尘分布的数值模拟

巷道掘进是煤矿开采的重要环节之一。近年来，由于掘进设备机械化程度不断提高，且日常生产任务逐步加剧，粉尘污染的问题日益突出。煤矿粉尘的主要危害之一体现在尘肺病方面，岩巷综掘工作面较之煤巷掘进严重，其粉尘源一般含有较多的二氧化硅，会对井下工人身体健康造成更大的危害。目前多数煤矿的平巷掘进均采用压入式通风方式，从压风风筒导出的风流直接吹入掘进工作面，将采落物中的粉尘扬起，使这些粉尘随风流沿巷道移动，部分浮游粉尘进入新鲜风流中，造成了严重的粉尘污染。

对此国内外专家学者进行了大量的理论及实验研究，一般通过使用长压短抽混合式通风方式予以解决。长压短抽混合式通风方式就是在巷道中铺一趟较短的抽出式风筒，使之与除尘器配合。再沿掘进工作面铺一趟较长的压入式风筒，并在风筒前端使用附壁风筒技术，使压风经附壁风筒的缝隙与工作面前壁构成一定的夹角进入工作面。根据国内外实践，采用附壁风筒后，其附壁效应使压入风流在工作面附近形成一道气幕，能阻止工作面含尘气流向外扩散，取得了较好的除尘效果。

因此，通过对综掘工作面掘进过程中采用压入式通风、安装附壁风筒、安装除尘风机及同时安装附壁风筒及除尘风机 4 种粉尘控制方案时的粉尘浓度分布进行数值模拟研究，对比分析各种粉尘控制方案条件下的降尘效果，最终确定出降尘效果最优的粉尘控制方案，以指导现场实施。

11.2.2.1 几何模型的建立及参数设定

A 现场概况

某煤矿综掘工作面直接顶板为黑灰色粉砂岩，平均厚度为 7m。老顶为石灰岩，灰色，平均厚 0.3m 左右。直接底板为灰褐色粉砂岩，平均厚度 2.8m。巷道断面呈半圆拱形，采用 U36 钢支护，规格为 4450mm×3200mm。掘进过程中采用 EBZ-315 型综掘机截割并自行装煤（岩），后跟溜子、皮带接力运输的施工方式。

掘进过程中采取压入式通风，目前配置 FBDNo.6 型局部通风机一台，风机功率为 2×15kW，供风距离约为 400m，局部通风机出风口处供风量为 367m^3/min。风筒采用阻燃抗静电的风筒布制作，直径为 600mm，悬挂在巷道右帮，悬挂高度 1.9m，风筒出口距工作面迎头 4m。

为了解决该工作面在掘进过程中粉尘浓度严重超标的问题，根据现场实际情况初步制定了 4 种通风降尘方案：压入式通风（目前使用），安装附壁风筒，安装除尘器以及同时安装附壁风筒及除尘器。根据设计要求，除尘器处理风量需达到 $269m^3/min$，附壁风筒狭缝喷口处风速达到 23m/s，出风量约为 $275m^3/min$，风筒前端锥形出风口风速达到 21m/s，出风量约为 $92m^3/min$。

B　几何模型的建立

综掘工作面上有掘进机、皮带、风筒等各种设备，且随着防尘工作的开展，工作面内还会增加附壁风筒、除尘器等设备，粉尘内部扩散空间形状较为复杂，无法做出准确的几何模型。因此，下面对工作面粉尘扩散计算域进行以下适当的简化。

（1）将工作面巷道断面视为标准半圆拱；（2）掘进机机身视为规则的长方体，掘进机摇臂、掘进头、左右铲板等部件均按照标准几何体进行表示；（3）压入式风筒、抽风风筒及除尘器等视为规则的圆柱体，吸风口按照标准楔形体近似处理，不考虑巷道左帮风管、水管等对风流的影响；（4）皮带、支架等设备均按照平面边界处理。

基于上述简化过程，将掘进巷道的横断面模拟成底×高为 4.4m×3.2m 的标准半圆拱形，考虑要模拟加入附壁风筒及除尘器后对巷道风流及粉尘运动规律的影响，取巷道长为 100m，其中压入式风筒出风口距迎头 4m，附壁风筒前端距迎头 8m，除尘器出风口距迎头 15m。

运用 Gambit 建立掘进工作面的几何模型，并进行计算网格划分。网格划分过程中，以网格数为自变量，以不同网格数下模拟结果中司机处呼吸带高度粉尘浓度作为因变量，对比分析司机处粉尘浓度随网格数的变化规律，以验证网格独立性。采用三维的 Tet/Hybrid 网格单元、TGrid 网格类型分块对模型进行网格划分，网格基本尺寸为 0.3m，网格总数为 473004 个，综掘工作面三维几何模型及网格划分如图 11-14 所示。

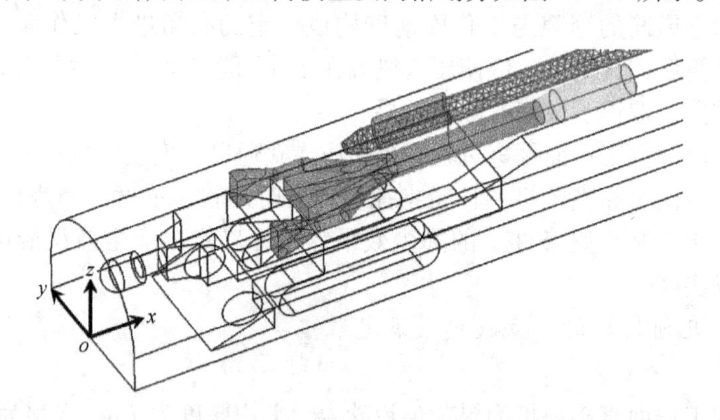

图 11-14　综掘工作面三维几何模型图

C　参数设定及求解

根据综掘工作面的具体情况及相关实测数据，结合数学模型和 Fluent 的数值模拟方法，对边界条件及相关参数进行设置，采用离散相模型（DPM）对综掘工作面通风除尘系统的除尘效果进行模拟。首先通过计算连续相获得风流流场的速度、湍流动能等基本信息，再在拉格朗日坐标下采用随机轨道模型对单个粉尘颗粒进行轨道积分，得到单个颗粒的运动轨迹。通过大批量地跟踪粉尘颗粒轨道就可以统计出粉尘浓度分布情况，最终求解出综掘工作面通风除尘系统的除尘效果。数值模拟参数设定见表 11-6。

表 11-6 计算模型参数设定表

边界条件	参数设定	边界条件		参数设定
入口边界类型	速度入口	密度/kg · m^{-3}		2630
入口速度/m · s^{-1}	21.6	粒径分布		R-R 分布
水力直径/m	0.6	分布指数		2.83
湍流强度/%	2.89	质量流率/kg · s^{-1}		0.007
出口边界类型	自由出流	湍流扩散模型		随机轨道模型
排气扇	打开	绝对速度	截割头/rad · s^{-1}	0.78
压力跳跃/Pa	200		左铲板/rad · s^{-1}	0.5
喷射源类型	面喷射		右铲板/rad · s^{-1}	-0.5
材质	粉砂岩			

11.2.2.2 数值模拟结果及分析

A 风流流动规律及分析

为了研究综掘工作面在压入式通风条件下，以及安装附壁风筒、抽风除尘系统后风流流动情况的变化，针对不同现场条件，通过查看矢量图，得出掘进工作面风流速度矢量分布如图 11-15 所示。图 11-15 中 4 种状态依次表示压入式通风、安装附壁风筒、安装除尘器以及二者同时安装情况下掘进工作面风流速度矢量分布。

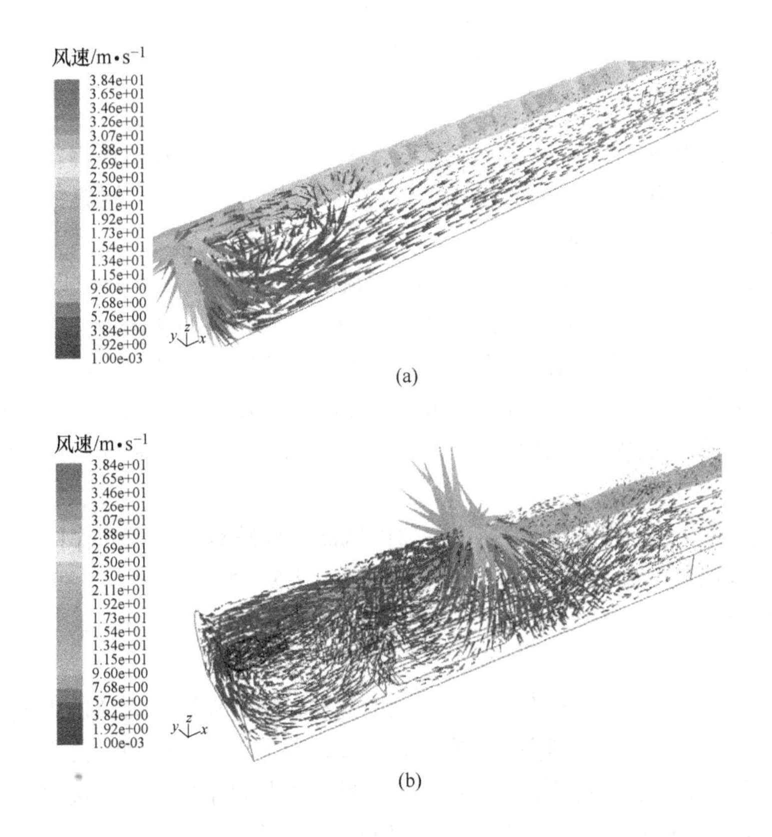

(a)

(b)

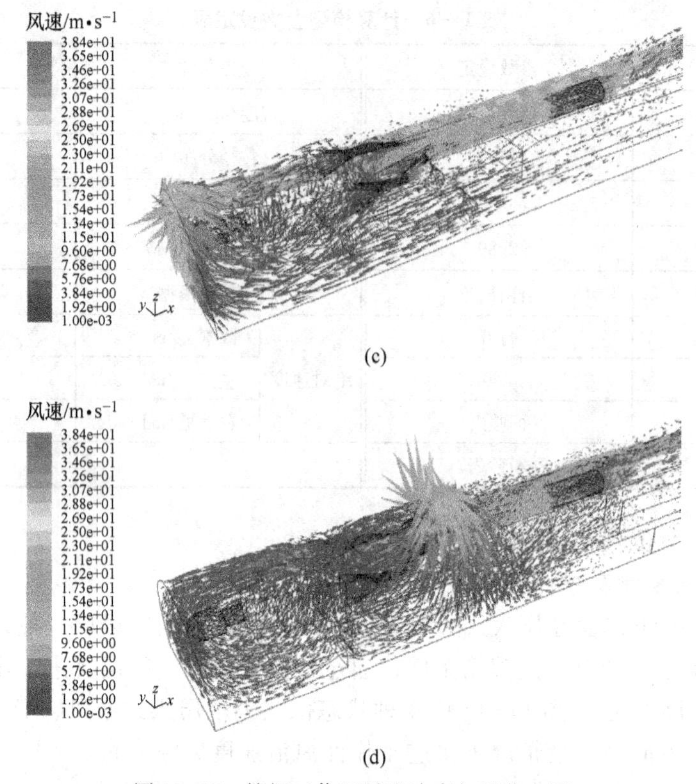

图 11-15　综掘工作面风流速度矢量分布图

（a）压入式通风；（b）安装附壁风筒；（c）安装除尘器；（d）二者同时安装

从图 11-15 中可以看出：

（1）压入式通风条件下，风流自巷道右帮风筒出风口高速喷射而出，在前方迎头的阻碍下转向巷道左帮，并以较大的速度向巷道后方区域扩散，风流主要集中在左侧人行道区域，风流速度场分布极为不均。

（2）加入附壁风筒后，其前端的锥形出风口流出的少量风流，与压入式风筒前端射流作用相似，能在迎头附近区域形成逆时针旋转的涡流；附壁风筒狭缝流出的大量风流在巷道断面的影响下，在掘进机司机前方区域内形成一道逆时针旋转的风墙，风流速度场分布比较均匀。

（3）安装除尘器后，系统前端三个吸风口在除尘器负压的作用下，将迎头附近高速旋转的风流汇集，并通过除尘器排出，在除尘器后方形成二次高速射流，巷道内风流速度场分布较为紊乱。

（4）同时安装附壁风筒及除尘器，巷道内风流流场兼有二者独立作用时的优缺点，掘进机司机前方区域流场分布比较均匀，后方区域由于除尘器出风口的二次高速射流作用，流场分布较为紊乱。

B　粉尘运动规律及分析

为了能直观地了解粉尘颗粒在综掘工作面的运动轨迹，在满足人体肉眼观察及计算机计算能力的前提下，在掘进机截割头，左右铲板位置处设置尘源，分别随机产生 150、50 及 50 个粉尘颗粒，并跟踪其运动轨迹，得出压入式通风、安装附壁风筒、安装除尘器及二者同时安装条件下综掘工作面粉尘颗粒运动规律如图 11-16 所示。

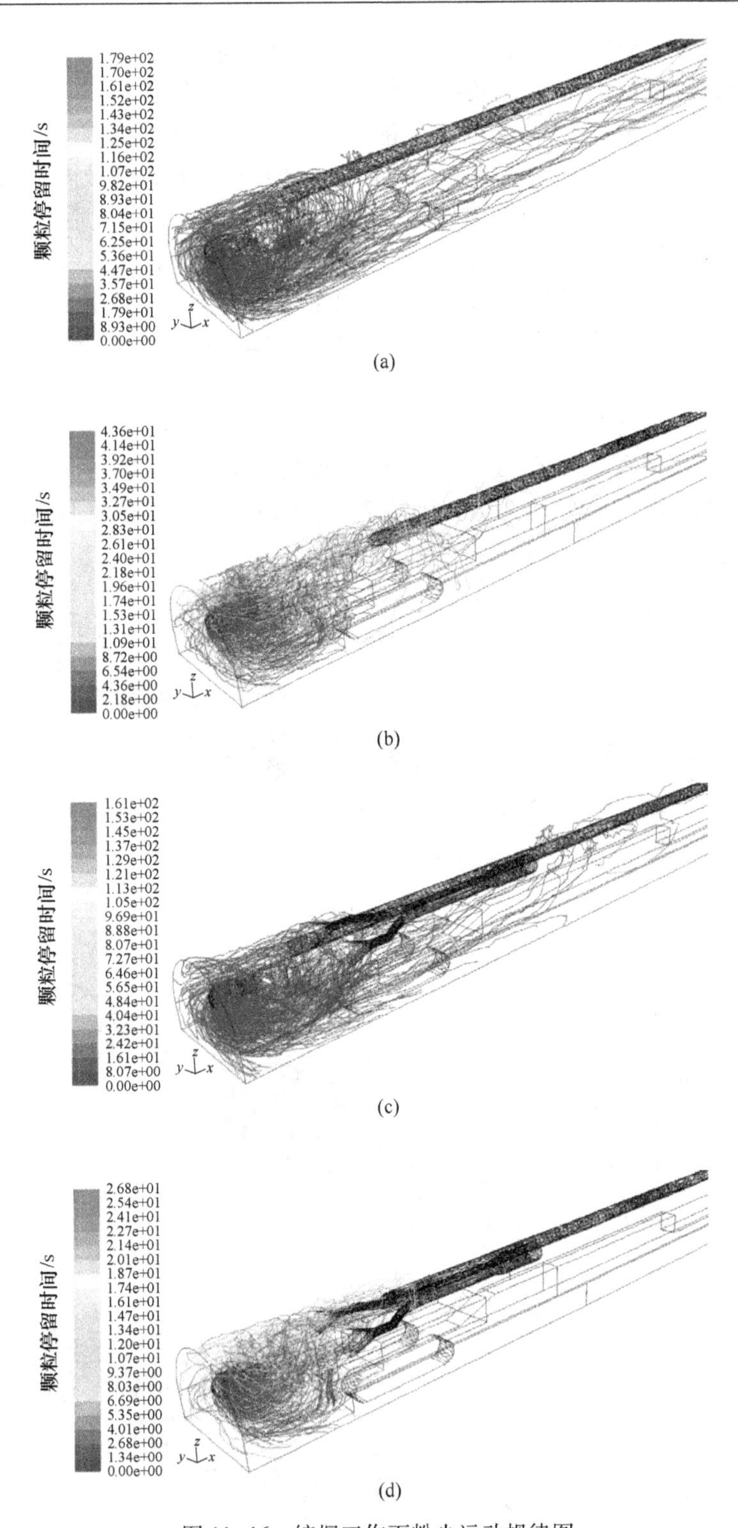

图 11-16　综掘工作面粉尘运动规律图

(a) 压入式通风；(b) 安装附壁风筒；(c) 安装除尘器；(d) 二者同时安装

从图 11-16 中可以看出：

（1）粉尘颗粒自各尘源位置产生后，纵向随风流方向运动，横向随机扩散，扩散过程中受到巷道壁面及设备表面的阻挡及捕捉作用，终止其运动轨迹。

（2）压入式通风条件下，粉尘颗粒在巷道左帮夹角处大量聚集，轨迹线路比较单一；安装附壁风筒条件下，粉尘颗粒最大限度地均匀分布在司机前方区域内，轨迹路线较为分散；安装除尘器条件下，粉尘颗粒在吸风口位置处大量汇聚，司机后方区域粉尘颗粒较少；二者同时安装时，司机前方区域粉尘颗粒分布比较均匀，且司机后方颗粒极少。

（3）压入式通风、安装附壁风筒、安装除尘器及二者同时安装条件下，尘源处产生的250个粉尘颗粒中，被捕捉数目分别为176、238、202及250个，最长停留时间分别为179s、44s、161s及27s。

C　粉尘浓度分布及分析

根据现场对掘进工作面各尘源产尘量及产尘强度的调查结果，为掘进机三个主要尘源赋予相应的质量流率及初始速度等相关参数，得出综掘工作面在压入式通风、安装附壁风筒、安装除尘器及二者同时安装条件下粉尘浓度分布情况如图11-17所示。

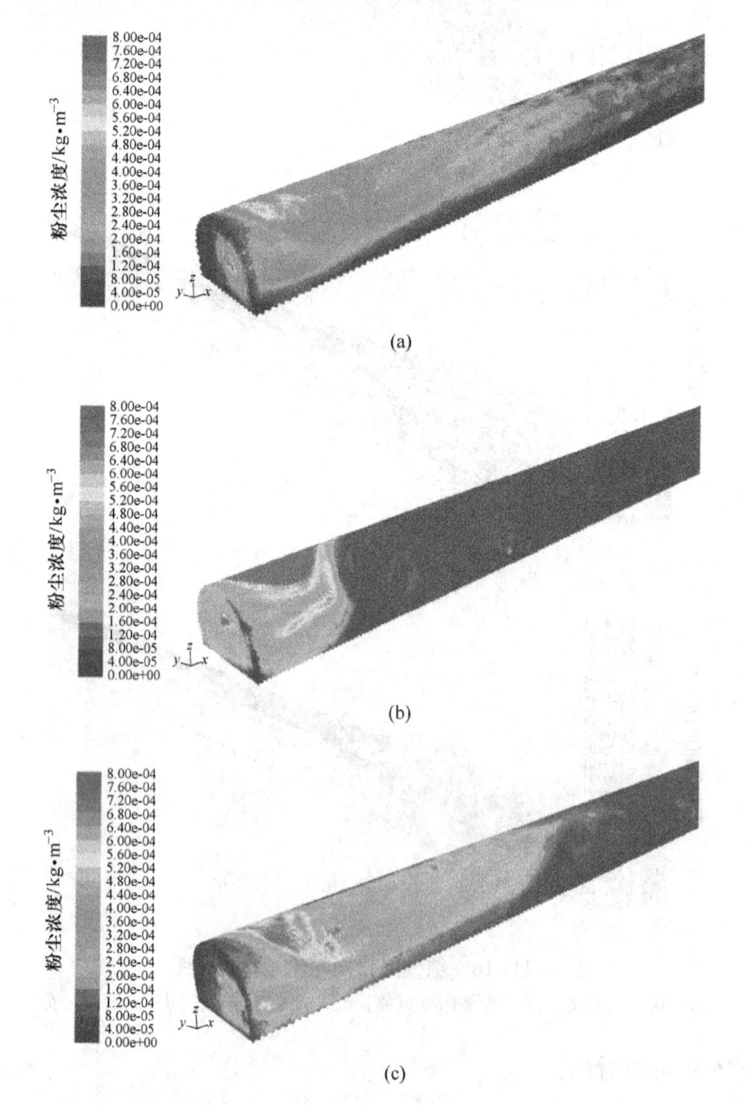

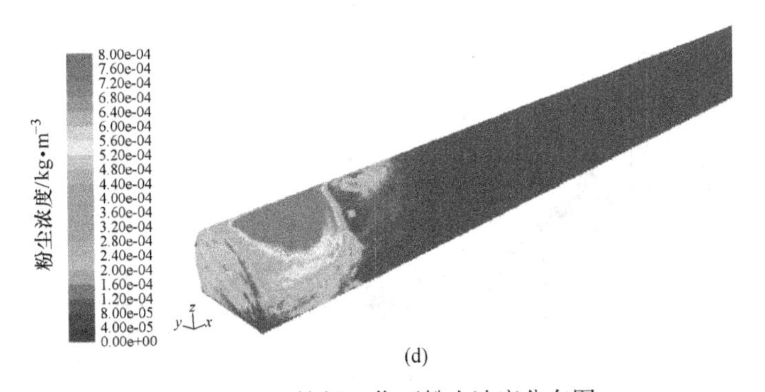

(d)

图 11-17 综掘工作面粉尘浓度分布图

(a) 压入式通风；(b) 安装附壁风筒；(c) 安装除尘器；(d) 二者同时安装

从图 11-17 中可以看出：

(1) 从粉尘分布情况来看，压入式通风时粉尘分布范围最广，几乎遍布整个巷道空间，且数值较大；同时安装附壁风筒及除尘器时粉尘分布范围最小，距迎头 15m 之外范围内，几乎没有粉尘存在；单独安装附壁风筒或除尘器时粉尘分布范围介于两者之间，且安装附壁风筒时分布范围较小。

(2) 在附壁风筒逆时针旋转风墙的作用下，大量粉尘颗粒被阻隔在司机前方区域内无法逸出，司机位置及其后方区域粉尘颗粒较少，粉尘浓度较低；安装除尘器后，司机前方区域含尘气流在吸风口前汇聚，并经除尘器净化后排至巷道后方，其降尘效果取决于吸风口的吸风覆盖范围。

(3) 司机位置处（距迎头约为 8m）及其后方区域粉尘浓度值的大小，是判断降尘效果优劣的重要指标，从图 11-17 中可知，距迎头 8m 外巷道区域内，各条件下粉尘浓度值分别保持在 $400mg/m^3$、$100mg/m^3$、$300mg/m^3$ 及 $20mg/m^3$ 之内，可见同时安装附壁风筒及除尘风机时降尘效果最好。

D 粉尘浓度沿程变化及分析

为研究掘进工作面粉尘浓度沿程变化情况，取压入式通风条件为代表，沿巷道走向分别截取不同的线段进行对比分析。图 11-18 为掘进巷道内不同断面呼吸带高度（H = 1.5m）粉尘浓度沿程变化图，其中，y=-1.7m、y=0m 及 y=1.4m 分别表示掘进巷道左侧人行道、皮带机道及右侧人行道。图 11-19 表示掘进巷道内左侧人行道在不同高度下粉尘浓度沿程变化情况。图 11-20 为压入式通风、安装附壁风筒、安装除尘器及二者同时安装条件下左侧人行道呼吸带高度粉尘浓度沿程变化图。从图 11-18~图 11-20 中可以看出：

(1) 在呼吸带高度上，粉尘浓度均按照先急剧上升至最大值，后逐步缓慢下降的趋势变化；在巷道前 50m 内，左侧人行道粉尘浓度较高，右侧人行道较低；在后 50m 内，随着粉尘颗粒的扩散趋于稳定，且人行道内粉尘颗粒被巷道壁面大量捕捉，人行道粉尘浓度均低于皮带机道。

(2) 在不同高度上，粉尘浓度变化规律与不同断面变化规律相似，均为先急剧上升至一个最大值，后缓慢下降。整体来看，y = 1.5m 高度粉尘浓度值最大，并以此高度为中心，沿上下两侧逐步降低，因此，呼吸带高度粉尘的控制是防尘工作的重中之重。

(3) 在不同现场条件下，粉尘浓度沿程变化趋势均与压入式通风条件保持一致。整体

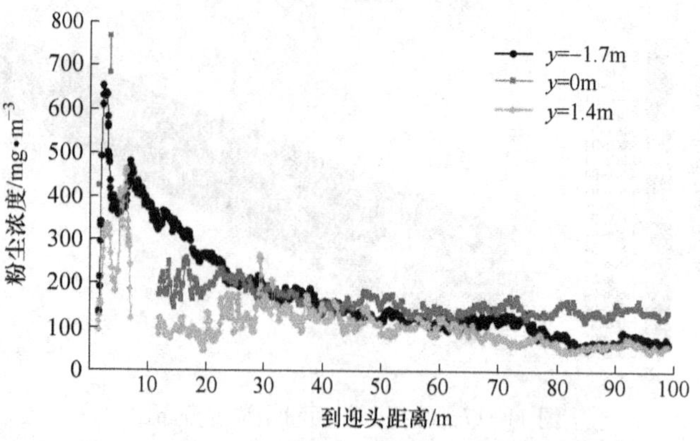

图 11-18　不同断面粉尘浓度沿程变化图

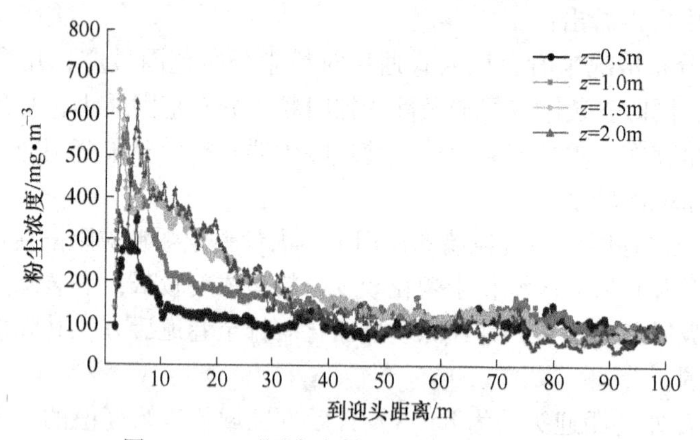

图 11-19　不同高度粉尘浓度沿程变化图

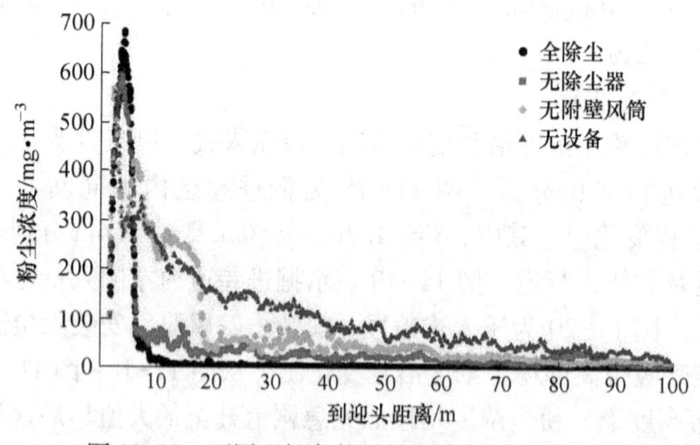

图 11-20　不同现场条件下粉尘浓度沿程变化图

来看，降尘效果按优劣进行排序为：二者同时安装>安装附壁风筒>安装除尘器>压入式通风，在除尘器出口后方区域内，粉尘浓度分别保持在 5mg/m^3、45mg/m^3、75mg/m^3 及 175mg/m^3 之内。

11.2.3　采场爆破粉尘分布的数值模拟

在矿产资源的地下开采过程中，爆破作业是不可缺少的工艺环节，爆破过程中会产生大量的烟尘，给现场作业人员身体健康和安全生产带来了极大的威胁。爆破烟尘主要包括粉尘和有毒有害气体，具有浓度高且不易排出的特点。爆破粉尘的来源可分为爆破准备阶段产生的粉尘、施爆阶段产生的粉尘以及爆破后装运作业所产生的粉尘，其中施爆阶段粉尘浓度最高，危害也最大。据实测数据显示，采场爆破时粉尘浓度最高可达3500mg/m^3，亟待采取有效的防尘降尘措施。因此，研究采场爆破作业时粉尘的运移规律，掌握粉尘浓度分布及变化特点，获取通风除尘设计的合理参数，探索降低采场爆破粉尘浓度的控制技术，对于改善井下工人的作业环境、保障工人的身体健康具有十分重大的意义。

11.2.3.1　几何模型的建立及求解

A　现场概况

某铁矿某采场断面形状为三心拱，进路宽度3.6m，高度3.2m，进路内中孔爆破位置风速小于0.1m/s，施工部位围岩主要为闪长岩，围岩硬度较大，f=10～12，岩体整体性好，局部为矽卡岩，岩石表面比较干燥，对粉尘捕捉能力较低。采场联络巷断面为三心拱，宽度3.5m，高度3.2m，联络巷断面风速为0.5m/s，湿度59.1%，温度23.9℃。

B　几何模型的建立及网格划分

由于采场内情况比较复杂，建模过程中完全复制采场比较困难，根据对某矿某采场相关尺寸的现场实测数据，文中对巷道型采场爆破粉尘扩散计算区间进行如下假设：

（1）将采场进路及联络巷断面视为标准三心拱，联络巷与采场进路垂直相交。

（2）联络巷内电缆电线、水管及压风管等设备由于尺寸较小，模型中不予考虑。

（3）压入式风筒是采场内通风除尘设计的重要组成部分，应完全考虑在内。

（4）采场爆破粉尘全部产生于施爆阶段，爆破准备阶段及爆破后装运时产生的粉尘文中暂不考虑。

为了准确地得到粉尘在采场内的扩散规律，计算中建立一个尺寸为10m×3.6m×2m的三心拱主体作为采场进路计算区域，同时补充建立出连接采场进路的上下风向联络巷道，简化后使用GAMBIT 2.0建立巷道型采场三维几何模型，并对其进行网格划分，如图11-21所示。

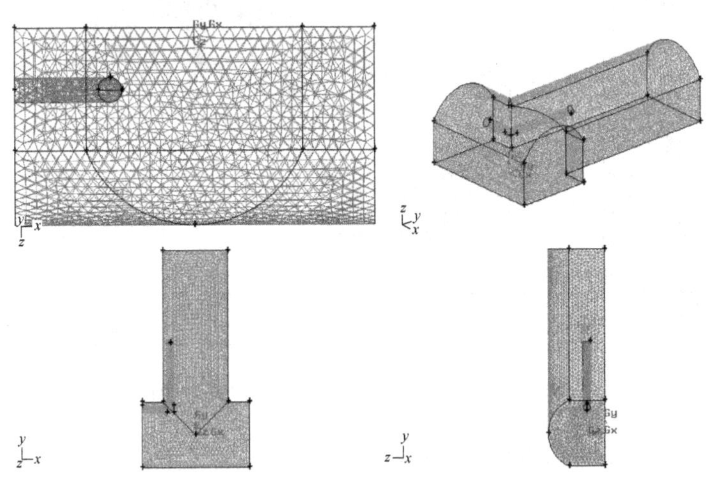

图11-21　巷道型采场三维几何模型图

C　边界条件的设定及求解

根据采场的具体情况及相关实测数据，结合数学模型和Fluent的数值模拟方法，并对区域网格进行自适应等调试，数值模拟参数设定如表 11-7 所示。

表 11-7　计算模型参数设定表

边界条件	参数设定	边界条件	参数设定
入口边界类型	速度入口	材质	铁矿石
入口速度/m · s^{-1}	0.5	密度/kg · m^{-3}	4200
水力直径/m	3.4	粒径分布	R-R 分布
湍流强度/%	3.73	分布指数	2.13
出口边界类型	自由出流	质量流率/kg · s^{-1}	0.228
时间	非稳态	湍流扩散模型	随机轨道模型
喷射源类型	面喷射		

11.2.3.2　数值模拟结果及对比分析

A　采场气流流场分布规律

为研究采场内气流流场分布规律，分别在 x，y，z 方向上各截取至少一个平面，得出巷道型采场空间气流流场分布情况。图 11-22 表示联络巷风速为 0.5m/s 时巷道型采场内空间速度场分布，从图 11-22 中可以看出：

（1）联络巷内风速及风向比较稳定，采场进路内形成了比较明显的漩涡流动，且漩涡上游区域（右侧）风速明显高于漩涡下游区域（左侧）。

（2）采场进路隅角处通风比较困难，左侧隅角处通风效果最差，基本形成了一个无风区域。

（3）在巷道断面内，由于巷道壁面的摩擦作用，壁面附近处风速略低于巷道中心。

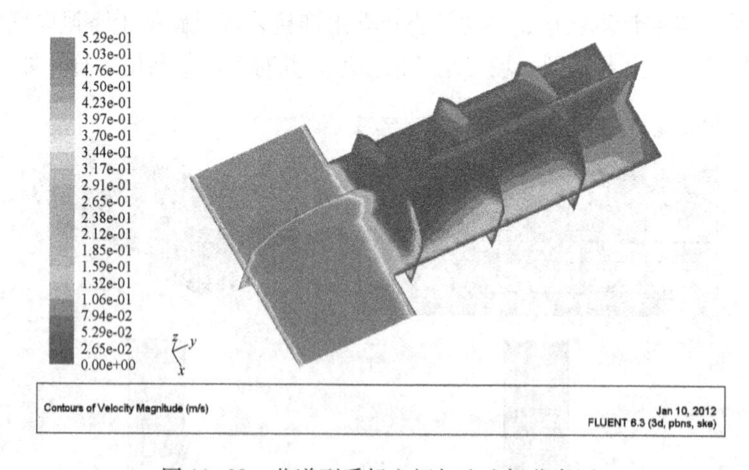

图 11-22　巷道型采场空间气流流场分布图

B　采场爆破粉尘浓度分布及变化规律

为研究爆破发生后粉尘在采场内的浓度分布规律，取呼吸带高度（z = 1.5m）作为基准平面，并观察该平面各个时间段的粉尘浓度分布规律，如图 11-23 所示。图 11-24 为距工作面不同距离处巷道中央呼吸带高度粉尘浓度随时间的变化规律。

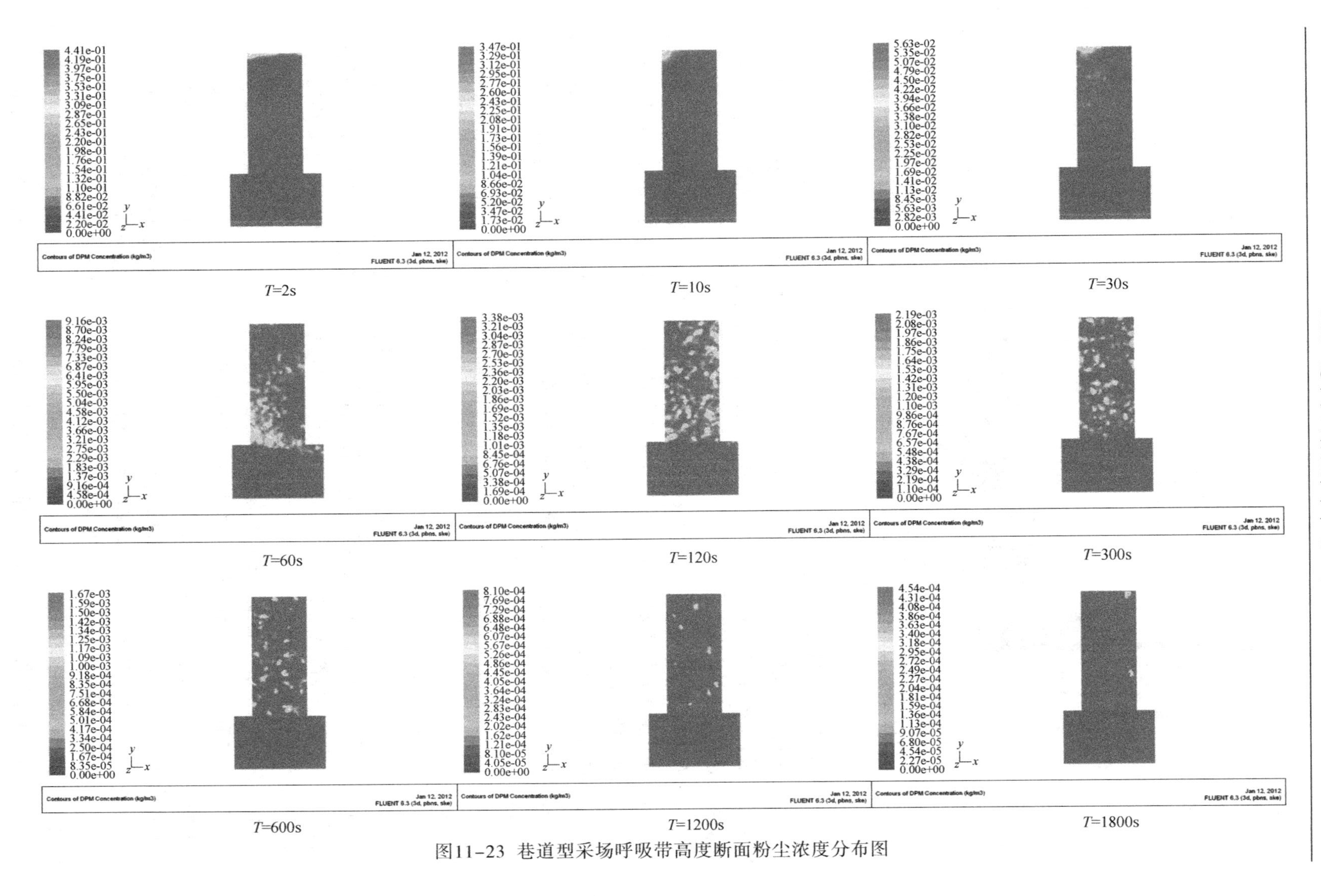

图11-23　巷道型采场呼吸带高度断面粉尘浓度分布图

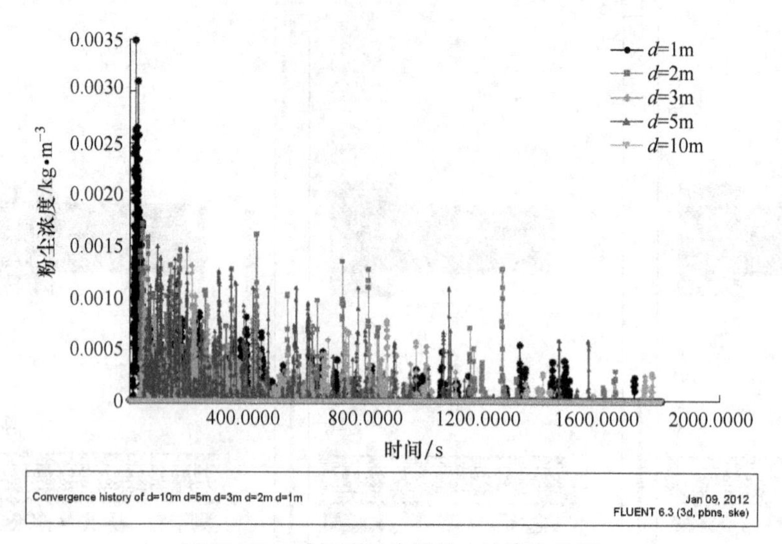

图 11-24　采场不同位置粉尘浓度变化图

从图 11-23、图 11-24 中可以看出：

（1）采场爆破发生后，在爆破冲击波作用下，粉尘从工作面高速喷入采场内；在漩涡流动的作用下，粉尘逐渐向采场外方向扩散；受距离工作面较近的回风流的影响，进路内左侧隅角处粉尘浓度较高。

（2）在采场进路断面方向，粉尘浓度呈由左至右、由下至上降低的分布规律，这是由于漩涡上游风速高于下游及粉尘颗粒的自身沉降作用所致。在进路轴线方向，粉尘浓度呈中间高，两侧低的分布态势。

（3）随着时间的推移，进路轴线上粉尘浓度最大值逐步向采场外移动，且数值逐步降低；采场内粉尘在 1800s 内基本全部排出，此时采场内粉尘浓度保持在 $10mg/m^3$ 以内。

（4）在距工作面 1m、2m、3m、5m 及 10m 处，粉尘浓度分别在 20s、30s、40s、70s 及 100s 时达到最大值，分别为 $2650mg/m^3$、$1750mg/m^3$、$1600mg/m^3$、$1500mg/m^3$ 及 $950mg/m^3$。

C　捕捉壁面条件下粉尘浓度变化规律

图 11-25 为捕捉壁面条件下采场爆破后距工作面不同距离处粉尘浓度随时间的变化规律，通过与图 11-24 比较分析可以看出：捕捉壁面条件下采场内粉尘浓度分布规律与反弹壁面相似，空间整体浓度较之反弹壁面条件要低，且浓度降低速率较快，采场内粉尘在 900s 内基本全部排出。

D　不同风速条件下粉尘浓度变化规律

为了探究采场在不同供风条件下粉尘浓度随时间的变化规律，保持其他参数不变，分别取联络巷入口风速为 $v=0.5m/s$、$v=1m/s$、$v=2m/s$ 及 $v=4m/s$ 对采场爆破后粉尘浓度分布规律进行模拟，并分别对联络巷回风侧 3m 处巷道中央呼吸带高度粉尘浓度进行监测。图 11-26 为不同风速条件下粉尘浓度随时间变化规律。从图 11-26 中可以看出：

（1）联络巷入口风速越大，在进路内形成的漩涡流动作用越强，粉尘整体浓度越低，排出时间越短。

（2）不同风速条件下粉尘浓度随时间变化规律基本一致，均为在某一时间点瞬间上升

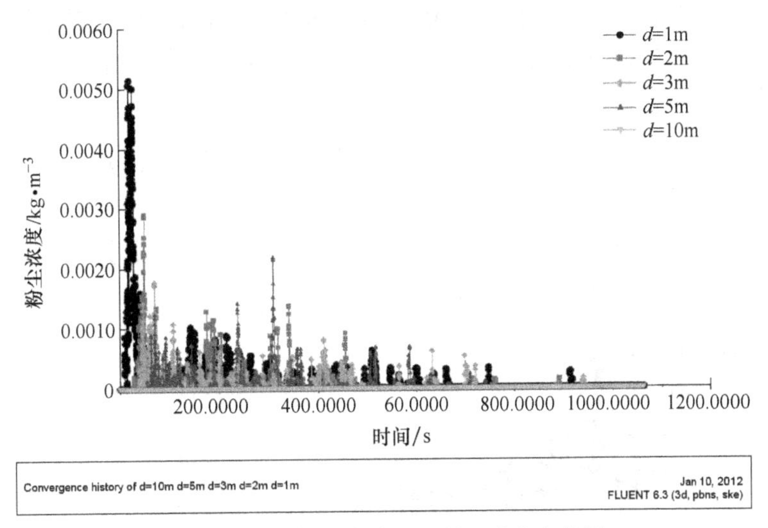

图 11-25 捕捉壁面条件下粉尘浓度变化图

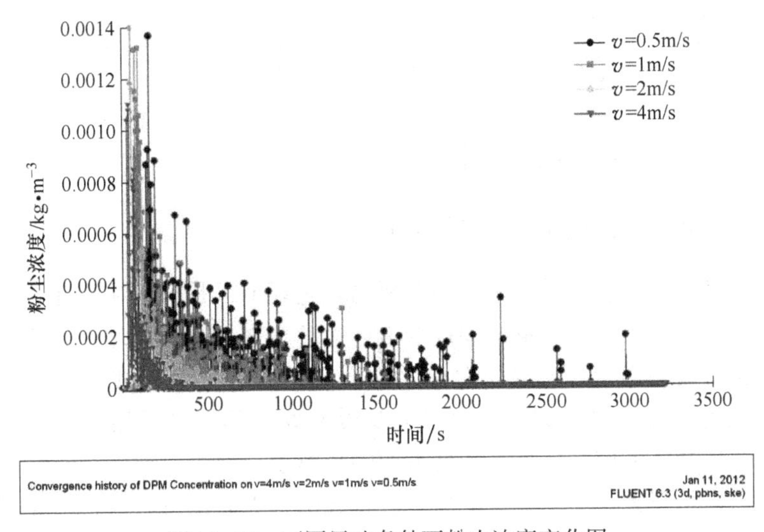

图 11-26 不同风速条件下粉尘浓度变化图

至最大值，然后随时间推移缓慢降低。

（3）当风速为 0.5m/s、1m/s、2m/s 及 4m/s 时，测点浓度最大值分别为 1380mg/m^3、1310mg/m^3、500mg/m^3 及 400mg/m^3，粉尘排出时间分别 3200s、2000s、900s 及 500s。

（4）较大的风速有利于粉尘颗粒的稀释及排出，但同时也容易造成已沉降粉尘的二次飞扬，综合考虑粉尘浓度与粉尘排出时间，可取联络巷入口风速为 2m/s 进行通风除尘设计。

E 压入式通风条件下粉尘浓度变化规律

为加快采场爆破后粉尘排出速度，在联络巷内安装压入式局部通风机，经风筒将新鲜风流压至工作面附近。图 11-27 为压入式通风条件下采场进路内不同位置处粉尘浓度随时间变化规律，从图 11-27 中可以看出：

（1）压入式通风条件下粉尘浓度分布规律与未安装时相似，采场空间粉尘浓度较之未安装时有较大程度升高，粉尘排出时间大幅度降低。

（2）采场空间粉尘浓度最高可达 16500mg/m³，采场内粉尘在 160s 内基本能全部排出。

（3）压入式通风条件下不同位置处粉尘浓度最大值出现时间相隔较短，基本在 20s 附近达到最大值。

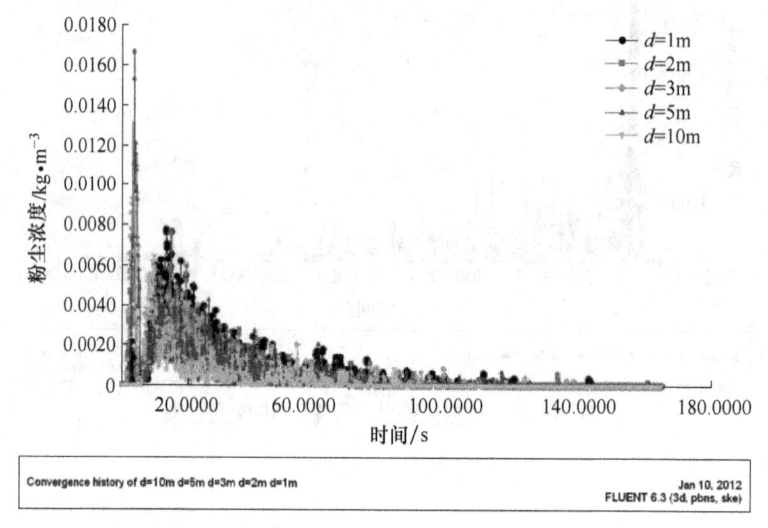

图 11-27　压入式通风条件下粉尘浓度变化图

11.3　露天矿山粉尘分布中的应用

11.3.1　露天矿穿孔设备作业粉尘分布的数值模拟

穿孔爆破是露天矿山生产过程中最为重要的工艺环节，是保证矿山年生产能力实现的前提。随着露天矿的向下延深，形成固定的最终边坡越来越高，边坡的稳定性问题也日益突出。为了保护边坡的稳定性，通常事先沿露天矿设计边坡境界线使用边坡钻机钻凿炮孔，并采用临近边坡的预裂爆破、光面爆破及缓冲爆破等爆破手段，对爆破过程严加控制，以减少对边坡岩体的破坏，提高边坡坡面的平整度，保护边坡的稳定性。

边坡钻机产尘是露天矿的主要尘源之一，自我国露天矿山进入深凹开采后，随着开采深度的下降，采场内形成一个锅底状的深坑，坑内风速急剧降低，通风不畅，粉尘难以往外逸散，坑内污染严重，空气质量恶化，钻孔尘源处粉尘浓度可高达数千毫克每立方米，超标十分严重。同时，钻机在凿岩过程中，因岩石硬度、钻孔速度的变化，产尘量和产生的粉尘粒度差别较大，尘源表征及构成较为复杂，治理难度较高。

因此，对边坡钻机穿孔作业粉尘进行治理，是改善露天矿作业环境的主要任务之一。通过对边坡钻机穿孔作业粉尘浓度分布进行数值模拟，探索影响粉尘浓度分布的主要因素，获取粉尘浓度分布较低的参数设置，对于指导现场生产及应用，具有十分重大的意义。

11.3.1.1　几何模型的建立及求解

A　采场概况

某铁矿 S03 号采场位于该矿西南角，开采深度为+22～+34m。采场风速为 1.5m/s，温度为 11.6℃，湿度为 26.8%。矿物组成比较简单，金属矿物以磁铁矿为主，脉石矿物以石英为主。原矿品位 25%左右，矿石磁性率 36%～42.8%，矿石普氏硬度 $F=8\sim12$，岩石普

氏硬度 $F=8\sim10$，矿石密度 3.24t/m³，岩石密度 2.7t/m³。

钻孔机械采用 Atlas Copco 全液压露天钻机 ROC F9-11，发动机怠速为 1200r/min，额定转速为 2000r/min。钻头直径为 115mm，钻杆采用中空厚壁无缝钢管制作，外壁直径为 51mm，壁厚 12mm，单节钻杆长 3.76m。空压机工作风压为 0.8~1MPa，风量为 11.8m³/min。钻机机身尺寸约为 8600mm×2490mm×3800mm。

B 几何模型的建立及网格划分

露天矿山在进行临近边坡的炮孔钻凿过程中，为了尽可能真实全面地描述粉尘在采场内的运动轨迹，模型计算域应尽量大，结合采场实际尺寸及现场调查结果，并做出相应简化及假设，将模型计算区间取 120m×20m×12m 大小区域，模型左侧及前方属于边坡，其倾角为 70°，模型后方为风流入口，底面为地面，模型顶部及右侧为风流出口。相关简化及假设如下：

（1）边坡钻机作为主要作业设备，其尺寸相对较大，对风流及粉尘运动均会产生一定程度的影响，建模过程中应做到尽量详细。

（2）钻头作为截割及破碎岩石的主要部件，是尘源的制造者，模型建立过程中应尽量接近真实。

（3）压气系统（空压机及压气管路）是边坡钻机工作的重要组成部分，并负责将钻孔内粉尘排出孔口，应完全考虑在内。

（4）边坡钻作业粉尘全部产生于施钻阶段，准备阶段及钻后卸杆阶段产生的粉尘不予考虑。

基于上述简化及假设，运用 Gambit 建立采场边坡钻机穿孔作业三维几何模型，模型中取钻孔中心与地面的交点作为坐标原点，并对其进行网格划分，得到露天矿采场边坡钻穿孔作业三维几何模型如图 11-28 所示。

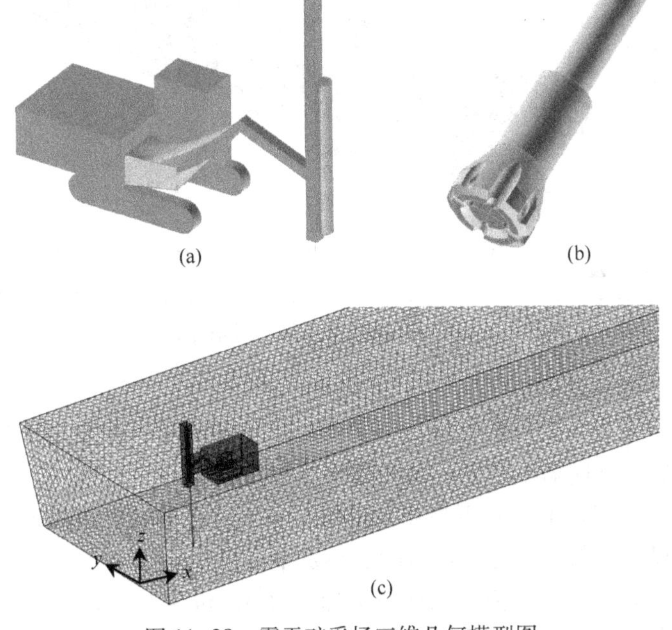

图 11-28 露天矿采场三维几何模型图

（a）边坡钻机；（b）钻头；（c）网格划分

C　相关参数的设定及求解

通过查阅相关文献资料及现场实地调查，确定了边坡钻机作业过程的相关参数设定，结合粉尘运动数学模型和 Fluent 数值模拟方法，并对几何模型区域网格进行自适应等调试，最终求解出粉尘浓度分布。数值模拟参数设定见表 11-8。

表 11-8　计算模型参数设定

边界条件	参数设定	边界条件	参数设定
入口边界类型	速度入口	喷射源类型	面喷射
入口速度/m · s^{-1}	1.5	材质	石英石
水力直径/m	16.85	密度/kg · m^{-3}	2700
湍流强度/%	2.66	粒径分布	R-R 分布
出口边界类型	压力出口	分布指数	1.98
风扇	打开	质量流率/kg · s^{-1}	0.0015
压力跳跃/Pa	900000	湍流扩散模型	随机轨道模型
钻杆转速/r · min^{-1}	72		

11.3.1.2　数值模拟结果及分析

A　风流流场分布及分析

为探究露天矿采场风流流场分布情况，结合边坡钻穿孔作业三维几何模型，取呼吸带高度平面（z=1.5m）及钻孔中心所在垂面十字相交，得风流速度场渲染如图 11-29 所示。

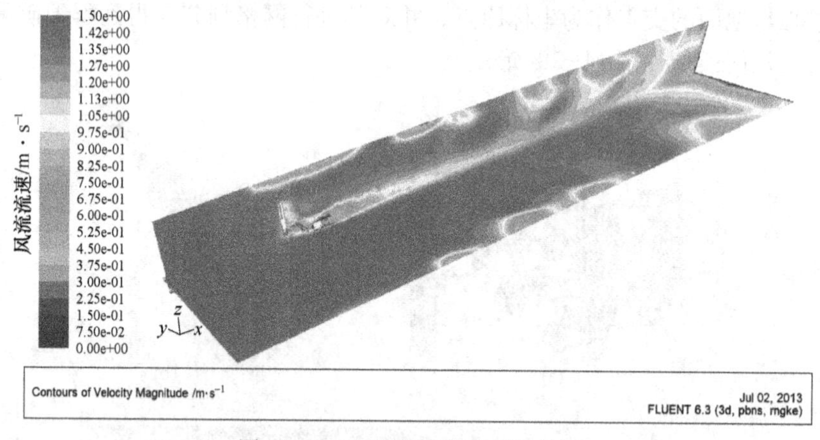

图 11-29　风流速度场三维渲染图

从图 11-29 中可以看出：

（1）风流自后方进入采场后，整体沿采场走向继续流动，在流场横断面内，受模型左侧及前方边坡影响，风速随距壁面距离的减小逐步降低。

（2）钻机后方及采场前方左下角处各形成了一个风流漩涡；漩涡内气流与外界流通性能较差，在一定程度上限制了边坡钻机的散热及采场排尘。

（3）在风流入口附近区域内，风速基本保持在 1.5m/s 左右，随着流场的发展，风速在靠近壁面区域内有所下降，基本保持在 0.8～1m/s 内，此外，在一些风流漩涡内，风速降低至 0.25m/s 以下。

B 粉尘浓度分布及分析

边坡钻穿孔作业过程中，据现场实测得知，一根长约 3.76m 的钻杆，需要 4~5min 完成钻进。为了研究钻孔作业过程中粉尘浓度随时间的变化规律以及在采场空间内的分布规律，监测模型在 5min 内粉尘浓度变化情况如图 11-30 所示，图 11-30 中 x 代表采场下风向距钻孔的距离，监测点均位于呼吸带高度平面与 $y=1$m 垂面的交线内。同时，对计算稳定后的采场空间浓度场进行对比分析，图 11-31 为呼吸带高度平面内距钻孔中心不同距离的断面内粉尘浓度沿程分布情况，及距钻孔中心 1m 处断面内不同高度粉尘浓度沿程分布。

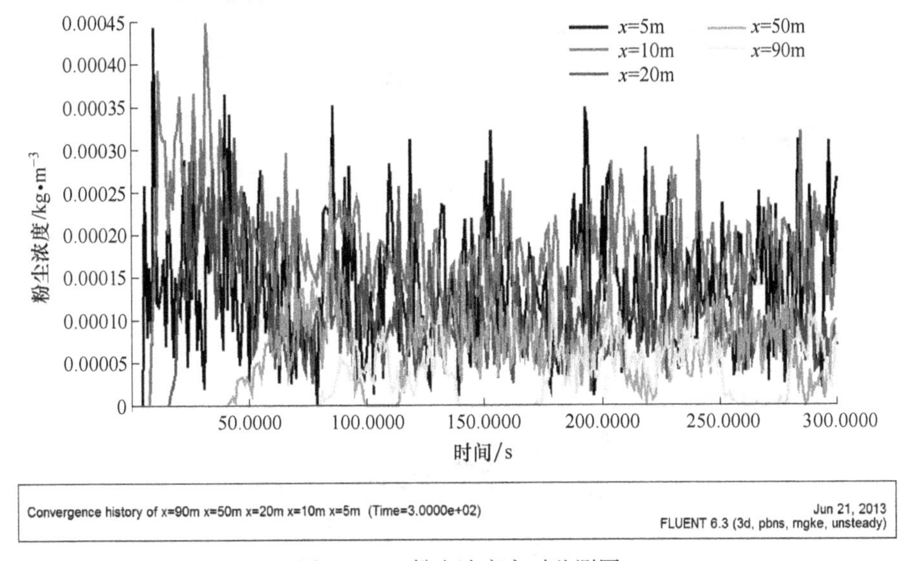

图 11-30 粉尘浓度实时监测图

穿孔开始后，钻头钻进过程中破碎及剥落岩石所产生的粉尘颗粒在供气系统所产生的高速气流作用下，自孔底由孔口喷射而出；受采场自然风流的作用，由孔口喷射而出的粉尘颗粒纵向沿风流方向扩散，横向随机脉动，在运动过程中由于受到重力沉降、壁面拦截等作用，终止其运动轨迹。

由图 11-30 可知，不同监测点处粉尘浓度随时间推移逐步升高，到一定值时保持稳定，并在固定区间内上下波动。穿孔作业开始后 5s 时，粉尘扩散至钻机司机处（$x=5$m），在 10s 时粉尘浓度趋于稳定，并基本保持在 200mg/m^3 左右。穿孔作业后 8s 时，粉尘扩散至钻机机尾处（$x=10$m），在 13s 时粉尘浓度趋于稳定，并基本保持在 175mg/m^3 左右。穿孔作业后 15s、42s 及 80s 时，粉尘分别扩散至钻孔后 20m、50m 及 90m 处，并分别在 25s、75s 及 175s 时粉尘浓度趋于稳定，分别保持在 100mg/m^3、75mg/m^3 及 50mg/m^3 左右。

由图 11-31 可知，在采场空间内，粉尘浓度沿程先急剧升高，在钻孔后方 8m 处达到最大值，之后粉尘浓度快速降低，在钻孔后方约 15m 处降低至一较小值。再逐步缓慢下降，在采场前方边坡附近区域内，含尘气流基本不进入，粉尘浓度较低。在竖直方向上，粉尘浓度随高度的增加逐步降低，在高度达到 4.5m 后，粉尘浓度整体保持在一个较低的水平，降低幅度较小。靠近边坡一侧，由钻孔中心所在断面（$y=0$m）至距钻孔中心 2m 处断面（$y=2$m）范围内，粉尘浓度最大值由 550mg/m^3 降至 60mg/m^3，钻孔后方 15m 外

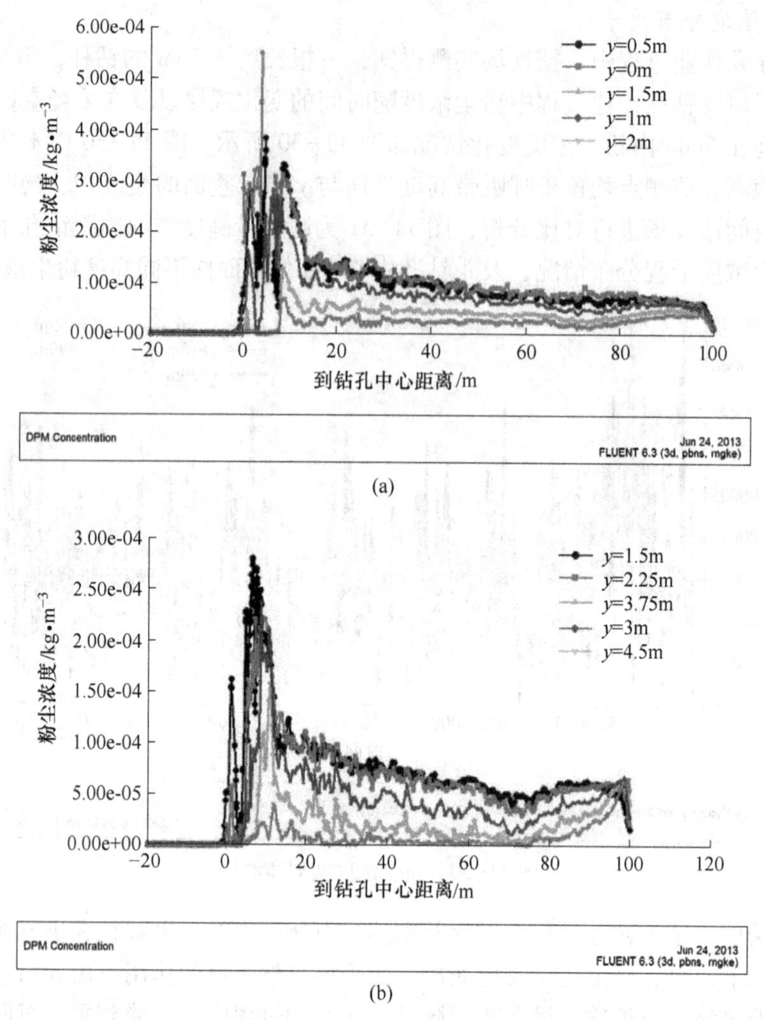

图 11-31　粉尘浓度沿程分布图

（a）不同断面内；（b）不同高度内

区域内粉尘浓度由 125mg/m³ 降至 25mg/m³；当高度为 1.5～4.5m 范围内，随着高度的升高，粉尘浓度最大值由 285mg/m³ 降至 40mg/m³，钻孔后方 15m 外区域内粉尘浓度由 100mg/m³ 降至 5mg/m³。

C　粉尘影响因素的确定

根据现场经验总结及查阅相关文献资料可知，采场风速、供气压力、钻孔深度及钻具转速等是影响边坡钻穿孔作业过程中粉尘浓度分布的 4 个主要因素。通过对不同风速、压力、孔深及转速条件下粉尘浓度沿程分布情况进行对比分析，优化出粉尘浓度较低的参数设置，以指导现场作业。取呼吸带高度平面与 $y=1$m 垂面的交线作为粉尘浓度测点线，得出边坡钻穿孔作业过程中不同采场风速条件下、不同供气压力条件下、不同钻孔深度条件下及不同钻具转速条件下粉尘浓度沿程分布，如图 11-32 所示。

采场自然风一方面可以将弥散在空气中的粉尘携带并排出，一方面又会将沉降粉尘吹起，造成二次污染。由图 11-32(a) 可知，在风速为 1.5～2m/s 区域内，粉尘浓度随风速增大而增大，该区域内风流的排尘作用较之扬尘要弱。在风速为 2~3.5m/s 区域内，风速越大，粉尘浓度整体越低，排尘作用较之扬尘要强；通过比较可知采场风速为 3.5m/s 时粉尘浓度较低，在现场作业过程中，应尽力解决好露天矿山的通风问题，保证采场有一个较高的排尘风速。

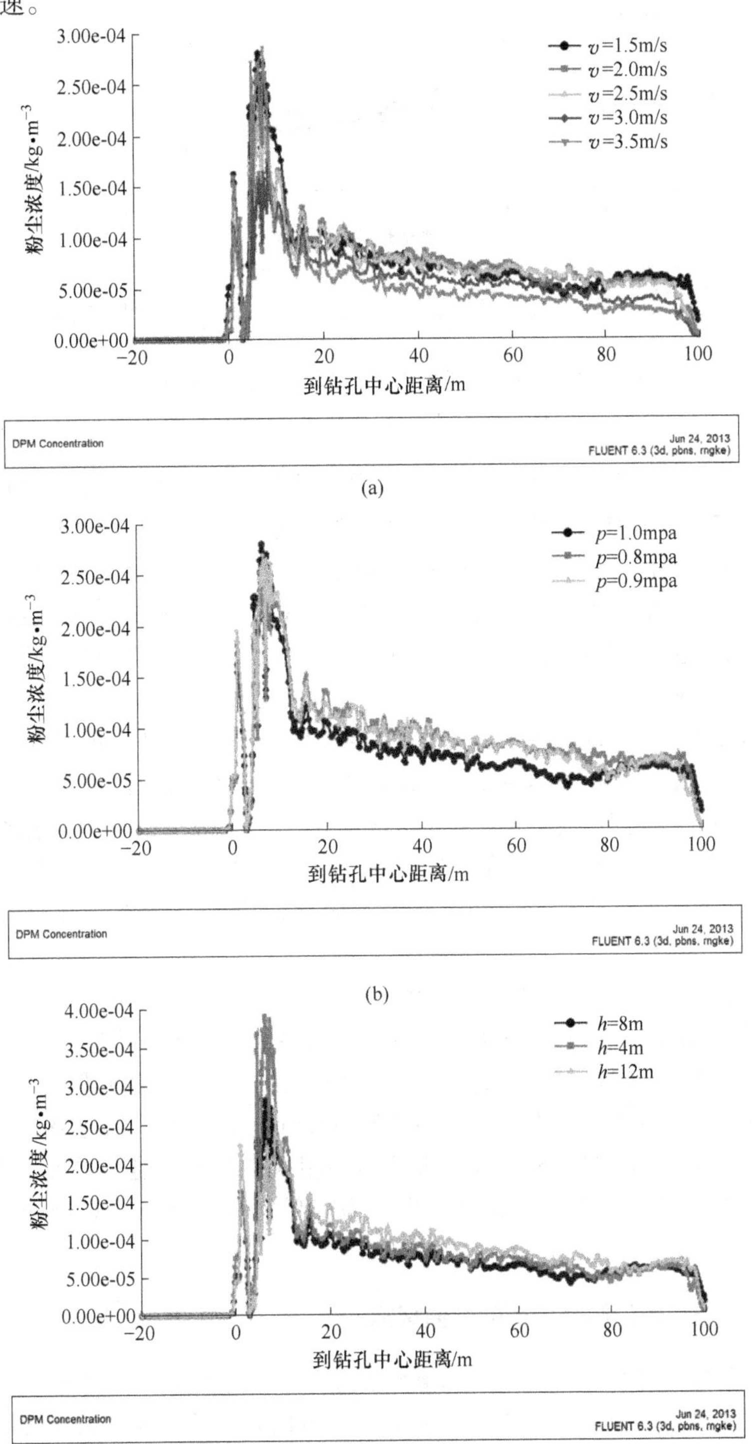

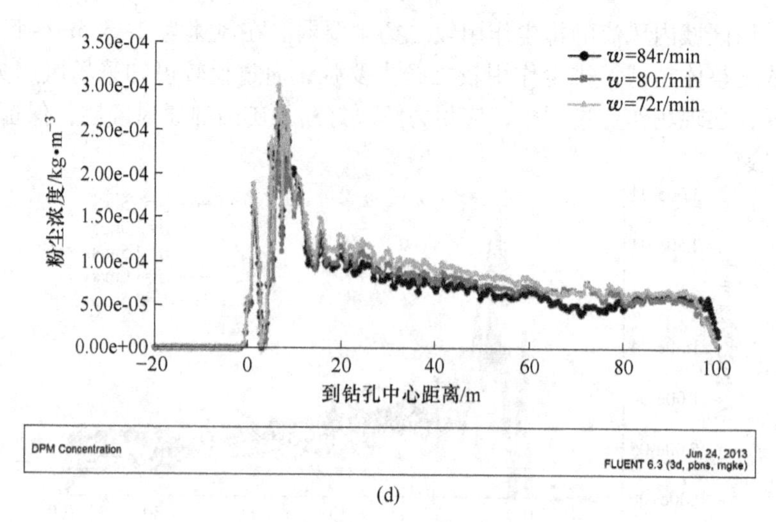

(d)

图 11-32　不同条件下粉尘浓度沿程分布

(a) 风速；(b) 气压；(c) 孔深；(d) 转速

由图 11-32(b) 可知，在压力为 0.8~1MPa 范围内，供气压力越大，粉尘浓度整体越低。这是由于较大的压力能赋予粉尘颗粒较大的初始动能，在从孔底产生后的扩散过程中，与孔壁、采场底板、边坡及设备表面等碰撞概率增加，导致大量颗粒发生沉降，粉尘浓度较低。随着压力的增加，钻孔后方 15m 外粉尘浓度由 115mg/m^3 降低至 90mg/m^3，粉尘浓度最大值变化并不明显。在现场作业过程中，应尽量保证空压机处于最佳运行状态，供气压力达到 1MPa。

在钻进深度为 4~12m 范围内，钻进深度越深，孔口处排出的粉尘量越少，其下风向 15m 范围内粉尘浓度整体越低，如图 11-32(c) 所示。钻进深度决定了尘源的位置，深度越深，尘源处粉尘排出至孔口的路径越长，排出过程中与孔壁、钻杆外壁等碰撞的几率增加，沉降效应增强，导致粉尘浓度降低。随着钻进深度的增加，粉尘浓度最大值由 380mg/m^3 降低至 260mg/m^3。因此，应重点考虑浅孔打钻时的粉尘控制问题。

钻具旋转过程中，会带动环形缝隙内风流旋转，旋转风流可携带粉尘颗粒排出孔口，并赋予粉尘颗粒一个旋转的初始动能。由图 11-32(d) 可知在钻具转速为 60~72r/min区域内，转速越快，粉尘浓度越高，说明低转速引起的旋转风流对粉尘颗粒的携带能力较强，粉尘颗粒排出量较大；在 72~84r/min 区域内，钻速越快，粉尘浓度越低，说明高转速引起的旋转风流赋予了粉尘颗粒更大的初始动能，增大了粉尘与壁面的碰撞效应，粉尘沉降量较大。穿孔过程中，为降低粉尘浓度，钻具最佳转速应控制在 84r/min 左右。

11.3.2　露天矿爆破粉尘时空分布的数值模拟

大型露天矿生产过程中，为了增加爆破工序的安全系数，节约炸药消耗量，一般采用松动爆破方式进行表土剥离或采矿。松动爆破可以有效地实现矿岩体破碎，为露天煤矿采装、运输等环节提供粒度合适的矿岩，爆破质量的好坏直接影响单斗挖掘机采装、卡车运输及破碎站破碎的生产效率和生产成本。爆破粉尘来源主要是爆破前矿岩表面沉积粉尘和爆破破碎过程中产生的粉尘，粉尘数量和分散度主要取决于岩石的类型、硬度和含水程度以及炸药单耗。爆破粉尘已成为露天矿主要污染因素，越来越引起人们的重视。相关文献资料表明，露天矿开采过程中，爆破作业产尘强度以及年产尘量均为各个尘源中最大，其年产尘量对露天矿年总产尘量的贡献率约为98%，成为露天采场空气污染的主要污染源。露天矿每爆破1m^{3}的矿岩将产生约0.027~0.17kg粉尘，空气中悬浮粉尘浓度超过2300mg/m^3，且其粒径均比较小，一般低于1.4μm，属于呼吸性粉尘，危害极大。

因此，从理论上研究粉尘颗粒的运动过程，以及气固两相间的相互作用，建立描述该过程的运动方程，并采用计算流体的数值软件对露天矿爆破粉尘随时间及空间的分布特征进行模拟分析，对于正确地进行粉尘污染预测，及时有效地采取粉尘防治措施是十分必要的。

11.3.2.1 几何模型的建立及求解

A 工程概况

某露天煤矿剥离台阶采用混合分层，最底部剥离台阶（与煤层交界处）采用倾斜分层，以煤层顶板为台阶下盘，其上台阶一律采用水平分层。工作面剥离方式为液压挖掘机采挖，均采用下挖后退式作业方式。根据剥离物的物理力学性质及其埋藏条件，依开采工艺及采掘设备规格，考虑作业设备的规格、穿爆、采装作业条件等因素，设计确定剥离工作平盘要素如图11-33所示，具体参数见表11-9。

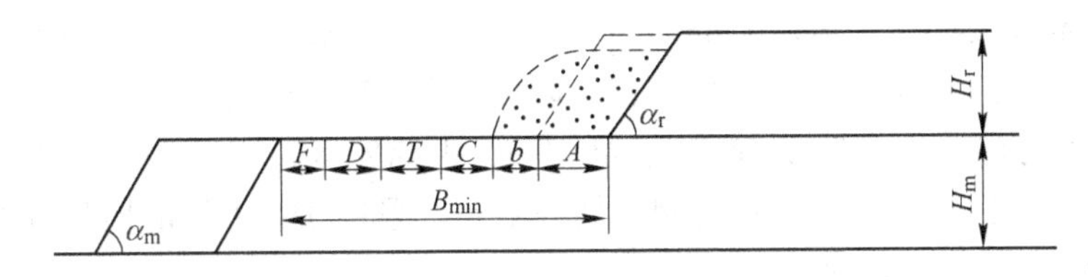

图11-33 露天矿台阶最小工作平盘构成

表11-9 剥离工作平盘要素表

符 号	符号意义	单位	数 值
H	台阶高度	m	10
A	采掘带宽度	m	8
α	台阶坡面角	(°)	65
C	安全距离	m	3
$D+F$	安全距离+选采宽度	m	3
T	运输通道宽度	m	12
b	爆堆伸出距离	m	6
B_{min}	最小工作平盘宽度	m	32

由于该矿山采场上部为第四系松散物和基岩所覆盖，主要由砂岩、砂质泥岩和煤层组成。岩石的普氏硬度系数f在3以下，为了挖掘机能发挥高效率，须经松动爆破后由液压

挖掘机采装。钻孔采用垂直钻孔，起爆方法采用单排孔爆破，每次约爆破 20 个钻孔，爆破长度约为 128m。岩层详细爆破参数见表 11-10。

表 11-10　岩层详细爆破参数一览表

项目	钻孔直径	钻孔倾角	底盘抵抗线	孔距	行距	超钻深度	炸药单耗	每孔装药量	装药长度	充填长度
单位	mm	(°)	m	m	m	m	kg/m³	kg	m	m
岩层	150	90	8	6.4	0	2	0.18	93.6	5.6	6.4

B　几何模型的建立及网格划分

为了动态直观、真实全面地描述露天矿爆破时粉尘颗粒在剥离工作面空气中的运动情况，所建立的几何模型应尽量接近真实，所取的计算域应能满足跟踪粉尘颗粒轨迹的需求。但由于露天矿剥离工作面现场情况复杂且多变，要完全复制现场细节难度较大。因此，需结合露天矿穿孔爆破的相关参数设计及现场布置情况，对剥离工作面爆破粉尘时空分布计算域做出如下简化及假设：

（1）所有台阶均采用水平分层，台阶高度、宽度及坡面角均按照设计进行建立；模型只考虑单排孔爆破情况，每次爆破 20 个钻孔。

（2）爆破过程在瞬间完成，持续时间 1.5s；爆破结束后，在采掘带形成一断面为扇形的爆堆，爆堆伸出距离 6m，模型中将爆堆视为多孔介质。

（3）爆破粉尘全部产生于施爆阶段，暂不考虑爆破准备阶段及爆破后采装时产生的粉尘。

根据上述简化及假设，运用 Gambit 建立计算域为 400m×73m×40m 的露天矿剥离工作面爆破粉尘运动三维几何模型。模型中，台阶坡面角 65°，台阶高度 10m，工作平盘宽度 32m。爆破所形成爆堆长 128m，宽 8m，高 10m。坐标原点位于模型左侧风流入口与下台阶坡顶线交叉处。以 Tet/Hybrid 作为网格划分单元，采用 TGrid 网格划分方式对该几何模型进行网格划分如图 11-34 所示。

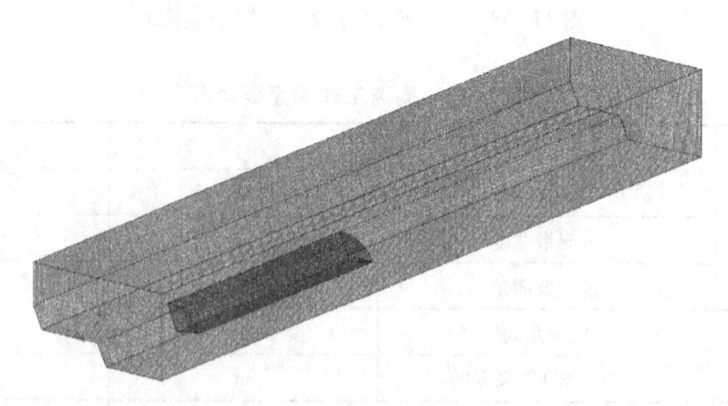

图 11-34　露天矿剥离工作面爆破粉尘运动三维几何模型

C　模拟参数的设定及求解

通过对相关文献资料及现场测定结果的总结与分析，结合 Fluent 软件中离散相模型的使用条件，确定出露天矿爆破粉尘时空分布模拟所需的相关参数并进行设置，最终求解出露天矿爆破粉尘时空分布特征。数值模拟参数设定见表 11-11。

表 11-11 计算模型参数设定

边界条件	参数设定	边界条件	参数设定
时间	非稳态	源项/kg·$(m^3 \cdot s)^{-1}$	7.5
入口边界类型	速度入口	喷射源类型	面喷射
入口速度/$m \cdot s^{-1}$	2	材质	岩石
水力直径/m	45.94	密度/$kg \cdot m^{-3}$	2700
湍流强度/%	2.26	粒径分布	R-R 分布
出口边界类型	压力出口	分布指数	1.98
孔隙率	0.3	质量流率/$kg \cdot s^{-1}$	300
黏性阻力系数/m^{-2}	36296	湍流扩散模型	随机轨道模型
内部阻力系数/m^{-2}	302		

11.3.2.2 数值模拟结果及分析

A 风流流场时空分布及分析

为了探索露天矿深孔爆破时风流流场时空分布特征，取 $y=0$m 断面作为基准面，分析自然风速 $v=2$m/s 条件下，爆破开始后 0.5s、1.0s、1.5s、2.0s、3.0s、5s、10s、20s、30s、60s、120s、240s、360s、480s 及 600s 风流流场分布情况。剥离工作面各时刻风流流场分布如图 11-35 所示。

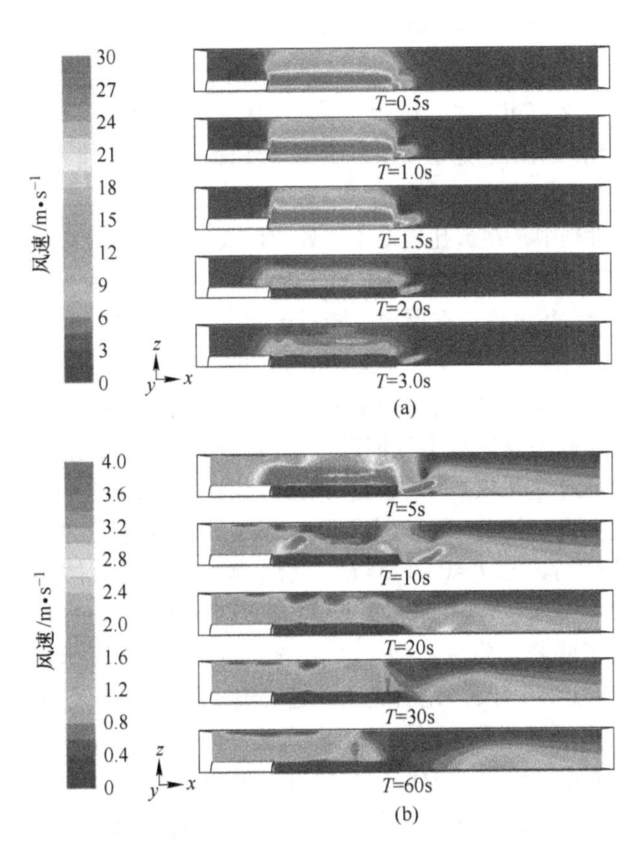

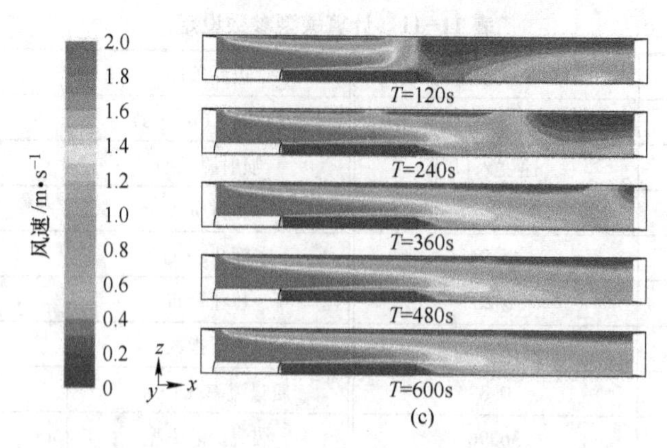

图 11-35　剥离工作面风流流场分布

(a) t=0.5~3.0s；(b) t=5~60s；(c) t=120~600s

从图 11-35 中可以看出：

(1) 爆破瞬间，在爆破冲击波的动态压力及爆生气体的准静态压力作用下，爆生气体被赋予一个较大的初始动能，并在爆破部位形成一股强大的向上冲击气流，其瞬时风速可达 30m/s 以上。

(2) 爆破发生后，高温高压的爆生气体迅速膨胀做功，导致自身动能逐渐消耗，竖直方向上的静压逐渐降低；此外，由于爆生气体自身湍流作用不断卷吸周围新鲜空气，致使爆生气体质量不断增加，体积不断膨胀，上升速度逐渐减小。

(3) 在自然风流的影响下，爆生气体整体随着自然风流的方向扩散。以模型区域为界，在竖直方向上，当 T=240s 时，爆生气体与周围空气基本融为一体；在顺风向上，当 T=480s 时，爆生气体全部流出模型区域，剥离工作面风流流场趋于稳定。

B　粉尘运动规律及分析

露天矿松动爆破过程中，在炮孔填塞不严处及爆破所形成的裂缝中会产生大量粉尘。为了能直观地了解露天矿爆破粉尘在空气中的运动轨迹，取自然风速 v=2m/s 为基本条件，对离散相模型喷射源进行参数设置，在爆堆中随机产生一定数量粉尘颗粒，并采用随机轨道模型跟踪其运动轨迹，得出露天矿爆破粉尘运动规律如图 11-36 所示。从图 11-36 可以看出：

(1) 爆破瞬间，在爆破冲击波的作用下，剥离工作面爆破部位矿岩发生破碎，并伴随着大量粉尘的产生。在高温高压爆生气体准静态压力作用下，爆生气体不断膨胀并对粉尘颗粒做功，部分粉尘通过炮孔填塞不严处竖直向上加速喷出；剩余部分粉尘颗粒则通过爆破所形成的裂缝加速喷出，其喷出方向主要取决于裂缝的方向。

(2) 粉尘颗粒产生后，当 T=0~1.5s 时，粉尘颗粒在爆生气体膨胀应力作用下作加速上升运动；当 T=1.5~5s 时，粉尘颗粒处于冲击运动阶段，作减速上升运动；当 T=5~120s 时，粉尘颗粒处于蘑菇云阶段，相对于污染云团作加速下降运动；当 T=120~1800s 时，粉尘颗粒处于扩散运动阶段，先后完成减速上升、加速下降及匀速沉降运动。

(3) 在自然风流作用下，颗粒群整体上随风流方向运动。自然风流一方面可以加速颗粒群的排出，另一方面也可以有效地对颗粒群进行稀释。当 T=0~120s 时，颗粒群不断地被自然风流稀释，其体积逐渐扩大，并最终从模型区域内排出。当 T=120~1800s 时，空气中剩余颗粒继续被自然风流稀释，并最终全部流出模型区域。

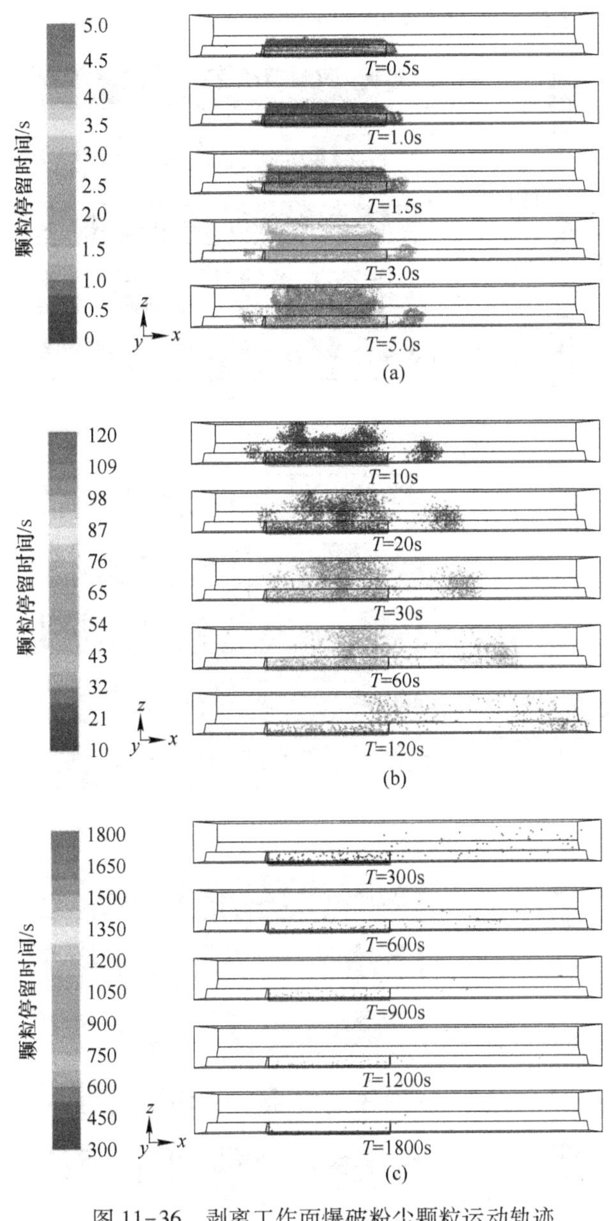

图 11-36 剥离工作面爆破粉尘颗粒运动轨迹

(a) t=0.5~5.0s；(b) t=10~120s；(c) t=300~1800s

(4) 本次模拟共计从爆堆内产生了48万个粉尘颗粒。当T=1.5~10s时，约65%的粉尘颗粒在爆生气体膨胀作用下自模型区域上方喷出；当T=10~120s时，约18%的粉尘颗粒在爆生气体和自然风流共同作用下自模型区域上方排出。当T=120~1800s时，约5%的粉尘颗粒在自然风流作用下自模型区域右侧排出，剩余约12%的粉尘颗粒在整个运动过程中逐渐沉降至地表。

C 粉尘浓度时空分布及分析

为了掌握露天矿剥离工作面爆破时粉尘浓度时空分布特征，当自然风速v=2m/s时，

取 $y=0$m 断面作为基准面，对露天矿爆破粉尘浓度随空间及时间分布情况进行分析。露天矿剥离工作面爆破粉尘浓度时空分布如图 11-37 所示。

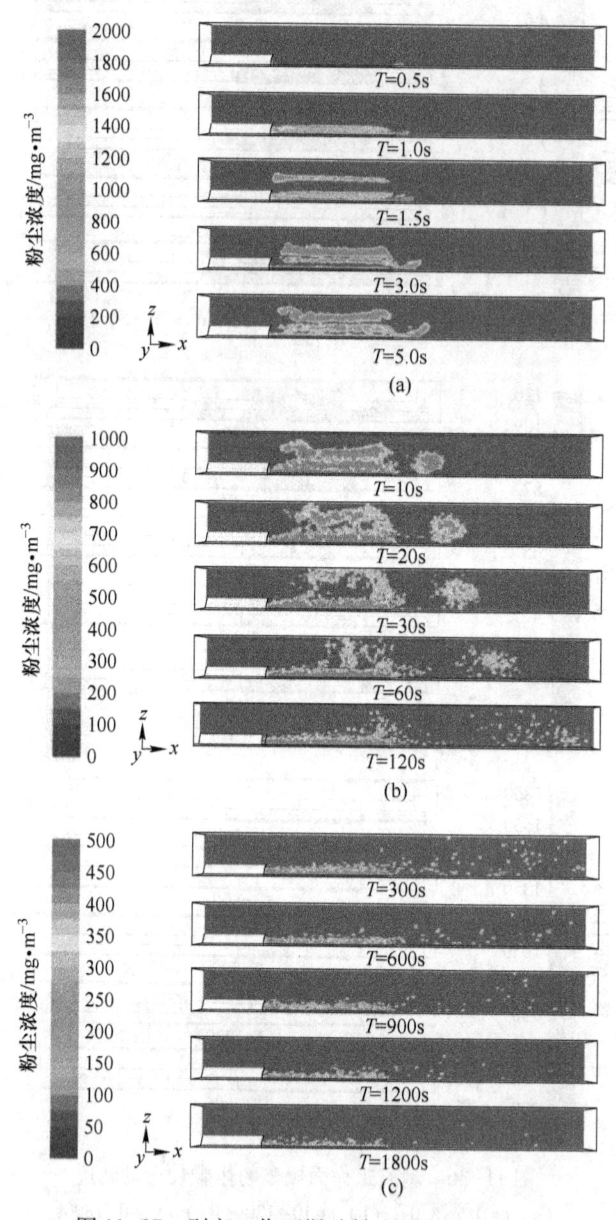

图 11-37　剥离工作面爆破粉尘浓度时空分布

（a）$t=0.5\sim5.0$s；（b）$t=10\sim120$s；（c）$t=300\sim1800$s

从图 11-37 可以看出：

（1）爆破瞬间，在爆破部位上方空气中产生了高浓度粉尘，其浓度最高达 2000mg/m^3 以上。当 $T=0.5\sim1.5$s 时，粉尘浓度以爆堆所在位置为中心，向上逐步降低。

（2）爆破发生后，在爆生气体及自然风流的稀释及排出作用下，爆破产生的粉尘颗粒群分布密度逐步减小，整体随着风流方向运动。当 $T=1.5\sim120$s 时，在爆堆下风向形成了一个高浓度粉尘污染区域。随着时间的推移，该区域与爆堆间距离越来越远，由 0m 增大至200m；覆盖面积逐渐扩大，覆盖区域半径由20m增大至80m；粉尘浓度逐渐降低，由2000mg/m³下降至500mg/m³。

（3）当$T=120\sim1800$s时，粉尘浓度以爆堆所在位置为中心径向逐步降低，随时间推移整体逐步减小。在该时间段，除了爆堆附近局部粉尘浓度达到500mg/m³外，剥离工作面粉尘浓度整体保持在100mg/m³以内。

D 粉尘浓度随时间变化及分析

露天矿爆破过程中，为了掌握爆破粉尘随时间变化的规律，在模拟过程中设置监测点，监测不同位置处粉尘浓度随时间的变化规律。本文分别在高度方向和水平方向上分别设置两个系列的监测点，其中，高度方向系列取$x=128$m和$y=0$m平面的交线（爆堆中心位置），水平方向系列取$y=0$m和$z=10$m平面的交线（爆堆上方10m顺风向）。监测不同高度粉尘浓度随时间变化规律如图11-38所示。不同水平位置粉尘浓度随时间变化规律如图11-39所示。

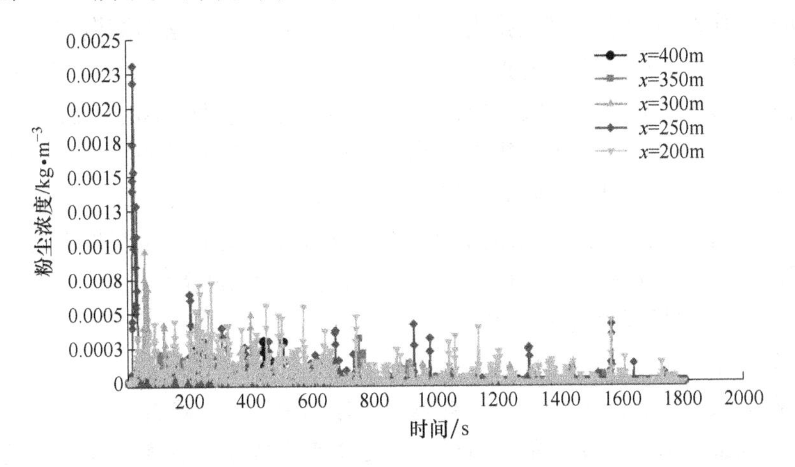

图11-38 不同距离粉尘浓度随时间变化规律

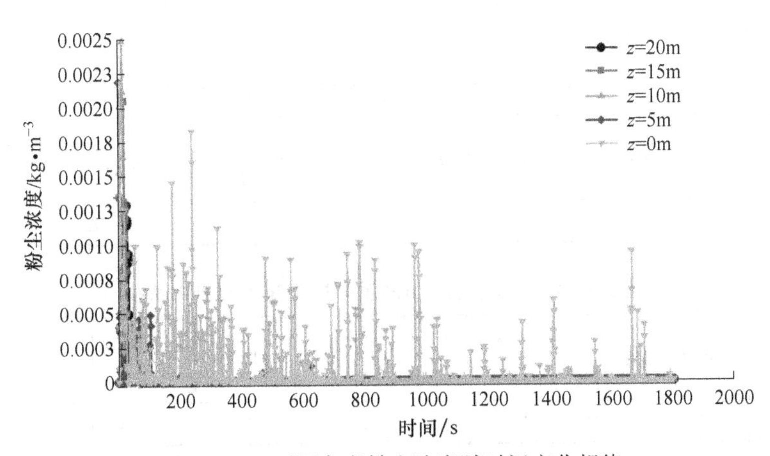

图11-39 不同高度粉尘浓度随时间变化规律

从图11-38、图11-39中可以看出：

（1）在水平方向上，各监测点粉尘浓度随时间推移先急剧上升至一个最大值，后缓慢下降。监测点距爆堆越远，粉尘浓度达到最大值所需时间越长。本次模拟中所设置5个监测点$x=$

200m、250m、300m、350m、400m 分别在 T=5s、30s、60s、90s、120s 时达到最大值 800mg/m^3、2380mg/m^3、1000mg/m^3、500mg/m^3、400mg/m^3。由于 x=200m 监测点距离爆堆位置太近，粉尘产生后未能充分扩散，导致粉尘浓度分布不均匀，局部位置粉尘浓度较低。

（2）在高度方向上，各监测点粉尘浓度在爆破瞬间达到最大值，并随着时间推移逐步降低。监测点高度越高，其最大值越小。当 T=1.5s 时，高度方向上 5 个监测点 z=0、5m、10m、15m、20m 分别达到最大值 2250mg/m^3、2200mg/m^3、2500mg/m^3、2100mg/m^3、1400mg/m^3，整体呈现出下降的趋势。当 T=1800s 时，各监测点粉尘浓度均有了较大幅度降低，整体保持在 10mg/m^3 以内。

11.3.3　露天矿运输路面粉尘分布的数值模拟

大型露天矿在生产过程中，随着开采部位不断向下延伸，锅底状矿坑内通风效果越来越差，导致各工序产生的粉尘难以排出，粉尘浓度越来越高。据实测资料表明，露天矿所有产尘设备中，汽车运输对年设备产尘总量贡献率约为 89%，是设备产尘中最大的尘源。露天矿运输道路多为经过简单压实平整的土质路面，每当重型自卸卡车经过时，由于车身运动、车轮转动、颠簸振动及尾气排放等原因，路面会扬起大量的粉尘，严重地污染矿区作业环境，威胁工人身体健康，限制车辆行驶速度，给矿区环境、经济效益均带来了极大的影响。因此，通过对露天矿运输路面粉尘浓度分布进行模拟，探索粉尘的主要影响因素及其作用规律，可为运输路面粉尘控制技术的研究提供数据基础。

11.3.3.1　几何模型的建立及求解

A　工程概况

根据某露天煤矿的生产工艺、年采剥总量、运输距离、采场开采深度与几何形状和开拓开采方式等因素，该矿主要采用公路运输的方式来完成表层剥离物及毛煤的运输。根据运输量和行车密度要求，采场至排土场运输道路采用矿山三级道路标准，采场工作面道路及联络道路随采矿工程的推移进行适当平整即可。该矿运输道路及运输设备主要技术参数分别见表 11-12、表 11-13。

表 11-12　某露天矿运输道路主要技术标准

行车速度/km·h^{-1}	道路最大纵坡/%	最小曲线半径/m	路肩宽度/m		路面宽度/m	路面厚度/m
			填方	挖方		
30	11	25	2.5	2	12	0.35

表 11-13　特雷克斯 TR35A 型矿山车主要技术特征

驱动形式	载重/t	自重/t	车厢容积/m^3	外形尺寸（长×宽×高）/m×m×m	轴距/m	最小离地高度/m	最小转弯半径/m	最大倾斜角/(°)
4×2	32	23	15~19.5	7.95×3.4×3.865	3.6	0.425	9	50

B　几何模型的建立及网格划分

露天矿运矿卡车在沙石路面行驶过程中，会扬起大量粉尘，为了尽可能真实全面地描述运输路面粉尘在空气中的运动轨迹，所建立的几何模型应尽可能地接近于现场实际情况，所分配的计算区间应能满足跟踪粉尘颗粒轨迹的需求。由于运输现场实际情况复杂且多变，应结合露天矿运输道路的设计标准及现场实际情况，对运输路面及自卸卡车做出如下简化及假设：

（1）自卸卡车外形尺寸相对较大，对风流及粉尘运动均会产生不同程度的影响，建模过程中应做到尽量详细、真实。

（2）边坡对路面上方风流流场及粉尘浓度分布均会造成不同程度的影响，因此在建模过程中应将边坡考虑在内。

（3）运输路面为未洒水路面，粉尘主要来源于车身运动及车轮转动两个环节，颠簸振动及尾气排放造成的扬尘因数量较少在模拟过程中不予考虑。

根据上述简化及假设，运用 Gambit 建立计算域为 100m×12m×10m，自卸卡车尺寸为 7.95m×3.4m×3.85m 的露天矿运输路面粉尘运动三维几何模型，以 Tet/Hybrid 作为网格划分单元，采用 TGrid 网格划分方式对该几何模型进行网格划分如图 11-40 所示。模型中，坐标原点位于左侧风流入口面与路面交界线的中心，模型前方倾斜面为边坡，其倾角为 70°，模型后方、顶部及右侧各面均为风流出口。

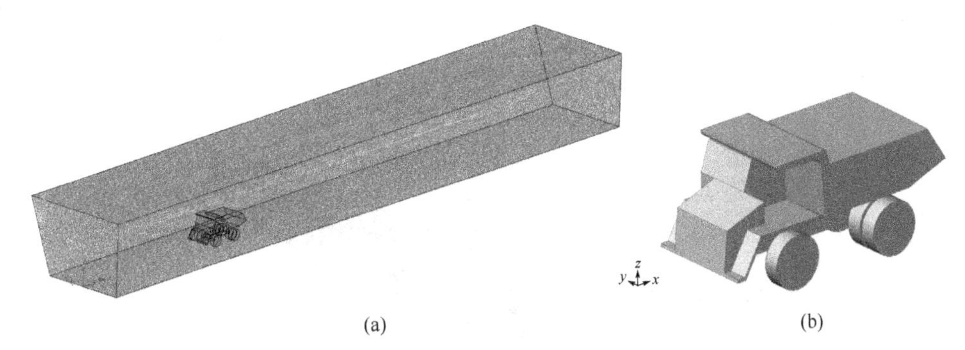

图 11-40　露天矿运输路面三维几何模型图

（a）网格划分；（b）卡车模型

C　模拟参数的设定及求解

通过对相关文献资料及现场测定结果的总结与分析，确定出露天矿运输路面粉尘浓度分布模拟所必需的相关参数。根据 Fluent 软件中离散相模型的应用方法，选定相关模型并设置好相应参数，最终求解出粉尘浓度分布。数值模拟参数设定见表 11-14。

表 11-14　计算模型参数设定

边界条件	参数设定	边界条件	参数设定
重力加速度/m · s^{-2}	x 方向：0~0.976	出口边界类型	压力出口
	z 方向：-9.81~-9.76	喷射源类型	面喷射
多参考系模型	打开	材质	岩石
平移速度/m · s^{-1}	3~7.5	密度/kg · m^{-3}	2700
入口边界类型	速度入口	粒径分布	R-R 分布
入口速度/m · s^{-1}	1~4	分布指数	1.98
水力直径/m	11.45	质量流率/kg · s^{-1}	0.003
湍流强度/%	2.69	湍流扩散模型	随机轨道模型

11.3.3.2　数值模拟结果及分析

A　风流流场分布及分析

为了探索出露天矿运输路面风流流场分布的特征，对自然风速 2m/s、卡车逆风行驶速度 6m/s 条件下风流流场分布进行模拟，取自卸卡车车轴所在平面（z=0.8m）与右侧轮胎所在断面（y=1.5m）十字相交，得到风流流场分布如图 11-41 所示。

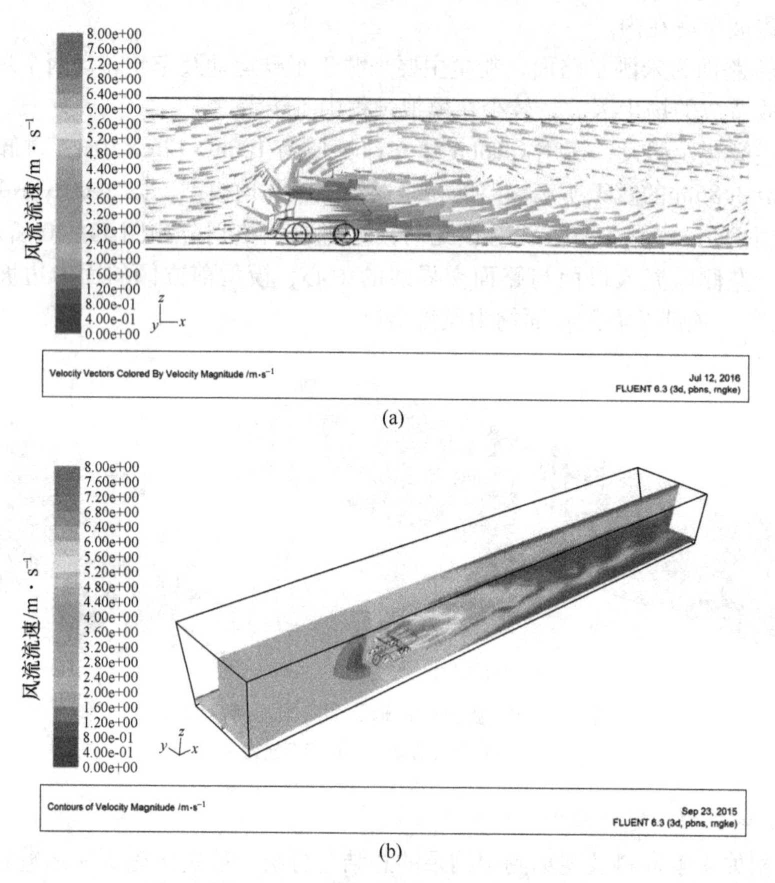

图 11-41　风流速度场三维分布图

（a）风流矢量图；（b）风流渲染图

从图 11-41 可以看出：

（1）风流自模型左侧面进入后，整体趋势为沿道路向右侧逐渐流动，并从模型右侧面流出；在该过程中，由于风流的附壁效应，模型内风流流场逐渐发展为贴附边坡及路面的流动，部分风流受边坡及路面的反弹、挤压作用，从模型顶部及后方流出；在贯穿风流流经的断面内，中间风速较大，两侧风速较小；受边坡及地面影响，靠近壁面一侧风速较之另一侧稍大。

（2）卡车行驶过程中，其行驶速度较之风速要大得多，凡是卡车经过之处，车身前方附近区域内空气均会被剧烈压缩，形成一个范围较小的正压区，空气向周围高速喷出；车身后方空气会被高速行驶的卡车排挤并带走，产生一个负压区，周围空气被猛烈卷吸，形成一个较大范围的卷吸流场。

（3）在风流入口附近区域内，风速基本保持在 2m/s 左右，随着流场向右逐渐发展，风速大小有所变化，在靠近边坡壁面附近区域内基本保持在 2.0~2.4m/s，其余区域基本保持在 1.6~2.0m/s；此外，车身前方正压区风速基本保持在 0.8~1.6m/s，后方负压区基本保持在 8m/s 左右。

B 粉尘运动规律及分析

为了能直观地分析露天矿运输路面粉尘颗粒在空气中的运动轨迹，在卡车各轮胎表面设置尘源，分别随机产生 200 个粉尘颗粒（6 个轮胎，共计 1200 个粉尘颗粒），并跟踪其运动轨迹，得出露天矿运输路面粉尘运动轨迹如图 11-42 所示。

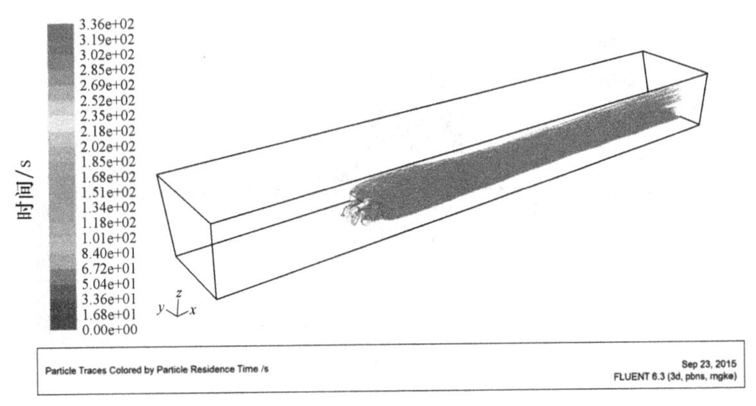

图 11-42 粉尘颗粒运动轨迹图

从图 11-42 可以看出：

（1）粉尘颗粒自轮胎表面产生后，在轮胎旋转作用力的带动下挣脱轮胎黏结力的束缚而启扬，纵向随风流方向扩散，横向随机脉动；运动过程中大颗粒粉尘受自身重力的作用逐渐沉降到路面，小颗粒粉尘则继续随风飘散，当与边坡、路面及设备表面发生接触时，被捕捉而终止其运动轨迹。

（2）轮胎表面产生的共计 1200 个粉尘颗粒中，未完成轨迹计算的颗粒数目为 53 个，被捕捉数目为 256 个，剩余颗粒全部由模型顶部、后方及右侧出口处排出；模型内绝大部分颗粒在 50s 内即沉降至地面或被壁面所捕捉，或直接流出模型计算域，模型内颗粒最长停留时间为 336s。

C 粉尘浓度分布及分析

对自然风速 2m/s、卡车逆风行驶速度 6m/s 条件下露天矿运输路面粉尘浓度分布进行模拟，并取不同断面与呼吸带高度平面（$z=1.5$m）相交，得不同断面粉尘浓度沿程分布如图 11-43 所示；取不同高度平面与右侧轮胎所在断面（$y=1.5$m）相交，得不同高度粉尘浓度沿程分布如图 11-44 所示。

从图 11-43、图 11-44 可以看出：

（1）在模型走向上，粉尘浓度沿程先急剧上升至一个最大值，后迅速下降，再逐步缓慢降低。在不同断面内，粉尘浓度以左右两侧轮胎所在断面为中心，分别向各自两侧逐步降低；受边坡影响，靠近边坡一侧粉尘浓度较之另一侧要大一些；在不同高度上，粉尘浓度随着高度的增加逐渐降低，造成这种结果的原因主要有两个，一是尘源位置距地面太近；二是粉尘颗粒自身容易沉降。

（2）车身及其附近区域内粉尘浓度相对较大，且一般会在轮胎附近形成峰值；左右两侧轮胎所在断面内均形成了两个峰值，其数值都在 350mg/m^3 以上，其余断面均只形成一个峰值，且较之轮胎所在断面要小得多；随着高度的增加，右侧轮胎所在断面内两个峰值均由 375mg/m^3 下降至 15mg/m^3 以内；在车身后方 25m 以外区域，粉尘浓度整体保持 50mg/m^3 以内。

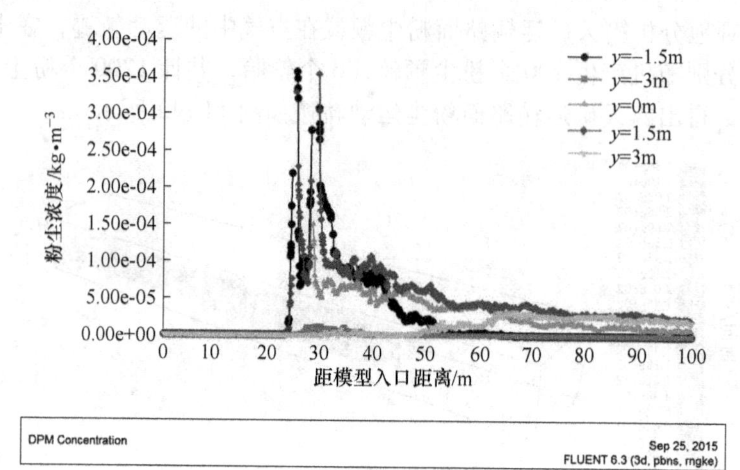

图 11-43 不同断面内粉尘浓度沿程分布图

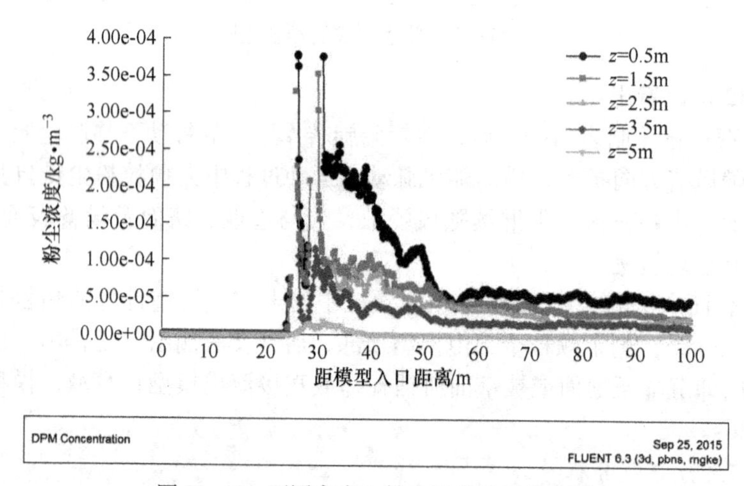

图 11-44 不同高度上粉尘浓度沿程分布图

D 不同边界条件下粉尘浓度分布及分析

根据相关文献介绍及现场经验总结，风速、风向、车速、车距、坡度、坡向及壁面等是影响露天矿运输路面粉尘浓度分布的 7 个主要因素。通过对不同风速、风向、车速、车距、坡度、坡向及壁面条件下粉尘浓度沿程分布进行数值模拟并对比分析，研究上述边界条件对露天矿运输路面粉尘的影响及作用规律，以指导现场生产。取呼吸带高度平面（$z=1.5$m）与右侧轮胎所在断面（$y=1.5$m）的交线作为对比基线，得出不同边界条件下粉尘浓度沿程分布如图 11-45~图 11-51 所示。

（1）从图 11-45 可以看出：当卡车逆风行驶时，其粉尘浓度整体较之顺风要小；这主要是由于逆风行驶时，粉尘颗粒自轮胎表面产生后，能获得一个与风流反向的初速度，有利于粉尘颗粒的稀释及排出；而顺风行驶时粉尘颗粒具备的初速度与风流方向正好相同，风流的排尘效果较弱。

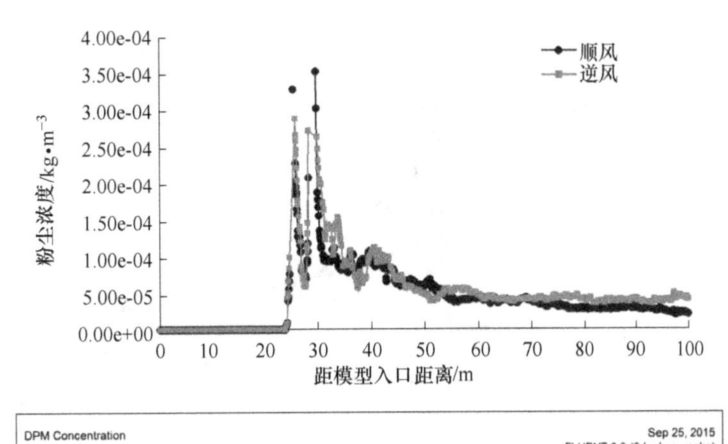

图 11-45 不同风向条件下粉尘浓度沿程分布图

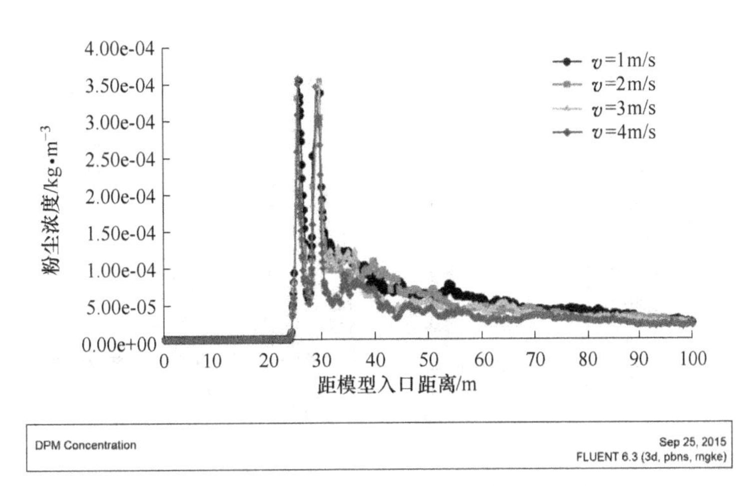

图 11-46 不同风速条件下粉尘浓度沿程分布图

（2）从图 11-46 可以看出：风流一方面可以将粉尘颗粒稀释和排出，另一方面也可以将已沉降粉尘吹起；当卡车逆风行驶、风速由 1m/s 增大至 4m/s 时，风流的排尘作用占主导地位，此时粉尘浓度峰值基本保持不变，车身后方区域内粉尘浓度逐渐降低，整体由 40~150mg/m^3 下降至 25~75mg/m^3。

（3）从图 11-47 可以看出：当车速由 3m/s 增大至 7.5m/s 时，粉尘浓度峰值基本保持不变，但在车身后方区域内却有一定幅度的降低，整体由 60~200mg/m^3 下降至 25~100mg/m^3；这是由于车速越快，与风流间相对速度越大，风流对粉尘颗粒的稀释及排出效果越好；另外车速越快，车轮与路面接触时间越短，从路面带起的粉尘颗粒也越少。

（4）从图 11-48 可以看出：当车距由 20m 增大至 50m 时，粉尘浓度沿程均形成了两段先增大后减小的分布曲线；且车距越小，两段分布曲线间的峰值间距越近，第二段分布曲线整体数值也越低；这是由于车距越小，两车行驶过程中产生的粉尘颗粒相互间耦合程度越高，碰撞概率增大，粉尘颗粒的自身沉降效应及壁面捕捉效应增强，粉尘浓度较低。

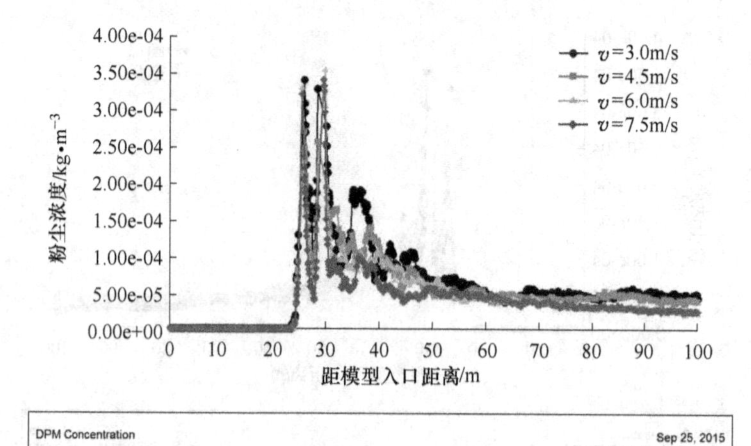

图 11-47　不同车速条件下粉尘浓度沿程分布图

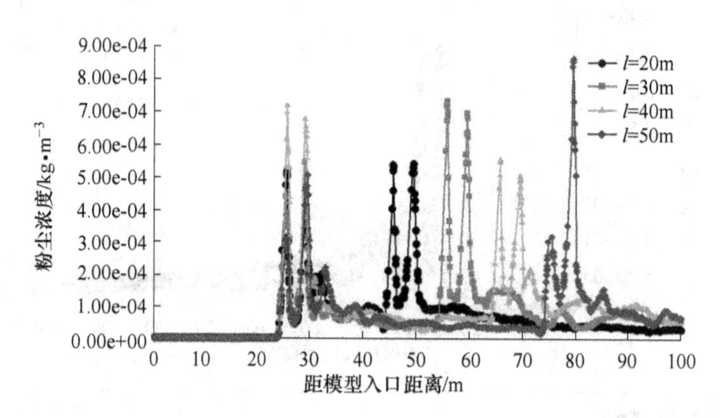

图 11-48　不同车距条件下粉尘浓度沿程分布图

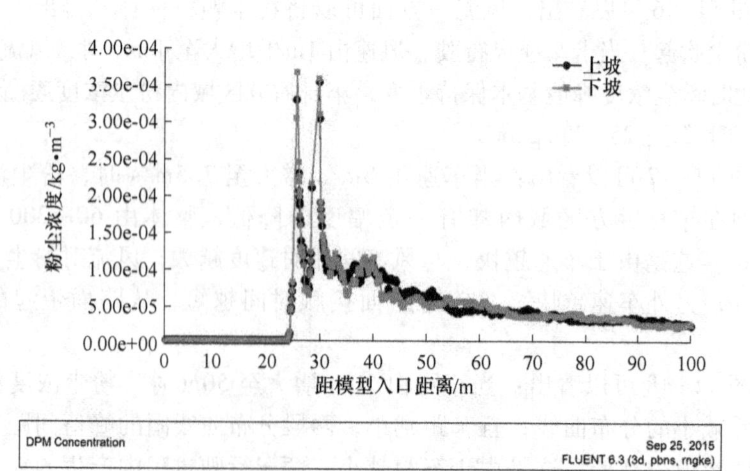

图 11-49　不同坡向条件下粉尘浓度沿程分布图

（5）从图11-49可以看出：上坡时粉尘浓度较之下坡略低，这是由于上坡时粉尘颗粒自轮胎表面产生后，能获得一个与坡面方向相反的初速度，有助于坡面对粉尘颗粒的拦截与捕捉，粉尘浓度相对较低；而下坡过程中产生的粉尘颗粒，其初速度方向与坡面方向正好相同，不利于拦截与捕捉。

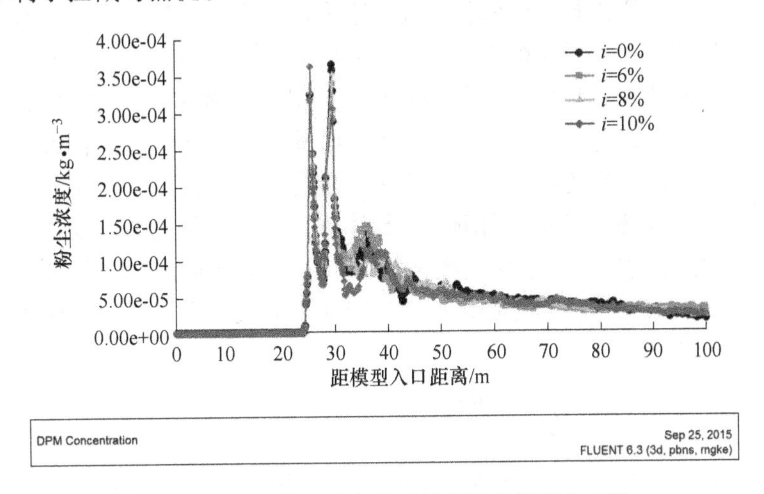

图11-50 不同坡度条件下粉尘浓度沿程分布图

（6）从图11-50可以看出：在上坡过程中，不同坡度条件下粉尘浓度沿程分布规律基本保持不变，且数值上的变化幅度也比较小；随着坡度的增大，粉尘浓度整体有所降低，这是由于坡度越大，坡面与粉尘颗粒运动方向间越接近于垂直，坡面对粉尘颗粒的拦截效应越好，粉尘浓度越低。

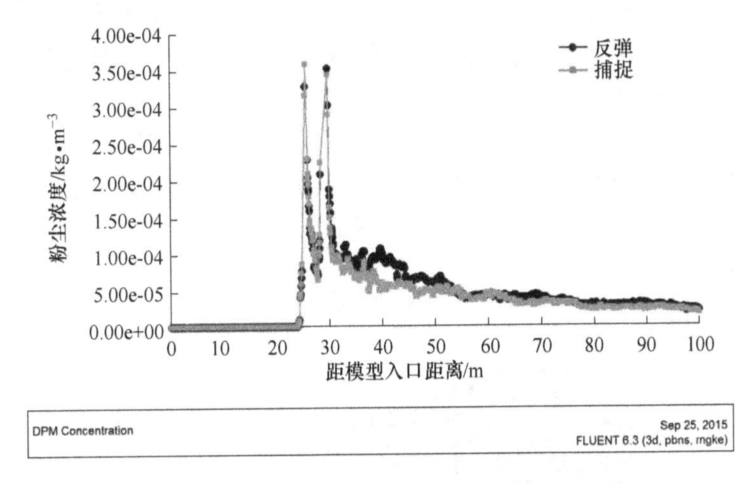

图11-51 不同壁面条件下粉尘浓度沿程分布图

（7）从图11-51可以看出：捕捉壁面条件下粉尘浓度在数值上有所降低，这是由于捕捉壁面有助于对粉尘颗粒的拦截与捕捉，且路面运输尘源主要集中在轮胎部位，距地面较近，捕捉效率较高，粉尘控制效果较为明显。在露天矿运输现场，可采取定期对路面进行洒水等措施，增加路面含水率，加强路面对粉尘的捕捉效果。

11.4 金属矿山井下破碎站粉尘分布中的应用

11.4.1 破碎硐室粉尘分布的数值模拟

大中型冶金矿山采用深孔、中深孔的高效率采矿方法回采时，采出矿石块度较大，提升难度较高，根据选矿工艺设备的选型以及对采矿最大块度的要求，一般在井下掘进破碎硐室，并安装粗破碎作业系统以改善提升条件。粗破碎作业系统一般由翻车机、受矿仓、已破碎矿石的贮仓、下矿仓、板式给矿机、颚式破碎机等设备组成。在破碎硐室内板式给矿机给矿及颚式破碎机破碎的过程中，会产生大量的粉尘，给现场作业人员身体健康和安全生产带来了极大的威胁。因此根据硐室的具体布置情况及相关参数设置，研究破碎硐室在不同条件下粉尘运移规律，掌握粉尘浓度分布特点，获取通风除尘设计的合理参数，探索降低破碎硐室粉尘浓度的控制技术，对于改善井下工人的作业环境、保障工人的身体健康具有十分重大的意义。

11.4.1.1 几何模型的建立及求解

A 几何模型的建立及网格划分

破碎硐室内除给矿机及破碎机外，还有大量的电缆、行车、梯子、支架及电机等杂物，设备种类及数量较多，现场情况十分复杂，建模难度较大，不能在模型中一一重现。充分考虑模拟过程中的主要及次要的因素，可对破碎硐室粉尘扩散计算域进行以下适当的假设及简化：

（1）将给矿机、破碎机以及支座主体看做规则的长方体，硐室断面形状视为标准三心拱；将 27/40 风井、27/11 行人井断面视为标准圆，27/40 斜坡道断面视为标准三心拱。

（2）因体积较小，硐室内行车、梯子、电缆电线、支架及电机等杂物对粉尘扩散过程的影响不明显，在此不予考虑；抽风除尘管道及压入式风筒是破碎硐室内通风排尘设计的重要组成单元，应全部考虑在内。

建立一个尺寸大小为 11m×9m×6m 的三心拱主体结构作为破碎硐室的计算区域，便可准确地得到粉尘在破碎硐室内的运移规律，同时对硐室周边的主要井巷进一步完善，并在模型中一一建立。最后使用 GAMBIT 2.0 建立破碎硐室三维空间几何模型，并划分计算网格，如图 11-52 所示。

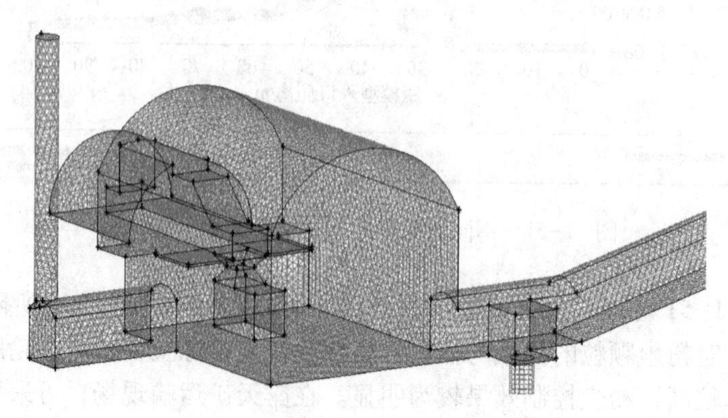

图 11-52 破碎硐室三维几何模型图

B 边界条件的设定及求解

根据破碎硐室的现场情况及相关实测数据，结合气固两相流的数学模型和 Fluent 的数值计算方法，通过计算结果对区域网格进行自适应等调试，最终求解出粉尘的运移规律及浓度分布规律。数值模拟参数设定如表 11-15 所示。

表 11-15 计算模型参数设定表

边界条件	参数设定	边界条件	参数设定
入口边界类型	速度入口	材质	铁矿石
入口速度/$m \cdot s^{-1}$	0.25	密度/$kg \cdot m^{-3}$	4800
水力直径/m	2.3	粒径分布	R-R 分布
湍流强度/%	4.27	分布指数	1.98
出口边界类型	自由出流	质量流率/$kg \cdot s^{-1}$	0.00015
喷射源类型	面喷射	湍流扩散模型	随机轨道模型

11.4.1.2 粉尘浓度空间分布

在 DPM 模型喷射参数中设置，令给矿口及下料口处各随机产生 40 个粉尘颗粒，计算得到其在硐室空间的运动轨迹如图 11-53 所示。通过对给矿机及破碎机产尘部位设置面源喷射并求解，得破碎硐室空间粉尘浓度分布如图 11-54 所示。

从图 11-53、图 11-54 中可以看出：

（1）粉尘颗粒自产生部位逸出后，在给矿及破碎过程中所产生的诱导空气作用下先上升到一定高度，最后随硐室内风流运动，在硐室内循环，横向随机脉动。

（2）在运动过程中粉尘颗粒与硐室壁面、设备表面接触时，由于碰撞及拦截作用终止其运动轨迹并沉降，未沉降的颗粒随风流运动经 27/11 行人井进入 11/96 斜井。

（3）粉尘浓度在给矿机及破碎机附近区域内达到最大值，并以该区域为中心径向逐步降低。如果是在双机布置的硐室内，则分别以两台给矿机及破碎机附近区域为中心径向逐步降低。

（4）硐室二楼平台较之地面粉尘浓度要高，其呼吸带高度（$h=1.5m$）粉尘浓度基本保持在 100mg/m^3 左右，比地面整体要高出 65mg/m^3 以上。

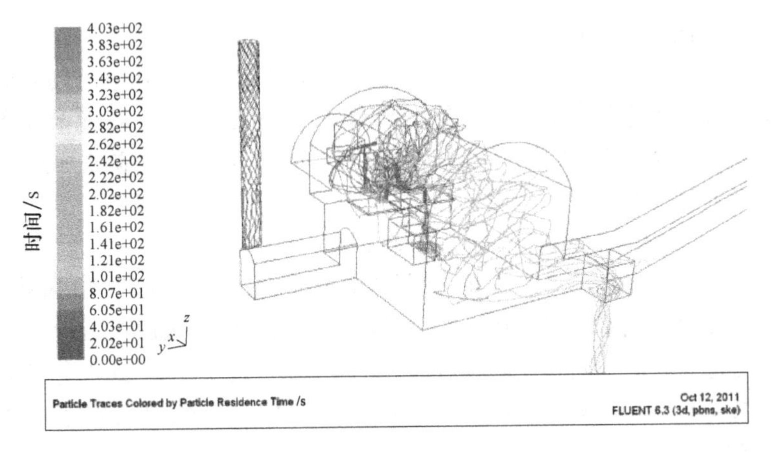

图 11-53 破碎硐室粉尘运动轨迹图

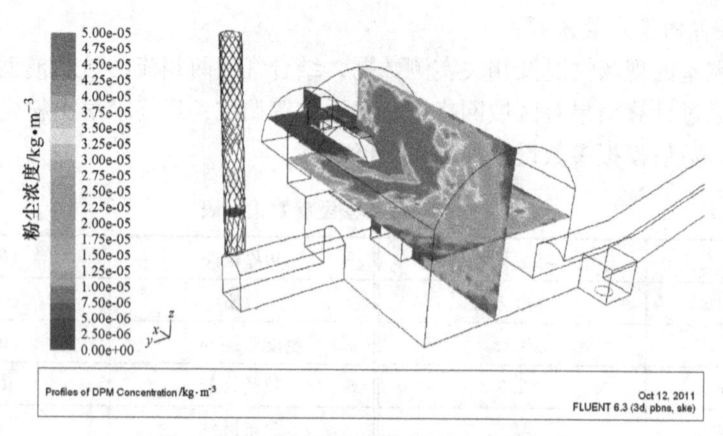

图 11-54 破碎硐室空间粉尘浓度分布图

11.4.1.3 不同边界条件下粉尘浓度分布

A 不同壁面条件下粉尘浓度分布

为了研究壁面条件对破碎硐室空间粉尘浓度分布的影响，在壁面参数设置中进行设置，对反弹壁面条件及捕捉壁面条件下粉尘浓度分布进行模拟，图 11-55 为破碎硐室在反弹壁面条件下的粉尘浓度分布情况，图 11-54 为捕捉壁面条件下粉尘浓度分布。

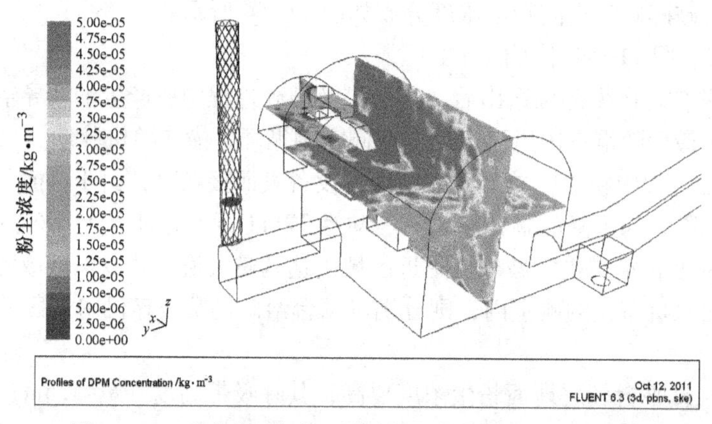

图 11-55 反弹壁面条件下破碎硐室空间粉尘浓度分布图

从图 11-54 及图 11-55 中可以看出：

反弹壁面条件下破碎硐室内粉尘浓度空间分布均匀度较高，其数值较之捕捉壁面条件下要大，但整体分布规律与捕捉壁面条件下基本吻合。由此可见，捕捉壁面条件下硐室壁面对粉尘颗粒的捕捉及拦截作用十分明显，在日常防尘工作中，应该加强壁面洒水等措施，保持硐室壁面处于湿润状态，以增加粉尘颗粒被壁面捕捉的概率。

B 不同风流路线及风速条件下粉尘浓度分布

为了增强硐室内风流循环效果，将 27 号破碎硐室的进风口由 27/40 风井调整为 27/40 斜坡道，并在斜坡道及硐室内安装压入式风筒将新鲜风流引至破碎机右侧。图 11-56 为破碎硐室在斜坡道进风时的空间粉尘浓度分布，图中由左至右、从上到下分别表示斜坡道入口风速分别为 0.25m/s、0.5m/s、1m/s 及 2m/s。27/40 风井进风时硐室空间粉尘浓度分布如图 11-54 所示。

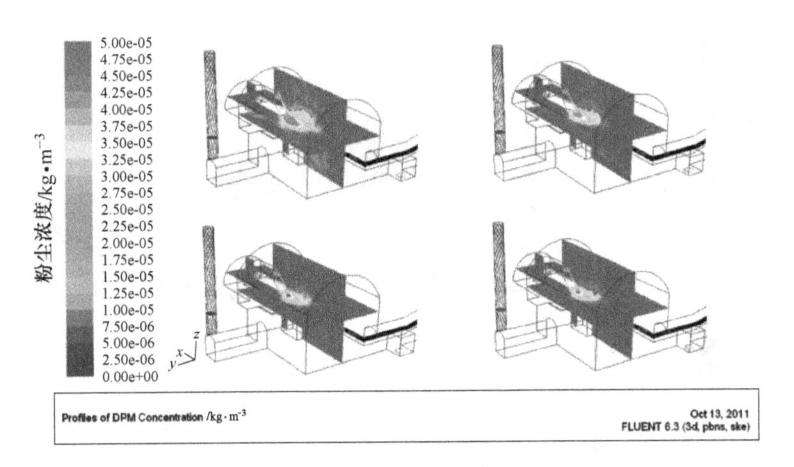

图 11-56 斜坡道进风时破碎硐室空间粉尘浓度分布图

从图 11-54 及图 11-56 中可以看出：

(1) 将进风口由 27/40 风井调整为 27/40 斜坡道后，硐室空间粉尘浓度有较大程度的降低，说明 27/40 斜坡道进风时风流循环效果较 27/40 风井进风时要好，能更好地将给矿机及破碎机附近的浮尘排出。在破碎硐室生产过程中，应重点考虑通过调整风流路线等措施，增强风流在硐室空间的循环效果，加强粉尘的排出。

(2) 通过对比不同斜坡道入口风速时硐室空间粉尘浓度分布发现，在风速为 0.25～1m/s 范围内，风速越大，硐室空间粉尘浓度越低；在风速为 1～2m/s 范围内，风速越大，硐室空间粉尘浓度越高。当斜坡道风速为 1m/s 时，除板式给矿机及颚式破碎机附近区域外，其余空间粉尘浓度均保持在 $10mg/m^3$ 以内，粉尘浓度整体较之其他风速条件下要低一些。

(3) 风速越大，越有助于粉尘颗粒的稀释及排出，但也容易将地板及设备表面的积尘扬起，形成粉尘的二次污染。在斜坡道入口风速为 0.25～1m/s 范围内，风流主要起到排尘的效果，粉尘不易被扬起；在风速为 1～2m/s 范围内，风流容易将粉尘扬起，造成粉尘二次污染。综合考虑风流的排尘及扬尘效果，在破碎硐室生产过程中，可将斜坡道入口风速控制在 1m/s 左右，能实现较好的排尘效果。

C 安装密闭抽风除尘系统后粉尘浓度分布

给矿机及破碎机在作业过程中，由于产尘部位大面积暴露，导致粉尘得不到有效控制，通过对给矿机及破碎机暴露部位加以密闭，将尘源控制在有限空间内，并安装抽尘系统对粉尘进行净化处理，得粉尘浓度分布如图 11-57 所示，从图 11-57 中可以看出：

(1) 给矿机及破碎机产尘部位逸出的大量粉尘颗粒被密闭罩收集起来，并经吸尘罩及抽风管道排出，密闭抽风除尘系统性能良好，除尘效果良好。

(2) 由于密闭罩在很大程度上将产尘部位的暴露面积覆盖，且吸尘罩安装在给矿机及破碎机正上方，粉尘扩散较为困难，部分自尘源逸出的粉尘颗粒在诱导空气的作用下沉降至矿仓。

(3) 硐室安装密闭抽风除尘系统后，空间粉尘浓度与未做任何防尘措施时相比要低得多，基本保持在 $2mg/m^3$ 以内，平均除尘率高达 90%以上。

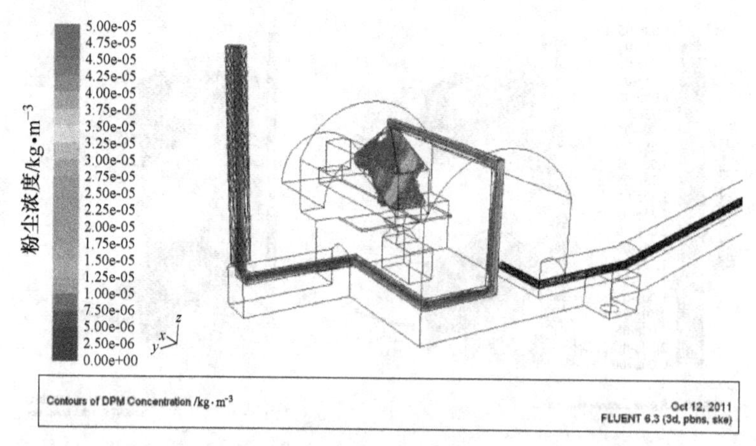

图 11-57　抽风除尘后破碎硐室空间粉尘浓度分布图

11.4.2　胶带输送巷道粉尘分布的数值模拟

井下破碎站是大中型冶金矿山井下开采的重要环节之一，大多由板式给矿机、颚式破碎机及多级胶带输送机组成。胶带输送机在运行过程中，由于胶带的振动以及矿石与空气的摩擦会产生大量的粉尘，不仅污染环境、损耗原料、加快设备磨损，而且还严重影响矿工的身体健康，当其浓度达到一定范围时还有粉尘爆炸的危险。某铁矿井下破碎站 11/96 胶带输送斜井粉尘浓度最高可以达到 80mg/m^3，亟待采取有效的除尘降尘措施。因此，针对胶带输送巷道粉尘浓度大的问题，以 11/96 胶带斜井作为研究背景，根据斜井的具体布置情况及相关参数设置，对胶带输送巷道内粉尘运动进行数值模拟，得出不同边界条件下粉尘浓度分布，确定出影响粉尘浓度分布的主要因素，模拟结果对粉尘控制技术的现场应用及实施具有指导意义。

11.4.2.1　几何模型的建立及求解

A　模型建立及网格划分

11/96 胶带斜井内主要设备为胶带输送机，同时在巷道壁面还铺设有电缆电线、水管等，为保证人员的通行，还会在胶带机上方布置人行梯，现场情况极为复杂，若要完全按照巷斜井内的真实布置情况一一进行建模，工作量极大，难度太高，且现有的计算机能力也不能够胜任，因此，在不影响模拟结果准确性的情况下，对 11/96 胶带斜井粉尘扩散计算域做出一定的简化及假设：

(1) 将斜井断面视为标准三心拱，胶带输送机机头或机尾视为楔形体，机身视为长方体，其下部空间范围极小不予考虑。

(2) 斜井内电缆电线、水管、人行梯等设备由于体积很小，且对风流流场分布及粉尘扩散的影响较弱，在模型内忽略不计。

(3) 参与计算的斜井有效断面面积采用斜井断面面积乘以有效断面系数进行修正，以消除建模过程引起的误差。

(4) 斜井内尘源主要由两个部分组成，第一部分为机头或机尾转载点因高度落差形成的尘源；第二部分为胶带机身在运输过程中因机身振动或矿石与空气摩擦造成的粉尘。

基于上述简化及假设，模拟过程中建立一个空间尺寸为 200m×3m×2.2m 的三心拱巷道作为计算区间，做适当简化处理后运用 GAMBIT 2.0 建立胶带输送巷道的三维几何模型，并进行网格划分。模型中胶带输送机建立尺寸为 200m×1m×0.8m 的长方体进行表示，并靠近巷道左侧。将巷道底板与巷道入口交界线的中心点设置为坐标原点，其中，x、y、z 轴正方向分别指向胶带机机头、运输机道一侧、巷道顶板。胶带输送巷道三维空间几何模型如图 11-58 所示。

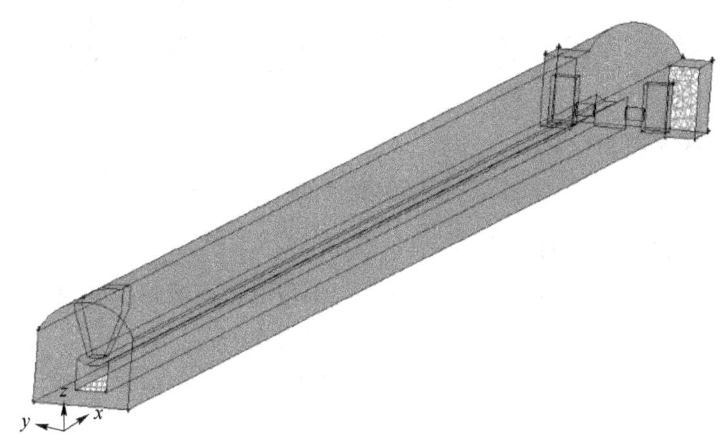

图 11-58 胶带输送巷道三维几何模型图

B 边界条件

根据 11/96 胶带斜井的现场情况及相关实测数据，结合气固两相流的数学模型和 Fluent 的数值计算方法，通过计算结果对区域网格进行自适应等调试，最终求解出粉尘的运移规律及浓度分布规律。数值模拟参数设定见表 11-16。

表 11-16 计算模型参数设定

边界条件	参数设定	边界条件	参数设定
移动参考坐标系	打开	材质	铁矿石
平移速度/m · s^{-1}	2	密度/kg · m^{-3}	4800
入口边界类型	速度入口	粒径分布	R-R 分布
入口速度/m · s^{-1}	0.5	分布指数	1.26
水力直径/m	3.4	质量流率/kg · s^{-1}	0.0003
湍流强度/%	3.73	湍流扩散模型	随机轨道模型
出口边界类型	自由出流	绝对坐标系跟踪	打开
喷射源类型	面喷射	相对速度/m · s^{-1}	-2; 0

11.4.2.2 巷道流场分布规律

为研究胶带输送巷道在不同胶带输送速度下的流场分布情况，模拟中对胶带输送速度 v 分别为 2m/s、2.5m/s 及 3.15m/s 的流场分布进行求解。图 11-59 为巷道风速为 0.5m/s 时的巷道断面速度场分布。从图 11-59 中可以看出：（1）由于胶带表面矿石与空气的摩擦作用，与矿石接触的空气随着胶带一起运动，巷道内风速以胶带表面为中心径向逐步降低；（2）胶带输送速度越大，巷道断面流场受影响范围越小，胶带表面空气运动速度越高。

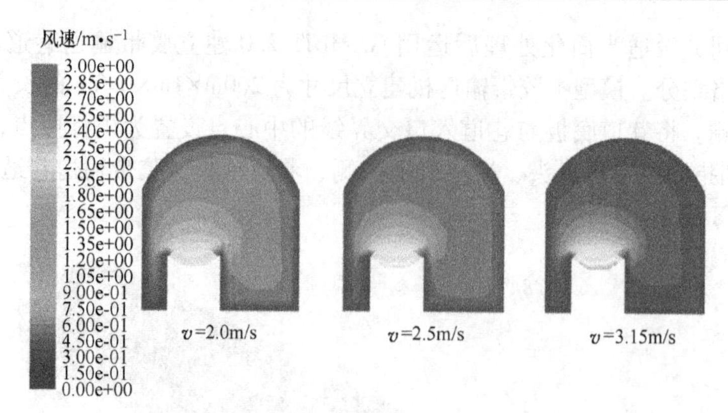

图 11-59　巷道断面速度场分布云图

11.4.2.3　粉尘浓度空间分布

通过对胶带输送机机头、机尾及机身等产尘部位设置面源喷射并求解，得胶带输送巷道内机道及人行道呼吸带高度断面粉尘浓度沿程变化如图 11-60 所示。其中，$y=0.75$m、$y=-0.75$m 分别表示机道中央断面和人行道中央断面。

从图 11-60 中可以看出：

（1）在巷道断面内，粉尘浓度在胶带表面矿石附近区域内达到最大值，并以该区域为中心径向逐步降低，在靠近巷道壁面区域达到最小值。

（2）在呼吸带高度平面内，人行道和机道粉尘浓度沿程变化均呈现出先逐步上升至一个最大值，后缓慢下降的规律，人行道达到最大值的位置较机道要远。总体上来说机道粉尘浓度较之人行道要高。

（3）机道粉尘浓度在距巷道入口约 45m 的位置处达到最大值 80mg/m³，随后逐步缓慢降低，在巷道出口处最终保持在 15mg/m³ 左右；人行道粉尘浓度在距巷道入口 90m 处达到最大值 36mg/m³，在巷道出口处降至 5mg/m³。

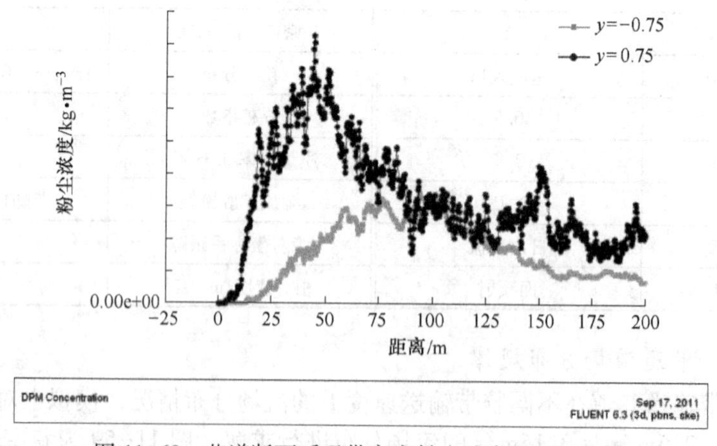

图 11-60　巷道断面呼吸带高度粉尘浓度沿程变化图

11.4.2.4　不同边界条件下粉尘浓度分布

A　不同壁面条件下粉尘浓度分布

为了研究壁面条件对胶带输送巷道粉尘浓度分布的影响，在模拟过程中，通过改变壁面的相关参数设置，对捕捉壁面条件及反弹壁面条件下胶带输送巷道空间粉尘浓度分布进行求解，并对解算结果进行对比分析，得出胶带输送巷道在不同壁面条件下粉尘浓度沿程分布如图 11-61 所示。图中所选取的沿程直线为人行道断面与呼吸带高度平面的交线。

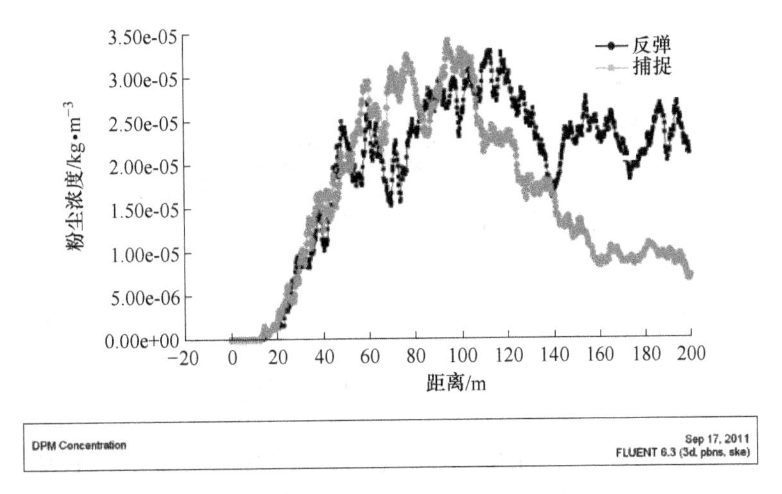

图 11-61 不同壁面条件下粉尘浓度沿程变化图

从图 11-61 中可以看出：

（1）在巷道前 100m 范围内，反弹壁面及捕捉壁面条件下粉尘浓度均呈现出沿程先急剧上升至最大值的规律。其中，反弹壁面粉尘浓度在达到最大值 $32mg/m^3$ 后在后 100m 出现围绕某一数值上下波动的情况，并最终保持在 $20mg/m^3$ 左右；而捕捉壁面粉尘浓度在达到最大值 $33mg/m^3$ 后在后 100m 内则逐步下降至 $5mg/m^3$ 左右。

（2）通过对比可知，捕捉壁面条件下巷道壁面对粉尘颗粒的捕捉及拦截作用十分明显。在日常防尘工作中，为了加强巷道壁面对粉尘颗粒的捕捉及拦截作用，应重点考虑通过加强壁面洒水等有效措施，使巷道壁面长期保持湿润状态，降低巷道空间粉尘浓度。

B 不同胶带运行速度条件下粉尘浓度分布

为了研究胶带运行速度对胶带输送巷道粉尘浓度分布的影响，在模拟过程中，通过改变胶带运行速度，并对相关参数设置进行调整，对不同胶带运行速度条件下胶带输送巷道空间粉尘浓度分布进行求解，并对解算结果进行对比分析，得出不同胶带运行速度条件下粉尘浓度沿程分布如图 11-62 所示。图中所选取的沿程直线为人行道断面与呼吸带高度平面的交线。从图 11-62 中可以看出：

（1）在胶带运行速度为 2～3.15m/s 的范围内，胶带运行速度越大，巷道空间粉尘浓度越高。这是由于较高的胶带运行速度，胶带自身的振动比较强烈，且运动中的矿石对其表面附近区域内的空气扰动程度更大的缘故。

（2）胶带输送机在较低的运行速度区间内，粉尘浓度随着胶带速度增大而升高的幅度较小；而在较高的运行速度区间内，粉尘浓度随着胶带速度增大而升高的幅度较大。在胶带运行速度为 2～2.5m/s 的区间内，人行道呼吸带高度粉尘浓度最大值在胶带运行速度为 2.5m/s 时仅比 2m/s 时高 $15mg/m^3$ 左右；而在 2.5～3.15m/s 的区间内，3.15m/s 要比 2.5m/s 时高出 $70mg/m^3$ 左右。

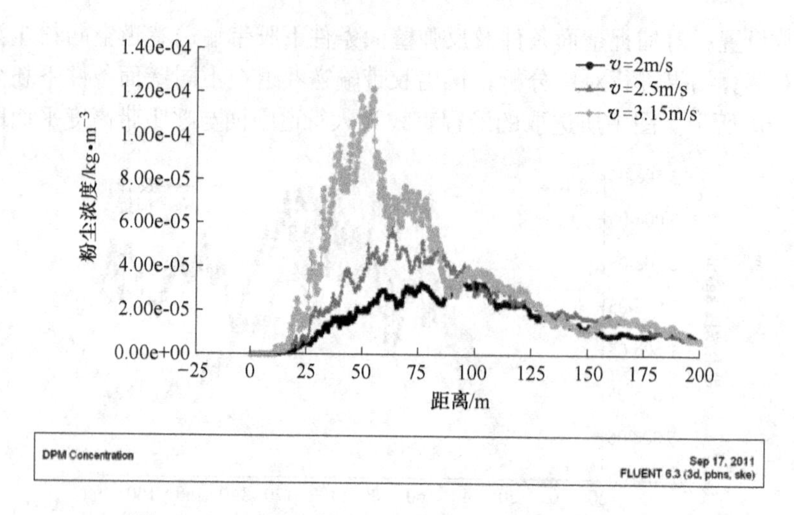

图 11-62　不同胶带运行速度下粉尘浓度沿程变化图

（3）在现场生产过程中，由于生产任务重，会对胶带输送机的输送能力有更高的要求，但决不能采用加快胶带运行速度的方式来解决问题。总体来说，11/96 胶带斜井在设计过程中对胶带输送机的选型比较合理，将胶带输送机运行速度设计为 2m/s，既能满足矿石输送的要求，又能将粉尘浓度控制在较低的范围内。

C　不同风速条件下粉尘浓度分布

为了研究巷道风速对胶带输送巷道粉尘浓度分布的影响，在模拟过程中，通过改变巷道风速的大小，并对其余相关参数设置进行调整，对不同巷道风速条件下胶带输送巷道空间粉尘浓度分布进行求解，并对解算结果进行对比分析，得出不同风速条件下粉尘浓度沿程分布如图 11-63 所示。图中所选取的沿程直线为人行道断面与呼吸带高度平面的交线。

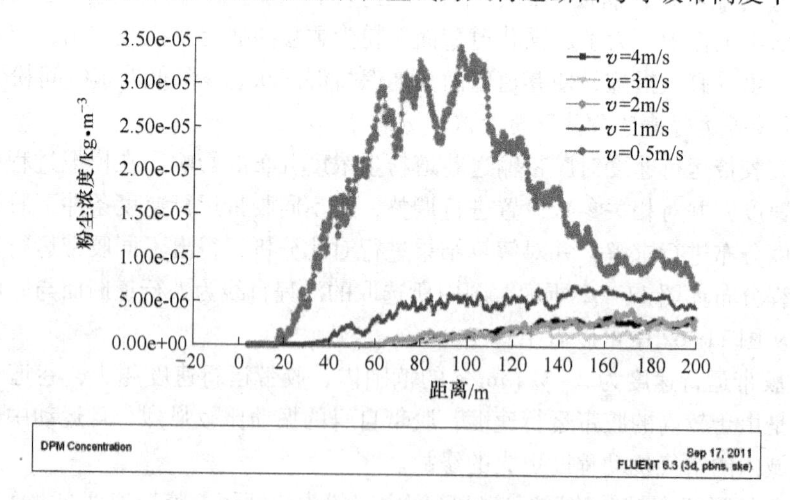

图 11-63　不同巷道风速条件下粉尘浓度沿程变化图

从图 11-63 中可以看出：

（1）当巷道风速在 0.5～3m/s 范围内，风速越大，人行道呼吸带高度粉尘浓度越低；当巷道风速在 3～4m/s 范围内，风速越大，粉尘浓度越高。在低风速区间，粉尘浓度随着风速变化的幅度较大，在高风速区间，粉尘浓度随着风速变化的幅度较小。当巷道风速由0.5m/s增大至1m/s时，粉尘浓度降低的趋势比较明显；风速高于1m/s时，粉尘浓度变化趋势较弱。

（2）风速越大，越有利于粉尘颗粒的稀释及排出，但也容易将已沉降的粉尘颗粒再次扬起，形成二次污染。在巷道风速为0.5~1m/s范围内，风流主要起到排尘的效果，粉尘不易被扬起，粉尘浓度随着风速增大而降低的幅度比较明显；在风速为1~4m/s范围内，风流容易将粉尘扬起，造成二次污染，导致风流对粉尘颗粒的排出效果减弱。

（3）在进行通风系统设计或改造的过程中，应考虑将巷道风速控制在一个比较合理的范围，既要保证风流对粉尘的排出效果，又能确保沉降粉尘不被扬起。在11/96胶带斜井内，综合考虑风流的排尘及扬尘效果，在生产过程中，可将风速控制在1m/s左右，能实现较好的排尘效果，粉尘浓度保持在一个较低的范围。

11.4.3 卸矿站粉尘分布的数值模拟

卸矿站粉尘指卸矿过程中，由于矿石相互碰撞破碎、相互冲击和所产生的气流冲击会使粒径较小、质量较小的矿物微粒扬起；卸矿站旁边巷道积尘由于矿车运行引起的二次飞扬。它们在整个工作面飞扬，使井下的空气遭到严重的污染，不仅危害工人的身体健康，也破坏了设备的工作环境，加速机械的磨损，降低掘进机司机的视觉能见度，增加事故发生率，给矿区环境、经济效益均带来了极大的影响。因此，为减少卸矿站卸矿时产生粉尘量，降低巷道内粉尘浓度，研究卸矿站卸矿时粉尘运移规律具有重要意义。

11.4.3.1 几何模型的建立及求解

A 卸矿站几何模型的建立与网格的划分

由于卸矿站壁面粗糙，附近巷道断面不是标准三心拱形，巷道壁面有风管、水管、线路、起重机，卸矿车进站时影响巷道内风流等，情况比较复杂，建立模型比较困难，为了解决这一问题，需要作以下假设：

（1）卸矿站壁面光滑均匀。

（2）将巷道断面视为标准三心拱，由于巷道内风管、水管、线路体积较小，不予考虑。

（3）由于卸矿车进站时，车速较慢，对巷道内风速影响较小，不予考虑。

（4）卸矿车车斗之间的距离较小，忽略不计。

基于上述假设，建立卸矿站及其附近巷道模型，并对其进行网格划分。模型中卸矿站巷道为26m×9.5m×5m的三心拱形，两端突变巷道为20m×3.7m×3m，中间四棱台为卸矿坑，其上底为3.5m×21m，下底为3.5m×3.5m，高为8m，四棱台上方长方体为卸矿车，一共8辆矿车，每辆矿车大小为3m×2m×1.2m。坐标原点位于卸矿坑上底中心，x轴负方向指向风流方向，y轴指向卸矿坑一侧，z轴指向巷道顶板。图11-64为卸矿站三维模型三视图。

B 卸矿站数值模拟求解参数的设定

根据某铁矿卸矿站的具体情况及相关实测数据，结合数学模型和Fluent的数值模拟方法，对数学模型的边界条件设定如表11-17所示。

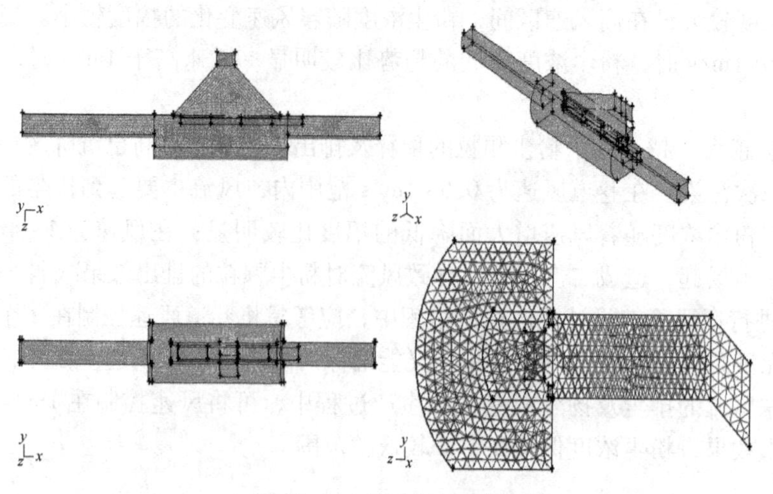

图 11-64　卸矿站几何模型

表 11-17　数学模型参数设定

边界条件	参数设定	边界条件	参数设定
重力加速度/$m \cdot s^{-2}$	9.8	出口边界类型	自由出口
平移速度/$m \cdot s^{-1}$	3~7.5	材质	铁矿石
入口边界类型	速度入口	密度/$kg \cdot m^{-3}$	4800
入口速度/$m \cdot s^{-1}$	1.5	粒径分布	R-R 分布
水力直径/m	5.3	分布指数	1.98
湍流强度/%	3.5		

11.4.3.2　卸矿站风流流场分布数值模拟

A　卸矿前后风流流场分布对比分析

根据某铁矿卸矿站的具体情况，分别模拟卸矿车通过没有卸矿时和卸矿结束时风流流场，得出的风流流场速度矢量图如图 11-65、图 11-66 所示。为了更好地观察卸矿站风流分布规律，分别截取卸矿车通过没有卸矿时和卸矿结束时 $z = 1.5$m 两个截面，得出速度分布云图，该高度近似为大多数工作者的呼吸带高度。两个截面上的速度分布云图如图 11-67、图 11-68 所示。

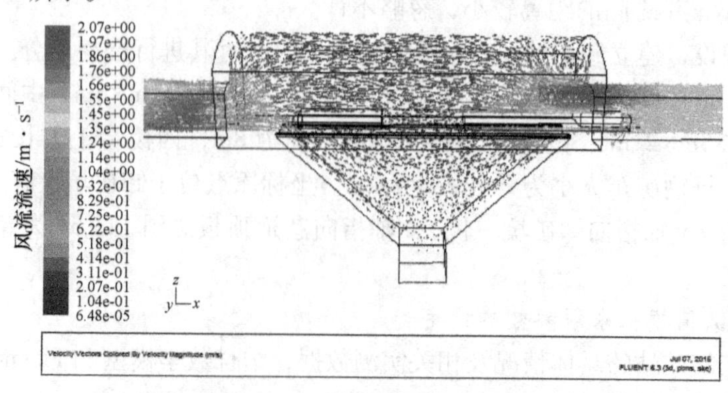

图 11-65　卸矿车未卸矿时风流流场速度矢量图

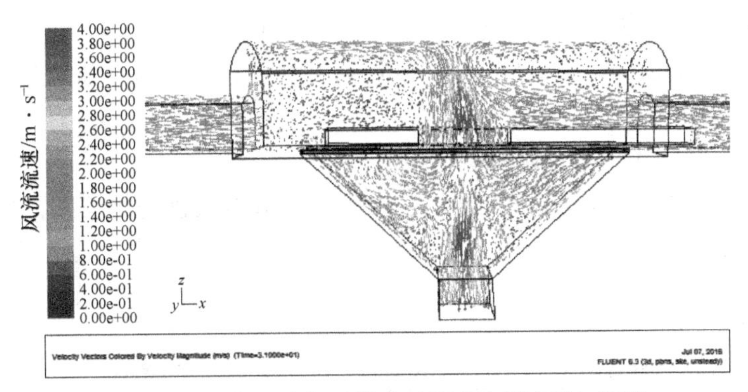

图 11-66 卸矿车卸矿结束时风流流场速度矢量图

由图 11-65、图 11-66 可以看出：(1) 卸矿车通过卸矿站未卸矿时，由于卸矿站上风向巷道截面面积较小，矿车又占一部分面积，卸矿站上风向可供风流流动截面面积较小，导致卸矿站巷道上风向矿车部位风速较大；(2) 卸矿车未卸矿时，在卸矿站右上部形成一个涡流，卸矿坑内部风流稳定；(3) 卸矿车通过卸矿站卸矿结束时，矿石在卸矿坑内产生诱导风流及冲击风流，冲击性风流经过矿车底部向卸矿站巷道内冲击，并在卸矿坑内形成两个涡流。

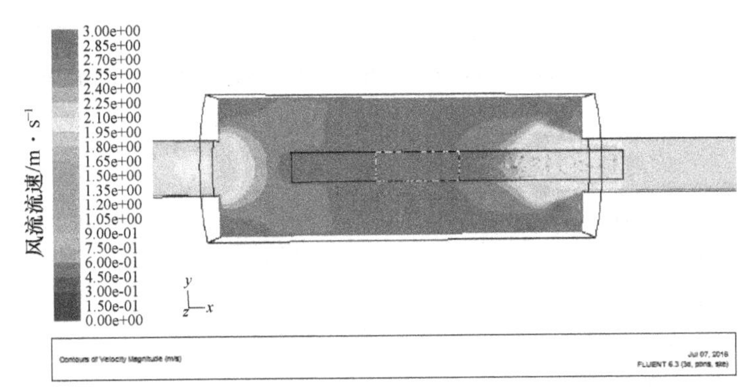

图 11-67 卸矿车未卸矿时 $z=1.5$m 截面上的速度分布云图

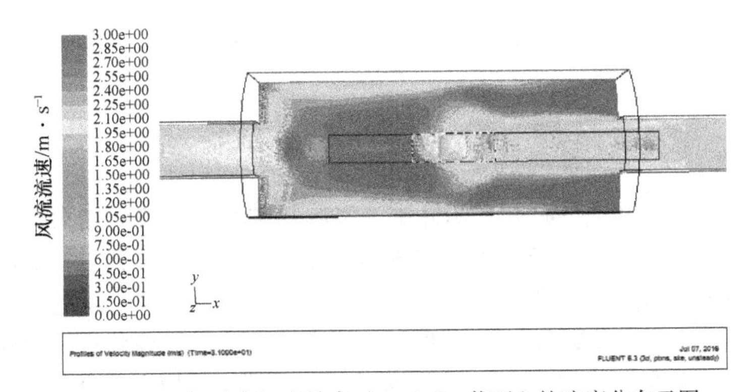

图 11-68 卸矿车卸矿结束时 $z=1.5$m 截面上的速度分布云图

由图 11-67、图 11-68 可以看出：(1) 卸矿车通过卸矿站未卸矿时，卸矿站巷道内风流稳定，只在巷道截面突变处风流突变；(2) 卸矿结束时，冲击性风流冲出，引起巷道内风流变化，卸矿站中部风速瞬时增大；（3）在已打开卸矿车上风向，巷道壁面附近风流变化不明显，矿车附近风速明显增大；（4）在已打开卸矿车下风向，巷道壁面附近风速明显增大，矿车附近风速变化不明显。

B　不同监测面平均风速随时间变化规律

为了更好地观察卸矿车卸矿后卸矿坑、卸矿站巷道内风速变化情况，分别选取卸矿车底部、$x=-5$m 截面两个面为监测面，监测卸矿后风速随时间变化，其结果如图 11-69、图 11-70 所示。

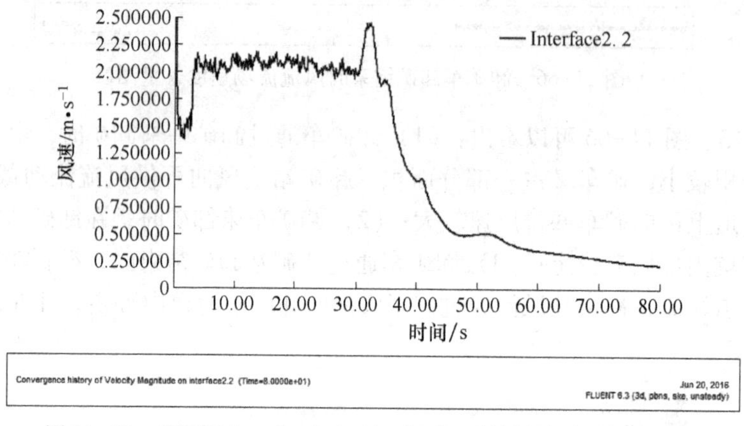

图 11-69　监测面 Interface2. 2（卸矿面）平均风速随时间变化图

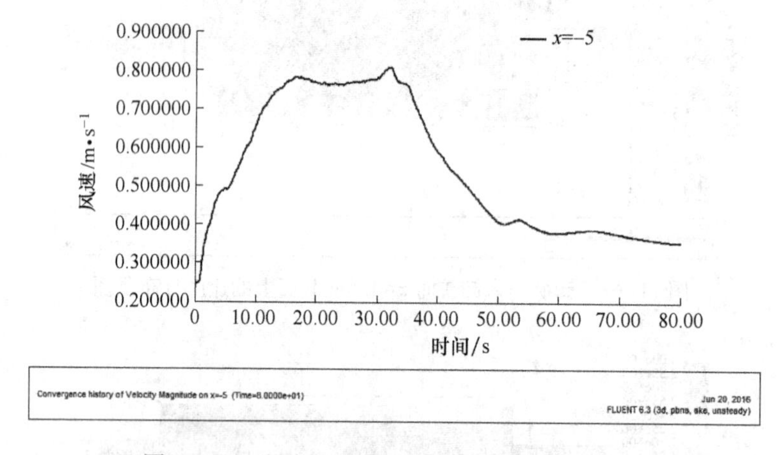

图 11-70　监测面 $x=-5$m 平均风速随时间变化图

由图 11-69 可以看出：（1）卸矿车卸矿，引起卸矿面风速瞬间增大，为 2m/s，随后又较快降低到 1. 3m/s；（2）$t=2$s，风速迅速增大，在 $t=4$s 时达到 2. 1m/s；（3）在 4～30s，卸矿面风速趋于稳定，在 2. 1m/s 附近上下波动；（4）$t=30$s，风速又开始迅速增大，在 $t=33$s 时达到最大值，为 2. 5m/s，说明卸矿结束时，冲击性风流在 $t=33$s 时大量冲出卸矿坑，进入卸矿坑巷道；（5）30～50s，风速迅速下降，到 $t=50$s 时，风速基本不变，为 0. 4m/s，卸矿坑内风流趋于稳定。

由图 11-70 可以看出：（1）卸矿车卸矿后，监测面 $x=-5$m 平均风速缓慢增加，在 $t=15$s 时达到最大值 0. 8m/s；（2）15～35s，平均风速趋于稳定，基本维持在 0. 8m/s；

(3) 35~50s，风速开始缓慢下降，到 $t=50$s 时，风速基本不变，为 0.4m/s，说明卸矿坑内风流趋于稳定。

11.4.3.3　卸矿站粉尘运动规律及浓度分布

为了能直观地了解粉尘颗粒在硐室空间内的运动轨迹，在满足人体肉眼观察及计算机计算能力的前提下，在 DPM 模型喷射参数中设置卸矿坑底部、最后一节矿车底部 2 个产尘面，运算得到卸矿车卸矿结束时粉尘浓度分布。

A　粉尘粒子运动轨迹的变化规律

粉尘主要有粉尘粒子组成，为了更好地研究粉尘的运动规律，运用 Fluent 软件得出粉尘粒子运动轨迹图，可以比较直观地观察出粉尘粒子从产生到运动到卸矿站巷道全部过程。图 11-71 为卸矿坑底部粉尘粒子运动轨迹图。

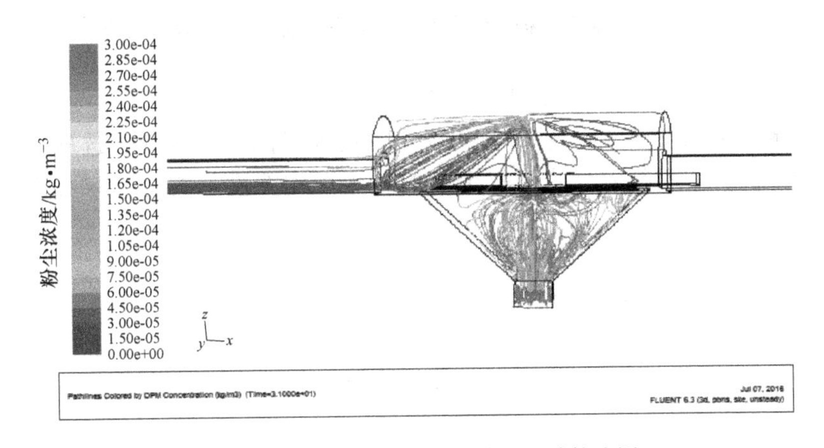

图 11-71　卸矿坑底部粉尘粒子运动轨迹图

由图 11-71 可以看出：(1) 粉尘粒子由卸矿坑底部产出，充满卸矿坑；(2) 粒子经过已打开卸矿车底部进入卸矿站巷道，但不是直接向下风向运动，而是先冲到卸矿站巷道顶部，后向左右两侧运动；(3) 由于风流由 x 轴正方向向 x 轴负方向，大部分粉尘粒子向 x 轴负方向移动，部分粉尘粒子在卸矿站巷道左上侧积聚，造成卸矿站巷道左上侧粉尘浓度较高。

B　呼吸带高度粉尘浓度分布规律

在分析粉尘浓度时，往往要正确选择一个呼吸带高度，以便能测出正确反映人体口鼻器官吸入的粉尘浓度。高于一般身高 1.6~1.75m 的采煤面或巷道，可从底板向上量取 1.5m 处作为呼吸带高度。图 11-72 为卸矿结束时 $z=1.5$m 呼吸带高度截面卸矿站粉尘浓度分布云图。

由图 11-72 可以看出：(1) 卸矿结束时，粉尘粒子继续由已打开卸矿车底部向卸矿站巷道运动，已打开卸矿车正上方呼吸带高度粉尘浓度较高；(2) 由于粉尘粒子向下风向运动，卸矿结束时，粉尘在下风向积聚，导致卸矿站下风向呼吸带粉尘浓度较高；(3) 卸矿上风向，卸矿车附近粉尘浓度较低，紧邻巷道壁部位粉尘浓度较高，由于实际巷道壁为锚喷壁面，容易积累大量粉尘，可以考虑用水经常清洗巷道壁面。用水清洗巷道壁面不仅能清理掉巷道壁面上的粉尘，还能使巷道壁湿润，捕捉新产生的粉尘。

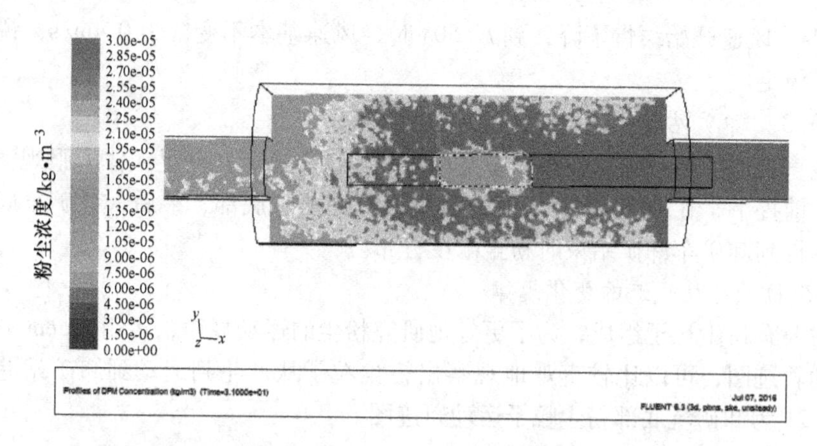

图 11-72　卸矿结束时 $z=1.5$m 截面卸矿站粉尘浓度分布云图

C　不同监测面平均粉尘浓度随时间变化规律

为了更好地观察卸矿车卸矿后巷道内粉尘浓度随时间变化规律，选取 $z=1.5$m、$x=-15$m、$x=-35$ m 三个监测面，监测每个面的粉尘平均浓度，测得结果如图 11-73～图 11-75 所示。

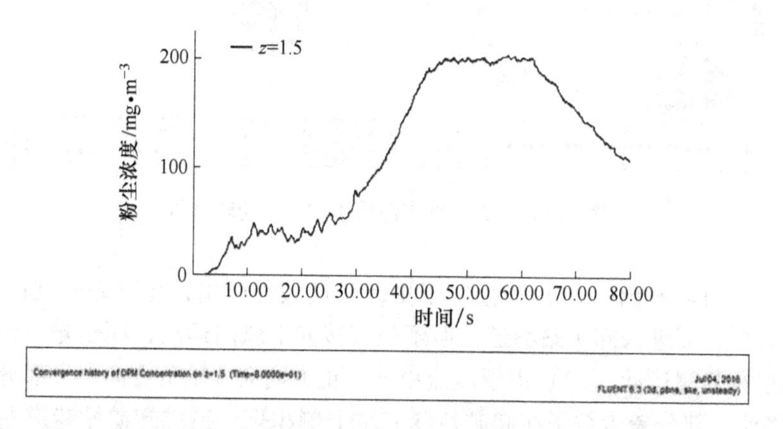

图 11-73　监测面 $z=1.5$m 平均粉尘浓度随时间变化图

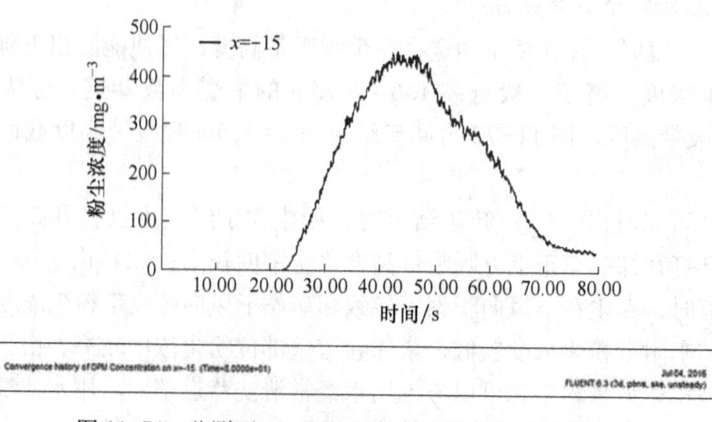

图 11-74　监测面 $x=-15$m 平均粉尘浓度随时间变化图

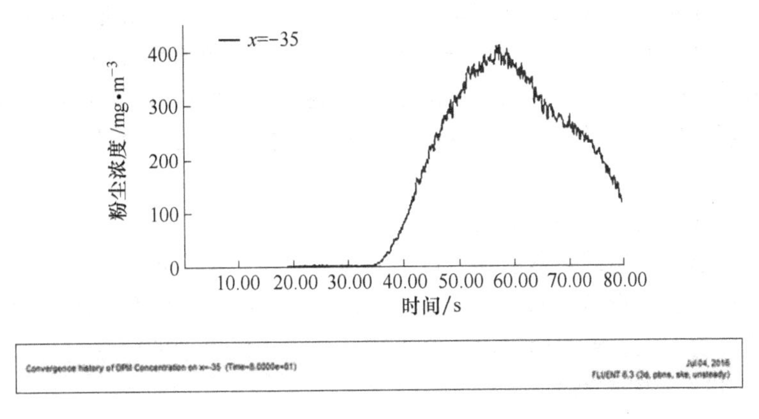

图 11-75 监测面 $x=-35$m 平均粉尘浓度随时间变化图

由图 11-73 可以看出：（1）$t=2$s 时，粉尘由卸矿坑内部运动到卸矿站巷道呼吸带高度，粉尘浓度开始增加；（2）2~30s 为卸矿车卸矿时间，由于卸矿车卸矿，卸矿面被大量矿石充填，粉尘由卸矿坑运动到卸矿站巷道的量相对较少，$z=1.5$m 截面平均粉尘浓度随时间波动性缓慢增加；（3）30~45s，卸矿车不再卸矿，矿车卸矿面完全打开，冲击性风流携带卸矿坑内部大量粉尘冲到卸矿站巷道，导致 $z=1.5$m 截面平均粉尘浓度迅速增加到最大值，为 200mg/m^3；（4）45~65s，呼吸带高度粉尘浓度相对稳定，一直保持在最大值 200mg/m^3，$t=65$s 后，粉尘浓度开始缓慢下降。

由图 11-74 可以看出：（1）$t=22$s 时，监测面 $x=-15$m 开始有粉尘，说明粉尘由卸矿坑产生后在风流的作用下，$t=22$s 运动到 $x=-15$m 处；（2）22~45s，粉尘浓度快速增加，在 45s 达到最大值 450mg/m^3；（3）粉尘浓度增加到最大值后迅速下降，在 $t=75$s 降到 60mg/m^3，并趋于稳定。

由图 11-75 可以看出：（1）$t=35$s 时，监测面 $x=-35$m 开始有粉尘，说明粉尘由 $x=-15$m 处经过 13s 运动到 $x=-35$m 处；（2）35~58s，粉尘浓度快速增加，在 58s 达到最大值 400mg/m^3；（3）粉尘浓度在 $t=58$s 达到最大值后，迅速下降，并有继续下降趋势。

11.5 钻爆法施工隧道粉尘分布中的应用

随着中国经济和公路交通运输事业逐渐进入快车道，隧道建设规模不断扩大，公路隧道在交通线路中的重要性也在不断提高。目前，我国公路隧道发展呈现出多车道、大断面、线路长的特点，出现了单洞四车道的大断面隧道以及单洞长 20km 多的特长交通隧道。公路隧道开挖断面基本上都达到了 100m^2 以上，其中龙头山隧道，为国内规模最大的公路隧道，最大开挖面积达 229.4m^2。我国已成为世界上隧道数目最多，建设规模最大，发展速度最快的国家。

由于受施工空间的限制及复杂地质条件的影响，隧道施工方式与露天作业有较大的差别，钻爆法是一种最重要且经济高效的施工方式。在公路隧道钻爆法施工中，钻孔、爆破、出渣运输、喷射混凝土等施工过程中都会产生大量的粉尘，粉尘不仅对大气环境产生污染，而且对作业人员的职业健康也会产生严重的危害，尤其是长期吸入含有一定浓度游离 SiO_2 的粉尘更易导致严重的职业病——尘肺病。受公路隧道的断面、地质及施工工艺的限制，其粉尘运移规律及风流形式复杂多变，所以粉尘治理是隧道钻爆掘进施工中的一大技术难题。因此，开展公路隧道钻爆法施工粉尘分布的数值模拟研究，可有效地为粉尘控制技术及方法的提出提供数据支持，对于改善隧道施工作业环境和预防、减少职业病发生，保证作业场所的职业卫生条件，保障工人的身体健康，促进企业安全生产具有十分重大的意义。

（1）几何模型的建立及网格划分。

本文以某高速公路隧道钻爆法施工过程为研究对象，结合现场的具体情况及实际模拟的需要建立模型。隧道形状可以视为标准半圆拱，隧道内主要由通风机的风筒、凿岩台车、衬砌台车、喷浆机、装载运输设备等组成。为了方便模型的建立与计算，本章将粉尘扩散计算区间进行适当的简化：

1）隧道工作面横断面简化为半径为 8m 的半圆空间，将隧道断面视为标准半圆拱；

2）将隧道长度简化为与现场测量时开挖的长度一致，即 300m 长；

3）将压入式风筒简化为各种圆柱体的组合体；

4）其他的设备（如水管、风管、电缆、逃生管道等）忽略不计或者简化为平面。

通过以上简化，将隧道整体设计成直径为 16m，长为 300m 的半圆柱体空间；在此基础上，隧道内采用压入式通风，将风筒悬挂在隧道的右帮，将风筒的主体尺寸设计成直径为 1.2m 的圆柱体，安装在进风隧道口右侧贴地的地方，由于采用上下台阶爆破开挖法，在距上断面掌子面约 60m 处，将风筒抬高至距上台阶底板 3m 的高度，贴附隧道右壁。风筒出风口距离掌子面的距离设置为 50m。经过上述简化，再用 GAMBIT 建立隧道施工时的三维几何模型，并进行网格划分，划分后的网格示意图如图 11-76 所示。

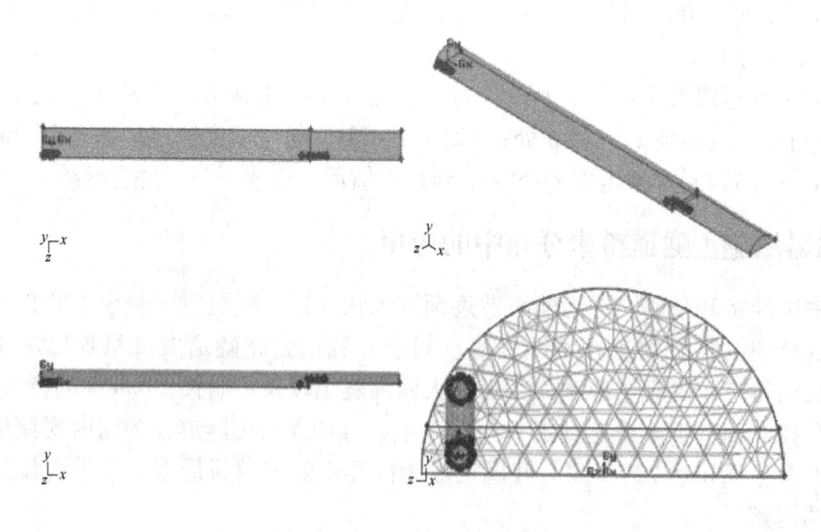

图 11-76　三维网格示意图

（2）模拟参数设定及求解。

根据公路隧道工作面具体情况及相关实测数据，结合数学模型和 Fluent 的模拟方法，确定数值模拟的各参数及边界条件见表 11-18。

表 11-18　数学模型参数设定

边界条件	参数设定	边界条件	参数设定
入口边界类型	速度入口	材质	白云石
入口速度/m·s^{-1}	20	粒径分布	R-R 分布
水力直径/m	1.2	分布指数	1.93
湍流强度/%	2.6	初始速度/m·s^{-1}	0
出口边界类型	自由出流	质量流率/kg·s^{-1}	0.006
喷射源	组喷射	湍流扩散模型	随机轨道模型
颗粒流数量	10		

11.5.1　爆破后粉尘分布的数值模拟

11.5.1.1　模型简介

隧道爆破特征图如图 11-77 所示，其中面 1 为产尘面，模拟时在此面加入粉尘源。x 为距掌子面距离，y 为距离隧道底板的高度，z 为隧道宽度，以下尘源设置都采用该坐标体系。

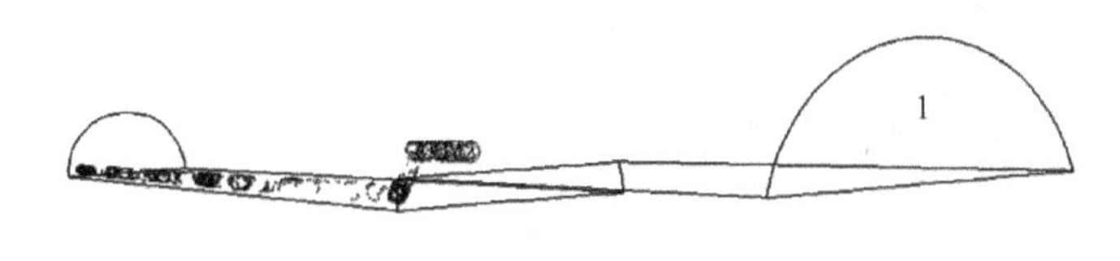

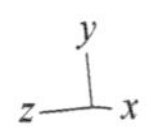

图 11-77　爆破后特征图

11.5.1.2　数值模拟结果及分析

在已计算完毕的风流流场基础上开启离散相模型，并在掌子面位置加入粉尘源，并开启风机，模拟得出爆破后公路隧道内粉尘浓度分布及扩散情况，如图 11-78 及图 11-79 所示。从图 11-78 及图 11-79 中可以看出：

（1）掌子面爆破后，粉尘立即从爆破面喷射到隧道空间，此时掌子面左侧附近粉尘浓度最大，最高值达到 1921mg/m^3；粉尘在风流作用下沿隧道全断面不断地排出、沉降和被捕集，因此粉尘浓度沿程不断减小，未排出、沉降或被捕集的颗粒在随风流运动的同时随机扩散，弥散到整个隧道，使得隧道内的粉尘浓度趋于稳定。

（2）射流区位于掌子面和风筒出风口之间，该区域的粉尘主要来自于风流本身所含的粉尘以及射流沿程不断从涡流区卷吸进来的粉尘，其气流含尘量较低；回流区和涡流区的粉尘浓度较高，且在沿程上不断减小。

（3）在隧道断面水平方向，由于受风流流场的影响，粉尘浓度形成了由右至左逐步增加的规律，在垂直方向上，粉尘浓度形成了从上到下逐步增加的变化规律。

（4）随着距掌子面距离的增加，粉尘浓度逐步降低，其中右侧粉尘浓度降低规律较为

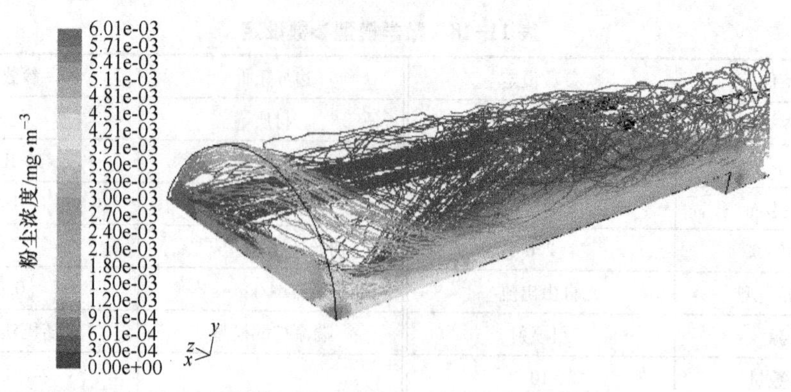

图 11-78　爆破后粉尘运动轨迹图

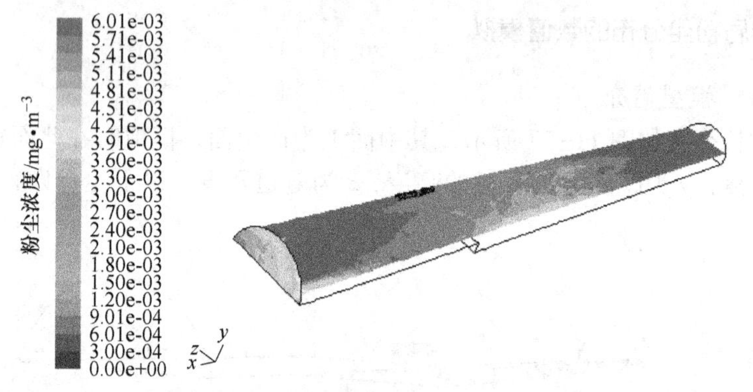

图 11-79　爆破后粉尘扩散图

明显，这是由于在这一区域内风流情况较好所致；在左侧，粉尘浓度降低速率较慢，这是由于左侧内风流条件较差，左右两侧粉尘浓度大小对比强烈，差距较大。

11.5.2　钻孔粉尘分布的数值模拟

11.5.2.1　模型简介

修改 GAMBIT 模型，根据现场实际情况在掌子面上设定 4 个钻孔，分别以半径为 0.2m 的圆形代替，钻孔时 4 个位置点同时产尘，新建的模型及网格划分如图 11-80 所示。特征图如图 11-81 所示，图中标记的 4 个点就是打眼位置，即粉尘的产生点。

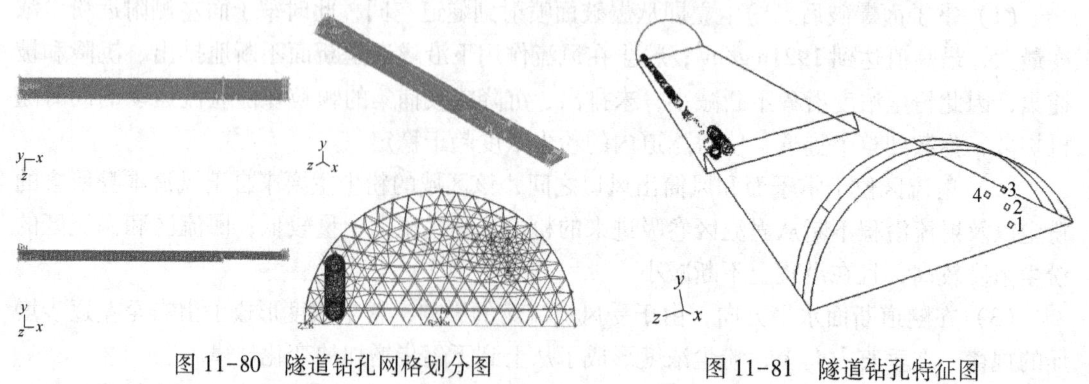

图 11-80　隧道钻孔网格划分图　　　　图 11-81　隧道钻孔特征图

11.5.2.2　数值模拟结果及分析

在已计算完毕的风流流场基础上开启离散相模型，在钻孔的位置加入粉尘源，计算得出钻孔过程中公路隧道内粉尘浓度分布扩散情况如图 11-82~图 11-84 所示。

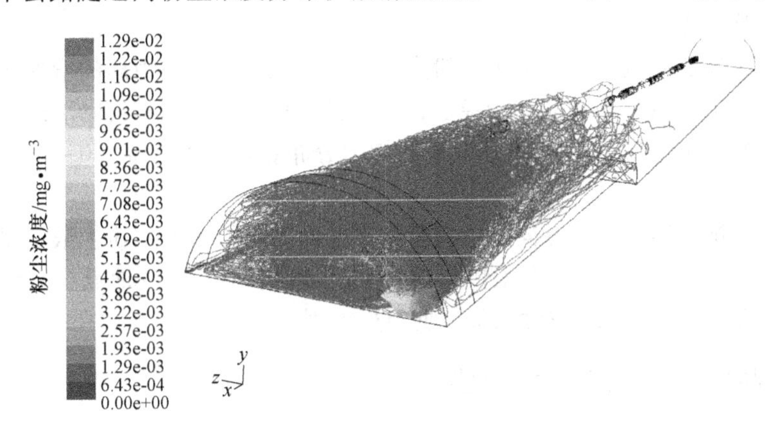

图 11-82　钻孔粉尘运动轨迹图

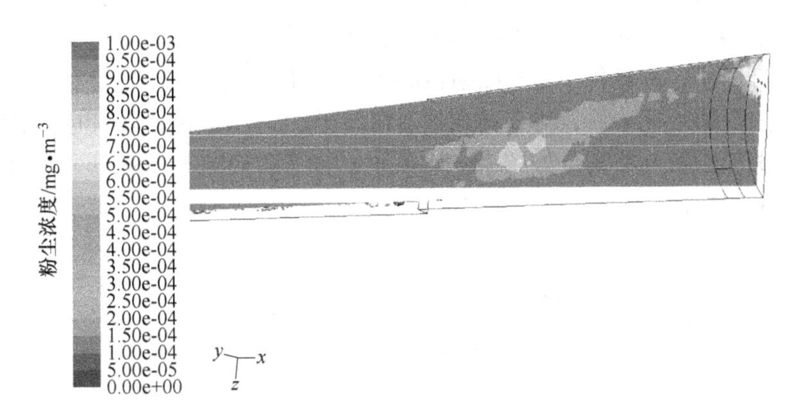

图 11-83　钻孔过程 $y=1.5$m 断面粉尘扩散图

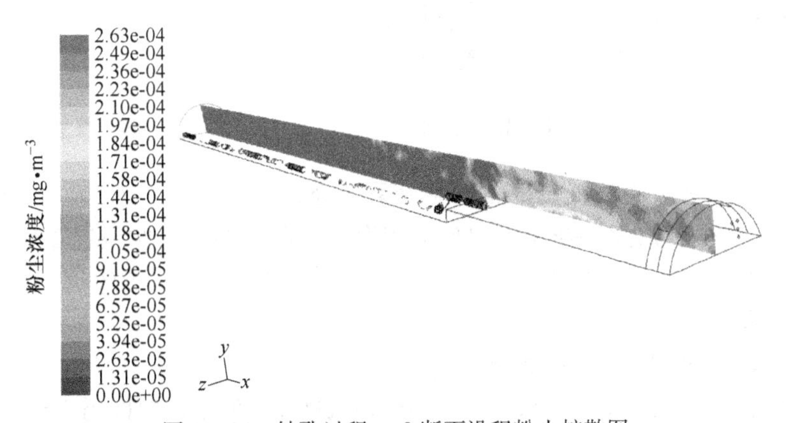

图 11-84　钻孔过程 $z=0$ 断面沿程粉尘扩散图

从图 11-82~图 11-84 中可以看出：

(1) 在掌子面四个钻孔同时作业过程中，钻头高速旋转与岩石壁发生强烈的碰撞，在风压下使钻孔里的粉尘不断吹出并扩散，所以在此处粉尘的浓度达到了最大值。在距离掌子面 0~4m 范围内，粉尘的浓度处于最大状态，但是由于风筒在隧道的右侧，所以进风流遇到掌子面阻碍而向左侧回转，顺势带着钻孔产生的大量粉尘向左侧运移扩散，所以左侧粉尘浓度相对于右侧大。

（2）由于大颗粒粉尘的沉降作用，粉尘浓度随着距离掌子面距离的增加快速下降。大约在 40m 之后，由于风流场逐渐趋于稳定，且大颗粒粉尘已经基本沉降下来，粉尘浓度降低缓慢，并逐渐趋于稳定。此时，粉尘基本均匀分布在距离掌子面 20~50m 的隧道中央地带。

（3）在整个掘进隧道水平方向上，随着离掌子面距离的增加，粉尘浓度逐步降低。由于二次扬尘的原因，粉尘浓度不会很快降到一个较低的水平，有些地点会有波动。再加上风流流场的复杂因素，使粉尘浓度的降低变得更加困难。

11.5.3　喷射混凝土粉尘分布的数值模拟

11.5.3.1　模型简介

修改 GAMBIT 模型，根据实际情况在距离掌子面 2m 处建立一个宽度为 2m 环绕隧道壁一周的喷射混凝土（喷浆）带，根据现场实际作业情况，将喷射混凝土带划分为 3 个部分，具体为顶部一块，两侧各一块；喷射混凝土时先进行顶部喷射混凝土，此时顶部为产尘源。顶部喷射混凝土完毕后，再在两侧喷射混凝土，此时隧道壁两侧的喷射混凝土带为产尘源。新建的模型及网格划分如图 11-85 所示。特征图如图 11-86 所示，标记 1、2、3 是 3 个喷射混凝土部位。

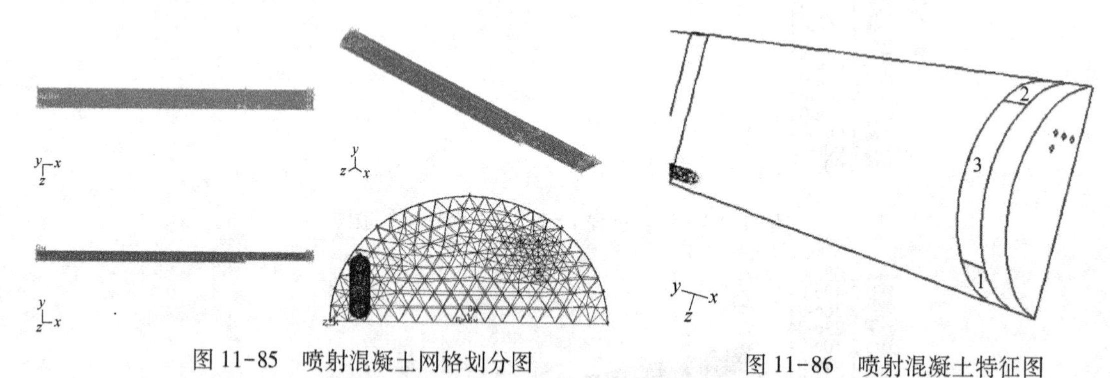

图 11-85　喷射混凝土网格划分图　　图 11-86　喷射混凝土特征图

11.5.3.2　顶部喷射混凝土数值模拟结果及分析

在已计算完毕的风流场基础上开启离散相模型，在图 11-86 的位置 3 处加入粉尘源，进行顶部喷射混凝土，计算得出顶部喷射混凝土过程中公路隧道内粉尘浓度分布扩散情况如图 11-87 及图 11-88 所示。

由图 11-87 及图 11-88 可以看出：

（1）在顶部喷射混凝土时，顶部粉尘的运动轨迹非常混乱，向四周不断运动，但主要扩散至左侧及左下侧，这主要和此处的风流流场分布有关。之后在风流场达到比较稳定的时候，粉尘也会随着风流做比较规律的运动。

（2）粉尘浓度最大值并不是出现在产尘源处，而是在风流的作用下向回风侧扩散，并

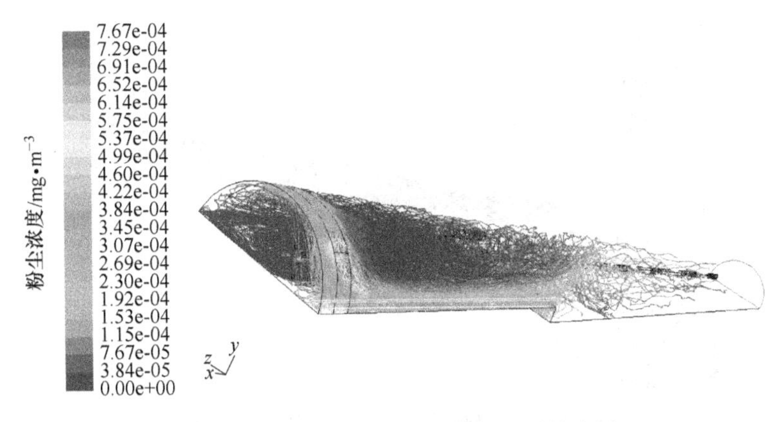

图 11-87 顶部喷射混凝土粉尘运动轨迹图

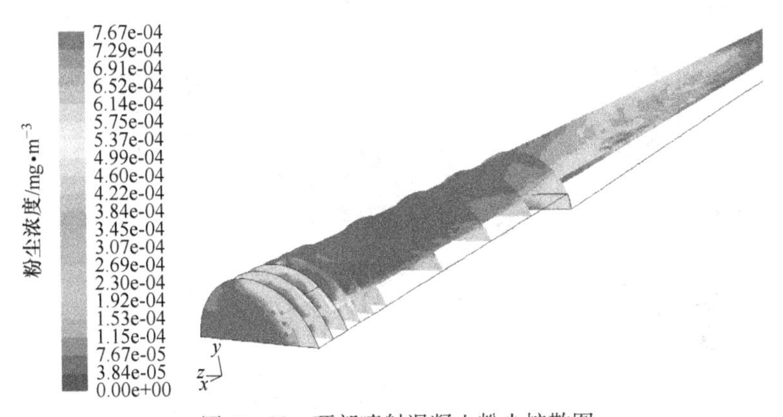

图 11-88 顶部喷射混凝土粉尘扩散图

在一定的距离后达到一个最大值，之后随着粉尘颗粒（主要是较大颗粒的粉尘）在隧道内的沉降、捕集等作用，粉尘浓度会逐渐降低，最后稳定在一个浓度范围之内，这时的粉尘主要以呼吸性粉尘为主，因为这部分粉尘不易沉降和捕集。

（3）在顶部喷射混凝土带与左侧喷射混凝土带的交界处周围，粉尘的浓度较高，之后向左下侧扩散开来，粉尘浓度有所降低，但仍然保持在一个比较高的范围内，接着向隧道出口扩散。贴近底板的粉尘浓度比较高，随着与喷射混凝土处距离的增加，粉尘浓度逐渐降低。

（4）在风流流场的影响下，右侧粉尘浓度较低，高浓度一直集中在隧道左侧，随着距掌子面距离的增加逐渐向右侧扩散，大约在距掌子面 60m 之后粉尘扩散至整个断面，粉尘浓度达到一个稳定的值并保持基本不变。

11.5.3.3 两侧喷射混凝土数值模拟结果及分析

在已计算完毕的风流流场基础上开启离散相模型，在位置 1、2 加入粉尘源，进行两侧喷射混凝土作业，模拟计算得出两侧喷射混凝土过程中隧道内粉尘浓度分布扩散情况如图 11-89 及图 11-90 所示。

从图 11-89 及图 11-90 可以看出：

（1）在两侧喷射混凝土部位，粉尘的运动轨迹比较混乱，会向四周不断运动。尘源处

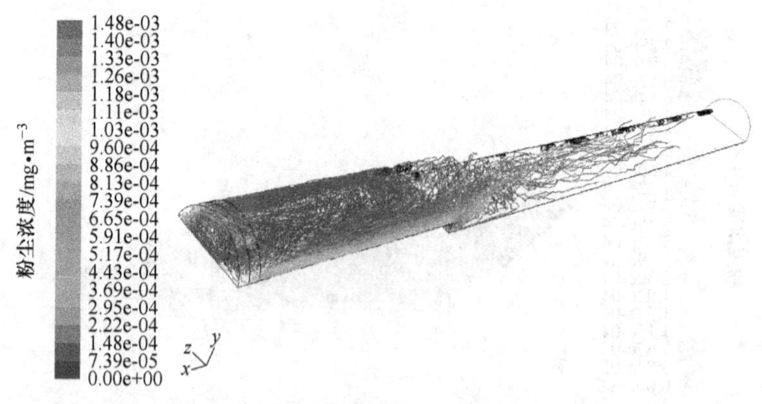

图 11-89　两侧喷射混凝土粉尘运动轨迹图

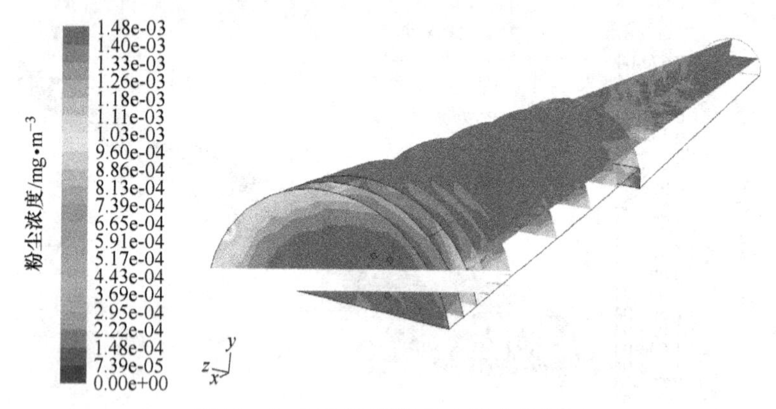

图 11-90　两侧喷射混凝土粉尘扩散图

粉尘浓度不是最大的，粉尘会在风流的作用下向回风侧扩散，并在一定的距离后达到一个最大值，之后随风流向右侧扩散粉尘浓度降低。距离掌子面大约 20m 范围内，隧道中线附近存在一个明显的涡流区。右侧喷射混凝土部位粉尘浓度相对左侧较低，主要是因为随着风流作用，右侧部分粉尘会向左侧扩散开来，然后随风流向隧道口方向扩散。

（2）由于风筒在右侧，在风流流场的影响下，除了右侧喷射混凝土带处的粉尘浓度很大以外，高浓度一直集中在隧道左侧，直到过了风筒出风口之后，高浓度粉尘便渐渐向右扩散，进而左右两侧的浓度梯度渐渐减小，并趋于相同。在距离掌子面 50~60m 之间，是左右粉尘浓度最均匀的时候，接着超过 60m 以后，由于隧道底板高度突然下降了 3m，导致粉尘继续呈现不均匀的状态，右侧明显高于左侧（原因是右侧进行钻孔作业），在经过一段距离粉尘浓度越来越小，直至稳定。

11.5.4　出渣运输粉尘分布的数值模拟

11.5.4.1　模型简介

根据实际情况，修改 GAMBIT 模型，在距离掌子面 0~10m 之间，是爆堆渣石。为了模拟的需要，本模拟进行适当简化，将爆堆简化成一个与掌子面、隧道底板一起形成的一个直角三棱柱，并且三棱柱部位没有风流和粉尘，可以切割掉，从而模拟其他流场存在的空间粉尘分布状况。在距离掌子面 10m 以外，左右分别放着一辆铲车，中间放着一辆装渣卡车，为了便于模拟，对三辆车进行简化，将铲车简化为长宽高分别为6m×4m×2m的长方体，将装渣卡车简化为长宽高分别为6m×4m×3m的长方体，由于出渣运输的原理是由两边的铲车将爆堆堆积的岩石残渣装到中间的卡车上，然后由卡车运走，所以，将两个铲车前部的面（4m×2m）均作为产尘点，在装渣卡车顶部有一个4m×2m的面作为另一个产尘点，进而模拟得出结论。新建的模型及网格划分如图11-91所示。特征图如图11-92所示，图中标记1、2、3的部分分别表示3个产尘面，其中标记1、2的两个部分是铲车尘源位置，标记3的部分是出渣卡车产尘位置。

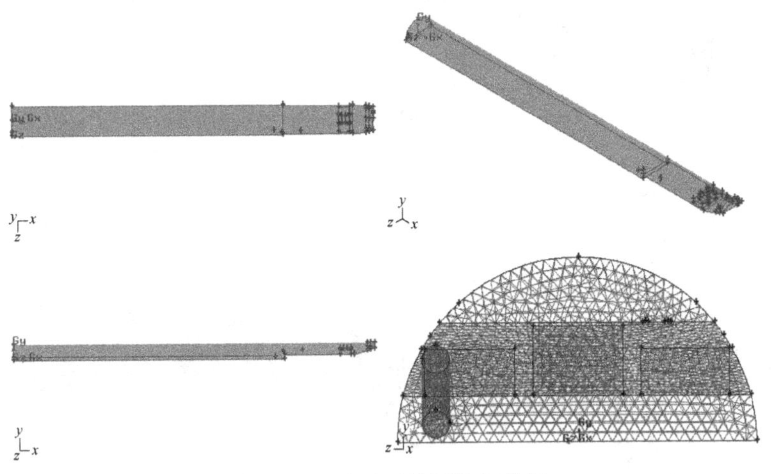

图11-91　出渣运输网格划分图

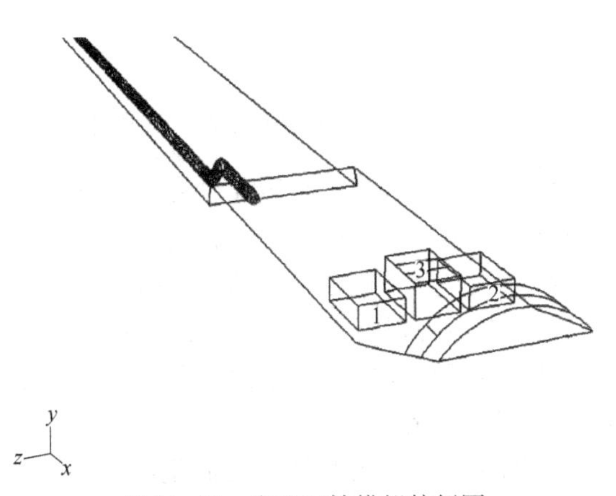

图11-92　出渣运输模拟特征图

11.5.4.2　数值模拟结果及分析

在已计算完毕的风流流场基础上开启离散相模型，在三个产尘面加入粉尘源，计算出渣运输过程粉尘浓度分布扩散情况如图11-93及图11-94所示。

由图11-93及图11-94中可以看出：

（1）三个主要尘源附近区域粉尘浓度较高，其中卡车装渣附近区域粉尘浓度最大为2000mg/m^{3}左右，而左、右铲车铲板附近区域粉尘浓度最大值也达到了1000mg/m^{3}左右；右侧铲车铲板附近产生的粉尘浓度大于左侧，主要是由于右侧铲车对风筒风流产生了直接

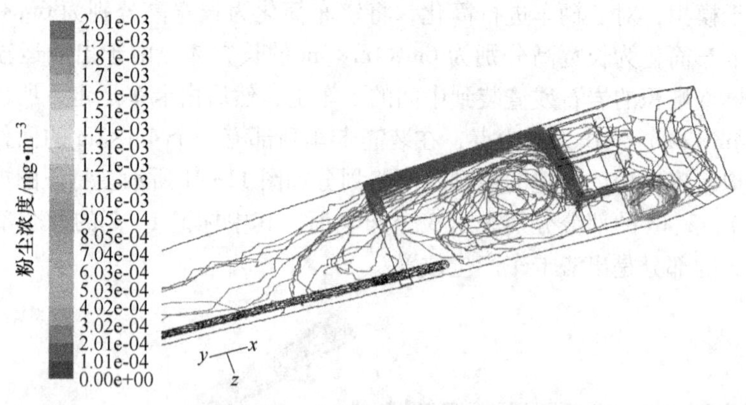

图 11-93　出渣运输粉尘运动轨迹图

图 11-94　出渣运输粉尘扩散断面图

的阻碍作用，而左侧铲车距离风筒较远，并且风筒风流遇到掌子面的阻碍会向隧道左侧返回，使左侧铲车对风流的阻碍作用减小。这样一来，右侧铲车的粉尘主要分布在铲板与掌子面之间，而左侧铲车的粉尘主要分布在铲车前部附近以及围绕铲车向左后侧移动。在此作业过程中，左右铲板处均需要有专门作业人员进行连续铲岩，保证爆破落下的岩石能实现有效及时运输，因此，对于现场作业的工人来说，左右铲车铲板附近区域的高浓度粉尘危害最大，应在此处考虑采取降尘措施。

（2）左、右铲车尘源处粉尘在右帮悬挂风筒射流流场的作用下，经过铲车和卡车车身未阻挡区域向隧道出口方向扩散，在扩散过程中，三辆车的车身以及台车等设备对粉尘颗粒的碰撞、捕集等作用，在隧道内形成了天然的第一道降尘屏障，从而使大量粉尘沉降下来；很明显两辆铲车产生的粉尘大量集中在铲车与掌子面之间，而铲车车后的粉尘得到了很大程度的降低。但是由于装渣卡车的产尘点在卡车的顶部，所以，此处产生的粉尘量往隧道口方向扩散没有受到任何阻碍，导致此处粉尘浓度达到最大值，随着风流流场往隧道口逐渐扩散，浓度再逐渐降低。

（3）在三辆车身与掌子面之间的区域，由于铲车、卡车等的阻挡作用，尤其是在现有风速条件下，风筒的有效射程达不到掌子面附近，故掌子面附近的粉尘受风流流场的作用而做漩涡扰动，不能迅速排除粉尘，导致这一区域粉尘浓度一直保持在一个较高的范围，且不易实现降低，因此，解决这一区域高浓度粉尘的现状，显得尤为重要。

（4）在隧道同一断面水平方向，由于受风流流场的影响，粉尘浓度形成了由左至右逐步降低的规律，在垂直方向上，粉尘浓度形成了以中间卡车顶部高度为中心分别向上下两侧逐步降低的变化规律；由于简化模型隧道内只存在三个较大设备（卡车、装载机），隧道有效断面系数较高，隧道沿程上粉尘沉降作用及机理较为一致，粉尘浓度降低的规律比较稳定。

（5）在整个隧道水平方向上，随着距掌子面距离的增加，粉尘浓度逐步降低，其中左侧粉尘浓度降低规律较为明显，右侧粉尘浓度降低速率较慢，分析原因主要是风流条件及粉尘初始值的影响。

复习思考题

11-1 简述粉尘分布数值模拟的主要过程。

11-2 粉尘运动模拟过程主要考虑哪几个作用力？

11-3 试分析综采工作面多尘源粉尘分布规律。

11-4 露天矿穿孔粉尘的主要影响因素有哪些？

11-5 试描述露天矿路面运输风流流场分布特征。

附　录

附录 1　标准大气压下干空气的物理参数

温度/℃	密度 ρ/kg·m^{-3}	黏度 μ/kg·(s·m^2)$^{-1}$	运动黏度 ν/m^2·s^{-1}	导热系数 λ/J·(m·s·℃)$^{-1}$
-50	1.533	1.49×10^{-6}	0.095×10^{-4}	0.0200
-20	1.348	1.65	0.120	0.0224
0	1.251	1.76	0.138	0.0241
20	1.166	1.86	0.156	0.0257
40	1.091	1.95	0.175	0.0272
60	1.026	2.05	0.196	0.0287
80	0.968	2.14	0.217	0.0302
100	0.916	2.23	0.239	0.0316
120	0.869	2.32	0.262	0.0331
140	0.827	2.40	0.285	0.0345
160	0.789	2.48	0.308	0.0359
180	0.754	2.56	0.333	0.0372
200	0.722	2.64	0.358	0.0386
250	0.652	2.83	0.426	0.0418
300	0.596	3.01	0.495	0.0449
350	0.548	3.18	0.569	0.0479
400	0.508	3.34	0.645	0.0508

附录 2　水的物理参数

温度/℃	密度 ρ/kg·m^{-3}	黏度 μ/kg·(s·m^2)$^{-1}$	运动黏度 ν/m^2·s^{-1}	导热系数 λ/J·(m·s·℃)$^{-1}$
0	999.9	1.829×10^{-4}	1.79×10^{-6}	0.554
10	999.7	1.336	1.31	0.575
20	998.2	1.029	1.01	0.594
30	995.7	0.816	0.803	0.612
40	992.3	0.676	0.668	0.628
50	988.1	0.569	0.564	0.607
60	983.2	0.482	0.480	0.653
70	977.8	0.416	0.417	0.664
80	971.8	0.365	0.368	0.672
90	965.3	0.323	0.328	0.678
100	958.4	0.290	0.297	0.682
120	943.1	0.238	0.247	0.685
140	926.1	0.203	0.215	0.684
160	907.3	0.178	0.192	0.680
180	886.9	0.158	0.175	0.672
200	864.7	0.142	0.161	0.660
220	840.3	0.129	0.150	0.644

附录3　误差函数表

$$\operatorname{erf}(x)=\frac{2}{\sqrt{\pi}}\int_0^x e^{-x^2}dx$$

x	erf(x)	erfc(x)	x	erf(x)	erfc(x)
0. 00	0. 00000	1. 0000	0. 34	0. 36936	0. 63064
0. 01	0. 01128	0. 98872	0. 35	0. 37938	0. 62062
0. 02	0. 02256	0. 97744	0. 36	0. 38933	0. 61067
0. 03	0. 03384	0. 96616	0. 37	0. 39921	0. 60079
0. 04	0. 04511	0. 95489	0. 38	0. 40901	0. 59099
0. 05	0. 05637	0. 94363	0. 39	0. 41874	0. 58126
0. 06	0. 06762	0. 93238	0. 40	0. 42839	0. 57161
0. 07	0. 07886	0. 92114	0. 41	0. 43797	0. 56203
0. 08	0. 09008	0. 90992	0. 42	0. 44747	0. 55253
0. 09	0. 10128	0. 89872	0. 43	0. 45689	0. 54311
0. 10	0. 11246	0. 88754	0. 44	0. 46623	0. 53377
0. 11	0. 12362	0. 87638	0. 45	0. 47548	0. 52452
0. 12	0. 13476	0. 86524	0. 46	0. 48466	0. 51534
0. 13	0. 14587	0. 85413	0. 47	0. 49375	0. 50125
0. 14	0. 15695	0. 84305	0. 48	0. 50275	0. 49725
0. 15	0. 16800	0. 83200	0. 49	0. 51167	0. 48833
0. 16	0. 17901	0. 82099	0. 50	0. 52050	0. 47950
0. 17	0. 18999	0. 81001	0. 51	0. 52924	0. 47076
0. 18	0. 20094	0. 79906	0. 52	0. 53790	0. 46210
0. 19	0. 21184	0. 78816	0. 53	0. 54646	0. 45354
0. 20	0. 22270	0. 77730	0. 54	0. 55494	0. 44506
0. 21	0. 23352	0. 76648	0. 55	0. 56332	0. 43668
0. 22	0. 24430	0. 75570	0. 56	0. 57162	0. 42838
0. 23	0. 25502	0. 74498	0. 57	0. 57982	0. 42018
0. 24	0. 26570	0. 73430	0. 58	0. 58792	0. 41208
0. 25	0. 27633	0. 72367	0. 59	0. 59594	0. 40406
0. 26	0. 28690	0. 71310	0. 60	0. 60386	0. 39614
0. 27	0. 29742	0. 70258	0. 61	0. 61168	0. 38832
0. 28	0. 30788	0. 69212	0. 62	0. 61941	0. 38059
0. 29	0. 31828	0. 68172	0. 63	0. 62705	0. 37295
0. 30	0. 32863	0. 67137	0. 64	0. 63459	0. 36541
0. 31	0. 33891	0. 66109	0. 65	0. 64203	0. 35797
0. 32	0. 34913	0. 65087	0. 66	0. 64938	0. 35062
0. 33	0. 35928	0. 64072	0. 67	0. 65663	0. 34337

续表

x	erf(x)	erfc(x)	x	erf(x)	erfc(x)
0. 68	0. 66378	0. 33622	1. 07	0. 86977	0. 13023
0. 69	0. 67084	0. 32916	1. 08	0. 87333	0. 12667
0. 70	0. 67780	0. 32220	1. 09	0. 87680	0. 12320
0. 71	0. 68467	0. 31533	1. 10	0. 88021	0. 11979
0. 72	0. 69143	0. 30857	1. 11	0. 88353	0. 11647
0. 73	0. 69810	0. 30190	1. 12	0. 88679	0. 11321
0. 74	0. 70468	0. 29532	1. 13	0. 88997	0. 11003
0. 75	0. 71116	0. 28884	1. 14	0. 89308	0. 10692
0. 76	0. 71754	0. 28246	1. 15	0. 89612	0. 10388
0. 77	0. 72382	0. 27618	1. 16	0. 89910	0. 10090
0. 78	0. 73001	0. 26999	1. 17	0. 90200	0. 09800
0. 79	0. 73610	0. 26390	1. 18	0. 90484	0. 09516
0. 80	0. 74210	0. 25790	1. 19	0. 90761	0. 09239
0. 81	0. 74800	0. 25200	1. 20	0. 91031	0. 08969
0. 82	0. 75381	0. 24619	1. 21	0. 91296	0. 08704
0. 83	0. 75952	0. 24048	1. 22	0. 91553	0. 08447
0. 84	0. 76514	0. 23486	1. 23	0. 91805	0. 08195
0. 85	0. 77067	0. 22933	1. 24	0. 92051	0. 07949
0. 86	0. 77610	0. 22390	1. 25	0. 92290	0. 07710
0. 87	0. 78144	0. 21856	1. 26	0. 92524	0. 07476
0. 88	0. 78669	0. 21331	1. 27	0. 92751	0. 07249
0. 89	0. 79184	0. 20816	1. 28	0. 92973	0. 07027
0. 90	0. 79691	0. 20309	1. 29	0. 93190	0. 06810
0. 91	0. 80188	0. 19812	1. 30	0. 93401	0. 06569
0. 92	0. 80677	0. 19323	1. 31	0. 93606	0. 06394
0. 93	0. 81156	0. 18844	1. 32	0. 93807	0. 06193
0. 94	0. 81627	0. 18373	1. 33	0. 94002	0. 05998
0. 95	0. 82089	0. 17911	1. 34	0. 94191	0. 05809
0. 96	0. 82542	0. 17458	1. 35	0. 94376	0. 05624
0. 97	0. 82987	0. 17013	1. 36	0. 94556	0. 05444
0. 98	0. 83423	0. 16577	1. 37	0. 94731	0. 05269
0. 99	0. 83851	0. 16149	1. 38	0. 94932	0. 05098
1. 00	0. 84270	0. 15730	1. 39	0. 95067	0. 04933
1. 01	0. 84681	0. 15319	1. 40	0. 95229	0. 04771
1. 02	0. 85084	0. 14916	1. 41	0. 95385	0. 04615
1. 03	0. 85478	0. 14522	1. 42	0. 95538	0. 04462
1. 04	0. 85865	0. 14135	1. 43	0. 95686	0. 04314
1. 05	0. 86244	0. 13756	1. 44	0. 95830	0. 04170
1. 06	0. 86614	0. 13386	1. 45	0. 95970	0. 04030

续表

x	erf(x)	erfc(x)	x	erf(x)	erfc(x)
1.46	0.96105	0.03895	1.69	0.98315	0.01685
1.47	0.96237	0.03763	1.70	0.98379	0.01621
1.48	0.96365	0.03635	1.71	0.98441	0.01559
1.49	0.96490	0.03510	1.72	0.98500	0.01500
1.50	0.96611	0.03389	1.73	0.98558	0.01442
1.51	0.96728	0.03272	1.74	0.98613	0.01387
1.52	0.96841	0.03159	1.75	0.98667	0.01333
1.53	0.96952	0.03048	1.76	0.98719	0.01281
1.54	0.97059	0.02941	1.77	0.98769	0.01231
1.55	0.97162	0.02838	1.78	0.98817	0.01183
1.56	0.97263	0.02737	1.79	0.98864	0.01136
1.57	0.97360	0.02640	1.80	0.98909	0.01091
1.58	0.97455	0.02544	1.81	0.98952	0.01048
1.59	0.97546	0.02454	1.82	0.98994	0.01006
1.60	0.97635	0.02365	1.83	0.99035	0.00965
1.61	0.97721	0.02279	1.84	0.99074	0.00926
1.62	0.97804	0.02196	1.85	0.99111	0.00889
1.63	0.97884	0.02116	1.86	0.99147	0.00853
1.64	0.97962	0.02038	1.87	0.99182	0.00818
1.65	0.98038	0.01962	1.88	0.99216	0.00784
1.66	0.98110	0.01890	1.89	0.99248	0.00752
1.67	0.98181	0.01819	1.90	0.99279	0.00721
1.68	0.98249	0.01751	1.91	0.99309	0.00691

参考文献

[1] 张国权．气溶胶力学——除尘净化理论基础［M］．北京：中国环境科学出版社，1987.
[2] 卢正永．气溶胶科学引论［M］．北京：原子能出版社，2000.
[3] N. A. Fuchs. 气溶胶力学［M］．顾震潮，等译．北京：科学出版社，1960.
[4] W. C. Hinds. 气溶胶技术［M］．孙聿峰，译．哈尔滨：黑龙江科学技术出版社，1989.
[5] 章澄昌，周文贤．大气气溶胶教程［M］．北京：气象出版社，1995.
[6] 李尉卿．大气气溶胶污染化学基础［M］．郑州：黄河水利出版社，2010.
[7] 刘毅，蒋仲安，蔡卫，等．综采工作面粉尘运动规律的数值模拟［J］．北京科技大学学报，2007，29(4)：351-354.
[8] 王晓珍，蒋仲安，刘毅，等．煤巷掘进过程中粉尘浓度分布规律的数值模拟［J］．煤炭学报，2007，32(4)：386-390.
[9] 牛伟，蒋仲安，刘毅．综采工作面粉尘运动规律数值模拟及应用［J］．辽宁工程技术大学学报（自然科学版），2010，6(3)：357-360.
[10] 蒋仲安，陈举师，王晶晶，等．胶带输送巷道粉尘运动规律的数值模拟［J］．煤炭学报，2012，37(4)：659-663.
[11] 蒋仲安，陈举师，牛伟，等．皮带运输巷道粉尘质量浓度分布规律的数值模拟［J］．北京科技大学学报，2012，34(9)：977-981.
[12] 陈举师，蒋仲安，杨斌，等．破碎硐室粉尘浓度空间分布规律的数值模拟［J］．煤炭学报，2012，37（11）：1865-1870.
[13] 廖贤鑫，蒋仲安，牛伟．采场爆破粉尘运移规律的 Fluent 数值模拟［J］．安全与环境学报，2012，12(6)：43-46.
[14] 蒋仲安，陈梅岭，陈举师．巷道型采场爆破粉尘质量浓度分布及变化规律的数值模拟［J］．中南大学学报，2013，44(3)：1190-1196.
[15] 蒋仲安，姜兰，陈举师．露天矿潜孔打钻粉尘浓度分布规律数值模拟［J］．深圳大学学报（理工版），2013，30(3)：313-318.
[16] 陈举师，蒋仲安，姜兰．胶带输送巷道粉尘分布及其影响因素的实验研究［J］．煤炭学报，2014，39(1)：135-140.
[17] 谭聪，蒋仲安，陈举师，等．综采割煤粉尘运移影响因素的数值模拟［J］．北京科技大学学报［J］．2014，36(6)：716-721.
[18] 陈举师，蒋仲安，谭聪，等．岩巷综掘工作面通风除尘系统的数值模拟［J］．哈尔滨工业大学学报，2015，47(2)：98-103.
[19] 陈举师，蒋仲安，王明．胶带输送巷道粉尘浓度分布的数值模拟及实验研究［J］．湖南大学学报（自然科学版），2015，42(6)：127-134.
[20] 陈举师，蒋仲安，王明．破碎硐室粉尘质量浓度分布的数值模拟及实验［J］．哈尔滨工业大学学报，2015，47(4)：46-47，121.
[21] 王洪胜，谭聪，蒋仲安，等．综放面多尘源粉尘分布规律数值模拟及实测［J］．哈尔滨工业大学学报，2015，47(8)：106-112.
[22] 林梦露，蒋仲安，陈举师．基于数值模拟对李楼铁矿破碎硐室粉尘治理的研究［J］．煤炭技术，2016，35(10)：196-198.
[23] 蒋仲安，李钿，张哲．隧道钻爆法施工风流流场规律的数值模拟［J］．工业安全与环保，2016，42(8)：53-60.